U1070535

全国煤矿"三项岗位人员"安全培训考核系列教材

煤矿井下爆破作业

操作资格培训考核教材

中 国 煤 炭 工 业 协 会 培 训 中 心 组织编写
全国煤炭行业教育培训资源编审专家委员会 审 定

曹俊才 主 编
邵 鹏 刘治兵 主 审

应急管理出版社
·北 京·

图书在版编目(CIP)数据

煤矿井下爆破作业操作资格培训考核教材/中国煤炭工业协会培训中心组织编写;曹俊才主编. 一一北京:应急管理出版社,2025

全国煤矿“三项岗位人员”安全培训考核系列教材

ISBN 978-7-5020-9997-8

Ⅰ. ①煤… Ⅱ. ①中… ②曹… Ⅲ. ①煤矿开采—井下作业—爆破技术—安全培训—教材 Ⅳ. ①TD235.4

中国国家版本馆 CIP 数据核字(2023)第 112273 号

煤矿井下爆破作业操作资格培训考核教材

(全国煤矿“三项岗位人员”安全培训考核系列教材)

组织编写 中国煤炭工业协会培训中心
主　　编 曹俊才
责任编辑 成联君
责任校对 李新荣
封面设计 众安图书

出版发行 应急管理出版社(北京市朝阳区芍药居 35 号 100029)
电　　话 010-84657898(总编室) 010-84657880(读者服务部)
网　　址 www.cciph.com.cn
印　　刷 徐州市拓朴彩色印刷有限公司
经　　销 全国新华书店

开　　本 787mm×1092mm 1/16 **印张** 16¼ **字数** 394 千字
版　　次 2025 年 1 月第 1 版 2025 年 1 月第 1 次印刷
社内编号 20230748 **定价** 39.00 元

全国煤矿“三项岗位人员”安全培训考核系列教材
编审委员会

本书编委会

主　　编　曹俊才
副 主 编　陈树新　耿友明　陈　颖　李　永
参　　编　晋维科　柴莹莹　宋新龙　赵　鹏
　　　　　郭　玉　吴　强
主　　审　邵　鹏　刘治兵
审　　稿　安铁梁　张晓龙　张　鹏

出版说明

为了落实《安全生产法》《煤矿安全生产标准化管理体系基本要求及评分方法(试行)》等法律法规对煤矿安全培训工作的新要求，根据应急管理部、国家矿山安全监察局“按照看得懂、记得住、用得上原则，开发分层次、分专业、分岗位的教材体系”“建设安全生产数字资源库，推动安全培训课件、事故案例、电子教材等资源共建共享”的要求，我们组织了煤炭行业的专家和骨干教师，共同编写了这套“科学准确、先进实用、配套数字化资源”立体化新形态的《全国煤矿“三项岗位人员”安全培训考核系列教材》。

为了编写好本套教材，我们组织了近二百位煤炭行业的专家和教学经验丰富的骨干教师，深入煤矿企业、安全培训机构进行了大量的调研，广泛征求了各方面的意见，力求做到教材与培训大纲、考核要求、考试题库、实际培训授课的有机统一和融合，确保做到科学准确和先进实用。本套教材具有如下特点：

(1) 内容新颖，科学准确。教材严格按照近年来颁布和修订的法律法规(如2024年的《煤矿安全生产条例》《关于防范遏制矿山领域重特大生产安全事故的硬措施》，2023年的《关于进一步加强矿山安全生产工作的意见》《煤矿地质工作细则》《煤矿单班入井(坑)作业人数限员规定》，2022年的《煤矿安全规程》《煤矿防灭火细则》等)进行编写，注重介绍当前煤矿生产中的新技术、新工艺、新材料、新设备和新方法，选取近五年内的典型事故案例。

(2) 严格按照培训大纲和考核要求编写。教材在编写中严格按照国家公布的培训大纲和考核要求编写，增加了《安全生产法》《煤矿安全生产标准化管理体系基本要求及评分方法》等关于安全培训的新内容和新要求(如安全风险分级管控、隐患排查治理、煤矿安全生产标准化和全员安全生产责任制等)，同时考虑到煤矿“三项岗位人员”安全培训考核取证的实际，不过度拓展。

(3) 体例合理，配套数字化教学资源。教材将大纲考核内容的顺序进行适当调整，知识点之间有效衔接，便于读者由浅入深、循序渐进进行学习。教材配套PPT电子课件和视频、动画等微课、事故案例，便于教师讲授和学员学习。

(4) 建立网络题库，学员免费练题。学员用手机扫描书上的注册码和验证码(一书一码)，登录后可以顺序练题、随机练题、模拟考试，自动建立个人错题集，以有效应对考试。

本套教材的编审得到了中国煤矿安全技术培训中心、山西煤矿安全培训中心、山东煤矿安全技术培训中心、河北煤矿安全培训中心、四川矿山安全技术培训中心、内蒙古煤矿安全培训中心、宁夏煤矿安全技术培训中心、江苏煤矿安全技术培训中心、国家能源集团神东煤炭教育培训中心、国家能源集团乌海能源职工培训中心、平顶山天安煤业股份有限公司安全技术培训中心、兖矿能源集团员工教育培训中心、内蒙古平庄煤业(集团)有限责任公司职工教育培训中心、华亭煤业集团有限责任公司培训中心、扎赉诺尔煤业有限责任公司职工教育培训中心、铁法能源有限责任公司安全培训中心、山东能源集团济南培训中心、晋能控股煤业集团培训教育中心、晋能控股煤业集团太原煤炭气化(集团)有限责任公司培训中心、山西焦煤霍州煤电集团职工培训教育中心、甘肃靖远煤电股份有限公司职工培训处、窑街煤电集团职工教育培训中心、新汶矿业集团公司安全技术培训中心、峰峰集团教育培训中心、淮北矿业集团安全培训中心、陕西陕煤彬长矿业集团员工培训中心、郑煤集团职工教育培训中心、淮河能源控股集团职工培训中心、华阳新材料集团公司人才培训中心、山西焦煤西山煤电(集团)有限责任公司职工教育中心、神木职业技术教育中心、新疆煤炭工业安全技术培训中心、鄂尔多斯市煤炭安全技术培训中心、毕节市煤矿安全技术培训中心、华晋焦煤有限责任公司培训中心、山东煤炭技师学院培训中心、大同煤炭职业技术学院培训部、中煤华利能源控股有限公司山西分公司培训中心、川煤集团攀枝花煤矿培训中心、晋能控股电力集团培训中心、吕梁市吕能培训有限公司、潞安职业技术学院、陕西能源职业技术学院、辽北技师学院、抚顺矿业集团技师学院、山西汾西矿业(集团)公司员工学校、山西工程职业学院、山西能源学院、山东能源新矿集团、河南能源化工集团焦煤公司、河南能源化工集团永煤公司职工培训学校、河南能源化工集团鹤煤公司、河南省能源工业技师学院、潞安职业技术培训学校、河南神火集团、晋能控股装备制造集团有限公司、陕西工程科技高级技工学校、晋能控股集团技师学院、晋中职业技术学院、云南能源职业技术学院、山东肥矿技师学院、中煤职业技术学院、徐矿集团人才培训中心、河南理工大学安全技术培训学院、河南工程学院安全技术培训中心、兰州资源环境职业技术学院安全技术培训中心、陕西陕煤黄陵矿业有限公司、陕西陕煤韩城矿业有限公司、陕西陕煤彬长矿业有限公司、陕西陕煤蒲白矿业有限公司、开滦(集团)有限责任公司、汇永控股集团有限公司、河南煤化集团、淮北矿业集团、皖北煤电集团、黑龙江鸡西矿业集团、开滦集团、潞安化工集团新元煤矿、山东能源集团、山西通洲煤化集团、太原国信安全技术有限公司、中国矿业大学(北京)、中国矿业大学、华北科技学院、吕梁学院、四川师范大学安全培训中心、六盘水师范学院、徐州众安图书有限公司等单位的大力支持,在此表示衷心感谢!

中国煤炭工业协会培训中心

前　言

为了落实煤矿安全培训“教考分离、统一标准、统一题库、统一证书、分级负责”的原则，贯彻执行《特种作业人员安全技术培训考核管理规定》《安全生产培训管理办法》和《煤矿安全培训规定》等对煤矿特种作业人员培训的规定，进一步做好煤矿特种作业人员安全操作资格培训考试工作，我们组织煤矿安全监察部门和煤矿安全培训机构的专家和学者，共同编写了《煤矿井下爆破作业操作资格培训考核教材》。

在本书编写过程中，编写人员深入煤矿企业、培训机构进行了大量的调研，广泛征求了各方面的意见，认真研究了大纲和题库，力图做到教材与考核大纲、实操考核标准、考试题库、实际培训授课的有机统一和融合。本书突出了煤矿爆破作业人员岗位知识和技能，具有很强的权威性、针对性和实用性。

本书主要有以下特点：

(1) 按照最新培训大纲和考核要求编写。本书以原国家安全生产监督管理总局颁布实施的《煤矿特种作业人员安全技术培训大纲及考核要求》(AQ标准)和原国家煤矿安全监察局制定的《煤矿特种作业安全技术实际操作考试标准(试行)》为依据，贯彻了《煤矿安全生产标准化管理体系基本要求及评分方法》和《煤矿安全培训规定》对煤矿特种作业人员安全培训的新要求。

(2) 内容新颖，实用性强。本书编写过程中融入最近几年颁布和修订的法律法规(如2021年的《安全生产法》《煤矿重大事故隐患判定标准》、2022年的《煤矿安全规程》、2024年的《煤矿安全生产条例》等)，注重介绍当前煤矿生产中的新技术、新工艺、新材料、新设备和新方法，选取了最近几年发生的典型事故案例。

(3) 体例合理，便于讲授和学习。本书把《煤矿特种作业人员安全技术培训大纲及考核要求》(AQ标准)规定的考核内容的顺序进行了适当调整，使知识点之间有效衔接，便于老师讲授，也便于读者由浅入深地进行学习和备考。

(4) 立体化教材，动画、视频扫码可看。书中插入二维码，对于重点、难点，以及一些操作性强的内容，扫码可看视频讲解或动画演示，提高了教材的可读性。

(5) 建立网络题库进行考试练习。学员可以用手机或电脑免费练题。学员手机登录网络题库，可以进行顺序练题、随机练题、模拟考试，可以建立个人错题集，便于复习提高（网络题库免费使用期为验证后1年）。学员可先按章节顺序练题，生成个人错题集，随后在错题集中练习，逐步减少错题集中题目的数量，最终掌握所有错题。

(6) 编制了配套的电子课件，便于教学。我们组织教学经验丰富的教师编写了PPT电子课件，对购书超过200册的单位可以免费赠送，联系邮箱：414697740@qq.com，微信：13813483120。

本书由中国矿业大学邵鹏教授和中煤科工集团淮北爆破技术研究院刘治兵副院长担任主审。两位专家从科学性、适用性和准确性等多方面进行了审阅和修改，在此表示衷心的感谢。

欢迎读者对本书提出批评和修正意见，以便以后修订完善。意见反馈邮箱为：414697740@qq.com。

编　者

视频和网络题库使用流程

1. 微信扫描本书封底的注册码，完成“众学教培服务平台”小程序的注册（可以点击右上角三个点，添加到桌面上，便于以后使用）。已经注册过的，无须重复注册。

2. 在“众学教培服务平台”中“我的”里面找“扫一扫”，扫描本书封底的验证码（一书一码，只能一人验证）。

3. 在“众学教培服务平台”中“我的”里面找“扫一扫”，扫描书中的二维码即可观看视频。

4. 在“众学教培服务平台”中“题库”里面找“煤矿井下爆破作业”题库，即可进行网络练题。

5. 使用中如有问题，请联系QQ414697740、微信13813483120。

目　录

第一篇　煤矿安全基本知识

第二篇　安全专业技术知识

第三篇　实际操作技能

培训学时安排表

为便于教学，我们根据培训大纲（AQ 标准）规定的培训内容、《煤矿安全检查作业安全技术实际操作考试标准》、《煤矿安全培训规定》及近年来有关法律法规对培训的新要求，制定了以下学时安排表。

项目		培训内容	在本书中的位置	学时
安全技术知识（66 学时）	安全基本知识（24 学时）	煤矿安全生产法律法规与煤矿安全管理	第一章	4
		煤矿生产技术与主要灾害事故防治	第二、三章	10
		煤矿井下爆破工的职业特殊性	第六章	2
		职业病防治	第五章	4
		自救、互救与创伤急救	第四章	4
	安全技术基础知识（38 学时）	爆破原理	第七章	2
		矿用炸药	第七章	2
		起爆材料	第七章	2
		发爆器及爆破网络检测仪器	第七章	2
		爆炸材料的管理	第七章	2
		起爆技术	第八章	2
		井巷爆破技术	第八章	4
		炮采工作面爆破技术	第八章	2
		爆破作业及其事故的预防与处理	第九、十章	10
		特殊情况下的安全爆破	第九章	4
		典型事故案例分析	第三、十章	4
		实验参观		2
	复习			2
	考试			2
安全操作技能（24 学时）		爆破前的安全准备	第九、十一章	4
		装药、联线安全操作	第十、十一章	6
		起爆安全操作及拒爆、残暴的处理	第九、十、十一章	6
		自救器的使用训练	第四章	2
		创伤急救训练	第四章	2
		复习		2
		考试		2
合计				90

第一篇　煤矿安全基本知识

第一章　煤矿安全生产法律法规与安全管理

本章培训与考核要点

- 了解我国安全生产方针；
- 了解有关煤矿安全生产法律法规；
- 掌握劳动保护相关知识；
- 掌握煤矿从业人员安全生产的权利和义务；
- 了解煤矿安全管理制度。

第一节　煤矿安全生产形势与安全生产方针

一、煤矿安全生产形势

近年来，我国煤矿安全生产形势持续稳定向好。随着落后产能淘汰退出，截至 2023 年底，全国煤矿数量减少到 4300 余处，年产 120 万 t 以上的大型煤矿产量占 85%左右，实现"一井一面"或"一井两面"生产煤矿达 1904 处，已建成智能采掘工作面 1400 个，二级以上标准化煤矿达 1947 处。2023 年，发生煤矿事故 114 起、死亡 272 人，全国煤矿百万吨死亡人数 0.094 人，比 2022 年上升了 23.7%。尽管近年来煤矿安全生产工作取得明显成效，但形势依然复杂严峻，重大事故尚未杜绝，较大事故时有发生，一般事故还经常发生，还存在一些突出问题。

(1) 安全培训不到位。受煤价波动等多种因素影响，安全培训工作弱化，培训质量不高，精准培训有差距。煤矿安全培训走形式、走过场，假培训、假办班、乱办班，假考核、乱发证、办假证等时有发生。

(2) 违法违规行为屡禁不止、屡罚不改。煤矿超层越界开采、超能力超强度生产、违规开采安全煤柱、违规转包分包、不经批准擅自复工复产等违法违规行为严重。

(3) 危险源辨识、风险管控不够深入。一些地区、部门和煤矿企业风险意识不强，把风险管控等同于一般性安全检查，在办公室或在电脑里搞风险辨识与管控，没有落实到煤矿井下现场，没有真正辨识系统性、深层次的危险源，也没有切实制定风险管控措施。

(4) 企业主体责任落实不到位。安全发展理念树得不牢,重生产轻安全,好像是为政府抓安全,缺乏内生动力。一些国有企业多层级管理,责任落实层层递减,制度措施和现场管理"两张皮"。

(5) 事故教训吸取不深刻。2020 年重庆松藻"9・27"重大火灾事故后,不到 3 个月吊水洞煤矿又发生重大事故。湖南省耒阳市 2011 年、2012 年连续发生透水事故后,2020 年又发生重大透水事故,3 起事故如出一辙。2023 年 2 月 22 日,内蒙古新井煤矿发生大面积坍塌事故,造成 53 人死亡。鄂尔多斯市小纳林沟露天煤矿 3 月 4 日因存在重大隐患被责停产整改,3 月 8—20 日竟然还偷偷出煤 7 万多吨。

(6) 随着开采深度的增加,一些矿井灾害日益严重。截至 2022 年底,全国煤矿有高瓦斯矿井 840 处、煤与瓦斯突出矿井 718 处、冲击地压矿井 133 处。随着开采深度的增加,部分煤矿由低瓦斯矿井向高瓦斯矿井或煤与瓦斯突出矿井演变、无冲击地压危险矿井向弱冲击或强冲击危险矿井演变、水文地质类型由简单向复杂或极复杂演变,大采深矿井地热、岩爆等问题凸显,且多种灾害叠加,煤与非煤、油气等相互伴生,防控难度增大。

(7) 采掘接续紧张没有有效解决。一些煤矿采掘接续紧张问题一直没有得到有效解决,有的矿井甚至还在加重,导致灾害治理时间、空间不足。传统上煤矿生产接续按照"两头"保"一面"布置,现在为了灾害治理需要"多头"保"一面",但一些煤矿在投入、队伍、管理、技术上跟不上,陷入了采掘接续紧张的恶性循环。

(8) 外部环境不确定性带来安全风险。受国际能源贸易摩擦、行业特点和极端天气等影响,个别地区、个别时段可能出现煤炭市场异常波动、价格大起大落,企业开开停停,造成生产不均衡,事故风险增加。

煤矿安全生产必须以习近平新时代中国特色社会主义思想为指导,以改革创新为根本动力,以保护矿工生命安全为根本目的,健全矿山安全法治、安全责任、灾害防治、科技支撑、基础保障和社会化服务等六大体系,实施矿山智能化建设、重大灾害治理、风险分级管控和隐患排查治理、从业人员素质提升、监管监察能力建设和信息化建设等重点工程,扎实推进煤矿安全治理体系与治理能力现代化,才能实现煤矿安全的根本好转。

二、煤矿安全生产方针

(一) 煤矿安全生产方针的内容

安全生产方针是指国家对安全生产工作的总要求,是安全生产工作的方向。煤矿企业必须遵循"安全第一、预防为主、综合治理"的安全生产方针,把它作为安全生产工作的指导思想和行为准则。

1. 安全第一

安全第一是指强调安全,强调人的生命与健康高于一切,安全优先,以人为本,把安全放在一切工作的首位。煤矿企业要树立红线意识,落实"不安全不生产,隐患不排除不生产,安全措施不落实不生产"的原则,井下从业人员要珍惜自身生命健康,保持随时、随地安全生产的习惯,杜绝侥幸心理,实现自主保安、相互保安。

2. 预防为主

预防为主是指实现安全生产的主要工作在于预防,把安全生产工作的关口前移,超前防范,通过预防工作及时把各类事故消灭在萌芽之中。

3. 综合治理

综合治理是指综合运用各种手段，包括加强安全生产管理，保证安全生产投入，加强安全生产教育培训，做好业务保安、科技兴安工作，充分发挥各方面的安全监督作用，来保证安全生产。综合治理要求做到全方位、全过程、全员管理；重视科学技术对煤矿安全的重要支撑作用，提高煤矿生产机械化、自动化、信息化水平。综合治理是安全生产工作的重心所在，是保证安全管理目标实现的重要途径。

"安全第一、预防为主、综合治理"的安全生产方针是一个有机统一的整体。安全第一体现了以人为本的发展思想，是预防为主、综合治理的统帅和灵魂，没有安全第一的思想，预防为主就失去了思想支撑，综合治理就失去了整治依据。预防为主是实现安全第一的根本途径。只有把安全生产的重点放在建立风险管控预防体系上，超前防范，及时发现和整改事故隐患，才能有效减少事故损失，实现安全第一。综合治理是落实安全第一、预防为主的手段和方法。只有不断健全和完善综合治理工作机制，才能有效贯彻安全生产方针，真正把安全第一、预防为主落到实处，不断开创安全生产工作的新局面。

(二) 贯彻煤矿安全生产方针对特种作业人员的要求

(1) 牢固树立"安全第一"的思想，做到不安全不生产、风险不管控不生产。

(2) 遵守煤矿安全管理制度，学法、知法、守法，树立依法进行煤矿安全生产作业的意识。

(3) 遵纪守规，不违反劳动纪律，不违章作业，不违章指挥。

(4) 带领班组成员认真履行全员安全生产责任，按照安全操作规程作业，做到操作标准化。

(5) 参加安全生产培训，掌握煤矿安全知识和实际操作技能。

(6) 做好劳动保护，做好工伤预防，避免职业伤害。

(7) 工作中随时检查自己所处的作业环境，做到自主保安和相互保安。

(8) 树立安全理念，实现由"要我安全"向"我要安全"和"我能安全"的转变。

第二节　煤矿安全生产主要法律

我国的煤矿安全生产法律法规体系由煤矿安全生产相关的法律、法规(行政法规和地方性法规)、规章(部门规章和地方性规章)、标准规范构成。

一、《中华人民共和国刑法》(以下简称《刑法》)

2023 年 12 月 9 日，第十四届全国人大常委会第七次会议审议通过了《刑法修正案(十二)》，于 2024 年 3 月 1 日起正式施行。修订后的《刑法》中关于安全生产的犯罪主要有以下几种：

(一) 重大责任事故罪

在生产、作业中违反有关安全管理的规定，因而发生重大伤亡事故或者造成其他严重后果的，处三年以下有期徒刑或者拘役；情节特别恶劣的，处三年以上七年以下有期徒刑。

【案例 1-1】　2016 年 7 月 29 日 20 时许，白×在未认真检查本班现场安全状况、未及时发现刮板输送机机尾稳固支柱存在的问题，且未取得操作证的情况下，开始生产作业。次日 8 时许，白×在点动刮板输送机时未发出信号，导致违章擅自提前进入工作面，冒险翻越刮板输送机的采煤工张×被刮板输送机拱起的溜槽挤压至顶板受伤，后经抢救无效死亡。

案例解读

法院审理认为，白×作为煤矿负责安全生产和安全监督检查的队长，未认真履行职责、违反安全生产管理规定，在未取得操作证的情况下违章作业，致使发生一人死亡的事故，其行为已构成重大责任事故罪。根据白×的犯罪情节、悔罪表现，综合被害人家属得到的赔偿情况，法院判决其有期徒刑6个月，缓刑1年。

（二）强令违章冒险作业罪

强令他人违章冒险作业，或者明知存在重大事故隐患而不排除，仍冒险组织作业，因而发生重大伤亡事故或者造成其他严重后果的，处五年以下有期徒刑或者拘役；情节特别恶劣的，处五年以上有期徒刑。

【案例1-2】 2015年1月4日，淮沪煤电有限公司××煤矿开拓二区201队喷浆班班长蒋×带领工人王××、魏××和邹×到该煤矿井下63号钻场喷浆作业。当班作业完成后，蒋×私自决定并强制工人王××、魏××和邹×违章冒险工作，将63号钻场的叉车移动到62号钻场下方。在操作的过程中，未按照规定操作，叉车脱手下滑冲出轨道，致使工人吴××和盛×受伤，吴××经抢救无效死亡。

案例解读

蒋×违反操作规定，强令他人违章冒险作业，发生一人死亡、两人受伤的重大伤亡事故，其行为构成强令、组织他人冒险作业罪，被判处有期徒刑两年。

（三）重大劳动安全事故罪

安全生产设施或者安全生产条件不符合国家规定，因而发生重大伤亡事故或者造成其他严重后果的，对直接负责的主管人员和其他直接责任人员，处三年以下有期徒刑或者拘役；情节特别恶劣的，处三年以上七年以下有期徒刑。

【案例1-3】 2016年10月13日，黔西南州贞丰县××煤矿发生一起较大瓦斯爆炸事故，造成7人死亡，7人受伤，直接经济损失约815万元。李佩×身为该矿法定代表人、主要投资人，对该矿疏于管理，致矿难事故发生；实际负责人李显×、总工程师马××、安全副矿长丛××、生产副矿长宋××和机电副矿长于××在明知该矿安全生产条件不符合国家规定的情况下，仍然组织安排工人下井生产采煤。12时30分许，该矿1203采煤面因瓦斯积聚，工人爆破作业引发瓦斯爆炸事故。2018年5月22日，黔西南州中级人民法院终审裁定：李显×、李佩×、马××、丛××、宋××和于××犯重大劳动安全事故罪，分别被判处有期徒刑四年、三年零六个月、三年、三年、二年零六个月和二年零四个月（缓刑三年）。

（四）危险作业罪

在生产、作业中违反有关安全管理的规定，有下列情形之一，具有发生重大伤亡事故或者其他严重后果的现实危险的，处一年以下有期徒刑、拘役或者管制：

（1）关闭、破坏直接关系生产安全的监控、报警、防护、救生设备、设施，或者篡改、隐瞒、销毁其相关数据、信息的；

（2）因存在重大事故隐患被依法责令停产停业、停止施工、停止使用有关设备、设施、场所或者立即采取排除危险的整改措施，而拒不执行的；

（3）涉及安全生产的事项未经依法批准或者许可，擅自从事矿山开采、金属冶炼、建筑施工，以及危险物品生产、经营、储存等高度危险的生产作业活动的。

【案例1-4】 2021年3月7日，刘×在金沙县××煤矿二号井检测瓦斯过程中，用牌板遮挡摄像头，用黑色电胶布封闭 T_2 甲烷传感器的进气口，防止瓦斯超限报警。3 月 8 日，廖××为避免 T_2 甲烷传感器超限报警，用黑色电胶布封闭 T_2 甲烷传感器进气口，过了一段时间又将其撕掉。3 月 8 日，金沙县能源局执法人在对该煤矿二号井 21404 综采工作面回风巷 T_5 甲烷传感器超限报警情况核实检查中发现：3 月 8 日 11 时 45 分 21404 综采工作面回风巷 T_5 甲烷传感器超限报警，最大浓度 3.42%，超限时长 16 min，在此期间 T_2 甲烷传感器监测数据最大浓度为 0.48，属人为故意对 T_2 甲烷传感器监控数据进行屏蔽，造成瓦斯超限后甲烷传感器监测数据失真。5 月 18 日，廖××、刘×主动到公安机关自首，并如实供述自己用电胶布封闭 T_2 甲烷传感器进气孔的事实。2021 年 9 月 22 日，金沙县人民法院判廖××和刘×犯危险作业罪，判处拘役三个月，缓刑六个月。

上述四种犯罪中的"发生重大伤亡事故或者造成其他严重后果"，是指如下情形之一：

(1) 造成死亡 1 人以上，或者重伤 3 人以上的；

(2) 造成直接经济损失 100 万元以上的；

(3) 其他造成严重后果或者重大安全事故的情形。

上述前三种犯罪中的"情节特别恶劣"，指具有下列情形之一：

(1) 造成死亡 3 人以上或者重伤 10 人以上，负事故主要责任的；

(2) 造成直接经济损失 500 万元以上，负事故主要责任的；

(3) 其他造成特别严重后果、情节特别恶劣或者后果特别严重的情形。

(五) 工程重大安全事故罪

建设单位、设计单位、施工单位、工程监理单位违反国家规定，降低工程质量标准，造成重大安全事故的，对直接责任人员，处五年以下有期徒刑或者拘役，并处罚金；后果特别严重的，处五年以上十年以下有期徒刑，并处罚金。

(六) 不报、谎报安全事故罪

在安全事故发生后，负有报告职责的人员不报或者谎报事故情况，贻误事故抢救，情节严重的，处三年以下有期徒刑或者拘役；情节特别严重的，处三年以上七年以下有期徒刑。

【案例 1-5】 2019 年 7 月 29 日，贵州省修文县××煤矿发生一起较大煤与瓦斯突出事故，造成 4 人死亡、2 人轻伤，直接经济损失 731.72 万元。该煤矿在东下山违规布置施工隐蔽作业区域，在不具备安全生产条件的情况下，越界违法开采。事故发生后，该矿实际控制人郑××和矿长杨××组织瞒报事故，逃避修文县人民政府的核查。最终因遇难者家属报警，事情败露。2021 年 1 月 27 日，贵阳市中级人民法院终审裁定：郑××和杨××犯不报、谎报安全事故罪，分别判处有期徒刑 1 年和 6 个月；综合其所犯的重大责任事故罪和非法采矿罪，最终执行有期徒刑 7 年和 5 年。

此外，《刑法》规定的与煤矿生产有关的犯罪还有非法采矿罪，破坏性采矿罪，以危害方法危害公共安全罪和非法制造、买卖、运输、邮寄、储存爆炸物罪。

二、《中华人民共和国安全生产法》(以下简称《安全生产法》)

修订后的《安全生产法》自 2021 年 9 月 1 日起施行。制定《安全生产法》的目的是加强安全生产工作，防止和减少生产安全事故，保障人民群众生命财产安全，促进经济社会持续健康发展。

该法包括生产经营单位的安全生产保障、从业人员的安全生产权利和义务、安全生产的监督管理、生产安全事故的应急救援和调查处理、法律责任等内容。煤矿特种作业人员应当

视频讲解

重点掌握如下内容：

（1）安全生产工作坚持中国共产党的领导。

（2）安全生产工作应当以人为本，坚持人民至上、生命至上，把保护人民生命安全摆在首位，树牢安全发展理念，坚持安全第一、预防为主、综合治理的方针，从源头上防范化解重大安全风险。

（3）安全生产工作实行管行业必须管安全、管业务必须管安全、管生产经营必须管安全，强化和落实生产经营单位主体责任与政府监管责任，建立生产经营单位负责、职工参与、政府监管、行业自律和社会监督的机制。

（4）生产经营单位应当教育和督促从业人员严格执行本单位的安全生产规章制度和安全操作规程；并向从业人员如实告知作业场所和工作岗位存在的危险因素、防范措施以及事故应急措施。

（5）生产经营单位应当关注从业人员的身体、心理状况和行为习惯，加强对从业人员的心理疏导、精神慰藉，严格落实岗位安全生产责任，防范从业人员行为异常导致事故发生。

（6）生产经营单位必须为从业人员提供符合国家标准或者行业标准的劳动防护用品，并监督、教育从业人员按照使用规则佩戴、使用。

（7）生产经营单位必须依法参加工伤保险，为从业人员缴纳保险费。国家鼓励生产经营单位投保安全生产责任保险；属于国家规定的高危行业、领域的生产经营单位，应当投保安全生产责任保险。

（8）任何单位或者个人对事故隐患或者安全生产违法行为，均有权向负有安全生产监督管理职责的部门报告或者举报。

（9）生产经营单位发生生产安全事故后，事故现场有关人员应当立即报告本单位负责人。

（10）任何单位和个人都应当支持、配合事故抢救，并提供一切便利条件。

三、《中华人民共和国劳动法》（以下简称《劳动法》）

修订后的《劳动法》自 2018 年 12 月 29 日起施行。制定《劳动法》的目的是保护劳动者的合法权益、调整劳动关系、建立和维护适应社会主义市场经济的劳动制度、促进经济发展和社会进步。

《劳动法》的内容包括：总则、促进就业、劳动合同和集体合同、工作时间和休息休假、工资、劳动安全卫生、女职工和未成年工特殊保护、职业培训、社会保险和福利、劳动争议、监督检查、法律责任和附则。

《劳动法》规定了劳动者享有的基本权利和义务。劳动者享有平等就业和选择职业的权利、取得劳动报酬的权利、休息休假的权利、获得劳动安全卫生保护的权利、接受职业技能培训的权利、享受社会保险和福利的权利、提请劳动争议处理的权利以及法律规定的其他劳动权利。劳动者应当完成劳动任务，提高职业技能，执行劳动安全卫生规程，遵守劳动纪律和职业道德。

国家实行劳动者每日工作时间不超过 8 h，平均每周工作时间不超过 44 h 的工时制度。用人单位应当保证劳动者每周至少休息 1 日。煤矿企业因生产特点不能实行上述规定的，经劳动行政部门批准，可以实行其他工作和休息办法。劳动者连续工作一年以上的，享受带薪年休假。用人单位在元旦、春节、国际劳动节、国庆节及法律法规规定的其他休假节日期间应当依法安排劳动者休假。

工资分配应当遵循按劳分配原则，实行同工同酬。用人单位根据本单位的生产经营特点和经济效益，依法自主确定本单位的工资分配方式和工资水平。国家实行最低工资保障制度。用人单位支付劳动者的工资不得低于当地最低工资标准。劳动者在法定休假日和婚丧假期间以及依法参加社会活动期间，用人单位应当依法支付工资。用人单位与劳动者发生劳动争议，当事人可以依法申请调解、仲裁、提起诉讼，也可以协商解决。

四、《中华人民共和国劳动合同法》(以下简称《劳动合同法》)

修订后的《劳动合同法》自 2013 年 7 月 1 日起施行。制定《劳动合同法》的目的是完善劳动合同制度，明确劳动合同双方当事人的权利和义务，保护劳动者的合法权益，构建和发展和谐稳定的劳动关系。

(一) 劳动合同的内容

视频讲解

劳动合同应当具备以下条款：

(1) 用人单位的名称、住所和法定代表人或者主要负责人；

(2) 劳动者的姓名、住址和居民身份证或者其他有效身份证件号码；

(3) 劳动合同期限；

(4) 工作内容和工作地点；

(5) 工作时间和休息休假；

(6) 劳动报酬；

(7) 社会保险；

(8) 劳动保护、劳动条件和职业危害防护；

(9) 法律、法规规定应当纳入劳动合同的其他事项。

劳动合同除前款规定的必备条款外，用人单位与劳动者可以约定试用期、培训、保守秘密、补充保险和福利待遇等其他事项。

(二) 解除劳动合同

(1) 用人单位与劳动者协商一致，可以解除劳动合同。

(2) 劳动者提前 30 日以书面形式通知用人单位，可以解除劳动合同。劳动者在试用期内提前 3 日通知用人单位，可以解除劳动合同。

(3)【劳动者单方解除劳动合同】用人单位有下列情形之一的，劳动者可以解除劳动合同：

① 未按照劳动合同约定提供劳动保护或者劳动条件的；

② 未及时足额支付劳动报酬的；

③ 未依法为劳动者缴纳社会保险费的；

④ 用人单位的规章制度违反法律、法规的规定，损害劳动者权益的；

⑤ 因《劳动合同法》第二十六条第一款规定的情形致使劳动合同无效的；

⑥ 法律、行政法规规定劳动者可以解除劳动合同的其他情形。

用人单位以暴力、威胁或者非法限制人身自由的手段强迫劳动者劳动的，或者用人单位违章指挥、强令冒险作业危及劳动者人身安全的，劳动者可以立即解除劳动合同，不需事先告知用人单位。

(4)【用人单位单方解除劳动合同(过失性辞退)】劳动者有下列情形之一的，用人单位可以解除劳动合同：

① 在试用期间被证明不符合录用条件的；

② 严重违反用人单位的规章制度的；

③ 严重失职，营私舞弊，给用人单位造成重大损害的；

④ 劳动者同时与其他用人单位建立劳动关系，对完成本单位的工作任务造成严重影响，或者经用人单位提出，拒不改正的；

⑤ 因本法第二十六条第一款第一项规定的情形致使劳动合同无效的；

⑥ 被依法追究刑事责任的。

(5)【用人单位单方解除劳动合同（无过失性辞退）】有下列情形之一的，用人单位提前三十日以书面形式通知劳动者本人或者额外支付劳动者一个月工资后，可以解除劳动合同：

① 劳动者患病或者非因工负伤，在规定的医疗期满后不能从事原工作，也不能从事由用人单位另行安排的工作的；

② 劳动者不能胜任工作，经过培训或者调整工作岗位，仍不能胜任工作的；

③ 劳动合同订立时所依据的客观情况发生重大变化，致使劳动合同无法履行，经用人单位与劳动者协商，未能就变更劳动合同内容达成协议的。

(6)【用人单位不得解除劳动合同的情形】劳动者有下列情形之一的，用人单位不得依照上述(4)、(5)项的规定解除劳动合同：

① 从事接触职业病危害作业的劳动者未进行离岗前职业健康检查，或者疑似职业病病人在诊断或者医学观察期间的；

② 在本单位患职业病或者因工负伤并被确认丧失或者部分丧失劳动能力的；

③ 患病或者非因工负伤，在规定的医疗期内的；

④ 女职工在孕期、产期、哺乳期的；

⑤ 在本单位连续工作满十五年，且距法定退休年龄不足五年的；

⑥ 法律、行政法规规定的其他情形。

(7) 违反劳动合同行为的处理。依据《劳动法》的规定，违反劳动合同应承担的法律责任主要包括经济责任、行政责任及刑事责任。

① 因违反劳动合同，给对方造成经济损失的，应根据其后果和责任的大小予以赔偿。

② 劳动者违反劳动纪律和用人单位规章制度，应接受本单位的批评和教育，以及适当的行政处分。

③ 用人单位违反劳动法规或劳动合同，造成事故，使劳动者生命、财产遭受损失的，应追究用人单位的行政责任；损害劳动者身体健康的，应负责给予治疗，并向致病致残者支付各项用人费用；触犯刑律，构成犯罪者，由司法机关追究刑事责任。

【案例 1-6】 2003 年 3 月 1 日，王×与××煤矿签订劳动合同书，合同期限自 2003 年 3 月 1 日起至 2008 年 2 月 28 日止。2006 年 2 月 12 日晚，王×在燃放鞭炮过程中被炸伤，致右眼球摘除，左眼眼眶下壁骨折，被鉴定为五级伤残。2006 年 6 月，王×出院后回到该煤矿继续从事井下采掘工作。2006 年 9 月，因王×身体状况不能胜任井下采掘工作，被调至矿调度室工作。2007 年 4 月底，因王×视力问题不能从事调度室的调度记录工作，又被调至煤矿木厂工作，但其仍不能胜任。2008 年 4 月 15 日，该煤矿向王×送达了解除劳动合同通知书，王×拒绝签字。2008 年 5 月 17 日，该煤矿停止了王×的工作。王×向当地法院起诉了该煤矿。《劳动法》规定,劳动者患病或者非因工负伤,医疗期满后,不能从事原工作也不能从事由用人单位另行安排的工作的,用人单位可以解除劳动合同。法院判决支持了××煤矿与王×解除劳动合同的决定,但要求该矿支付原告王×一定经济补偿金。

五、《中华人民共和国职业病防治法》(以下简称《职业病防治法》)

视频讲解

2001 年 10 月 27 日第九届全国人民代表大会常务委员会第二十四次会议通过《职业病防治法》后,该法分别于 2012 年、2016 年、2017 年和 2018 年经历了四次修订。制定《职业病防治法》的目的是:预防、控制和消除职业病危害,防治职业病,保护劳动者健康及其相关权益,促进经济社会发展。煤矿特种作业人员应重点掌握《职业病防治法》中的如下内容:

(1) 产生职业病危害的用人单位的设立除应当符合法律、行政法规规定的设立条件外,其工作场所还应当符合下列职业卫生要求:

① 职业病危害因素的强度或者浓度符合国家职业卫生标准;

② 有与职业病危害防护相适应的设施;

③ 生产布局合理,符合有害与无害作业分开的原则;

④ 有配套的更衣间、洗浴间、孕妇休息间等卫生设施;

⑤ 设备、工具、用具等设施符合保护劳动者生理、心理健康的要求;

⑥ 法律、行政法规和国务院卫生行政部门、安全生产监督管理部门关于保护劳动者健康的其他要求。

(2) 用人单位必须采用有效的职业病防护设施,并为劳动者提供个人使用的职业病防护用品。用人单位为劳动者个人提供的职业病防护用品必须符合防治职业病的要求;不符合要求的,不得使用。

(3) 产生职业病危害的用人单位,应当在醒目位置设置公告栏,公布有关职业病防治的规章制度、操作规程、职业病危害事故应急救援措施和工作场所职业病危害因素检测结果。

(4) 对产生严重职业病危害的作业岗位,应当在醒目位置设置警示标识和中文警示说明。警示说明应当载明产生职业病危害的种类、后果、预防以及应急救治措施等内容。

(5) 任何单位和个人不得将产生职业病危害的作业转移给不具备职业病防护条件的单位和个人。不具备职业病防护条件的单位和个人不得接受产生职业病危害的作业。

(6) 用人单位与劳动者订立劳动合同(含聘用合同,下同)时,应当将工作过程中可能产生的职业病危害及其后果、职业病防护措施和待遇等如实告知劳动者,并在劳动合同中写明,不得隐瞒或者欺骗。劳动者在已订立劳动合同期间因工作岗位或者工作内容变更,从事与所订立劳动合同中未告知的存在职业病危害的作业时,用人单位应当依照前款规定,向劳动者履行如实告知的义务,并协商变更原劳动合同相关条款。用人单位违反前两款规定的,劳动者有权拒绝从事存在职业病危害的作业,用人单位不得因此解除与劳动者所订立的劳动合同。

(7) 用人单位应当对劳动者进行上岗前的职业卫生培训和在岗期间的定期职业卫生培训,普及职业卫生知识,督促劳动者遵守职业病防治法律、法规、规章和操作规程,指导劳动者正确使用职业病防护设备和个人使用的职业病防护用品。劳动者应当学习和掌握相关的职业卫生知识,增强职业病防范意识,遵守职业病防治法律、法规、规章和操作规程,正确使用、维护职业病防护设备和个人使用的职业病防护用品,发现职业病危害事故隐患应当及时报告。劳动者不履行前款规定义务的，用人单位应当对其进行教育。

(8) 对从事接触职业病危害的作业的劳动者，用人单位应当按照国务院卫生行政部门的规定组织上岗前、在岗期间和离岗时的职业健康检查，并将检查结果书面告知劳动者。职业健康检查费用由用人单位承担。用人单位不得安排未经上岗前职业健康检查的劳动者从事接触职业病危害的作业；不得安排有职业禁忌的劳动者从事其所禁忌的作业；对在职业健康检查中发现有与所从事的职业相关的健康损害的劳动者，应当调离原工作岗位，并妥善安置；对未进行离岗前职业健康检查的劳动者不得解除或者终止与其订立的劳动合同。

(9) 劳动者离开用人单位时，有权索取本人职业健康监护档案复印件，用人单位应当如实、无偿提供，并在所提供的复印件上签章。

(10) 对遭受或者可能遭受急性职业病危害的劳动者，用人单位应当及时组织救治、进行健康检查和医学观察，所需费用由用人单位承担。

六、《中华人民共和国矿山安全法》(以下简称《矿山安全法》)

《矿山安全法》自 1993 年 5 月 1 日起施行。其立法的目的是：保障矿山安全生产，防止矿山事故，保护矿山职工的人身安全，促进采矿业的发展。

《矿山安全法》是调整劳动关系中关于保护劳动者在采矿生产过程中安全与健康的关系，有关国家机关和社会团体监督、检查矿山安全法规贯彻、执行情况所发生的关系准则。若矿山企业、事业单位及其行政主管部门(或法人代表)不履行《矿山安全法》的规定，该法的执行部门可以直接或请求有关机关依法强制其履行。因此，它是现阶段我国矿山企业在安全生产中必须遵循的法律。

第三节　煤矿安全生产主要行政法规

一、《煤矿安全生产条例》

专家讲解

2024 年 1 月 24 日，国务院总理李强签署第 774 号国务院令，公布了《煤矿安全生产条例》，自 2024 年 5 月 1 日起施行。制定《煤矿安全生产条例》，旨在加强煤矿安全生产工作，防止和减少煤矿生产安全事故，保障人民群众生命财产安全。《煤矿安全生产条例》共 6 章 76 条，主要规定了以下内容。

(1) 坚持党的领导，确立工作原则。明确煤矿安全生产工作坚持中国共产党的领导，坚持人民至上、生命至上，坚持安全第一、预防为主、综合治理的方针。

(2) 强化源头治理，严查风险隐患。要求煤矿企业对风险隐患进行自查自改并按规定报告。监管部门要建立健全督办制度，督促煤矿企业消除重大事故隐患。对“带病生产”的煤矿企业，依法采取责令停产整顿直至关闭的处罚措施。

(3) 夯实煤矿企业主体责任。严格准入条件，明确煤矿企业取得安全生产许可证后方可进行生产。落实煤矿企业全员安全生产责任制。要求煤矿企业进行煤矿灾害鉴定并按照灾害程度和类型实施灾害治理。

(4) 严格落实监管监察责任。规定煤矿安全生产实行地方党政领导干部安全生产责任制。明确监管部门和监管职责，要求县级以上地方人民政府负有煤矿安全生产监督管理职责的部门，依法对煤矿企业特别是一线生产作业场所进行监督检查。矿山安全监察机构履行煤矿安全监察职责，负责对地方政府煤矿安全生产监管工作进行监督检查，有权进入煤矿现场并采取相应处置措施。

（5）加大惩处力度。对煤矿安全生产违法行为，规定了罚款、行业和职业禁入、责令停产整顿、予以关闭等法律责任。

二、《中共中央办公厅 国务院办公厅关于进一步加强矿山安全生产工作的意见》

2023 年 9 月 6 日，中共中央办公厅 国务院办公厅印发了《关于进一步加强矿山安全生产工作的意见》。这是新中国成立以来第一个经党中央、国务院同意印发的矿山安全生产领域的纲领性文件。它的出台实施，充分体现了以习近平同志为核心的党中央对矿山安全生产工作的高度重视。它以习近平新时代中国特色社会主义思想为指导，深入贯彻党的二十大精神，坚持统筹发展和安全，坚持人民至上、生命至上，既注重守正和创新相结合，认真总结近年来的成熟经验和好的做法，又注重问题导向和目标导向相统一，着力从根本上消除事故隐患、从根本上解决问题，提出了一系列加强矿山安全生产工作的重大任务和措施，为做好当前和今后一个时期矿山安全生产工作指明了方向和路径，对推动矿山行业安全发展、高质量发展具有里程碑意义。煤矿企业应当把贯彻落实《关于进一步加强矿山安全生产工作的意见》作为一项重大政治任务，动真碰硬、真抓实干，攻坚克难、善作善成，确保各项任务措施落地生根。对于《关于进一步加强矿山安全生产工作的意见》，煤矿班组长应重点掌握如下规定：

（1）1 个采矿权范围内原则上只能设置 1 个生产系统。审批首次申请安全生产许可证的，应进行现场核查。

（2）使用应当淘汰的危及生产安全的工艺、设备且拒不整改仍然生产建设的，或者经停产整顿仍不具备安全生产条件的矿山，应依法予以关闭取缔。

（3）地下矿山应当建立人员定位、安全监测监控、通信联络、压风自救和供水施救等系统。

（4）矿山企业应当健全以安全风险分级管控和隐患排查治理双重预防机制为核心的安全生产标准化管理体系。严格开展风险辨识评估并实施分级管控，定期开展全员全覆盖隐患排查治理，建立风险隐患台账清单，实行闭环管理。对排查整改不到位导致重大隐患依然存在或发生事故的，依法追究企业及相关责任人责任。

（5）强化重大灾害治理。矿山企业应当查明隐蔽致灾因素，实施煤与瓦斯突出、冲击地压、水害等重大灾害分区管理、超前治理。

（6）停工停产整改的矿山应当制定整改方案，限定单班下井人数，同一作业地点控制在 10 人以内，并向矿山安全监管监察部门报告后方可进行整改作业。

（7）煤矿应当配备相关专业中专以上学历或者中级以上专业技术职称的专职技术人员。灾害严重矿山应当按要求配备灾害治理专职领导人员、专门机构、专业人员。

（8）矿山企业应当建立健全并落实全员安全生产岗位责任制和安全生产管理制度。按照要求绘制、更新相关图纸，并报送矿山安全监管监察部门。未经安全培训合格的从业人员不得上岗作业，矿长、总工程师和分管安全、生产、机电等工作的副矿长每年应当接受专门的安全教育培训。首次取证的地下矿山特种作业人员应当具有高中以上文化程度。严格井下劳动定员管理，不得超定员安排人员下井作业，提高井下艰苦岗位津贴。取消井下劳务派遣用工，矿山企业或承包单位对欠薪应依法承担清偿责任。

事前预防转型　事故监测预警　重大隐患排查治理　矿山智能化

注：2023 年 9 月 18 日，国务院新闻办公室新闻发布会上，国家矿山安全监察局对《关于进一步加强矿山安全生产工作的意见》中涉及的灾害事前预防转型、事故监测预警和重大隐患排查治理三个问题的进行了解答（扫描以上二维码即可观看相关的解答视频）。

三、《工伤保险条例》

修订后的《工伤保险条例》自 2011 年 1 月 1 日起施行。制定《工伤保险条例》的目的是保障因工作遭受事故伤害或者患职业病的职工获得医疗救治和经济补偿，促进工伤预防和职业康复，分散用人单位的工伤风险。该条例主要规定了工伤保险基金、工伤认定、劳动能力鉴定、工伤保险待遇、监督管理、法律责任等方面的内容。

工伤保险，是指劳动者在工作中或在规定的特殊情况下，遭受意外伤害或患职业病导致暂时或永久丧失劳动能力以及死亡时，劳动者或其遗属从国家和社会获得物质帮助的一种社会保险制度。

（一）工伤保险的作用

视频讲解

（1）工伤保险作为社会保险制度的一个组成部分，是国家通过立法强制实施的，是国家对职工履行的社会责任，也是职工应该享受的基本权利。工伤保险的实施是人类文明和社会发展的标志和成果。

（2）实行工伤保险保障了工伤职工医疗及其基本生活、伤残抚恤和遗属抚恤，在一定程度上解除了职工和家属的后顾之忧。

（3）建立工伤保险有利于促进安全生产，保护和发展社会生产力。工伤保险与生产单位改善劳动条件、防病防伤、安全教育、医疗康复、社会服务等工作紧密相连。对提高生产经营单位和职工的安全生产水平，防止或减少工伤、职业病，保护职工的身体健康至关重要。

（4）工伤保险保障了受伤害职工的合法权益，有利于妥善处理事故和恢复生产，维护正常的生产、生活秩序，维护社会安定。

（二）工伤认定

（1）工伤保险认定的范围。

职工有下列情形之一的，应当认定为工伤：① 在工作时间和工作场所内，因工作原因受到事故伤害的；② 工作时间前后在工作场所内，从事与工作有关的预备性或者收尾性工作受到事故伤害的；③ 在工作时间和工作场所内，因履行工作职责受到暴力等意外伤害的；④ 患职业病的；⑤ 因工外出期间，由于工作原因受到伤害或者发生事故下落不明的；⑥ 在上下班途中，受到非本人主要责任的交通事故或者城市轨道交通、客运轮渡、火车事故伤害的；⑦ 法律、行政法规规定应当认定为工伤的其他情形。

职工有下列情形之一的，视同工伤：① 在工作时间和工作岗位，突发疾病死亡或者在 48 h 之内经抢救无效死亡的；② 在抢险救灾等维护国家利益、公共利益活动中受到伤害的；③ 职工原在军队服役，因战、因公负伤致残，已取得革命伤残军人证，到用人单位后旧伤复发的。

（2）不能认定为工伤的情况：① 故意犯罪的；② 醉酒或者吸毒的；③ 自残或者自杀的。

(3) 工伤认定所需材料：① 工伤认定申请表；② 与用人单位存在劳动关系(包括事实劳动关系)的证明材料；③ 医疗诊断证明或者职业病诊断证明书(或者职业病诊断鉴定书)。

(三) 工伤保险待遇

职工因工作遭受事故伤害或者患职业病进行治疗，享受工伤医疗待遇。

职工治疗工伤应当在签订服务协议的医疗机构就医，情况紧急时可以先到就近的医疗机构急救。

治疗工伤所需费用符合工伤保险诊疗项目目录、工伤保险药品目录、工伤保险住院服务标准的，从工伤保险基金支付。

职工住院治疗工伤的伙食补助费，以及经医疗机构出具证明，报经办机构同意，工伤职工到统筹地区以外就医所需的交通、食宿费用从工伤保险基金支付，基金支付的具体标准由统筹地区人民政府规定。

工伤职工到签订服务协议的医疗机构进行工伤康复的费用，符合规定的，从工伤保险基金支付。

工伤职工因日常生活或者就业需要，经劳动能力鉴定委员会确认，可以安装假肢、矫形器、假眼、假牙和配置轮椅等辅助器具，所需费用按照国家规定的标准从工伤保险基金支付。

职工因工作遭受事故伤害或者患职业病需要暂停工作接受工伤医疗的，在停工留薪期内，原工资福利待遇不变，由所在单位按月支付。停工留薪期一般不超过 12 个月。伤情严重或者情况特殊的，经设区的市级劳动能力鉴定委员会确认，可以适当延长，但延长不得超过 12 个月。工伤职工评定伤残等级后，停发原待遇，按照《工伤保险条例》的有关规定享受伤残待遇。工伤职工在停工留薪期满后仍需治疗的，继续享受工伤医疗待遇。

生活不能自理的工伤职工在停工留薪期需要护理的，由所在单位负责。工伤职工已经评定伤残等级并经劳动能力鉴定委员会确认需要生活护理的，从工伤保险基金按月支付生活护理费。生活护理费按照生活完全不能自理、生活大部分不能自理或者生活部分不能自理三个不同等级支付，其标准分别为统筹地区上年度职工月平均工资的 50%、40%、30%。

四、《生产安全事故应急条例》

2019 年 2 月 17 日国务院公布了《生产安全事故应急条例》，自 2019 年 4 月 1 日起施行。《生产安全事故应急条例》是第一部专门针对生产安全事故应急工作的行政法规。它作为实施《安全生产法》《突发事件应对法》的重要支撑，其颁布实施必将全面提高我国生产安全事故应急工作的法治水平和应急能力。针对生产经营单位的事故应急工作，它明确了三项制度、一个机制和四个方面应急管理保障要求：应急预案制度、定期应急演练制度和应急值班制度，第一时间应急响应机制，人员、物资、科技和信息化四个方面应急管理保障要求。

第四节　煤矿安全生产主要部门规章

一、《煤矿安全规程》

修订后的《煤矿安全规程》自 2022 年 4 月 1 日起施行，制定《煤矿安全规程》的目的是保障煤矿安全生产和从业人员人身安全与健康，防止煤矿事故与职业危害。

《煤矿安全规程》是安全生产法律法规体系的重要组成部分，在煤炭行业具有极高的权威性，在煤矿安全生产领域居于主体规章地位，是规范煤矿安全生产行为的重要准绳。

视频讲解

1.《煤矿安全规程》的特点

(1) 强制性。《煤矿安全规程》是必须严格遵守和执行的，所有煤矿企事业单位和职工的生产行为都不能与之相背离；否则，视情节或后果严重程度给予行政处分经济处罚，或追究其刑事责任。

(2) 规范性。《煤矿安全规程》对一些内容做了具体的、明确的规定，规定了煤矿生产建设中哪些行为是被允许的，哪些行为是被禁止的，哪些行为是必须的，哪些行为是采取什么措施后才允许的，具有很强的规范性。

(3) 科学性。《煤矿安全规程》是长期煤炭生产经验和科学研究成果的总结，是广大煤矿职工集体智慧的结晶，也是煤矿职工用生命和汗水换来的教训。

(4) 稳定性。《煤矿安全规程》在一段时期内是相对稳定的，不得随意修改。执行一定时间后，根据各种因素的变化，再由有关安全生产监督管理部门负责组织修订。

2. 煤矿特种作业人员必须熟知的内容

(1) 煤矿企业必须对从业人员进行安全教育和培训。培训不合格的，不得上岗作业。特种作业人员必须按国家有关规定培训合格，取得资格证书，方可上岗作业。

(2) 对作业场所和工作岗位存在的危险有害因素及防范措施、事故应急措施、职业病危害及其后果、职业病危害防护措施等，煤矿企业应当履行告知义务，从业人员有权了解并提出建议。

(3) 从业人员有权制止违章作业，拒绝违章指挥；当工作地点出现险情时，有权立即停止作业，撤到安全地点；当险情没有得到处理不能保证人身安全时，有权拒绝作业。

(4) 从业人员必须遵守煤矿安全生产规章制度、作业规程和操作规程，严禁违章指挥、违章作业。

(5) 井下发生火灾时，矿值班调度和在现场的区、队、班组长应当依照灾害预防和处理计划的规定，将所有可能受火灾威胁区域中的人员撤离，并组织人员灭火。电气设备着火时，应当首先切断其电源；在切断电源前，必须使用不导电的灭火器材进行灭火。

(6) 入井(场)人员必须戴安全帽等个体防护用品，穿带有反光标识的工作服。入井(场)前严禁饮酒。

(7) 入井人员必须随身携带自救器、标识卡和矿灯，严禁携带烟草和点火物品，严禁穿化纤衣服。

(8) 煤矿企业应当为接触职业病危害因素的从业人员提供符合要求的个体防护用品，并指导和督促其正确使用。作业人员必须正确使用防尘或者防毒等个体防护用品。

(9) 煤矿企业必须按照国家有关规定，对从业人员上岗前、在岗期间和离岗时进行职业健康检查，建立职业健康档案，并将检查结果书面告知从业人员。

(10) 煤矿必须建立矿井安全避险系统，对井下人员进行安全避险和应急救援培训，每年至少组织 1 次应急演练。

煤矿特种作业人员要坚持学规程、用规程，不能等到出了事故才想起学习规程。

二、《煤矿安全培训规定》

修订后的《煤矿安全培训规定》自 2018 年 3 月 1 日起施行。制定《煤矿安全培训规定》

的目的是加强和规范煤矿安全培训工作，提高从业人员的安全素质，防止和减少伤亡事故。对于该规定，煤矿特种作业人员应重点掌握以下内容：

（1）煤矿特种作业人员应当具备初中及以上文化程度（自 2018 年 6 月 1 日起新上岗的煤矿特种作业人员应当具备高中及以上文化程度），具有煤矿相关工作经历，或者职业高中、技工学校及中专以上相关专业学历。

（2）煤矿特种作业人员必须经专门的安全技术培训和考核合格，由省级煤矿安全培训主管部门颁发《中华人民共和国特种作业操作证》（以下简称特种作业操作证）后，方可上岗作业。煤矿特种作业人员未取得特种作业操作证上岗作业，属于重大事故隐患。

（3）煤矿特种作业人员在参加资格考试前应当按照规定的培训大纲进行安全生产知识和实际操作能力的专门培训。其中，初次培训的时间不得少于 90 学时。已经取得职业高中、技工学校及中专以上学历的毕业生从事与其所学专业相应的特种作业，持学历证明经考核发证部门审核属实的，免予初次培训，直接参加资格考试。

（4）参加煤矿特种作业操作资格考试的人员，应当填写考试申请表，由本人或其所在煤矿企业持身份证复印件、学历证书复印件或者培训机构出具的培训合格证明向其工作地或者户籍所在地考核发证部门提出申请。考核发证部门收到申请及其有关材料后，应当在 60 日内组织考试。对不符合考试条件的，应当书面告知申请人或其所在煤矿企业。

（5）煤矿特种作业操作资格考试包括安全生产知识考试和实际操作能力考试。安全生产知识考试合格后，进行实际操作能力考试。煤矿特种作业操作资格考试应当在规定的考点进行，安全生产知识考试应当使用统一的考试题库，使用计算机考试，实际操作能力考试采用国家统一考试标准进行考试。考试满分均为 100 分，80 分以上为合格。

考核发证部门应当在考试结束后 10 个工作日内公布考试成绩。

申请人考试合格的，考核发证部门应当自考试合格之日起 20 个工作日内完成发证工作。申请人考试不合格的，可以补考一次；经补考仍不合格的，重新参加相应的安全技术培训。

（6）特种作业操作证有效期 6 年，全国范围内有效。特种作业操作证由国家安全生产监督管理总局统一式样、标准和编号。

（7）特种作业操作证有效期届满需要延期换证的，持证人应当在有效期届满 60 日前参加不少于 24 学时的专门培训，持培训合格证明由本人或其所在企业向当地考核发证部门或者原考核发证部门提出考试申请。经安全生产知识和实际操作能力考试合格的，考核发证部门应当在 20 个工作日内予以换发新的特种作业操作证。

（8）离开特种作业岗位 6 个月以上、但特种作业操作证仍在有效期内的特种作业人员，需要重新从事原特种作业的，应当重新进行实际操作能力考试，经考试合格后方可上岗作业。

（9）特种作业操作证遗失或者损毁的，应当及时向原考核发证部门提出书面申请，由原考核发证部门补发。特种作业操作证所记载的信息发生变化的，应当向原考核发证部门提出书面申请，经原考核发证部门审查确认后，予以更新。

（10）企业井下作业人员调整工作岗位或者离开本岗位一年以上重新上岗前，以及煤矿企业采用新工艺、新技术、新材料或者使用新设备的，应当对其进行相应的安全培训，经培训合格后，方可上岗作业。

三、《煤矿领导带班下井及安全监督检查规定》

修订后的《煤矿领导带班下井及安全监督检查规定》自 2015 年 7 月 1 日起施行。煤矿特种作业人员应重点掌握如下内容：

(1) 煤矿是落实领导带班下井制度的责任主体，每班必须有矿领导带班下井，并与工人同时下井、同时升井。

(2) 煤矿没有领导带班下井的，煤矿从业人员有权拒绝下井作业，煤矿不得因此降低从业人员工资、福利等待遇或者解除与其订立的劳动合同。

(3) 任何单位和个人对煤矿领导未按照规定带班下井或者弄虚作假的，均有权向煤炭行业管理部门、煤矿安全监管部门、煤矿安全监察机构举报和报告。

多年的实践经验表明，领导带班与工人同时下井，有利于发现现场的安全问题，减少事故发生。

四、《矿山生产安全事故报告和调查处理办法》

2023 年 1 月 17 日，国家矿山安全监察局印发了《矿山生产安全事故报告和调查处理办法》。制定该规定的目的是规范矿山生产安全事故报告和调查处理，防范和遏制矿山生产安全事故。煤矿特种作业人员应重点掌握如下内容：

(1) 根据事故造成的人员伤亡或者直接经济损失，事故分为以下等级：

① 特别重大事故，是指造成 30 人以上死亡，或者 100 人以上重伤(包括急性工业中毒，下同)，或者 1 亿元以上直接经济损失的事故；

② 重大事故，是指造成 10 人以上 30 人以下死亡，或者 50 人以上 100 人以下重伤，或者 5000 万元以上 1 亿元以下直接经济损失的事故；

③ 较大事故，是指造成 3 人以上 10 人以下死亡，或者 10 人以上 50 人以下重伤，或者 1000 万元以上 5000 万元以下直接经济损失的事故；

④ 一般事故，是指造成 3 人以下死亡，或者 10 人以下重伤，或者 100 万元以上 1000 万元以下直接经济损失的事故。

上述的“以上”包括本数，所称的“以下”不包括本数。

(2) 矿山发生事故(包括涉险事故)后，事故现场有关人员应当立即报告矿山负责人；矿山负责人接到报告后，应当于 1h 内报告事故发生地县级及以上人民政府矿山安全监管部门，同时报告国家矿山安全监察局省级局。发生较大及以上等级事故的，可直接向省级人民政府矿山安全监管部门和国家矿山安全监察局省级局报告。

五、《煤矿重大事故隐患判定标准》

修订后的《煤矿重大事故隐患判定标准》自 2021 年 1 月 1 日起施行。制定该标准的目的是准确认定、及时消除煤矿重大生产安全事故隐患。该标准与现行的煤矿安全规定和工作实际相衔接，最大限度地减少了引用标准判定重大事故隐患时的自由裁量权，提高了判定的可操作性。

煤矿重大事故隐患包括以下 15 个方面：

(1) 超能力、超强度或者超定员组织生产。

(2) 瓦斯超限作业。

(3) 煤与瓦斯突出矿井，未依照规定实施防突出措施。

(4) 高瓦斯矿井未建立瓦斯抽采系统和监控系统，或者系统不能正常运行。

(5) 通风系统不完善、不可靠。

(6) 有严重水患，未采取有效措施。

(7) 超层越界开采。

(8) 有冲击地压危险，未采取有效措施。

(9) 自然发火严重，未采取有效措施。

(10) 使用明令禁止使用或者淘汰的设备、工艺。

(11) 煤矿没有双回路供电系统。

(12) 新建煤矿边建设边生产，煤矿改扩建期间，在改扩建的区域生产，或者在其他区域的生产超出安全设施设计规定的范围和规模。

(13) 煤矿实行整体承包生产经营后，未重新取得或者及时变更安全生产许可证而从事生产，或者承包方再次转包，以及将井下采掘工作面和井巷维修作业进行劳务承包。

(14) 煤矿改制期间，未明确安全生产责任人和安全管理机构，或者在完成改制后，未重新取得或者变更采矿许可证、安全生产许可证和营业执照。

(15) 其他重大事故隐患。

煤矿特种作业人员应当熟悉工种岗位相关的重大事故隐患的判定标准，能够及时发现、如实上报工作场所存在的重大事故隐患。

六、《煤矿作业场所职业病危害防治规定》

修订后的《煤矿作业场所职业病危害防治规定》自 2015 年 4 月 1 日起施行。制定该规定的目的是加强煤矿作业场所职业病危害的防治工作，强化煤矿企业职业病危害防治主体责任，预防、控制职业病危害，保护煤矿劳动者健康。该规定包括职业病危害防治管理，建设项目职业病防护设施，职业病危害项目申报，职业健康监护，粉尘、噪声、热害和职业毒害的防治等内容。对于该规定，煤矿特种作业人员应重点掌握如下内容：

(1) 煤矿不得使用国家明令禁止使用的可能产生职业病危害的技术、工艺、设备和材料，限制使用或者淘汰职业病危害严重的技术、工艺、设备和材料。

(2) 煤矿应当按照《煤矿职业安全卫生个体防护用品配备标准》(AQ 1051)规定，为接触职业病危害的劳动者提供符合标准的个体防护用品，并指导和督促其正确使用。

(3) 煤矿应当履行职业病危害告知义务，与劳动者订立或者变更劳动合同时，应当将作业过程中可能产生的职业病危害及其后果、防护措施和相关待遇等如实告知劳动者，并在劳动合同中载明，不得隐瞒或者欺骗。

(4) 煤矿应当在醒目位置设置公告栏，公布有关职业病危害防治的规章制度、操作规程和作业场所职业病危害因素检测结果；对产生严重职业病危害的作业岗位，应当在醒目位置设置警示标识和中文警示说明。

(5) 对接触职业病危害的劳动者，煤矿应当按照国家有关规定组织上岗前、在岗期间和离岗时的职业健康检查，并将检查结果书面告知劳动者。职业健康检查费用由煤矿承担。职业健康检查由省级以上人民政府卫生行政部门批准的医疗卫生机构承担。

七、《煤矿防治水细则》

修订后的《煤矿防治水细则》自 2018 年 9 月 1 日起施行。煤矿特种作业人员应重点掌握如下内容：

(1) 煤矿防治水工作应当坚持预测预报、有疑必探、先探后掘、先治后采的原则，根据不同水文地质条件，采取探、防、堵、疏、排、截、监等综合防治措施。

(2) 煤矿主要负责人必须赋予调度员、安检员、井下带班人员、班组长等相关人员紧急撤人的权力，发现突水征兆、极端天气可能导致淹井等重大险情，立即撤出所有受水患威胁地点的人员，在原因未查清、隐患未排除之前，不得进行任何采掘活动。

(3) 煤炭企业、煤矿应当组织开展水害应急预案、应急知识、自救互救和避险逃生技能的培训，使矿井管理人员、调度室人员和其他相关作业人员熟悉预案内容、应急职责、应急处置程序和措施。

八、《防治煤与瓦斯突出细则》

修订后的《防治煤与瓦斯突出细则》自 2019 年 10 月 1 日起施行。煤矿特种作业人员应重点掌握如下内容：

(1) 有突出矿井的煤矿企业、突出矿井应当依据《防治煤与瓦斯突出细则》，结合矿井开采条件，制定、实施区域和局部综合防突措施。区域综合防突措施包括下列内容：区域突出危险性预测；区域防突措施；区域防突措施效果检验；区域验证。局部综合防突措施包括下列内容：工作面突出危险性预测；工作面防突措施；工作面防突措施效果检验；安全防护措施。突出矿井应当加强区域和局部(简称两个“四位一体”)综合防突措施实施过程的安全管理和质量管控，确保质量可靠、过程可溯。

(2) 煤矿企业、煤矿的各职能部门负责人对职责范围内的防突工作负责；区(队)长、班组长对管辖范围内防突工作负直接责任；瓦斯防突工对所在岗位的防突工作负责。

(3) 突出煤层工作面的作业人员、瓦斯检查工、班组长应当熟悉突出预兆，发现有突出预兆时，必须立即停止作业，按避灾路线撤出，并报告矿调度室。班组长、瓦斯检查工、矿调度员有权责令相关现场作业人员停止作业、停电撤人。

(4) 突出矿井必须编制突出事故应急预案。突出煤层每个采掘工作面开始作业后 10 天内应当进行 1 次突出事故逃生、救援演习，以后每半年至少进行 1 次逃生演习，但当安全设施或者作业人员发生较大变化时必须进行 1 次逃生演习。

(5) 突出矿井的管理人员和井下工作人员必须接受防突知识培训，经考试合格后方可上岗作业。突出矿井井下工作人员的培训包括防突基本知识以及与本岗位相关的防突规章制度。

九、《防治煤矿冲击地压细则》

修订后的《防治煤矿冲击地压细则》自 2018 年 8 月 1 日起施行。煤矿特种作业人员应当重点掌握如下内容：

(1) 冲击地压矿井必须编制冲击地压事故应急预案，且每年至少组织一次应急预案演练。

(2) 人员进入冲击地压危险区域时必须严格执行“人员准入制度”。准入制度必须明确规定人员进入的时间、区域和人数，井下现场设立管理站。进入严重(强)冲击地压危险区域的人员必须采取穿戴防冲服等特殊的个体防护措施，对人体的胸部、腹部、头部等主要部位加强保护。

(3) 冲击地压矿井必须制定采掘工作面冲击地压避灾路线，绘制井下避灾线路图。冲击地压危险区域的作业人员必须掌握作业地点发生冲击地压灾害的避灾路线以及被困时的自救常识。井下有危险情况时，班组长、调度员和防冲专业人员有权责令现场作业人员停止作业，停电撤人。

(4) 冲击地压矿井必须依据冲击地压防治培训制度，定期对井下相关的作业人员、班组长、技术员、区队长、防冲专业人员与管理人员进行冲击地压防治的教育和培训，保证防冲相关人员具备必要的岗位防冲知识和技能。

十、《煤矿防灭火细则》

为了加强煤矿防灭火工作，有效防控煤矿火灾事故，保障煤矿安全生产及从业人员生命安全和健康，2021 年 10 月 21 日国家矿山安全监察局印发了《煤矿防灭火细则》，于 2022 年 1 月 1 日起开始实施。煤矿特种作业人员应重点掌握如下内容：

(1) 煤矿企业、煤矿必须对从业人员进行防灭火教育和培训，定期对防灭火专业技术人员进行培训，提高其防灭火工作技能和有效处置火灾的应急能力。

(2) 井下工作人员必须熟悉灭火器材的使用方法和本职工作区域内灭火器材的存放地点。

(3) 井下严格实行明火管制，并符合下列规定：

① 严禁在采掘工作面进行电焊、气割等动火作业。

② 严禁携带烟草和点火物品，严禁穿化纤衣服入井。

③ 井下严禁使用灯泡取暖和使用电炉。

④ 井下爆破作业时，应当按照矿井瓦斯等级选用煤矿许用炸药和雷管，并严格按施工工艺进行爆破。

⑤ 井口和井下电气设备必须装设防雷击和防短路的保护装置。

(4) 井下使用的润滑油、棉纱、布头和纸等，必须存放在盖严的铁桶内。使用后的棉纱、布头和纸，也必须放在盖严的铁桶内，并由专人定期送到地面处理，不得乱放乱扔。严禁将剩油、废油泼洒在井巷或者硐室内。

(5) 井下清洗风动工具时，必须在专用硐室内进行，并使用不燃性和无毒性洗涤剂。

第五节　煤矿从业人员安全生产的权利和义务

《安全生产法》《矿山安全法》《劳动法》《煤炭法》等法律规定了煤矿从业人员在安全生产方面的权利和义务。关心和维护从业人员在安全生产方面的权利，是实现安全生产的重要条件。

一、煤矿从业人员安全生产的权利

煤矿从业人员安全生产的权利可概括为以下 8 个方面。

(一) 享受工伤保险和伤亡求偿权

视频讲解

生产经营单位与从业人员订立的劳动合同，应当载明有关保障从业人员劳动安全、防止职业危害的事项，以及依法为从业人员办理工伤社会保险的事项。生产经营单位不得以任何形式与从业人员订立协议，免除或者减轻其对从业人员因生产安全事故伤亡依法应承担的责任。因生产安全事故受到损害的从业人员，除依法享有工伤社会保险外，依照有关民事法律尚有获得赔偿的权利，有权向本单位提出赔偿要求。

(二) 危险因素和应急措施的知情权

生产经营单位的从业人员有权了解其作业场所和工作岗位存在的危险因素、防范措施及事故应急措施。

(三) 安全管理的批评检控权

矿山企业职工必须遵守有关矿山安全的法律、法规和企业规章制度。矿山企业职工有权对危害安全的行为提出批评、检举和控告。

(四) 拒绝违章指挥和强令冒险作业权

从业人员有权对本单位安全生产工作中存在的问题提出批评、检举、控告；有权拒绝违章指挥和强令冒险作业。生产经营单位不得因从业人员对本单位安全生产工作提出批评、检举、控告或者拒绝违章指挥、强令冒险作业而降低其工资、福利等待遇或者解除与其订立的劳动合同。

(五) 紧急情况下的停止作业和紧急撤离权

从业人员发现直接危及人身安全的紧急情况时，有权停止作业或者在采取可能的应急措施后撤离作业场所。生产经营单位不得因从业人员在紧急情况下停止作业或者采取紧急撤离措施而降低其工资、福利等待遇或者解除与其订立的劳动合同。

(六) 批评、检举和控告权利

从业人员有权对本单位安全生产工作中存在的问题提出批评、检举、控告。

(七) 获得符合国家标准或者行业标准劳动防护用品的权利

生产经营单位必须为从业人员提供符合国家标准或者行业标准的劳动防护用品，并监督、教育从业人员按照使用规则佩戴、使用。

(八) 获得安全生产教育和培训的权利

生产经营单位应当对从业人员进行安全生产教育和培训，保证从业人员具备必要的安全生产知识，熟悉有关的安全生产规章制度和安全操作规程，掌握本岗位的安全操作技能。未经安全生产教育和培训合格的从业人员，不得上岗作业。

二、煤矿从业人员安全生产的义务

作为法律关系内容的权利与义务是对等的，从业人员依法享有权利，同时也必须承担相应的法律义务和法律责任。《安全生产法》关于从业人员的安全生产义务的规定有以下四项：

(1) 必须遵法守规，服从管理的义务。

(2) 正确佩戴和使用劳保用品的义务。

(3) 接受安全生产教育和培训，掌握安全生产技能的义务。

(4) 发现事故隐患或者其他不安全因素及时报告和及时处理的义务。

第六节 煤矿安全管理制度

一、煤矿安全生产责任制

安全生产责任制是最基本的安全管理制度，是所有安全管理制度的核心，是“企业负责”的具体落实。安全生产责任制的实质是“安全生产，人人有责”，核心是将各级管理人员、各职能部门及其工作人员和岗位生产人员在安全管理方面应做的事情和应负的责任加以明确规定。

二、安全目标管理制度

安全目标管理是指煤矿企业将一定时期的安全工作任务转化为安全工作目标，制定安全目标体系，并层层分解到本企业的各个部门和个人，各个部门和个人按照所制定的目标，制定相应的对策措施。安全目标管理制度，应依据政府有关部门或上级下达的安全指标，结合实际制定年度或阶段安全生产目标，并将指标逐渐分解，明确责任、保证措施、考核和奖惩办法。

三、安全办公会议制度

安全办公会议由矿长或法定代表人主持，矿长外出时，由矿长委托生产副矿长或安全副矿长主持召开。安全办公会议的主要任务是传达贯彻上级一系列安全工作会议指示、指令、文件精神，分别听取有关专业部门对本旬安全生产检查情况的汇报，分析讨论各类隐患问题，并提出相应的安全技术措施和整改处理意见，结合各专业存在的安全工作重点，研究和部署相应安全管理规定。

四、安全技术措施审批制度

安全技术措施编制和审批，必须符合《安全生产法》《矿山安全法》《煤矿安全规程》等法律法规的规定和要求，并遵守上级主管部门颁发的各种文件、指令和技术标准。

采掘工作面作业规程和安全技术措施的审批，由总工程师和采掘专业的副总工程师负责审批；复杂硐室的组织设计，应用新技术、新工艺、新设备和新材料，以及采区首采工作面的作业规程，由上级主管部门审批。

开工前由施工单位的技术负责人组织全体人员对批准的作业规程和安全技术措施进行传达、学习，做好学习记录并存档。施工单位每月至少重新组织一次对作业规程和安全技术措施的学习，而且要做好学习记录。施工单位应根据现场的情况，每月对作业规程和安全技术措施进行复查，出现问题及时补充修改。

五、安全检查制度

安全检查是消除隐患、防止事故、改善劳动条件的重要手段。安全检查制度，应保证有效地监督安全生产规章制度、规程、标准、规范等执行情况；重点检查矿井“一通三防”的装备、管理情况；明确安全检查的周期、内容、检查标准、检查方式、负责组织检查的部门和人员、对检查结果的处理办法。对查出的问题和隐患应按“四定”原则（定项目、定人员、定措施、定时间）落实处理，并将结果进行通报及存档备案。

六、事故隐患排查制度

事故隐患排查制度应保证及时发现和消除矿井在通风、瓦斯、煤尘、火灾、顶板、机电、运输、爆破、水害和其他方面存在的隐患；明确事故隐患的识别、登记、评估、报告、监控和治理标准；按照分级管理的原则，明确隐患治理的责任和义务，并保证隐患治理资金的投入。

七、安全教育培训制度

安全教育与培训制度，应保证煤矿企业职工掌握本职工作应具备的法律法规知识、安全知识、专业技术知识和操作技能；明确企业职工教育与培训的周期、内容、方式、标准和考核办法；明确相关部门安全教育与培训的职责和考核办法；明确年度安全生产教育与培训计划，确定任务，保证安全培训的条件，落实费用。

八、安全投入保障制度

安全投入保障制度应按国家有关规定建立稳定的安全投入资金渠道，保证新增、改善和更新安全系统、设备、设施，消除事故隐患，改善安全生产条件，安全生产宣传、教育、培训、安全奖励、推广应用先进安全技术措施和管理、抢险救灾等均有可靠的资金来源。安全投入应能充分保证安全生产需要，安全投入资金要专款专用。煤矿企业应当编制年度安全技术措施计划，确定项目，落实资金、完成时间和责任人。

九、劳动防护用品产品发放与使用制度

该制度应符合《劳动防护用品产品质量监督检验暂行管理办法》及有关法规和标准的要求，内容应包括劳动防护用品的质量标准、发放标准、发放范围以及劳动防护用品的使用、监督检查等方面的内容。

十、矿用设备、器材使用管理制度

矿用设备、器材使用管理制度，应保证在用设备、器材符合相关标准，保持完好状态；明确矿用设备、器材使用前检测标准、程序、方法和检验单位、人员的资质；明确使用过程中的检验标准、周期、方法和校验单位、人员的资质；明确维修、更新和报废的标准、程序和方法。

十一、入井检身与出入井人员清点制度

入井检身与出入井人员清点制度，明确入井人员禁止带入井下的物品和检查方法；明确人员入井登记、升井登记、清点和统计、报告办法，保证准确掌握井下作业人数和人员名单，及时发现未能正常升井的人员并查明原因。

第二章　煤矿生产技术

本章培训与考核要点

- 了解煤层埋藏特征及其对安全生产的影响；
- 熟悉矿图的种类、识读方法；
- 了解矿井开拓的各种方式；
- 了解矿井与采区生产系统；
- 了解巷道分类、巷道掘进方法和巷道支护形式；
- 了解采煤工作面的巷道布置、采煤工艺等采煤技术。

第一节　矿井地质基本知识

一、岩石与岩层

岩石是一种或一种以上矿物组成的集合体。根据岩石的成因，岩石可分为岩浆岩、沉积岩、变质岩三大类。

岩层是指由两个平行的或近于平行的界面所限制的岩性相同或近似的层状岩石。

(1) 岩层的产状：岩层在地壳中的空间存在状态，如水平岩层、倾斜岩层、直立岩层和倒转岩层。

(2) 岩层的产状三要素：走向、倾向、倾角，如图 2-1 所示。

走向：倾斜岩层的层面与水平面的交线，称为走向线。走向线上各点的高程都相等。走向线两端延伸的方向，称为岩层的走向。走向就是表示倾斜岩层在水平面上的延伸方向。当岩层是个平面时，其走向线为一条直线，各点走向不变；当岩层为曲面时，其走向线为一条曲线，各点走向不同。

倾向：岩层层面上垂直于走向线，并沿岩层层面倾斜向下引出的直线，叫真倾斜线。真倾斜线在水平面上的投影线所指岩层向下倾斜的方向，就是岩层的倾向。

倾角：真倾斜线与其在水平面上的投影线的夹角，叫倾角。

二、地质构造

原始形成的沉积岩层受地壳运动的影响而发生了倾斜、褶皱，有的还发生了断裂，沿断裂面产生了位移。这种由地壳运动而造成的岩层或岩体的原始产状和原始形态的改变，称为地质构造变动。发生构造变动的岩层或岩体，形成了各式各样的构造形态(如褶皱、裂隙、断层)，称为地质构造。

(一) 断裂构造

地壳中的岩石(岩层或岩体)，特别是脆性较大和靠近地表的岩石，在受力情况下容易产生断裂和错动，总称为断裂构造。

(1) 节理：几乎所有岩石中都可看到有规律的、纵横交错的裂隙。

(2) 断层：岩块沿着破裂面有明显位移的断裂构造。

断层的几个要素：断层面、断层线、断盘，如图 2-2 所示。根据断层两盘相对位移的关系分类：

① 正断层：上盘相对下降，下盘相对上升的断层；

② 逆断层：上盘相对上升，下盘相对下降的断层；

③ 平推断层：断层两盘沿着断层面在水平方向发生相对位移的断层；

④ 枢纽断层：断层运动具有旋转性质，好像上盘围绕着一个轴作旋转运动的断层。

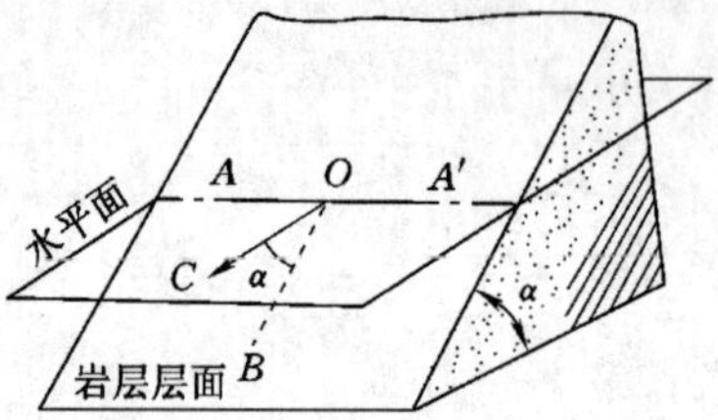

AOA′—走向线；OB—倾斜线；OC—倾向线

图 2-1　煤层产状

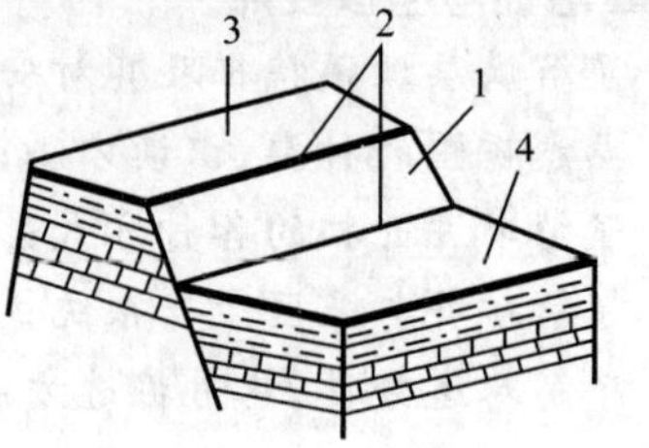

1—断层面；2—断层线；3—下盘；4—上盘

图 2-2　断层的要素

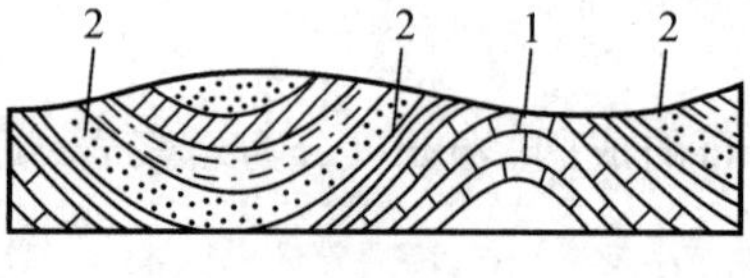

1—背斜；2—向斜

图 2-3　褶皱构造

(二) 褶皱构造

岩层在水平方向积压力长期作用下，发生塑性变形而形成波状弯曲，这种构造形态称为褶皱构造。褶皱构造中岩层的一个弯曲，称为褶曲。褶曲的基本形态分为背斜和向斜。

背斜：突出的弯曲，两翼岩层从中心向外倾斜。向斜：岩层向下凹陷的弯曲，两翼岩层自两侧向中心倾斜，如图 2-3 所示。

三、煤层

煤层是指顶、底板岩石之间所夹的一套煤及其矸石层。煤层是煤系的主要组成部分，煤层层数、厚度及其变化是评价煤田经济价值的主要因素。

1. 煤层顶、底板

(1) 顶板：煤层上覆的岩层。根据岩性、厚度及采煤过程中的跨落难易程度，顶板分为：伪顶、直接顶和基本顶。

(2) 底板：位于煤层之下的岩层，分为直接底和基本底两种，如图 2-4 所示。

2. 煤层结构

煤层结构是指煤层中是否含有夹石层，分为简单结构和复杂结构和极复杂结构三种。

3. 煤层的形态

煤层赋存的空间几何形态，分为层状煤层、似层状煤层和不规则状煤层三种形态。

4. 煤层的厚度

(1) 厚度分类。煤层的厚度是指煤层上下层面之间的垂直距离。

① 煤层总厚度：包括夹矸层在内的煤层全部厚度之和。

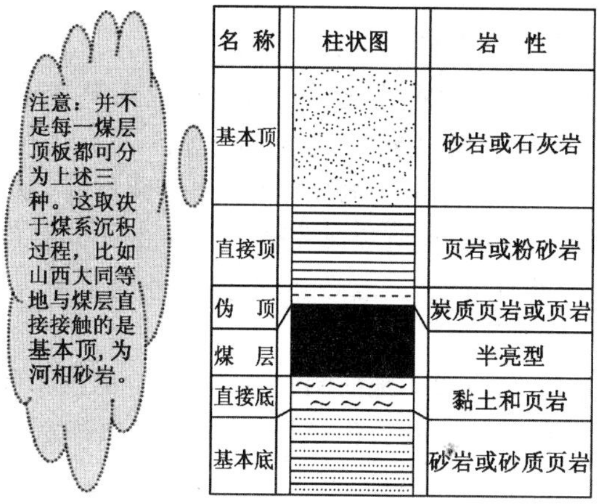

图 2-4　煤层柱状图

② 煤层有益(纯煤)厚度：所有煤分层厚度的总和。

③ 煤层可采厚度：在现代经济技术条件下适于开采的煤分层的总厚度。

(2) 煤层厚度等级。薄煤层，≤1.3 m；中厚煤层，1.3～3.5 m；厚煤层，＞3.5 m。

四、矿图

在矿井设计、施工和生产管理等工作中，需要测绘一系列的图纸，这些图称为矿图。《煤矿安全规程》规定，井工煤矿必须按规定填绘反映实际情况的下列图纸：

(1) 矿井地质图和水文地质图。矿井地质图是反映矿井各种地质现象与井巷工程之间的相互关系及它们空间分布情况的所有图件。矿井水文地质图是反映矿井水文地质条件的图纸，其中矿井水文地质图包括：矿井充水性图、矿井涌水量与各种相关因素动态曲线图、矿井综合水文地质图、矿井综合水文地质柱状图、矿井水文地质剖面图、矿井含水层等水位(压)线图、区域水文地质图、矿区岩溶图。

(2) 井上、下对照图。井上、下对照图是将井田范围内的地物、地貌和井下的采掘工程情况综合画在一张平面图上的图件。井上下对照图每季度填绘 1 次，图面表达和注记无矛盾。

(3) 巷道布置图。巷道布置图是指反映全矿井或井下某一区域巷道的平面位置和相互关系的图纸。

(4) 采掘工程平面图。采掘工程平面图是将开采煤层或其分层内的采掘工程和地质情况，采用标高投影的原理，按一定比例尺绘制而成的图纸。采掘工程平面图每月填绘 1 次。

(5) 通风系统图。通风系统图是表示矿井通风网络，通风设备、设施，风流的方向和风量等参数的平面图或立体图。

(6) 井下运输系统图。井下运输系统图是表示井下煤流方向、辅助运输方向等信息的平面图，一般包括巷道名称、巷道参数、设备和设施参数、轨道参数、煤流方向、辅助运输方向等。

(7) 安全监控布置图和断电控制图、人员位置监测系统图。安全监控布置图是指反映各安全监控的设备安装的位置，即各设备放置的地方，并从原理上反映监测系统怎样动作、运行及主要功能的图纸。

(8) 压风、排水、防尘、防火注浆、抽采瓦斯等管路系统图。

(9) 井下通信系统图。

(10) 井上、下配电系统图和井下电气设备布置图。

(11) 井下避灾路线图。井下避灾路线图是指导作业人员在遇到各种灾害时的撤退路线图，通常包括避瓦斯爆炸路线、避火路线、避水路线等。

以上 11 项图件是煤矿生产必不可少的基础性、全局性资料，是煤矿安全、建设、生产和管理依据的基础，是了解、掌握煤矿地质规律和分析煤矿生产问题的重要依据，要求煤矿必须备齐，并随着开采的进行及时填绘、经常修改，保持图件内容最大限度地符合地质条件和开采状况的变化。

煤矿特种作业人员应当熟悉《煤矿地质测量图例》规定的图形符号、线条、注记等，掌握最基本的矿图识读方法，能够读懂本岗位作业相关的图件，熟练掌握煤矿井下避灾路线图。

第二节　矿井开拓与生产系统

由于煤矿开采的对象是赋存于地下的煤层，受地质条件和生产技术的限制和影响，一个矿井(一套生产系统)所能开采的煤层范围是有限的，往往难以开采整个煤田，在一个井田上进行开采的煤矿一般叫矿井。

一、煤田开发

煤田的范围差异较大，大的煤田面积可达数千平方千米，储量可达数百亿吨。对于这样大的煤田，如果用一个矿井来开采，无论从技术上、经济上和安全上都是不合理的。因此，在开发一个煤田时，应将煤田划分成若干较小的部分，由若干矿井进行开采。划归一个矿井开采的那部分煤田称为井田。

煤田划分为井田后，每个井田的范围仍然很大。井田的走向长度可达数千米甚至数万米，倾斜程度可达数千米，井田的储量可供开采数十年甚至数百年。为了有计划地按照一定的顺序进行开采，需要将井田划分为若干更小的部分。

(一) 井田划分为阶段和水平

阶段：在井田范围内，沿着煤层的倾斜方向，按一定标高把煤层划分为若干个平行于走向的长条部分，每个长条部分具有独立的生产系统，称为阶段。每个阶段都有独立的运输和通风系统。

水平：上下两阶段分界的水平面，称为水平。

一般而言，阶段与水平二者既有联系又有区别。其区别在于阶段表示的是井田范围中的一部分，强调的是煤层开采范围和储量；而水平是指布置在某一标高水平面上的巷道，强调的是巷道布置。二者的联系是利用水平上的巷道去开采阶段内的煤炭资源。井田内水平和阶段的开采顺序，一般是先采上部水平和阶段，后采下部水平和阶段。

(二) 井田划分为盘区或带区

开采倾角很小的近水平煤层，井田沿倾斜方向的高差很小，很难将其划分成若干以一定标高为界的阶段，则可将井田直接划为盘区或带区。通常沿煤层的延展方向布置大巷，在大巷两侧划分成具有独立生产系统的块段，这样的块段称为盘区或带区。

(三) 井田划分为开采区域

随着煤矿机械化和新技术、新方法、新设备的出现，我国已经建设了许多大型和特大型矿井。由于矿井生产能力大、井田范围广，辅助提升任务非常繁重，井下通风线路长，特别是当瓦斯涌出量大时，矿井通风更加困难。为了解决矿井辅助提升和通风问题，我国不少特大型矿井将井田划分为若干具有独立通风系统的开采区域。各开采区域具有独立近风、回风系统，其内部可采用采区式、盘区式或带区式准备方式，并有自己的辅助井筒，担负进风和回风任务，有时还担负辅助提升工作。井下出煤则由服务于全矿的主井集中提出。

二、矿井开拓

为开采煤炭，由地表进入煤层为开采水平服务所进行的井巷布置和开掘工程，称为井田开拓。在某一井田地质、地形及开采技术条件下，矿井开拓巷道有多种布置方式，开拓巷道的布置方式称为开拓方式。

按井筒（硐）形式可分为立井开拓、斜井开拓、平硐开拓、综合开拓。

1. 立井开拓

主井、副井均采用立井的开拓方式，称为立井开拓。立井开拓适用于井田开采一个，煤层赋存较深，表土层较厚的条件。如图 2-5 所示，井田沿倾斜分为 2 个阶段，设 2 个开采水平。在阶段内沿走向划分为若干个采区。为减少初期工程量，尽快投产，可设中央采区。每个采区再划分为多个区段。

2. 斜井开拓

主井、副井均为斜井的开拓方式称为斜井开拓，如图 2-6 所示。采用斜井开拓时，一般以一对斜井开拓井田。斜井布置方式应满足井型大小、运输等要求。一般情况下，斜井井筒应布置在煤层（组）下部稳定的底板岩石中，井筒方向与煤层倾斜方向基本一致。当煤层倾角与要求的井筒倾角不一致时，可采用穿层斜井。当井筒倾角小，而煤层倾角大，则可开掘底板穿层斜井，穿底板斜井，井田可以是单水平、多水平开拓，也可以是单煤层、煤层群开拓。当煤层倾角较小，如近水平煤层，为减少斜井工程量，可开掘顶板穿层斜井。应用顶板穿层斜井时，一般井田内只开采一个煤层，且往往是单水平开拓。

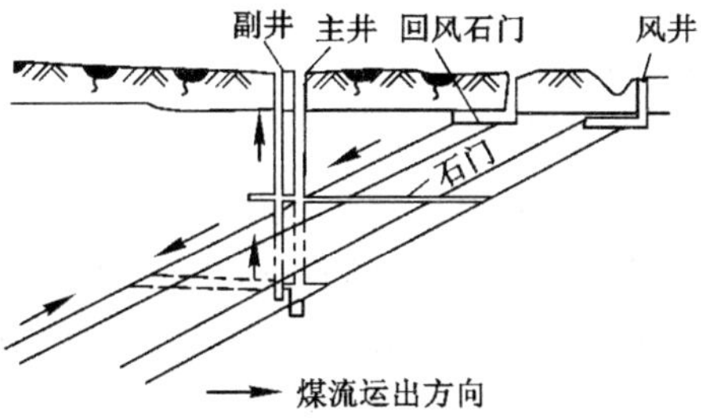

图 2-5　立井开拓

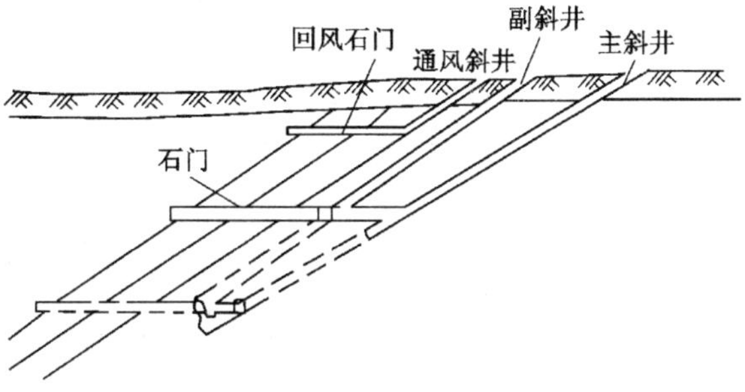

图 2-6　斜井开拓

3. 平硐开拓

服务于地下开采，在地层中开掘的直通地面的水平巷道，称为平硐。主要用于运输矿产品的平硐称为主平硐。用主平硐的开拓方式称为平硐开拓。简言之，利用直通地面的水平巷道进入地下煤层的开拓方式称为平硐开拓，如图 2-7 所示。

4. 综合开拓

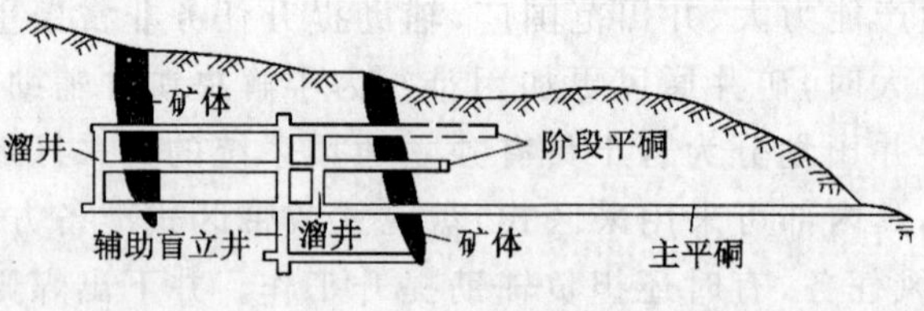

图 2-7　平硐开拓

在复杂的地形、地质及开采技术条件下，采用单一的井筒形式开拓，在技术上有困难、经济上也不合理。各种开拓方式均有优缺点，若将两种开拓方式的主要优点结合起来，就出现了综合开拓，即采用立井、斜井、平硐等任何两种或两种以上的开拓方式，称为综合开拓。可供选择的综合开拓方式有：立井—斜井、平硐—斜井、立井—平硐及立井—斜井—平硐等。

三、矿井巷道

矿井开采需要在地下煤(岩)层中开凿大量的井巷和硐室，常按巷道的空间特征和用途来分类。

(一) 按巷道所处空间位置和形状分类

矿井巷道按巷道所处空间位置和形状，可分为垂直巷道、水平巷道和倾斜巷道。

1. 垂直巷道

立井：直接通达地面出口的垂直巷道，又称竖井。立井一般位于井田中部，担负全矿煤炭提升任务的为主立井，担负人员升降和材料、设备、矸石等辅助提升任务的为副立井。

暗立井：没有直接通达地面出口的垂直巷道，装有提升设备，也有主暗立井、副暗立井之分。暗立井通常用作上下两个水平之间的联系，即将下部水平的煤炭通过主暗立井提升到上部水平，将上部水平中的材料、设备和人员等转运到下部水平。

溜井：担负自上而下溜放煤炭任务的暗井。

2. 倾斜巷道

斜井：有直接出口通达地面的倾斜巷道。担负全口径下煤炭提升任务的斜井叫主斜井，担负矿井通风、行人、运料等辅助提升任务的斜井叫副斜井。

暗斜井：没有直接通达地面的出口，用作相邻上下水平联系的倾斜巷道，其任务是将下部水平的煤炭运到上部水平，将上部水平的材料、设备等运到下部水平。

上山：服务于一个采(盘)区的倾斜巷道，也称为采(盘)区上山。没有通达地面的出口，且位于开采水平之上，沿煤层或岩层从主要运输大巷由下向上开掘的倾斜巷道。上山用于开采其开采水平以上的煤层。按用途和装备，可将上山分为输送机上山(或运输上山)、轨道上山、通风上山和行人上山等。输送机上山(或运输上山)内的煤炭运输方向为由上到下运至水平大巷。

下山：由运输大巷向下，沿煤岩层开掘的为一个采(盘)区服务的倾斜巷道，也称为采(盘)区下山。按用途和装备，可将下山分为输送机下山(或运输下山)、轨道下山、通风下山和行人下山等。

3. 水平巷道

平硐：有出口直接通达地面的水平巷道。一般以一条主平硐担负全矿运煤、排矸、材料设备运输、进风、排水、供电和行人等任务，专作通风用的平硐称为通风平硐。

石门：与煤层走向垂直或斜交的水平岩石巷道。服务于全阶段、一个采区、一个区段的石门，分别称为阶段石门、采区石门、区段石门，用于运输的石门称为运输石门，用于通风的石门称为通风石门。

煤门：开掘在煤层中并与煤层走向垂直或斜交的水平巷道。煤门的长度取决于煤层的厚度，只有在厚煤层中才有必要掘进煤门。

平巷：没有出口直接通达地面，沿煤层走向开掘的水平巷道。开掘在岩层中的平巷叫岩石平巷，开掘在煤层中的平巷叫煤层平巷。按用途，可将平巷分为运输平巷、通风平巷等；按服务范围，将服务全阶段、分段、区段的平巷分别称为阶段平巷、分段平巷、区段平巷。

硐室：在井下开凿和建造的在空间3个轴线上长度相差不大且又不直通地面的短的地下巷道，如绞车房、变电所、水泵房、炸药库和煤仓等。硐室一般断面较大且长度较短。

（二）按巷道服务范围及其用途分类

矿井巷道按巷道服务范围及其用途，可分为开拓巷道、准备巷道和回采巷道。

1．开拓巷道

为全矿井或一个开采水平服务的巷道叫开拓巷道。如井筒、井底车场、主要石门、阶段（水平）大巷、采区石门等井巷，以及掘进这些巷道的辅助巷道都属于开拓巷道。

2．准备巷道

为采区一个以上区段、分段服务的巷道叫准备巷道，属于这类巷道的有采区上（下）山、区段集中巷、区段石门、采区车场、采区变电所等。

3．回采巷道

形成采煤工作面及为其服务的巷道叫回采巷道，属于这类巷道的有采煤工作面的开切眼、区段运输平巷和区段回风平巷。

四、矿井生产系统

（一）井下生产系统

煤矿井下生产系统主要有采煤系统、掘进系统、运煤系统、通风系统、运料排矸系统、排水系统、动力供应系统等。在煤矿生产过程中这些系统担负提升、运输、通风、排水、人员安全进出、材料设备上下井、矸石出运、供电、供气、供水等任务，生产系统的畅通和安全是矿井安全生产的前提和保证。

视频讲解

1．采煤系统

煤矿生产的中心环节是利用各种采煤方法进行采煤作业。采煤系统包括合理的巷道布置和适宜的采煤工艺（包括破煤、装煤、运煤、支护、采空区处理等，主要在图2-8中的24、25处进行）。

2．掘进系统

掘进系统就是按照井田开采规划的总体部署和采煤设计要求，开掘各种类型的巷道，合理有序地开采煤炭资源的准备系统。采掘衔接是矿井生产均衡的重要保证，掘进作业是其中的重要环节。

3．运煤系统

将井下煤炭运输提升到地面的设备设施及井巷布置统称为运煤系统。运煤系统担负煤炭运输和提升的重要任务。如图2-8所示的煤炭运输线路为：25→20→14→12→10→5→4→3→1。

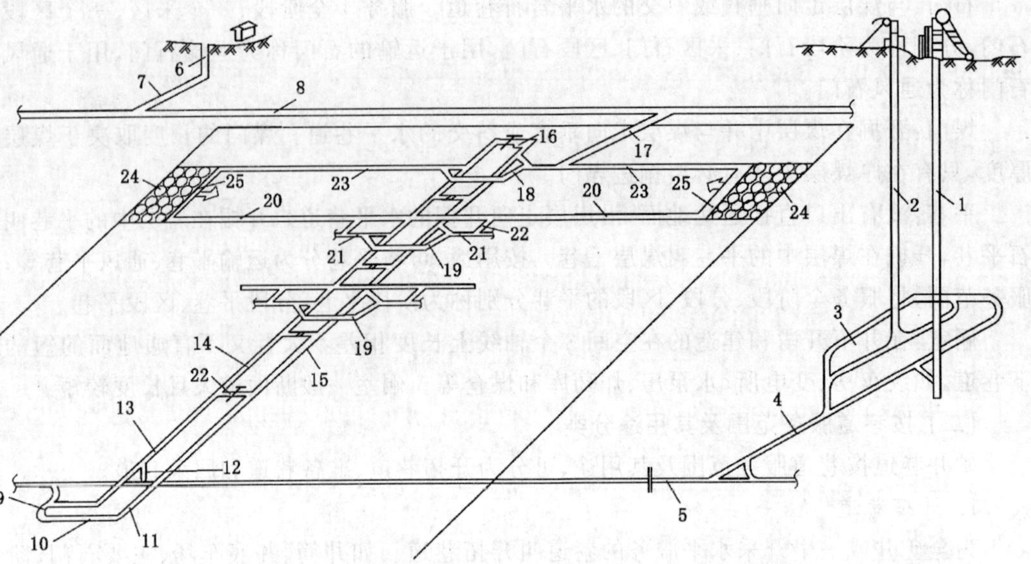

1—主井；2—副井；3—井底车场；4—主要运输石门；5—阶段运输大巷；6—回风井；7—回风石门；8—回风大巷；9—采区运输石门；10—采区下部车场底板绕道；11—采区下部车场；12—采区煤仓；13—行人进风巷；14—运输上山；15—轨道上山；16—上山绞车房；17—采区回风石门；18—采区上部车场；19—采区中部车场；20—区段运输平巷；21—下区段回风平巷；22—联络巷；23—区段回风平巷；24—开切眼；25—采煤工作面

图 2-8　煤矿生产系统

4. 通风系统

新鲜空气由进风井进入矿井后，经过井下各用风场所，然后从回风井排出矿井，风流所经过的整个路线及其配套的通风设施称为矿井通风系统。矿井通风系统是煤矿井下生产中重要的系统之一，它负责向煤矿井下提供新鲜适宜的空气，并营造一个舒适的气候环境。如图 2-8 所示的风流线路为：地面→2→3→4→5→11→15→19→20→25；污风→23→17→8→7→6→排出。

5. 运料排矸系统

担负井下需要材料、设备和矸石的运输，运送井下人员的系统称为运料排矸系统，又称为辅助运输系统。如图 2-8 所示的材料和设备的运送线路为：地面→2→3→4→5→9→11→15→23→25。

6. 排水系统

抽排矿井地下水的系统称为排水系统。它的作用就是将矿井水不断抽排到地面，防止矿井被淹没，保证人身安全和正常生产。矿井排水系统包括泵房、水仓、水泵、管路等设施。采掘工作面涌水由区段运输平巷、采区上山排到采区下部车场，经运输大巷、石门等巷道的排水沟，自流到井底车场水仓，由中央水泵房排到地面。

7. 动力供应系统

供电和供应压气的系统统称为动力供应系统。供电系统主要是为井下机械设备提供动力。常用的煤矿供电系统是：地面变电所→井下中央变电所→采区变电所→（移动式变电站）→工作面配电点。

煤矿井下除以上主要生产系统外，还有一些辅助系统，如煤矿安全避险系统、灌浆系统、瓦斯抽排系统、通信系统等，都为煤矿安全生产提供技术、设施设备保障。

（二）工业广场及地面生产系统

工业广场是布置地面生产系统、建筑物、构筑物和井筒位置的场所。工业广场建筑物最主要的是主井、副井，其他工业建筑的位置取决于主、副井的位置；在工业广场内，有办公楼、修配厂、绞车房、矿灯房、变电站、电车房、材料库、电工房、油库、煤仓、金属支架厂等工业建筑和设施，有食堂、宿舍、招待所、医院等民用建筑和生活设施，还有各种管线、轨道等。

工业广场还包括地面煤炭深加工系统（原煤的筛分、破碎、拣选、地面储装运）、地面排矸系统和地面管线系统等。

第三节　采煤与掘进技术

一、采煤方法及工艺

（一）有关概念

采煤工作面：在矿井内进行采煤作业的场地。采煤工作面的采煤高度称为采高，采煤工作面的煤壁长度称为采煤工作面长度。

煤壁：在采煤工作面中，直接进行采掘的煤层暴露面。

采煤工艺：在采场内根据煤层的自然赋存条件和采用的采煤机械，按照一定顺序完成采煤工作面各道工序的方法及其相互配合。采煤工作面工序包括破煤、装煤、运煤，支护顶板、采空区处理（放顶）等基本工序及其一些辅助工序。各道工序要求不同，在进行的顺序上、时间和空间必须有规律地进行安排和配合。采煤工作面在一定时间内，按照一定的顺序完成采煤工作各项工序的过程，称为采煤工艺过程。

采煤系统：采区内的巷道布置系统，以及为了正常生产而建立的用于运输、通风等目的的生产系统。

（二）采煤方法

采煤方法就是采煤系统与采煤工艺的综合及其在时间和空间上的相互配合。采煤方法主要分为壁式体系和柱式体系两种。我国大多采用壁式体系采煤法。

按照采煤工作面的推进方向与煤层走向的关系，壁式体系采煤法又可分为走向长壁采煤法和倾斜长壁采煤法。

（1）走向长壁采煤法，如图 2-9 所示，首先将采（盘）区划分为区段，在区段内布置回采巷道（区段平巷、开切眼），采煤工作面呈倾斜布置，沿走向推进，上下回采巷道基本上是水平的，且与采（盘）区上山相联。

（2）倾斜长壁采煤法，如图 2-10 所示，首先将井田或阶段划分为带区及分带，在分带内布置回采巷道（分带斜巷、开切眼），采煤工作面呈水平布置，沿倾向推进，两侧的回采巷道是倾斜的，并通过联络巷直接与大巷相联。

采煤工作面可分别用爆破、滚筒式采煤机或刨煤机破煤、装煤，用支架支护空间，用垮落法或充填法处理采空区。

（三）采煤工艺

采煤工作面内主要有破煤、装煤、运煤、支护及采空区处理等工序。其中，前三者是为了

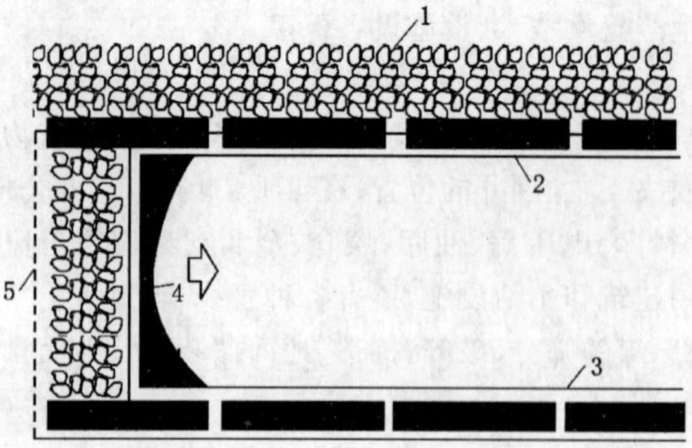

1—采空区；2—工作面回风巷；3—工作面进风巷；
4—工作面；5—开切眼

图 2-9　走向长壁采煤法

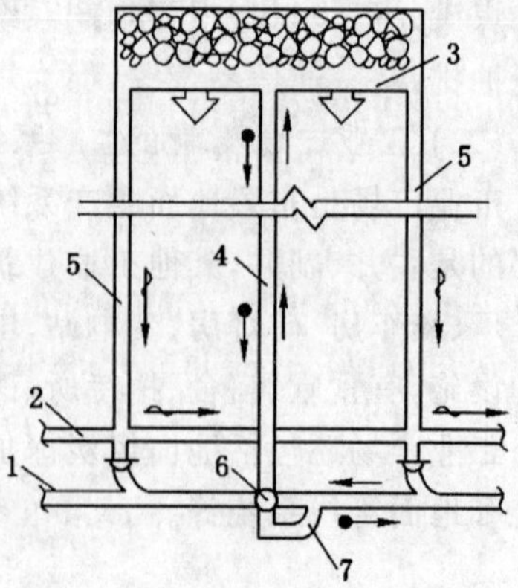

1—运输大巷；2—轨道大巷；3—采煤工作面；
4—运输巷；5—轨道巷；6—溜煤眼；7—绕道

图 2-10　倾斜长壁采煤法

开采煤炭，简称为“采”；后两者是为了控制顶板，简称为“控”。

1. 爆破采煤

爆破采煤的主要特点是采用爆破落煤。

2. 普通机械化采煤

普通机械化采煤工作面布置如图 2-11 所示，普通机械化采煤工艺的主要特点是用采煤机落煤。采煤机主要有刨煤机和滚筒采煤机两类。滚筒采煤机主要有单滚筒和双滚筒两种。

(1) 落煤、装煤。普采工作面的落煤与装煤由采煤机完成。

(2) 运煤。普采工作面的运煤采用可弯曲刮板输送机。推移输送机时，利用液压千斤顶将输送机移到目的地，并使输送机平、直，符合要求。

(3) 支护。普采工作面使用单体液压支柱与铰接顶梁组成的悬臂支架支护顶板。

(4) 采空区处理。采空区处理一般采用全部垮落法。对极坚硬的顶板，可以利用深孔爆破方法强制放顶以保证工作面的安全生产。

3. 综合机械化采煤

综采工艺的主要特点是采用采煤机落煤，用整体自移式液压支架支护顶板，落煤、装煤、运煤、支护全部工序实现了机械化，综采工作面设备布置如图 2-12 所示。综采工作面设备配套很关键，尤其应使采煤机、刮板输送机和液压支架这三大设备均符合工作面的条件，并在生产能力、设备强度、空间尺寸等方面配套。

(1) 落煤、装煤。由采煤机完成。综采工作面主要采用双向割煤，往返一次进两刀，斜切式进刀。

(2) 运煤。采用可弯曲刮板输送机运煤。

(3) 支护。综采工作面支护主要采用自移式液压支架，工作面两端一般采用端头支架支护。按支架与围岩的相互作用方式，支架可分为支撑式、掩护式及支撑掩护式 3 种基本类型。

支架的形式不同则移架和移刮板输送机的方式也不同。整体式支架移架和推移刮板输

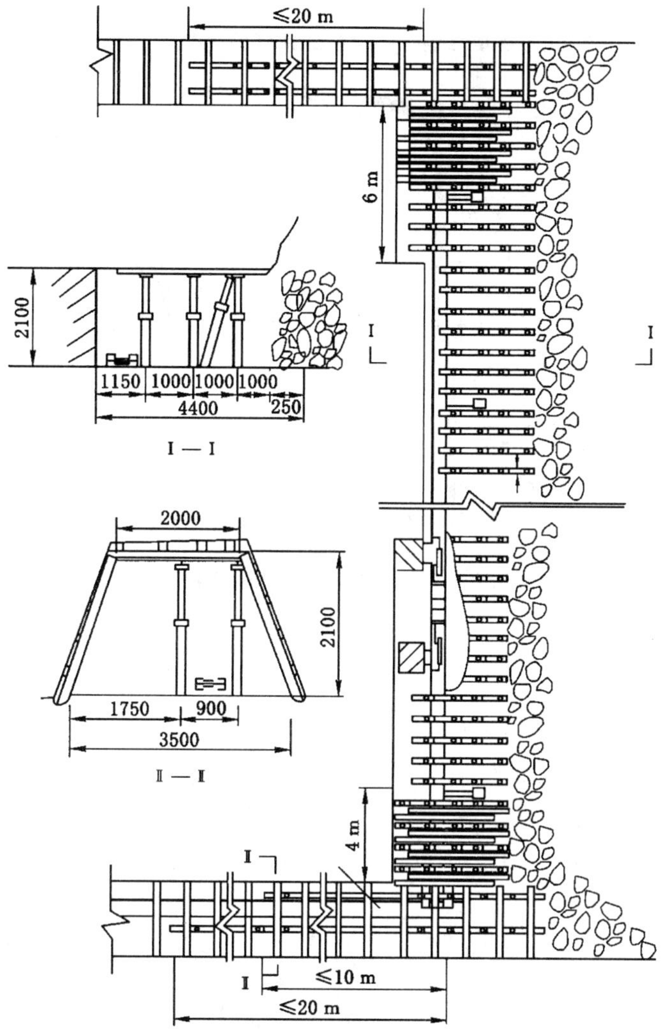

图 2-11　单滚筒采煤机普采工作面布置

送机共用一个液压千斤顶连接支架底座和刮板输送机槽，互为支点进行推、拉刮板输送机和支架。迈步式自移支架的移动，依靠本身两框架互为支点，用一个千斤顶推拉两框架分别前移，用另一个千斤顶推移刮板输送机。

(4) 采空区处理。综采工作面主要用垮落法处理采空区。

4. 综采放顶煤采煤工艺

综采放顶煤工艺的主要特点是采用采煤机割煤和放顶煤。综采放顶煤工艺是在厚煤层中沿煤层底板布置采煤工作面，煤壁采用采煤机割煤，顶煤从支架后部放煤口放煤，用前后两个刮板输送机运煤的采煤工艺。综采放顶煤与综采工艺基本相似，只是综采放顶煤适用于厚煤层开采，且多一道放煤工序。放煤是利用矿山压力将工作面顶部煤在工作面推进过后破碎，在支架掩护梁上的放煤窗口放落，并将冒落顶煤通过后部刮板输送机运出。

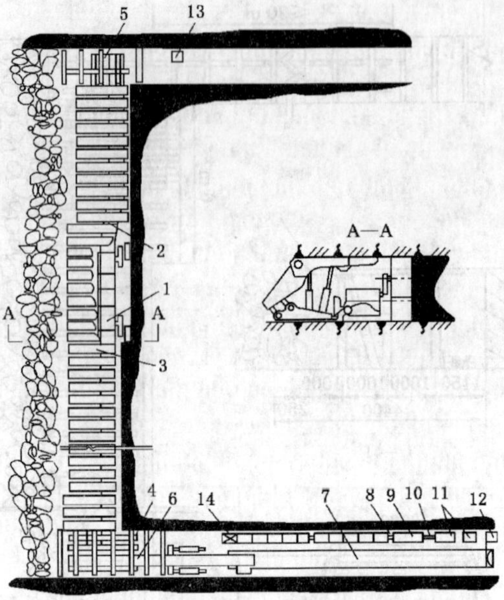

1—采煤机；2—刮板输送机；3—支架；4—下端头支护；5—上端头支护；6—转载机；7—带式输送机；8—配电箱；9—乳化液泵站；10—设备平板列车；11—移动变电站；12—喷雾泵站；13—液压绞车；14—集中控制台

图 2-12　综采工作面设备布置

视频讲解

放顶煤综采机械由采煤机、自移式液压支架及两部刮板输送机组成。其中，放顶煤液压支架(图 2-13)与普通支架有所不同，即在掩护梁上具有一个液控落煤窗口，在掩护梁下安装第 2 台刮板输送机。

图 2-13　放顶煤液压支架

二、巷道掘进和支护

井巷工程施工方法包括钻眼爆破法和机械化掘进法，两者的主要差别在于破岩方法不同。井巷工程施工方法的主要工序有破岩、装岩、运岩和支护等。

(一) 破岩

1. 钻爆破岩法

钻爆破岩法是指利用电钻或风钻等进行打眼、装药爆破的方法。为了提高打眼的速度可以使用专门的钻眼机械打眼，如风动凿岩机等。钻爆破岩法推广光面爆破。光面爆破是指在钻眼爆破过程中，通过采取一定的措施，使爆破后的巷道断面形状、尺寸基本符合设计要求，并尽量使巷道轮廓以外的围岩不受破坏的一种破岩方法。目前国内煤矿煤巷掘进以机械化掘进为主，岩巷掘进以钻爆破岩法为主。

2. 机械化破岩法

机械化破岩法是指利用综掘机对煤岩体进行切割和破碎的方法。该方法具有掘进速度快、效率高、巷道成形好、施工质量好等优点，在煤巷掘进中得到了广泛应用。采用综合机械化掘进机。可与自卸车、梭车、带式输送机等配套，实现掘进、运输连续作业，实现全自动凿岩机一次成巷施工。

（二）装岩与运岩

装运煤岩有人工装运和机械装运 2 种方法。常用的装岩机有耙斗式、铲斗式、蟹爪式装岩机等设备。运输普遍采用矿车，用人或电机车调车。掘进煤巷时可以直接用刮板输送机或带式输送机运煤，综掘设备本身连接有装煤运煤设施。

（三）巷道支护

维持巷道的有效断面，保持巷道安全使用空间的工作称为巷道支护，其目的是阻止围岩变形和垮落，防止顶板事故发生。巷道支护材料有水泥、石料、混凝土、木材和金属材料（如轻便钢轨、矿用工字钢、特殊工字钢、矿用特殊型钢等）。支护形式有架棚支护（金属拱形支护、木支护）、锚杆支护、锚喷支护、砌碹支护等。按支护存在的时间，分为临时支护和永久支护，锚喷支护和砌碹支护属于巷道永久支护，服务年限较长。

1. 架棚支护

架棚支护按棚式支架的材料构成，可分为木支架、金属支架和钢筋混凝土支架 3 种；按巷道断面形状可分为梯形支架和拱形支架（图 2-14）；按支架结构可分为刚性支架和可缩性支架。

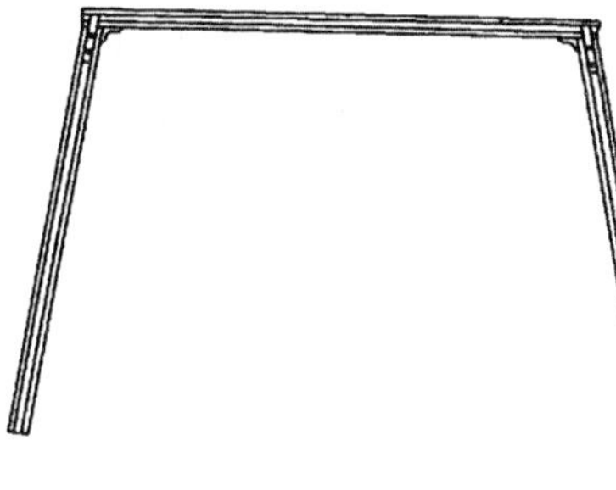

(a) 梯形支架

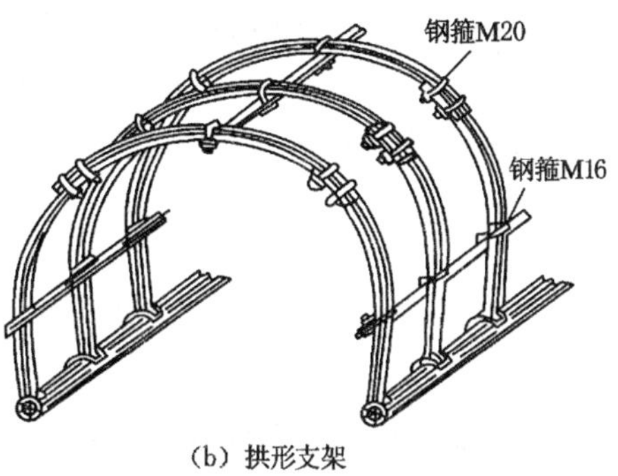

(b) 拱形支架

图 2-14 金属支架

2. 砌碹支护

砌碹支护的主要形式是直墙拱顶式，是一种被动支护形式（图 2-15）。该支护具有坚固、耐久、防火、通风阻力小等优点。缺点是施工复杂、劳动强度大、成本高和进度慢等。直墙拱顶支护由拱、墙和基础 3 部分组成。

3. 锚杆支护、喷射混凝土支护

锚杆支护就是将锚杆预设在围岩中，使岩体得以加固，形成一个完整的支护结构，是一种主动支护形式，其支护原理如图 2-16 所示。锚杆种类有钢筋或钢丝绳砂浆锚杆、金属锚杆、木锚杆、树脂锚杆等。

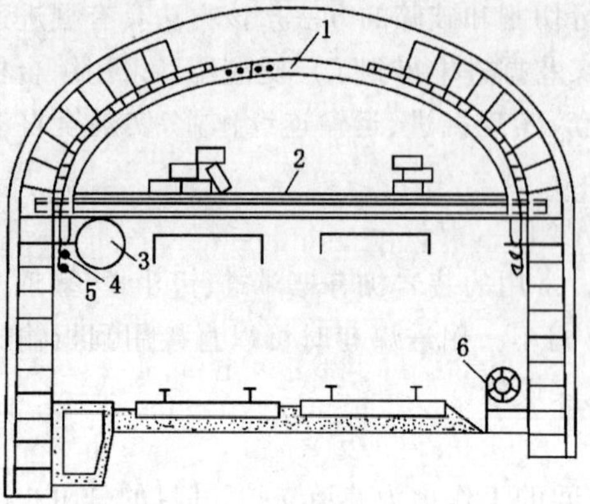

1—碹胎；2—工作台；3—风筒；4、5—线缆；6—供水管

图 2-15　砌碹支护

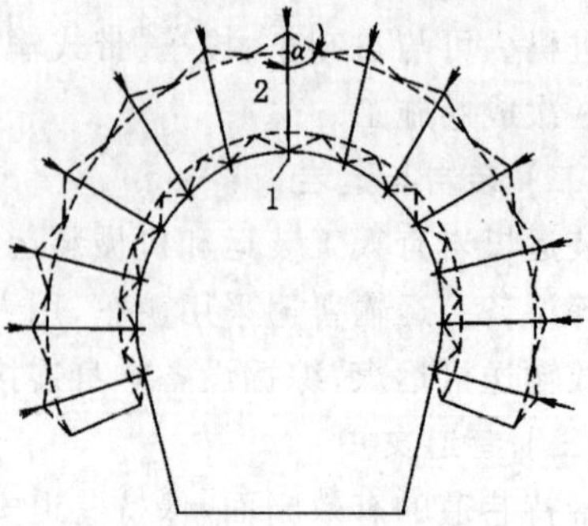

1—锚杆；2—岩层

图 2-16　锚杆支护原理示意图

喷射混凝土支护是将一定配合比的水泥、砂、石子和速凝剂等混合搅拌均匀，装入喷射机，以压缩空气为动力，使拌和料沿管路吹送至喷头处与水混合，并以较高的速度喷射在岩面上凝结硬化而成的一种支护形式。

锚喷支护是锚杆支护、喷射混凝土支护和锚杆＋喷射混凝土联合支护的总称。目前，我国大多数煤矿都采用锚喷支护。

巷道掘进作业危险性较大，应采取按技术标准设计、配备安全设施、进行有效的尘毒监测、强化安全管理、制定严格的安全规章制度等措施来确保掘进安全。巷道开掘后必须及时进行临时支护，方可进行其他作业。临时支护前和永久支护前必须严格执行敲帮问顶制度，两次敲帮问顶必须有安全员在场监护，并在隐患排查记录上签字。其主要内容包括：敲帮问顶工具、时间、责任人、顶板是否完整等。

第四节　矿用产品安全标志及其识别

一、执行安全标志管理的煤矿矿用产品的种类

煤矿矿用产品执行安全标志管理制度，就是要求煤矿矿用产品在安全性能和使用性能上满足煤矿安全生产要求。执行安全标志管理的煤矿矿用产品可以分为以下几类。

(1) 电气设备。包括高低压电器、防爆电机、综合保护装置、矿用泵以及其他防爆电器。

(2) 照明设备。包括安全帽灯、报警矿灯、防爆灯具等。

(3) 火工产品。包括煤矿许用炸药、煤矿许用雷管、发爆器等。

(4) 通讯、信号装置。包括防爆电话机及关联设备、无线电通信系统及关联设备、防爆声光报警信号装置、防爆信号通讯机等。

(5) 钻孔机具及附件。包括煤(岩)电钻、凿岩机具(电动、液动、气动)、锚杆钻机(电动、

液动、气动)、钻车、井下移动式空气压缩机、安全钻机(瓦斯抽采、探水、防突、放顶、注水、防灭火钻机)。

(6) 提升、运输设备。包括带式输送机及辅件、刮板输送机及辅件、钢丝绳、人车、防坠器、液力耦合器、辅助提运设备。

(7) 动力机车。包括内燃机车、蓄电池电机车、架线机车及配套电气设备。

(8) 通风、防尘设施。包括局部通风机、风筒、除尘与降尘设备。

(9) 阻燃及抗静电产品。包括输送带、电缆、风筒涂覆布、隔爆水槽(袋)、管材及塑料网带、非金属托辊、难燃介质。

(10) 环境、安全、工况监测监控仪器与装备。包括气体、粉尘、风速等检测仪表,安全监测监控系统及配套控制装置,自救器、呼吸器及其他防护装置。

(11) 支护设备。包括液压支架(含柱、阀、千斤顶)、滑移支架、单体液压支柱(含三用阀)、切顶支柱、摩擦支柱、金属顶梁、锚杆(索)。对上述范围内的进口产品,也执行安全标志管理。

(12) 采、掘机械及配套设备。包括采煤机、掘进机及其电控装置等。

二、煤矿矿用产品安全标志及其识别

煤矿矿用产品安全标志由图案和安全标志编号组成。在图案下部标注安全标志编号(编号由字母和数字组成)。煤矿矿用产品安全标志基本图案如图 2-17 所示。

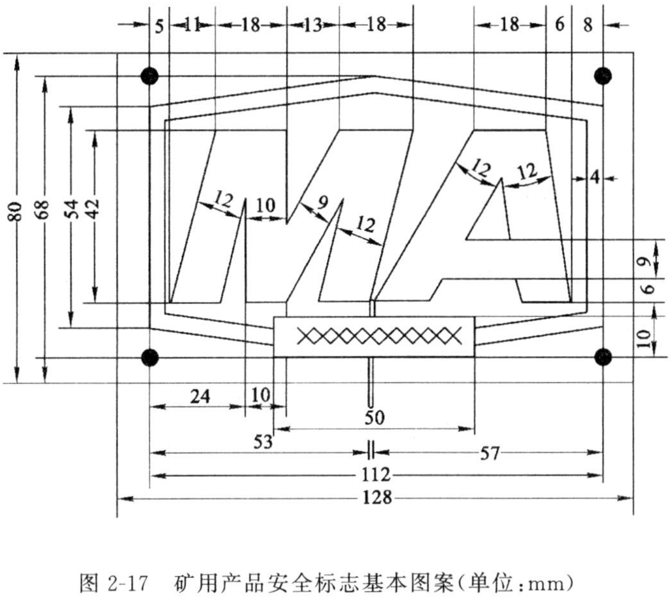

图 2-17 矿用产品安全标志基本图案(单位:mm)

煤矿矿用产品安全标志的识别要点:

(1) 看安全标志的尺寸规格。煤矿矿用产品安全标志分为标准规格和非标准规格。标准规格的基本图案分为五种规格:第一种规格尺寸如图 3-7 所示;第二种规格尺寸为第一种规格尺寸的0.66 倍;第三种规格尺寸为第二种规格尺寸的 0.66 倍,以此类推。

非标准规格(印刷、模压、模制、丝印、喷漆、蚀刻、雕刻、烙印、打戳等)应与标准规格的尺寸成线性比例。

(2) 看安全标志的颜色。标准规格安全标志为黄色底版，边框及“MA”为黑色并凸出0.25 mm；非标准规格安全标志，其底版和图案颜色可根据产品外观或铭牌总体设计情况合理选用。

(3) 看安全标志的加施位置。标准规格安全标志，须加施在产品外体明显的位置上，选用的规格与产品外形尺寸相适应；非标准规格安全标志，须加施在产品外体的明显位置上或产品铭牌上。

(4) 电缆、输送带、管材、风筒(布)等产品，加施安全标志的间隔距离不大于5 m，并保证在最小使用单元内具有不少于一处的安全标志。

(5) 在产品本体上不能加施安全标志的，其安全标志必须加施在产品最小包装上。

第五节　便携式甲烷检测报警仪

便携式甲烷检测报警仪是一种可连续检测甲烷浓度的本质安全型设备，具有操作方便、读取直观、工作可靠、体积小、质量轻、维修方便等特点。《煤矿安全规程》规定，矿长、矿总工程师、爆破工、采掘区队长、通风区队长、工程技术人员、班长、流动电钳工等下井时，必须携带便携式甲烷检测报警仪。

一、便携式甲烷检测仪特点与种类

便携式甲烷检测仪种类很多，按检测原理可分为3类：热催化(热敏)式、热导式和半导体气敏元件式。热催化式便携式甲烷检测仪的测量范围在0～4.0%CH_4或0～5.0%CH_4，用于低浓度甲烷的测定。热导式甲烷检测仪元件寿命长，不存在催化剂中毒现象，其测量范围在0～100%。

二、便携式甲烷检测仪构造与工作原理

(一) 热催化式

热催化式(热敏式)甲烷检测仪是由传感器、电源、放大电路、报警电路、显示电路等组成。其中传感器(也叫元件)是其主要部分，可直接与环境中的甲烷接触并反应，把甲烷浓度值变成电量，由放大电路放大后送给显示和报警电路。

热催化元件是用铂丝按一定的几何参数绕制的螺旋圈，外部涂着氧化铝浆并经煅烧而成的一定形状的耐温多孔载体。其表面上浸渍有一层铂、钯催化剂，因其表面呈黑色，又叫黑元件。在仪器甲烷检测室中有一个与黑元件构造相同，但表面没有涂催化剂的补偿元件叫白元件。黑、白两个元件分别接在一个电桥的两个相邻桥臂上，而电桥的另外两个桥臂分别接入适当的电阻，它们共同组成的测量电桥。

当一定的工作电流通过检测元件(黑元件)时，其表面加热到一定的温度，而这时含有甲烷的空气接触到检测元件表面时，便被催化燃烧放热，放出的热又反过来进一步使元件温度升高，使铂丝的电阻值明显增加，于是电桥失去平衡，输出一定的电压。在甲烷浓度低于4%时，电压与甲烷浓度呈正比关系，因此可以根据电压高低来测算出甲烷浓度。但当甲烷浓度高于4%时，输出的电压不再与甲烷浓度呈正比关系，所以这种原理只能测低于4%的甲烷浓度。

(二) 热导式

热导式与热催化式构造基本相同，也是由传感器、电源、放大电路、报警电路、显示电路

等组成，区别在于两种仪器传感器的构造和原理不同。

热导式传感器是根据矿井空气的导热系数随甲烷浓度的不同而不同的特性，通过测量这个变化来达到测量甲烷浓度的目的。仪器是通过热敏元件将因气体浓度变化而引起的导热系数变化转化成为电阻值的变化，再通过平衡电桥来测定这一变化的。

三、便携式甲烷检测仪的使用

便携式甲烷检测仪在每次使用前都必须充电，以保证可靠工作。

使用时，首先在新鲜空气中打开电源，预热 15 min，观察指示是否为零，如有偏差，则要调整电位器使其归零。

(一) 使用的方法和步聚

测量时，用手将仪器的传感器部位举至或悬挂在待测处，经十几秒钟的自然扩散，即可读取甲烷浓度值，也可由工作人员随身携带，在甲烷超限时发出声、光报警时，重点监测环境甲烷，或采取相应措施。

(二) 使用时的注意事项

(1) 要保护好仪器，在携带和使用中严禁摔打、碰撞，严禁被水淋或被水浸泡。

(2) 当使用过程中发现电压不足时，应立即停止使用，否则将影响仪器的正常工作并缩短电池使用寿命。

(3) 对仪器的零点测试精度及报警点应定期(一般为一周或一旬)进行校验。

(4) 当甲烷浓度和硫化氢浓度超过规定值后，仪器应禁止使用，以免损坏元件。

(5) 检查过程中还应注意顶板支护及两帮情况，防止伤人事故发生。

(6) 当甲烷浓度或氧气浓度超过规定限度应迅速退出并及时处理或汇报。

(7) 当闻到有其他特殊异杂气味时也要迅速退出，注意自身安全。

(三) 常见故障与排除

(1) 当打开开关后无显示则可能是线路中断，也可能是电池损坏，应维修或换电池。

(2) 显示过程时隐时现则可能是电路接触不良，应修理开关或换电池。

(3) 如果显示不为零，且调零电位无法归零，则应找专职人员修理调校。

四、便携式甲烷检测仪的日常维护

(1) 要爱护仪器，经常保持仪器的清洁。

(2) 及时进行校验，以保持其精度。

(3) 应在通风干燥处保存。

(4) 当发现电池无电时应及时充电，以防损坏电池。

第三章　煤矿灾害防治

本章培训与考核要点

- 掌握矿井通风基本知识；
- 掌握矿井瓦斯灾害防治知识；
- 掌握矿井火灾防治知识；
- 掌握矿尘防治知识；
- 掌握矿井水灾防治知识；
- 掌握矿井顶板灾害防治知识；
- 掌握矿井冲击地压灾害防治知识。

第一节　矿井通风

矿井通风是利用通风动力，将地面的新鲜空气，沿着有通风设施确定的通风路线不断地进入井下各采掘工作面、机电硐室、爆炸材料库以及其他用风地点，以满足生产用风的需要，同时将用过的污浊空气不断地排出地面。这种向矿井井下连续不断地输入新鲜空气并排出污浊空气的通风过程称为矿井通风。

矿井通风的基本任务是：

(1) 向井下各工作场所连续供给适量的新鲜空气，

(2) 稀释并排除井下各种有害气体和浮游粉尘，使有害气体和浮游粉尘符合《煤矿安全规程》的规定。

(3) 为井下创造适宜的气候条件，提供良好的生产环境，保障职工的身体健康和生命安全，为设备的正常运转创造条件。

(4) 提高矿井的抗灾能力。

一、矿井空气

矿井空气是矿井井巷内气体的总称，包括地面进入井下的新鲜空气和井下产生的有毒有害的气体、浮尘。矿井空气的主要来源是地面空气，但是地面空气进入井下以后，在其化学成分和物理状态上发生一系列的变化，因而矿井空气与地面空气在性质和成分上均有较大差别。

(一) 矿井空气中有害气体

矿井空气中常见的有毒有害气体有：CO、NO_2、SO_2、H_2S、CH_4、NH_3、H_2，在煤矿生产过程中产生或煤层中涌出。矿井空气中常见有害气体的性质、来源及对人的危害性见表 3-1。

表 3-1　矿井空气中常见有害气体的性质、来源及对人的危害性

气体名称	主要来源	相对密度	色和味	危害性	最高容许浓度/%
一氧化碳（CO）	爆破作业、火灾、煤尘和瓦斯爆炸、煤自燃	0.97	无色、无味、无臭	极毒。一氧化碳与血红素的亲和力比氧和血红素的亲和力大250～300倍，阻碍了氧与血红素的结合而使人体缺氧，引起窒息和死亡	0.0024
二氧化碳（CO_2）	煤岩中涌出，有机物氧化，人员呼吸，爆破作业	1.52	无色、无味、无臭	微毒。对呼吸系统有刺激作用，在肺中的含量增加时使血液酸度变大，刺激呼吸中枢	
二氧化硫（SO_2）	含硫矿物氧化，在含硫矿物中爆破作业	2.2	有刺激臭及酸味	与眼、呼吸道的湿表面接触后能形成亚硫酸，因而对眼、呼吸器官有强烈腐蚀作用，严重时会引起肺水肿	0.0005
二氧化氮（NO_2）	爆破作业	1.57	棕红色、有刺激臭	强烈毒性。能和水结合成硝酸，对肺组织起破坏作用，造成肺水肿；对眼睛、鼻腔、呼吸道等有强烈刺激作用	0.00025
硫化氢（H_2S）	有机物腐烂，硫化矿物水解，煤岩中放出	1.19	无色、微甜、臭鸡蛋味、0.0001%时即可嗅到	强烈毒性。能使血液中毒，对眼睛黏膜及呼吸道系统有强烈刺激作用	0.00066
氨气（NH_3）	爆破作业	0.6	无色、有恶臭	刺激皮肤、呼吸道，使人流泪、咳嗽、头晕，严重中毒者会发生肺水肿	0.004
氢气（H_2）	蓄电池充电时放出	0.07	无色、无味、无臭	浓度达4%～7%时有爆炸性	
甲烷（CH_4）	煤岩涌出	0.554	无色、无味、无臭、无毒	具有爆炸性	不同地点允许浓度不同

注：1. 甲烷、二氧化碳和氢气的允许浓度按《煤矿安全规程》的有关规定执行。
2. 矿井中所有气体的浓度均按体积的百分比计算。
3. 二氧化氮浓度为氮氧化物换算成二氧化氮。

（二）矿井气候条件

矿井气候条件指矿井空气的温度、湿度及风速三者的综合作用状态。这三个参数的不同组合，构成了不同的矿井气候条件。

1. 矿井空气的温度

矿井空气的温度是影响矿内气候条件的主要因素，气温过高，影响人体散热，破坏身体热平衡，使人感到不适，气温过低人体散热过多，容易引起感冒，对人体最适宜的温度一般认为是 15～20 ℃。

《煤矿安全规程》规定：当采掘工作面空气温度超过 26 ℃、机电设备硐室超过 30 ℃时，必须缩短超温地点工作人员的工作时间，并给予高温保健待遇。当采掘工作面的空气温度超过 30 ℃、机电设备硐室超过 34 ℃时，必须停止作业。进风井口以下的空气温度（干球温度，下同）必须在 2 ℃以上。

2. 矿井空气的湿度

空气的湿度是指空气中所含水蒸气量即空气的潮湿程度，一般用"相对湿度"表示。相对湿度指在同体积和同温度下，空气中实际含有的水蒸气数量与饱和水蒸气数量的百分比。对人体比较适宜的相对温度一般为 50%～60%。

3. 井巷中的风速

在矿井井巷中，风流在单位时间内所流经的距离称为巷道中的风速。风速影响人体对流散热和蒸发散热的效果。对流换热强度随风速而增大。当气温低于体温时，风速越大，对流散热量也越大。井巷中的风流速度应当符合表 3-2 要求。

表 3-2　井巷中的允许风流速度

井巷名称	允许风速/($m \cdot s^{-1}$)	
	最低	最高
无提升设备的风井和风硐		15
专为升降物料的井筒		12
风桥		10
升降人员和物料的井筒		8
主要进、回风巷		8
架线电机车巷道	1.0	8
输送机巷，采区进、回风巷	0.25	6
采煤工作面、掘进中的煤巷和半煤岩巷	0.25	4
掘进中的岩巷	0.15	4
其他通风人行巷道	0.15	

设有梯子间的井筒或者修理中的井筒，风速不得超过 8 m/s；梯子间四周经封闭后，井筒中的最高允许风速可以按表 3-2 规定执行。

无瓦斯涌出的架线电机车巷道中的最低风速可低于表 3-2 的规定值，但不得低于 0.5 m/s。

综合机械化采煤工作面，在采取煤层注水和采煤机喷雾降尘等措施后，其最大风速可高于表 3-2 的规定值，但不得超过 5 m/s。

二、矿井通风系统

矿井通风系统包括矿井通风方式、通风方法、通风网络和通风设施四个方面。矿井通风系统是保证矿井通风安全可靠、经济合理的重要基础。

(一) 矿井通风方式

矿井通风方式是对矿井的进风井筒和回风井筒的相对位置而言的。按进、回风井筒的相对位置不同，矿井通风方式分为中央式、对角式、区域式、混合式四大类，如图 3-1 所示。

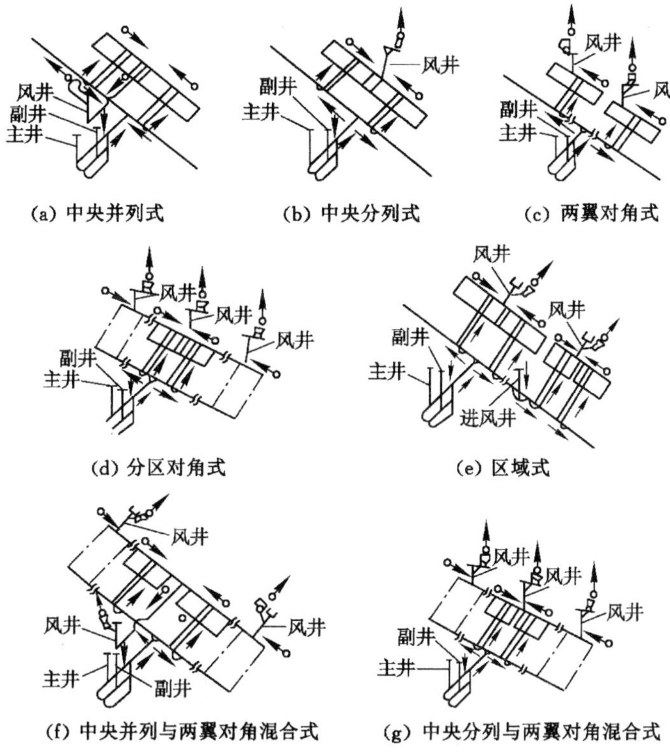

图 3-1　矿井通风方式

(二) 矿井通风方法

利用矿井通风机械运转产生的通风动力，使空气在井下巷道流动的通风方法，称为机械通风。矿井必须采用机械通风。矿井通风方法是指主要通风机对矿井供风的工作方法。按主要通风机的安装位置不同分为抽出式、压入式及混合式三种。

1. 抽出式通风

抽出式通风是将矿井主要通风机安设在出风井一侧的地面上，新风经进风井流到井下各用风地点后，污风再通过风机排出地表的一种矿井通风方法(图 3-2)。目前我国大部分矿井一般多采用抽出式通风。

2. 压入式通风

压入式通风是将矿井主要通风机安设在进风井一侧的地面上，新风经主要通风机加压后送入井下各用风地点，污风再经过回风井排出地表的一种矿井通风方法(图 3-3)。

3. 混合式通风

混合式通风是在进风井和回风井一侧都安设矿井主要通风机，新风经压入式主要通风机送入井下，污风经抽出式主要通风机排出井外的一种矿井通风方法。

(三) 矿井通风网络

矿井风流按照生产要求流经路线的结构形式，叫做矿井通风网络，简称通风网。矿井通

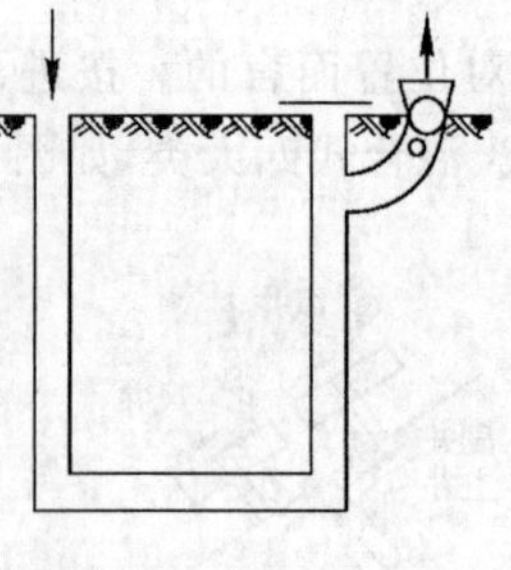

图 3-2　矿井抽出式通风

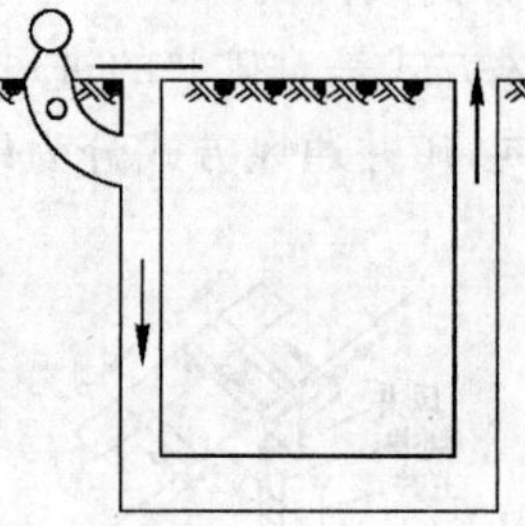

图 3-3　矿井压入式通风

风网络中井巷风流的基本连接形式有串联网络、并联网络和角联网络三种基本形式。仅有串联网络和并联网络组成的通风网称为简单通风网或串并联通风网，有角联通风网络时，则称为角联通风网或复杂通风网。

(四) 矿井通风设备

矿用通风机按其用途分为三种：用于全矿井或矿井某一翼的，称为主要通风机；用于矿井通风网路的某一分支风路，帮助主要通风机工作，以保证该分支所需风量的，称为辅助通风机；服务于独头巷道掘进的，称为局部通风机。矿用的主要通风机，除主机之外还有一些附属装置。主要通风机和附属装置总称为主要通风机装置。附属装置有风硐、扩散器(扩散塔)、防爆设施(防爆门或防爆井盖)和反风装置等。

(五) 矿井通风设施

为保证风流按设计路线流动，在通风系统中设置的控制风流构筑物，叫做通风设施。通风设施按其作用可分为三类：引导风流的设施，如风桥、风硐等；隔断风流的设施，如风墙(密闭)、风门、防爆门等；调节控制风量的设施如，风窗、调节风门(窗)等。

(1) 风门。风门是巷道中既要通车和行人又要隔断风流或调节风量的设施，如图 3-4 所示。风门关闭时，切断风流；开启时行人行车；要设置两道风门，两道风门要闭锁，其间距要符合要求；风门要迎风开启。

(2) 风墙(密闭)。密闭是切断风流和封闭已采完的采区和盲巷的设施，如图 3-5 所示。按服务年限长短又分为临时密闭和永久密闭两种。临时密闭服务时间短，隔断风流快，砌筑方法简单，速度快。井下常见的临时密闭有帆布密闭、充气密闭、木板密闭等。永久密闭是服务年限两年以上，长期切断风流的密闭。

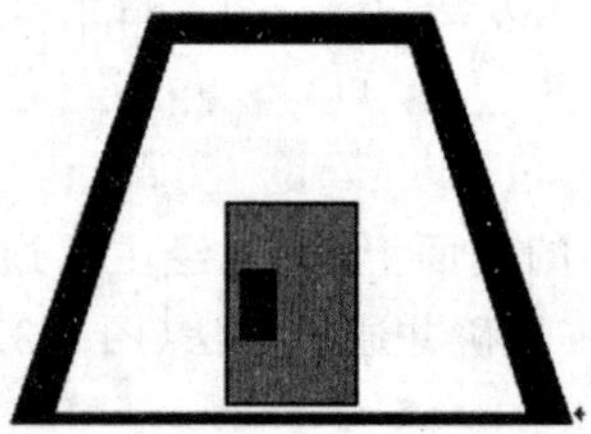

图 3-4　风门

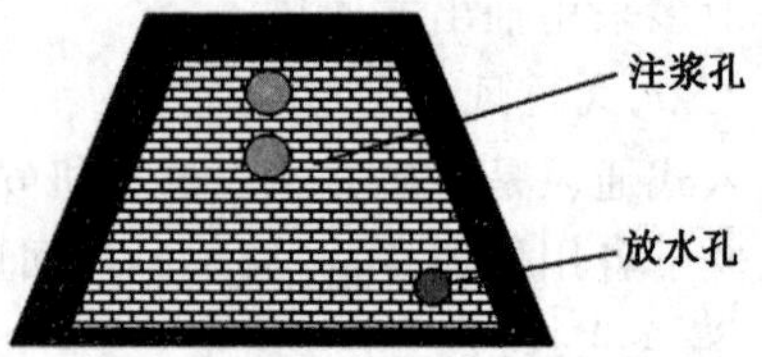

图 3-5　密闭

(3) 防爆门。在装有主要通风机的出风井口，必须安装防爆设施，在斜井口设防爆门(图 3-6)，在立井口设防爆井盖。其作用有两个：① 当井下一旦发生瓦斯或煤尘爆炸时，受高压爆炸冲击波的作用，自动打开，保护主要通风机免受毁坏；② 爆炸冲击波过后能自动关闭，迅速恢复矿井通风。在正常情况下它是气密的，以防止风流短路。

(4) 风桥。风桥是将平面交叉的进、回风流隔成立体交叉的一种通风设施。常用的有绕道式风桥、混凝土风桥(图 3-7)、铁筒式风桥等。

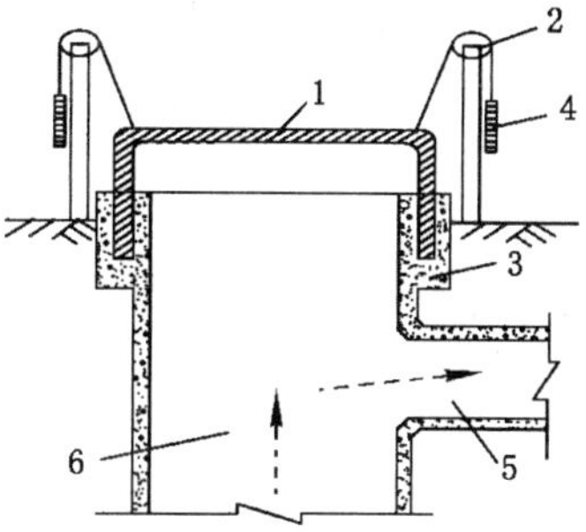

1—防爆门；2—滑轮；3—密封液槽；4—平衡锤；5—风硐；6—回风立井

图 3-6　防爆门

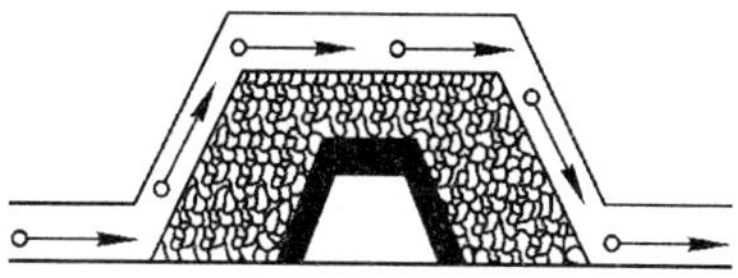

图 3-7　混凝土风桥

(5) 风硐。风硐是连接主要通风机和风井的一段巷道，如图 3-6 所示。

第二节　矿井瓦斯灾害防治

一、矿井瓦斯的基础知识

瓦斯是指矿井中主要由煤层气构成的以甲烷为主的有害气体。有时单独指甲烷。

(一) 瓦斯的性质

(1) 瓦斯是一种无色、无味、无臭的气体。要检查空气中的瓦斯及其浓度，需要用专业的瓦斯检测仪进行检测。瓦斯比空气轻，相对密度为 0.554，因此，瓦斯经常积聚在巷道顶部、上山掘进头、采煤工作面上隅角等处。

(2) 瓦斯有较强的扩散性。瓦斯可以在煤体孔隙和裂隙中流动，煤岩涌出的瓦斯可以很快扩散到巷道空间。

(3) 当井下空气中瓦斯浓度较高时，会使氧含量相对减少，从而造成人员窒息。为避免发生窒息事故，应禁止人员进入井下通风不好的区域。

(4) 瓦斯具有燃烧性和爆炸性。当瓦斯与空气混合达到一定浓度时，遇到火源能燃烧和爆炸，造成重大灾害事故。

(二) 瓦斯的危害

(1) 瓦斯燃烧。在瓦斯燃烧地点，空气中的氧气被大量消耗掉，可能引起火灾或瓦斯和煤尘爆炸事故。

(2) 瓦斯爆炸。瓦斯爆炸后产生高温、高压冲击波；引起煤尘爆炸；反向冲击造成更严重破坏；摧毁巷道与设备；产生大量有害气体，伤害井下人员。

(3) 瓦斯窒息。瓦斯虽无毒性，但不能供人呼吸。当空气中瓦斯浓度较高时，就会相应地降低空气中氧气含量，能使人因缺氧而窒息死亡。

(三) 瓦斯的存在状态

瓦斯在煤层及围岩中的赋存状态有两种，一种是游离状态，另一种是吸附状态。

1. 游离状态

这种状态的瓦斯以自由气体状态存在于煤层或围岩的孔洞之中，其分子可自由运动，处于承压状态，占瓦斯总量的 10%～20%。

2. 吸附状态

吸附状态的瓦斯按照结合形式的不同，又分为吸着状态和吸收状态。吸着状态是指瓦斯被吸着在煤体或岩体微孔表面，在表面形成瓦斯薄膜；吸收状态是指瓦斯被溶解于煤体中，与煤的分子相结合，即瓦斯分子进入煤体胶粒结构，类似于气体溶解于液体的现象。

煤体中瓦斯存在的状态不是固定不变的，而是处于不断交换的动平衡状态，当条件发生变化时，这一平衡就会被打破。由于压力增高或温度降低使一部分吸附瓦斯转化为游离瓦斯的现象，叫做瓦斯解吸，占瓦斯总量的 80%～90%。

(四) 矿井瓦斯涌出

生产过程中煤层岩层中的瓦斯不断向采掘工作面和井巷空间释放的现象称为瓦斯涌出。它的特点是时间长、涌出量大、范围大且一般不易察觉，是一种普通涌出。还有一种特殊形式的瓦斯涌出，即瓦斯喷出和煤与瓦斯突出。矿井瓦斯涌出与煤层瓦斯含量等因素密切相关。

1. 矿井瓦斯涌出量

矿井瓦斯涌出量是指在开采过程中，单位时间内或单位重量的煤中释放的瓦斯量。

(1) 绝对瓦斯涌出量：单位时间内涌入采掘空间的瓦斯数量，用 m^3/min 来表示。

(2) 相对瓦斯涌出量：在矿井正常生产条件下，月平均日产 1 吨煤所涌出的瓦斯数量，用 m^3/t 来表示。

矿井瓦斯涌出量是指在开采过程中，单位时间内或单位重量煤中放出的瓦斯量。涌出量的大小会直接影响到煤矿生产安全。

2. 矿井瓦斯等级划分

根据《煤矿瓦斯等级鉴定暂行办法》(煤安监技装〔2018〕9 号)，矿井瓦斯等级应当依据实际测定的瓦斯涌出量、瓦斯涌出形式、实际发生的瓦斯动力现象、实测的突出危险性参数等确定。矿井瓦斯等级划分为：

(1) 低瓦斯矿井。矿井同时满足下列条件为低瓦斯矿井：

① 矿井相对瓦斯涌出量不大于 10 m^3/t；

② 矿井绝对瓦斯涌出量不大于 40 m^3/min；

③ 矿井任一掘进工作面绝对瓦斯涌出量不大于 3 m^3/min；

④ 矿井任一采煤工作面绝对瓦斯涌出量不大于 5 m^3/min。

(2) 高瓦斯矿井。矿井满足下列情形之一的为高瓦斯矿井：

① 矿井相对瓦斯涌出量大于 10 m^3/t；

② 矿井绝对瓦斯涌出量大于 40 m^3/min；

③ 矿井任一掘进工作面绝对瓦斯涌出量大于 3 m^3/min；

④ 矿井任一采煤工作面绝对瓦斯涌出量大于 5 m^3/min。

(3) 煤(岩)与瓦斯(二氧化碳)突出矿井(简称“突出矿井”)。在矿井的开拓、生产范围内有突出煤(岩)层的矿井为突出矿井。有下列情形之一的煤(岩)层为突出煤(岩)层：发生过煤(岩)与瓦斯(二氧化碳)突出的；经鉴定或者认定具有煤(岩)与瓦斯(二氧化碳)突出危险的。

二、瓦斯爆炸及其防治

煤矿井下空气中的瓦斯含量达到一定浓度时，遇到高温火源，就会产生燃烧和爆炸，从而引起井下火灾，造成人员伤亡，严重破坏矿井的正常生产。

(一) 瓦斯爆炸的危害

矿井一旦发生瓦斯爆炸，就会造成一系列极其严重的危害，其危害主要表现在以下几方面：

(1) 爆炸产生高温。爆炸时产生的热量，使周围气体温度迅速升高，爆炸瞬间温度为1850～2650 ℃。这样的高温，会造成人员伤亡，并可能引起火灾，烧毁设备、设施，损坏巷道。

(2) 爆炸产生高压气体和强大冲击波。

(3) 爆炸产生大量的有毒、有害气体。

(二) 瓦斯爆炸的条件

瓦斯爆炸必须具备下面三个基本条件：一定浓度的瓦斯、高温火源和足够的氧气，缺少其中任何一个条件，瓦斯就不能发生爆炸。

1. 一定浓度的瓦斯(5%～16%)

瓦斯爆炸具有一定的浓度范围，只有在这个浓度范围内，瓦斯才能够爆炸。在新鲜空气中，瓦斯爆炸的界限一般认为是5%(爆炸下限)～16%(爆炸上限)，5%～9.5%时，爆炸威力逐渐增强；在浓度为9.5%，威力最强，因为空气中的全部瓦斯和氧气都能参与反应。

2. 高温火源(650～750 ℃)

煤矿井下的明火、煤炭自燃、电弧、电火花、炽热的金属表面以及撞击和摩擦火花，都能点燃瓦斯。

3. 足够的氧气(≥12%)

瓦斯爆炸实际上是一定浓度的瓦斯和氧气相混合时所进行的激烈氧化反应。没有足够的氧气，氧化不剧烈，就不会发生爆炸。瓦斯的爆炸界限随瓦斯和空气混合气体中氧含量的降低而缩小，当氧气浓度降到12%时，瓦斯混合气体就失去爆炸性，遇火也不会爆炸。

(三) 瓦斯爆炸的防治

预防瓦斯爆炸的措施主要有三个方面，即：防止瓦斯积聚、防止瓦斯引燃和防止瓦斯灾害事故扩大。

1. 防止瓦斯积聚

瓦斯爆炸的条件之一是瓦斯浓度达到爆炸界限范围。因此，防止瓦斯积聚到瓦斯爆炸下限浓度，就是最积极有效的措施。防止瓦斯积聚主要应做好以下工作：

(1) 加强通风。加强通风就是要有效、连续、稳定地向井下各用风地点供给适量的新鲜风流，用足够的新鲜空气把瓦斯稀释到《煤矿安全规程》允许的浓度。

(2) 加强检查。经常检查井下各地点的瓦斯浓度和通风情况，可以准确及时地掌握井下瓦斯涌出情况和风流中的瓦斯浓度，这是防止瓦斯爆炸的前提。

(3) 及时处理局部积聚的瓦斯。在矿井日常生产中，及时处理局部积聚的瓦斯是瓦斯管理工作的重要内容，也是防止瓦斯爆炸事故、保证安全生产的重要工作。生产中容易积聚瓦斯的地点主要有：采煤工作面的上隅角、停风的盲巷、顶板冒落形成的空硐内以及低风速巷道的顶板附近等。

《煤矿安全规程》要求，矿井必须从设计和采掘生产管理上采取措施，防止瓦斯积聚；当发生瓦斯积聚时，必须及时处理。当瓦斯超限达到断电浓度时，班组长、瓦斯检查工、矿调度员有权责令现场作业人员停止作业，停电撤人。

【案例 3-1】 2016 年 10 月 31 日，重庆市永川区金山沟煤业有限责任公司发生特别重大瓦斯爆炸事故。事故共造成 33 人死亡、1 人受伤，直接经济损失 3682. 22 万元。事故直接原因：金山沟煤矿在超层越界违法开采区域采用国家明令禁止的“巷道式采煤”工艺，不能形成全风压通风系统，使用一台局部通风机违规同时向多个作业地点供风，风量不足，造成瓦斯积聚；违章“裸眼”爆破产生的火焰引爆瓦斯，煤尘参与了爆炸。

案例解读

2. 防止瓦斯引燃

采取一切措施杜绝井下高温热源的产生，可达到防止瓦斯引燃的目的。

(1) 严格明火管理。严禁在井下使用明火和吸烟。下井人员要自觉接受井口安检人员检查，禁止携带烟草和点火工具下井；井下禁止使用电炉或灯泡取暖；井口房和通风机房附近 20 m 内，不得有烟火或者用火炉取暖；井下和井口房内不得进行电焊、气焊或喷灯焊，特殊情况必须烧焊时，必须制定安全措施，严格执行《煤矿安全规程》的有关规定。

(2) 严格机电防爆管理。井下有瓦斯涌出的区域应选用矿用防爆型电气设备；对电气设备的防爆性能要经常检查维护，消灭电器失爆；井下电缆的选择和使用要严格执行《煤矿安全规程》的规定；井下禁止敲打和拆卸矿灯，禁止带电检修和移动电气设备；掘进工作面的电气设备和局部通风机必须装设风电闭锁装置。

(3) 加强爆破管理。井下必须使用取得产品许可证的煤矿许用炸药和煤矿许用电雷管；爆破工必须经过专门培训，严格执行《煤矿安全规程》对井下爆破工作的各项规定。

(4) 严防产生撞击和摩擦火花。倾斜井巷运输必须按《煤矿安全规程》要求装设完善的保险装置，并经常检查维护，使其处于良好状态；在容易摩擦发热的机械部件上安设过热保护装置；对转动摩擦的机械部件加强检查维护，保持转动灵活、润滑良好；井下作业中，应采取措施防止铁器撞击。

(5) 加强火区管理。按规定经常检查密闭墙，测定火区温度与瓦斯浓度。

3. 防止瓦斯爆炸事故扩大

井下一旦发生瓦斯爆炸事故，就要尽量防止灾害的扩大，限制事故范围，为此应采取以下措施：

(1) 矿井通风系统应力求简单，无用的巷道和采空区及时密闭。在相通的进、回风巷间安设正反两道风门，以防瓦斯爆炸时风流短路。

(2) 实行分区通风。各水平、各采区和各工作面都应有独立的进、回风系统。

(3) 主要通风机必须安装反风装置，井下主要风门要安设反风设施，定期进行反风试验，发现问题及时解决，保证在处理灾害事故需要反风时能灵活使用。

(4) 装有主要通风机和分区通风机的出风井口，必须安设防爆门，防止发生爆炸时通风机遭到破坏。

(5) 在矿井两翼、相邻的采区、相邻的煤层之间设置水棚或岩粉棚，防止爆炸事故范围扩大。

(6) 下井人员必须佩戴自救器，以便发生事故时进行自救、互救。

(7) 编制周密的矿井灾害预防和处理计划，并贯彻到每个职工中去，常备不懈，一旦发生事故，即可进行处理，以防灾害的发展与扩大。

三、煤与斯突出及防治

在井下采掘过程中，在很短的时间内，大量瓦斯与碎煤(或岩石)从煤体中突然抛向采掘空间，并伴有巨大的响声和强大的冲击力，这种复杂的动力现象称为煤与瓦斯突出，简称突出。

(一) 煤与瓦斯突出的预兆

(1) 有声预兆。煤层在变形过程中发出劈裂声、爆竹声、闷雷声，间隔时间不一，在突出瞬间常伴有巨雷般的响声；支架受力发出"嘎嘎"声音甚至折裂声音。

(2) 无声预兆。其主要表现是：

① 煤层结构变化，层理紊乱，煤层由硬变软，由薄变厚，倾角由小变大，煤由湿变干，暗淡无光泽，煤层顶底板出现断裂，煤岩严重破坏等。

② 瓦斯涌出异常(忽大忽小)、煤尘增大、气温异常、气味异常，打钻喷瓦斯、喷煤粉并伴有哨声、蜂鸣声等。

③ 地压显现、煤岩开裂掉渣、底鼓、煤岩自行剥落、煤壁颤动、钻孔变形等。

上述预兆并非每次突出都同时出现，而是出现一种或几种。《煤矿安全规程》要求，突出煤层工作面的作业人员、瓦斯检查工、班组长应当掌握突出预兆。发现突出预兆时，必须立即停止作业，按避灾路线撤出，并报告矿调度室。班组长、瓦斯检查工、矿调度员有权责令相关现场作业人员停止作业，停电撤人。

(二) 煤矿防突工作的原则和流程

1. 煤矿防突工作的原则

防突工作必须坚持"区域综合防突措施先行、局部综合防突措施补充"的原则，按照"一矿一策、一面一策"的要求，实现"先抽后建、先抽后掘、先抽后采、预抽达标"。突出煤层必须采取两个"四位一体"综合防突措施，做到多措并举、可保必保、应抽尽抽、效果达标，否则严禁采掘活动。在采掘生产和综合防突措施实施过程中，发现有喷孔、顶钻等明显突出预兆或者发生突出的区域，必须采取或者继续执行区域防突措施。

2. 两个"四位一体"综合防突措施及其工作流程

有突出矿井的煤矿企业、突出矿井应当依据《防治煤与瓦斯突出细则》，结合矿井开采条件，制定、实施区域和局部综合防突措施。区域综合防突措施包括下列内容：

① 区域突出危险性预测；

② 区域防突措施；

③ 区域防突措施效果检验；

④ 区域验证。

局部综合防突措施包括下列内容：

① 工作面突出危险性预测；

② 工作面防突措施；

③ 工作面防突措施效果检验；

④ 安全防护措施。

突出矿井应当加强区域和局部(两个“四位一体”)综合防突措施实施过程的安全管理和质量管控,确保质量可靠、过程可溯。

(三) 区域综合防突措施

突出矿井应当对开采的突出煤层进行区域突出危险性预测,经区域预测为突出危险区的煤层,必须采取区域防突措施并进行区域防突措施效果检验。经效果检验仍为突出危险区的,必须继续进行或者补充实施区域防突措施。经区域预测或者区域防突措施效果检验为无突出危险区的煤层进行揭煤和采掘作业时,必须采用工作面预测方法进行区域验证。

1. 区域预测

区域预测一般根据煤层瓦斯参数结合瓦斯地质分析的方法进行,也可以采用其他经试验证实有效的方法。区域预测,把煤层划分为突出煤层和非突出煤层。

2. 区域防突措施

区域防突措施主要包括开采保护层和预抽煤层瓦斯两类。开采保护层时,具有抽采瓦斯系统的矿井,应同时抽采被保护层的瓦斯,以防被保护层瓦斯大量涌入保护层引起瓦斯超限。

(1) 开采保护层分为上保护层和下保护层两种方式。具备开采保护层条件的突出危险区,必须开采保护层。开采保护层时,采空区内不得留设煤(岩)柱。

开采保护层后,被保护层中对应区域内的煤体被充分卸压,导致煤层和围岩中积蓄的弹性能被释放,减弱了发出突出的主要动力;煤体卸压后产生大量裂隙,使煤层的透气性增加,造成瓦斯潜能的释放,减弱了完成突出过程的主要动力;高压瓦斯的大量释放,使煤层瓦斯含量降低,导致煤体强度增加,煤的坚固性系数提高,增大了突出的反作用力。所以,当开采保护层后,就使得在卸压区范围内开采被保护层时,一般不会再发生煤与瓦斯突出。

(2) 预抽煤层瓦斯。煤层抽放瓦斯后,大量高瓦斯的排出导致瓦斯潜能的释放,减弱了完成突出过程的主要动力;大量瓦斯的排出直接导致煤体强度增大,增加了突出的反作用;大量瓦斯的排出,释放了积蓄在煤体和围岩中的弹性能,减弱了发动突出的主要动力。这些因素综合作用,从而消除了突出的危险。

预抽煤层瓦斯区域防突措施可采用的方式有:地面井预抽煤层瓦斯、井下穿层钻孔或者顺层钻孔预抽区段煤层瓦斯、顺层钻孔或者穿层钻孔预抽回采区煤层瓦斯、穿层钻孔预抽井巷(含立井、斜井、石门等)揭煤区域煤层瓦斯、穿层钻孔预抽煤巷条带煤层瓦斯、顺层钻孔预抽煤巷条带煤层瓦斯、定向长钻孔预抽煤巷条带煤层瓦斯等。

煤矿应当根据生产和地质条件合理选取区域防突措施。突出煤层突出危险区必须采取区域防突措施,严禁在区域防突措施效果未达到要求的区域进行采掘作业。

3. 区域防突措施效果检验

开采保护层的保护效果检验主要采用残余瓦斯压力、残余瓦斯含量及其他经试验证实有效的指标和方法。采用预抽煤层瓦斯区域防突措施的,必须对区域防突措施效果进行检验,检验指标优先采用残余瓦斯含量指标,根据现场条件也可采用残余瓦斯压力或者其他经试验证实有效的指标和方法进行检验。

4. 区域验证

区域预测为无突出危险区或者区域措施效果检验有效时,采掘过程中还应当对无突出危险区进行区域验证,并保留完整的工程设计、施工和验证的原始资料。

事故案例

【案例 3-2】 2022 年 3 月 15 日，云南省曲靖市富源县平庆煤业有限公司平庆煤矿发生煤与瓦斯突出事故，造成 1 人死亡，97 人涉险，直接经济损失 282.7 万元。事故直接原因：平庆煤矿 117805 掘进工作面处于构造带（煤层变厚、煤体松软），且位于上覆已开采的煤层留设煤柱的应力叠加区和本煤层瓦斯富集区采取的局部防突措施未能消除煤层的突出危险，掘进机割煤扰动诱发煤与瓦斯突出。事故暴露出该矿技术管理薄弱，未查明 117805 机巷掘进工作面地质构造情况；未建立以总工程师为首的瓦斯治理技术管理体系，未认真落实瓦斯抽采达标评判、通风瓦斯日分析制度等措施。该矿安全管理混乱，未认真落实县煤炭管理部门对 C7＋8 煤层按突出煤层进行管理的要求，对 117805 机巷掘进工作面顶板破碎、煤层变厚、煤体松软、瓦斯异常涌出、片帮频繁等突出征兆不重视，仍组织作业。

（四）局部综合防突措施

1. 工作面的突出危险性预测

井巷揭煤工作面的突出危险性预测应当选用钻屑瓦斯解吸指标法或者其他经试验证实有效的方法进行。可采用下列方法预测煤巷掘进工作面的突出危险性：钻屑指标法、复合指标法、R 值指标法、其他经试验证实有效的方法。

2. 工作面防突措施

井巷揭煤工作面的防突措施包括超前钻孔预抽瓦斯、超前钻孔排放瓦斯、金属骨架、煤体固化、水力冲孔或者其他经试验证明有效的措施。立井揭煤工作面可以选用上述除水力冲孔以外的各项措施。金属骨架、煤体固化措施，应当在采用了其他防突措施并检验有效后方可在揭开煤层前实施。对所实施的防突措施都必须进行实际考察，得出符合本矿井实际条件的有关参数。

3. 工作面防突措施效果检验

工作面执行防突措施后，必须对防突措施效果进行检验。工作面防突措施效果检验必须包括以下两部分内容：

（1）检查所实施的工作面防突措施是否达到了设计要求和满足有关规章、标准等规定，并了解、收集工作面及实施措施的相关情况、突出预兆等（包括喷孔、顶钻等），作为措施效果检验报告的内容之一，用于综合分析、判断；

（2）各检验指标的测定情况及主要数据。

4. 安全防护措施

井巷揭穿突出煤层和在突出煤层中进行采掘作业时，必须采取避难硐室、反向风门、压风自救装置、隔离式自救器、远距离爆破等安全防护措施。

第三节　矿井火灾防治

一、矿井火灾的基础知识

凡是发生在矿井地面或井下，威胁到井下安全生产，造成损失的非控制燃烧均称为矿井火灾。如地面井口房、通风机房失火或井下输送带着火、煤炭自燃等都是非控制燃烧，均属矿井火灾。

(一) 矿井火灾的分类

(1) 根据燃烧物不同,矿井火灾可分为煤炭自燃火灾、火药燃烧火灾、油料火灾、坑木火灾、瓦斯燃烧火灾和机电设备火灾等。

(2) 根据发火地点不同,矿井火灾分为地面火灾和井下火灾。发生在矿井工业广场范围内地面上的火灾称为地面火灾。地面火灾可能发生在办公楼、井口房、矸石山、储煤场等地点。井下火灾可能发生在井筒、巷道、采煤工作面、煤柱、采空区和硐室等地点。

(3) 根据引火热源不同,矿井火灾可分为外因火灾和内因火灾。外因火灾是指由外部火源,如明火、爆破、瓦斯煤尘爆炸、机械摩擦、电路短路等原因造成的火灾。内因火灾又叫自燃火灾,是指一些易燃物(主要指煤炭)在一定条件下和环境中(破碎堆积并有空气供给)自身发生物理化学变化(氧化、发热)聚积热量而导致着火形成的火灾。

(二) 矿井火灾危害

矿井火灾对煤矿生产及职工安全的危害主要有以下几个方面:

(1) 产生大量的有毒有害气体。

(2) 引发瓦斯、煤尘爆炸。

(3) 毁坏设备设施。

(4) 引起矿井风流状态紊乱。

(5) 烧毁资源、影响生产、造成重大经济损失。

(三) 矿井火灾三要素

发生矿井火灾的原因很多,但引起火灾的基本要素有三点:

(1) 可燃物。煤矿中的煤是大量而普遍存在的可燃物。另外,坑木、各类机电设备、各种油料、炸药等都具有可燃性。可燃物的存在是火灾发生的基础。

(2) 热源。具有一定温度和足够热量的热源才能引起火灾。煤矿井下热源有:煤炭自燃、瓦斯煤尘爆炸、爆破、机械摩擦、电流短路、烧焊以及其他明火。

(3) 氧。缺氧就不能维持燃烧。

火灾的发生,必须同时满足以上三个条件。因此,对矿井火灾的防治与扑灭都应从这三个方面考虑。

二、矿井外因火灾及其预防

外因火灾大多容易发生在井底车场、机电硐室、运输及回采巷道等机械、电气设备比较集中,而且风流比较畅通的地点。这类火灾一般发生得比较突然,发展速度也快。一个小火源,稍有疏忽,火势就可能蔓延扩大到很大的范围。如果发现不及时,处理方法不当,或是行动措施不果断,会给矿井带来严重损失以至发生惨痛的人身伤亡事故。

(一) 外因火灾预防的对策

外因火灾的预防主要从两个方面进行:一是防止失控的高温热源;二是尽量采用不燃或阻燃材料支护和不燃或难燃制品,同时防止可燃物大量积存。

煤矿井下失控的高温热源较多,如电气设备过负荷短路产生的电弧、电火花,不正确的爆破作业产生的爆炸火焰,机械设备运转不佳造成的摩擦火花,物品碰撞引起的冲击火花,违章吸烟,使用电炉、灯泡取暖,烧焊以及瓦斯、煤尘爆炸等都能形成外因火灾。

(二) 及时发现外因火灾的方法

及时发现外因火灾是防止其发展和控制其危害的一个重要措施。随着科学技术的发展，及时发现外因火灾的方法逐渐增多，主要介绍以下几种：

（1）标志气体。一般情况下，采用 CO 和 CO_2 等气体作为发生火灾的标志气体。通过对标志气体的监测，确定火灾是否发生。

（2）温升变色涂料。温升变色涂料是早期发现发热的指示剂，当涂料覆盖物温度升高超出其额定值时即会变色；当温度下降到正常值时，则又恢复原色。因此，人们利用温升变色涂料的特性，将其涂敷在电机或机械设备的外壳上和容易发热的部位。根据颜色的变化，及时发现外因火灾初期的现象，采取有效措施，预防外因火灾的发生。

（3）火灾检测器。根据外因火灾初期产生的温升、烟雾、烟尘、气体等特性，运用现代科学技术，研制了感温、感烟等火灾检测器。这些检测器可以及时发现初期火灾，进行报警，同时启动灭火装置，将火灾扑灭。

【案例 3-3】 2020 年 9 月 27 日，重庆能投渝新能源有限公司松藻煤矿井下二号大倾角胶带运煤上山发生重大火灾事故，造成 16 人死亡、42 人受伤，直接经济损失 2501 万元。事故直接原因：松藻煤矿二号大倾角运煤上山带式输送机下方煤矸堆积，起火点－63.3 m 标高处回程托辊被卡死、磨穿形成破口，内部沉积粉煤；磨损严重的输送带与起火点回程托辊滑动摩擦产生高温和火星，点燃回程托辊破口内积存粉煤；带式输送机运转监护工发现输送带异常情况，电话通知地面集控中心停止带式输送机运行，紧急停机后静止的输送带被引燃，输送带阻燃性能不合格、巷道倾角大、上行通风，火势增强，引起输送带和煤混合燃烧；火灾烧毁设备，破坏通风设施，产生的有毒有害高温烟气快速蔓延至 2324-1 采煤工作面，造成重大人员伤亡。

事故案例

三、矿井内因火灾及其预防

（一）内因火灾发火原因

1. 煤炭自燃条件

煤炭自燃的充分必要条件是：

（1）有自燃倾向性的煤被开采后呈破碎状态，堆积厚度一般要大于 0.4 m。

（2）有较好的蓄热条件。

（3）有适量的通风供氧。通风是维持较高氧浓度的必要条件，是保证氧化反应自动加速的前提。实验表明，氧浓度大于 15%时，煤炭氧化方可较快进行。

（4）上述三个条件共存的时间大于煤的自然发火期。

上述四个条件缺一不可，前三个条件是煤炭自燃的必要条件，最后一个条件是充分条件。

2. 煤的自燃倾向性

煤的自燃倾向性是描述煤的氧化能力的内因属性，是煤的固有特性。煤的自燃倾向性分为 3 类：容易自燃、自燃和不易自燃。煤的自燃倾向性划分是煤矿采取防治技术和管理措施的主要依据。

3. 煤的自然发火期

自然发火期是指在开采过程中暴露的煤炭，从接触空气到发生自燃的一段时间。煤的自然发火期越短的煤层自然发火的危险程度越大。

煤的自然发火期反映了煤的氧化特性（内因）与外在环境、治理措施、开采条件与工艺等外因属性的综合影响。所有开采煤层应当通过统计法、类比法或者实验测定等方法确定煤层最短自然发火期。

(二) 内因火灾的防治措施

自燃火灾多发生在风流不畅通的地点，如采空区、压碎的煤柱、巷道顶煤、断层附近、浮煤堆积处等。防治自燃火灾的措施主要有：开采技术措施、均压防灭火、预防性灌浆、阻化剂灭火、惰性气体防灭火、凝胶防灭火、泡沫防灭火等。

1. 开采技术措施

矿井的开拓方式、采区巷道布置、回采方法和回采工艺、通风系统选择以及技术管理水平等因素，对煤层的自燃影响很大。提高回采率，减少煤柱和采空区遗煤，破坏自燃的物质基础；提高回采速度，回采后及时封闭采空区，缩短煤炭与空气接触的时间，减少漏风，消除自燃的供氧条件，破坏煤炭自燃的过程，从而达到防止自燃的目的。

2. 预防性灌浆

预防性灌浆就是利用不燃性材料和水按一定比例配成浆液，利用高度差产生的静压或水泵产生的动压，经输浆管路输送至可能发生自燃的采空区。浆液中的固体物沉降下来，水则经巷道排出。这种预防采空区遗留煤炭自燃的措施，叫做预防性灌浆。这是我国目前广泛采取的一种预防煤炭自燃的措施。

3. 阻化剂防火

阻化剂是抑制煤氧结合、阻止煤氧化的化学药剂。所谓阻化剂防火就是将阻化剂喷洒于煤壁、采空区或压注入煤体之内，以抑制或延缓煤炭的氧化，达到防止自燃的目的。阻化剂防火可采用喷洒阻化剂、压注阻化剂和汽雾阻化剂等工艺。

4. 凝胶防灭火

凝胶防灭火就是采用基料和促凝剂按一定比例混合配成水溶液后，发生化学反应生成凝胶，从而破坏煤炭着火的一个或几个条件，以达到防灭火的目的。

5. 均压防灭火

均压防灭火技术就是利用风窗、风机、调压气室等降低采空区区域两侧风压差，从而减少向采空区漏风供氧，达到抑制和窒息煤炭自燃的方法。均压防灭火技术具有以下特点：可以在不影响工作面生产的前提下实施及采用；均压通风加强了密闭区的气密性，减少了采空区的漏风，从而加速了密闭区(或采空区)里的空气惰化；工程量小、投资少、见效快。

6. 氮气防灭火

氮气防灭火是将氮气注入到预定的区域，使该区域内的空气惰化，使氧气的浓度小于煤炭自燃的临界氧气浓度，从而防止煤炭氧化自燃，也可以使已经形成的火区因缺氧而逐渐熄灭。采用惰性气体防火时，根据矿井实际条件，注入惰性气体方式可采用连续或者间断注入，注入惰性气体方法可采用埋管注入、拖管注入、钻孔注入和密闭墙插管注入等。

四、矿井火灾处理与控制

矿井灭火方法可分为直接灭火法、隔绝灭火法和综合灭火法。

(一) 直接灭火法

1. 用水灭火

水是最经济、最有效、来源最广的灭火材料。一般采用水射流和水幕两种方式来灭火。

(1) 灭火人员应站在火源的上风侧，并要保持有畅通的排烟路线，及时将高温气体和水蒸气排出。如果人员站在下风侧会受到高温和火烟的侵害，并易受到冒顶和高温水蒸气的伤害。

(2) 要有足够的水量。少量的水或微弱的水流,不但灭不了火,而且在高温下与煤生成 H_2 和 CO(水煤气),形成爆炸性混合气体。

(3) 扑灭火势猛烈的火灾时,不要把水射流直接喷射到火源中心。应先从火源外围开始喷水,随着火势的减小再逐渐逼近火源中心,以免产生大量水蒸气,或导致燃烧的煤块、炽热的煤渣突然喷出而烫伤人员。

(4) 不能用水扑灭带电的电气火灾。

(5) 油类火灾若用水灭火时,只能使用雾状的细水,这样才能产生一层水蒸气笼罩在燃烧物的表面上,使燃烧物与空气隔离。若用水射流灭火可使燃烧的液体飞溅,又因油比水轻,可漂浮在水面上,易扩大火灾的面积。

(6) 要保证正常风流,以便火烟和水蒸气能顺利地排到回风流。

(7) 经常检查火区附近的瓦斯和风流变化情况。

经验证明,在井筒和主要巷道尤其是在带式运输机巷道中装设水幕,当火灾发生时立即启动,能很快限制火灾的蔓延扩展。在火势无法控制,又无其他有效的灭火措施时,也可用水淹没火区。但在恢复生产时需付出大量的财力和人力。

2. 用砂子或岩粉灭火

把砂子或岩粉直接撒盖在燃烧物体上将空气隔绝,使火熄灭。砂子或岩粉不导电并有吸收液体的作用,故适用于扑灭包括电气和油类火灾在内的各类初起火灾。砂子或岩粉成本低廉,易于长期保存,灭火时操作简单,所以在机电硐室、材料仓库、炸药库、绞车房、通风机房等地点,都应备有防火砂箱。

3. 用化学灭火器灭火

目前煤矿上使用的化学灭火器有两类:一类是泡沫灭火器,另一类是干粉灭火器。泡沫灭火器是一种简易的泡沫发生装置,发泡量较少,主要用于小范围的火灾。如果扑灭大范围的火灾,可用高倍数泡沫发生装置灭火。

4. 高倍数泡沫灭火

高倍数泡沫灭火,就是采用高倍数泡沫发生装置将高倍数泡沫起泡剂和压力水混合,在通风机的风流推动下产生气液两相物质(高倍数泡沫),在泡沫充满巷道进入火区时,泡沫液膜上的水分蒸发吸收大量热量,起到冷区降温作用。高倍数泡沫灭火成本低、水量损失小、速度快、效果明显,可在远离火区的安全地点进行灭火。

5. 燃油惰气灭火

燃油惰气灭火就是用惰气发生装置产生惰气,注入火区灭火。用惰气扑灭矿井火灾,一般是在不能接近火源,以及用其他方法直接灭火具有很大危险或不能获得应有效果时采用。它的主要优点是:惰化火区空气,既能灭火,又能抑制瓦斯爆炸;能使火区造成正压,减少向火区漏风;惰气容易进入冒落区的小孔、裂缝,起到灭火作用;灭火后的恢复工作比较安全、迅速、经济,设备损害率低。

6. 挖除火源

挖除火源灭火,就是把着火带及附近已经发热或正在燃烧的可燃物挖除并运出井外。这是一种扑灭火灾最简单、最彻底的方法,一般适用于火灾初始阶段,燃烧物较少,火势和火灾范围都不大的情况下,特别适用于煤炭自燃火灾。但前提条件是火源位于人员可直接到达的地点。

【案例 3-4】 2020 年 12 月 4 日，重庆市永川区吊水洞煤矿井下发生重大火灾事故，造成 23 人死亡、1 人重伤，直接经济损失 2632 万元。事故直接原因：重庆市胜杰再生资源回收有限公司在吊水洞煤矿井下回撤设备时，回撤人员在－85 m 水泵房内违规使用氧气/液化石油气切割水泵吸水管，掉落的高温熔渣引燃了水仓吸水井内沉积的油垢，油垢和岩层渗出油燃烧产生大量有毒有害烟气，在火风压作用下蔓延至进风巷，造成人员伤亡。

事故案例

(二) 隔绝灭火法

隔绝灭火就是建造密闭墙切断通往火区的空气，进而使氧含量降低，达到灭火的目的。这类灭火方法是在采用直接灭火法达不到预期效果，或人员不能接近火区时使用。

(三) 综合灭火法

综合灭火就是隔绝灭火与其他灭火的综合应用，如直接灭火无效时，在封闭火区的基础上，再采取灌浆、注入惰性气体或喷阻化剂等措施。综合灭火法既可以用于扑灭矿井火灾，还可以有针对性地预防采空区等有自然发火危险和受火区威胁的地段发生火灾。

第四节 矿尘防治

矿尘是指在矿山生产过程中产生的并能长时间悬浮于空气中的煤炭或岩石的细微颗粒，也称粉尘。煤矿生产过程中，凿岩、割煤、爆破、装运、破碎等作业都会产生大量的矿尘。

一、矿井粉尘的危害

矿尘具有很大的危害性，主要表现在以下几个方面。

(1) 污染作业环境。当煤尘浓度达到一定程度时会影响作业人员的视线，甚至会引起伤亡事故，影响劳动生产效率。作业场所空气中粉尘浓度不符合要求时，应当采取有效措施。

(2) 煤尘爆炸。煤尘爆炸产生的冲击波可以扬起巷道中沉积的煤尘，发生连续爆炸，甚至波及全矿井，强大的冲击波会造成人员的伤害和设备的破坏，同时还可能有高温和有毒有害气体产生。

(3) 损害机械。空气中的粉尘落到机器的转动部件上，会加速转动部件的磨损，降低机器的精度和寿命。

(4) 职业病。尘肺病是工人长期吸入大量微细矿尘而引起的以纤维组织增生为主要特征的肺部疾病。工人一旦患上尘肺病，很难治愈，当前我国煤矿由尘肺病引发的矿工致残和死亡人数远高于各类工伤事故的总和。

矿井的主要尘源在采煤工作面、掘进工作面，煤(岩)装运、转载点，锚喷作业点，其他工作场所也产生大量粉尘。据统计，采煤工作面产尘量占 45%～80%，掘进工作面产尘量占 20%～38%，锚喷作业点产尘量占 10%～15%，运输通风巷道产尘量占 5%～10%，其他作业点产尘量占 2%～5%。

二、煤尘爆炸事故的特征

(一) 煤尘爆炸事故的类型

煤尘爆炸事故可分为两类：单一的煤尘爆炸事故和瓦斯煤尘混合爆炸事故。煤尘爆炸事故主要指前者。

(二) 煤尘爆炸的条件

煤尘爆炸必须同时具备 4 个条件，缺一不可。

(1) 煤尘具有爆炸性。并不是所有的煤尘都具有爆炸性，煤尘具有爆炸性是煤尘爆炸的必要条件。煤尘有无爆炸性，要通过煤尘爆炸性鉴定才能确定。

(2) 煤尘的爆炸浓度。具有爆炸性的煤尘只有在空气中呈浮游状态并具有一定的浓度时才能发生爆炸。煤尘的爆炸浓度受很多因素的影响，瓦斯的存在将使煤尘爆炸浓度下限降低，从而增加了煤尘爆炸的危险性。随着瓦斯浓度的升高，煤尘爆炸浓度下限会急剧下降。

(3) 高温热源。能够引燃煤尘爆炸热源温度的变化范围比较大，它与煤尘中挥发分含量有关。煤矿井下能点燃煤尘的高温火源主要为爆破时出现的火焰、电气火花、冲击火花、摩擦高温、井下火灾和瓦斯爆炸等。

(4) 足够的氧气含量。空气中氧气含量不低于 18%。

三、预防煤尘爆炸的技术措施

煤尘爆炸后产生的冲击波毁坏巷道、损伤人员，产生大量 CO 对人员伤害很大，煤尘爆炸还会造成矿井火灾、巷道冒落等二次灾害。预防煤尘爆炸的技术措施主要包括减、降尘措施，防止煤尘引燃措施及隔绝煤尘爆炸措施等。

1. 减、降尘措施

减、降尘措施是指在煤矿井下生产过程中，通过减少煤尘产生量或空气中悬浮煤尘含量，以达到从根本上杜绝煤尘爆炸的可能性。主要方法有煤层注水、水炮泥、喷雾降尘等。

2. 防止煤尘引燃的措施

防止煤尘引燃的措施与防止瓦斯引燃的措施大致相同。特别要注意的是，瓦斯爆炸往往会引起煤尘爆炸。此外，煤尘在特别干燥的条件下可产生静电，放电时产生的火花也能将自身引爆。

【案例 3-5】 2019 年 1 月 12 日，陕西省神木市百吉煤矿发生一起重大煤尘爆炸事故，造成 21 人死亡，直接经济损失 3788 万元。事故直接原因：506 连采工作面和开采保安煤柱工作面采空区及与之连通的老空区顶板大面积垮落，老空区气体压入与老空区连通的巷道内，扬起巷道内沉积的煤尘，弥漫 506 连采面，并达到爆炸浓度，在三支巷中部处于怠速状态下的无 MA 标志非防爆 C17 运煤车产生火花，点燃煤尘，发生爆炸，造成人员伤亡。

事故案例

3. 隔绝煤尘爆炸的措施

开采有煤尘爆炸危险煤层的矿井，必须有预防和隔绝煤尘爆炸的措施。

(1) 清除落尘。定期清除落尘，防止沉积煤尘参与爆炸，可有效降低爆炸威力，使爆炸由于得不到煤尘补充而逐渐熄灭。

(2) 撒布岩粉。定期在井下某些巷道中撒布惰性岩粉，增加沉积煤尘的灰分，抑制煤尘爆炸的传播。

(3) 设置水棚。隔爆水棚按隔绝煤尘爆炸作用的保护范围，分为主要隔爆棚和辅助隔爆棚。主要隔爆棚应设置的地点如下：

① 矿井两翼与井筒相连通的主要运输大巷和回风大巷；

② 相邻采区之间的集中运输巷道和回风巷道；

③ 相邻煤层之间的运输石门和回风石门。

辅助隔爆棚应设置的地点如下：

① 采、掘工作面进、回风巷；

② 采区内的煤层掘进巷道；

③ 采用独立通风并有煤尘爆炸危险的其他巷道。

(4) 设置岩粉棚。岩粉棚是由安装在巷道中靠近顶板处的若干块岩粉台板组成，台板的间距稍大于板宽，每块台板上放置一定数量的惰性岩粉，当发生煤尘爆炸事故时，火焰前的冲击波将台板震倒，岩粉即弥漫于巷道中，火焰到达时，岩粉从燃烧的煤尘中吸收热量，使火焰传播速度迅速下降，直至熄灭。

(5) 设置自动隔爆棚。自动隔爆棚是利用各种传感器，将瞬间测量的煤尘爆炸时的各种物理参量迅速转换成电信号，指令机构的演算器根据这些信号准确计算出火焰传播速度后选择恰当时机发出动作信号，让抑制装置强制喷撒固体或液体等消火剂，从而可靠地扑灭爆炸火焰，阻止煤尘爆炸蔓延。

四、矿井综合防尘技术

矿井综合防尘是指采用各种技术手段减少矿山粉尘的产生量，降低空气中的粉尘含量。矿井应当每年制定综合防尘措施、预防和隔绝煤尘爆炸措施及管理制度，并组织实施。

(一) 通风防尘

通风防尘就是利用矿井通风手段，排出或稀释含尘空气，引进新鲜风流。通风除尘是目前应用最广、效果最好的一项防尘技术措施。通风除尘必须具备一定的风速，《煤矿安全规程》规定的最低排尘风速是：掘进中的岩巷不应小于 0.15 m/s；采面、掘进中的煤巷、半煤巷不应小于 0.25 m/s。在巷道中，风速过高会造成已落矿尘重新飞扬。《煤矿安全规程》规定井巷最高风速是：采矿场和采准巷道不得超过 4 m/s；运输巷道和采区进风道不得超过 6 m/s；提升人员和物料的井筒、主要进风道和回风道、修理中的井筒不得超过 8 m/s。

(二) 湿式作业

湿式作业是利用水或其他液体，使之与尘粒相接触而捕集粉尘的方法，它包括湿式凿岩、水封爆破、喷雾洒水、刷洗井巷周壁、喷雾净化风流等。

(1) 井工煤矿在煤、岩层中钻孔作业时，应当采取湿式降尘等措施。在冻结法凿井和在遇水膨胀的岩层中不能采用湿式钻眼(孔)、突出煤层或者松软煤层中施工瓦斯抽采钻孔难以采取湿式钻孔作业时，可以采取干式钻孔(眼)，并采取除尘器除尘等措施。

(2) 采煤机必须安装内、外喷雾装置。割煤时必须喷雾降尘，内喷雾工作压力不得小于 2 MPa，外喷雾工作压力不得小于 4 MPa，喷雾流量应当与机型相匹配。无水或者喷雾装置不能正常使用时必须停机；液压支架和放顶煤工作面的放煤口，必须安装喷雾装置，降柱、移架或者放煤时同步喷雾。破碎机必须安装防尘罩和喷雾装置或者除尘器。

(3) 井工煤矿掘进井巷和硐室时，必须采取湿式钻眼、冲洗井壁巷帮、水炮泥、爆破喷雾、装岩(煤)洒水和净化风流等综合防尘措施。

(4) 井工煤矿掘进机作业时，应当采用内、外喷雾及通风除尘等综合措施。掘进机无水或者喷雾装置不能正常使用时，必须停机。

(5) 井下煤仓(溜煤眼)放煤口、输送机转载点和卸载点，以及地面筛分厂、破碎车间、带式输送机走廊、转载点等地点，必须安设喷雾装置或者除尘器，作业时进行喷雾降尘或者用除尘器除尘。

（6）喷射混凝土时，应当采用潮喷或者湿喷工艺，并配备除尘装置对上料口、余气口除尘。

（三）净化风流

净化风流就是使井巷中含尘的空气通过一定的设施或设备将矿尘捕获的技术措施。目前使用较多的是水幕和湿式除尘装置。

（1）水幕净化风流。水幕由敷设在巷道顶部或两帮的水管上间隔地安上数个喷雾器喷雾形成。喷雾器的布置应以水幕布满整个巷道断面为准，并尽可能靠近尘源，缩小含尘空气的弥散范围。一个产尘点可间隔一定距离安装多道水幕。井工煤矿采煤工作面回风巷应当安设风流净化水幕。喷射混凝土时，距离喷浆作业点下风流 100 m 内，应当设置风流净化水幕。

（2）湿式除尘。除尘装置把气流或空气中含有的粉尘颗粒分离并捕集起来，又称为集尘器或捕尘器。煤矿多用湿式除尘装置，利用尘粒与液滴的碰撞进行除尘。

（四）煤层注水

煤层注水是在采煤工作面回采前预先在煤层中打若干钻孔，通过钻孔注入压力水来润湿煤体，增加煤的水分和尘粒间的黏着力，增加煤的塑性，减少采煤时煤尘的产生和煤尘的飞扬。我国煤层注水的方式主要有长钻孔注水和短钻孔注水两种。井工煤矿采煤工作面应当采取煤层注水防尘措施，有下列情况之一的除外：

（1）围岩有严重吸水膨胀性质，注水后易造成顶板垮塌或者底板变形；地质情况复杂、顶板破坏严重，注水后影响采煤安全的煤层。

（2）注水后会影响采煤安全或者造成劳动条件恶化的薄煤层。

（3）原有自然水分或者防灭火灌浆后水分大于 4%的煤层。

（4）孔隙率小于 4%的煤层。

（5）煤层松软、破碎，打钻孔时易塌孔、难成孔的煤层。

（6）采用下行垮落法开采近距离煤层群或者分层开采厚煤层，上层或者上分层的采空区采取灌水防尘措施时的下一层或者下一分层。

采用煤层注水措施时，应当根据煤层条件，确定合理的注水参数，并检验注水效果。煤层注水的设计应符合《煤矿井下粉尘防治技术规范》（AQ 1020）的要求。

【案例 3-6】 2020 年 8 月 20 日，山东能源肥城矿业集团梁宝寺煤矿发生煤尘爆炸事故，造成 7 人死亡、9 人受伤。该矿为国有重点煤矿，核定生产能力 330 万 t/a，主采 3 煤层，煤尘具有爆炸性。事故的直接原因：该矿综放工作面采煤机截割过程中，滚筒截齿与中间巷（工作面内与运输顺槽、回风顺槽平行的煤巷）金属支护材料机械摩擦产生火花，引燃截割中间巷松软煤体扬起的煤尘（悬浮尘），导致煤尘爆炸。事故也暴露出如下问题：该矿防尘管理不到位，未严格按设计进行煤层注水，未对中间巷沉积煤尘进行清扫、冲洗；推采过程中支架间喷雾、放顶煤喷雾使用不正常。

事故案例

（五）密闭尘源

通常产生强度高的产尘点，往往会使矿尘向外围扩散，不易控制。如果在不影响正常作业的前提下，将产尘地点密闭起来，并使密闭空间内保持一定的负压，矿尘就不会扩散。

（六）个体防护

在采取各种通风防尘措施之后，矿内空气仍会有一些微细矿尘，通过佩戴各种防护面具来减少矿尘吸入人体的措施就是个体防护。目前个体防护的工具主要是防尘口罩、防尘帽、防尘呼吸器等。对防尘口罩性能的要求是，对呼吸性粉尘的阻尘率应不低于96%，并且呼吸阻力小，佩戴方便，不影响视野。

第五节　矿井水灾防治

一、煤矿防治水的原则和措施

（一）煤矿防治水十六字基本原则

煤矿防治水工作应当坚持预测预报、有疑必探、先探后掘、先治后采的原则。“预测预报”是水害防治的基础，是指在勘探查清矿井充水水文地质条件基础上，运用先进的水害评价预测理论和方法，分析与诊断矿井突（选）水水情，对矿井水害风险做出评价和预测分区。“有疑必探”是指根据矿井水害评价结论和具体预测分区，针对矿井具体的采掘工程规划方案，对可能存在水害威胁的具体采掘工作面，采用物探、化探和钻探等综合超前探放水技术手段，查明或排除水害威胁。“先探后掘”是指先综合超前探查，确定巷道掘进没有水害威胁后，方可掘进施工。“先治后采”是指根据查明的水害情况，采取有针对性的治理措施并排除水害隐患后，方可安排采掘工程。如井下采掘工程穿越导水断层时，必须预先注浆封堵加固后方可施工，防止突（透）水造成灾害。

（二）煤矿防治水七项措施

根据不同水文地质条件，采取探、防、堵、疏、排、截、监等综合防治措施。

“探”主要是指采用超前勘探方法，查明采掘工作面周围水体的具体位置和贮存状态等情况，是为有效地防治矿井水害做好必要的准备，其在水害防治措施中居核心地位、起先导作用。

“防”主要指合理留设各类防隔水煤（岩）柱和修建各类防水闸门或防水闸墙等，防隔水煤（岩）柱一旦确定后，不得随意开采破坏。

“堵”主要指注浆封堵具有突水威胁的含水层或导水断层、裂隙和陷落柱等导水通道。

“疏”主要指探放老空水和对承压含水层进行疏水降压。

“排”主要指完善矿井排水系统，排水管路、水泵、水仓和供电系统等必须配套。

“截”主要指加强地表水（河流、水库、洪水等）的截流治理。

“监”主要指建立矿井地下水动态监测系统，必要时建立突水监测预警系统，及时掌握地下水的动态变化。

防治水工作的七项综合治理措施是水害防治的基本技术方法。

二、井下防治水

（一）矿井突水预兆

从开拓工作面开始发展到突水，在工作面及其附近显示出的某些异常现象，统称突水预兆。识别和掌握这些预兆，可以及时采取应急措施，撤离危险区人员，防止人员伤亡事故。突水前预兆有以下几种：

(1) 挂红。因地下水中含有铁的氧化物，在水压作用下，通过煤(岩)裂隙时，附着在裂隙表面，出现暗红色铁锈。

(2) 挂汗。当采掘工作面接近积水区时，水在压力作用下，通过煤岩裂隙而在煤岩壁上凝结成许多水珠，但有时空气中的水分遇到低温煤岩壁也可凝结为水珠。因此，遇到挂汗现象，首先辨别真伪，辨别方法是剥去表面层，观察新暴露面是否也有潮气，如果煤岩潮湿则是透水征兆。

(3) 空气变冷。采掘工作面接近大量积水时，气温骤然降低，煤壁发凉，人一进去就有凉爽感，时间越长越感阴凉。

(4) 出现雾气。当巷道内温度较高时，积水渗到煤壁后引起蒸发而迅速形成雾气。

(5) 水叫。井下高压积水，向煤岩裂隙强烈挤压与两壁摩擦而发出嘶嘶叫声，说明采掘工作面距积水区已很近。

(6) 顶板淋水加大。原有裂隙淋水突然增大，应视作透水前兆。

(7) 顶板来压、底板鼓起。在地下水压作用下，顶、底板弯曲变形，有时伴有潮湿、渗水现象。

(8) 水色发浑、有臭味。老空水一般发红，味涩；断层水一般发黄、味甜；溶洞水常有臭味。

(9) 有害气体增加。积水区向外散发瓦斯、二氧化碳和硫化氢等有害气体。

(10) 裂隙出现渗水。水清即离积水区尚远，水浊则离积水区已近。

以上征兆不一定都同时出现，有时可能出现其中一个，有时可能出现多个，但有时透水征兆不明显甚至不出现，因此，要认真辨别。

根据《煤矿安全规程》的规定，当出现透水征兆时，应当立即停止作业，撤出所有受水患威胁地点的人员，报告矿调度室，并发出警报。在原因未查清、隐患未排除之前，不得进行任何采掘活动。

【案例 3-7】 2021 年 8 月 14 日，青海省海北州柴达尔煤矿发生重大溃砂溃泥事故，造成 20 人死亡，直接经济损失 5391.02 万元。事故直接原因：该矿＋3690 综放工作面顶部疏防水不彻底，工作面出现异常淋水、多次发生局部片帮冒顶、液压支架被“压死”、工作面被封堵，但该矿未采取有效措施进行治理，违章冒险继续进行清淤，强行挑顶提架作业导致顶煤抽冒，大量顶煤、渣石及水混合物呈泥石流状迅速溃入工作面及运输巷，造成事故发生。事故也暴露出该矿安全管理混乱，在＋3690 综放工作面淋水增大、煤泥溃入、多次冒顶片帮等征兆明显情况下，不过问不监督，放任安全风险失控加剧形成重大隐患。组织开展的安全大检查工作流于形式，未跟踪督促矿井整改存在的隐患。

事故案例

(二) 矿井井下防治水措施

根据不同水文地质条件，矿井井下主要采取探、防、堵、疏、排、监等综合防治措施。

1. 矿井探放水技术

探水是指采矿过程中用超前勘探方法，查明采掘工作面顶底板、侧帮和前方的含水构造(包括陷落柱)、含水层、积水老窑等水体的具体位置、产状等，其目的是为有效防治矿井水害做好必要的准备。

采掘工作必须执行预测预报、有疑必探，先探后掘、先治后采。在地面无法查明水文地质条件时，应当在采掘前采用物探、钻探或者化探等方法查清采掘工作面及其周围的水文地质条件。

井下探放水应严格执行“三专”要求。由专业技术人员编制探放水设计，采用专用钻机进行探放水，由专职探放水队伍施工。严禁使用非专用钻机探放水。严格执行井下探放水“两探”要求。采掘工作面超前探放水应当同时采用钻探、物探两种方法，做到相互验证，查清采掘工作面及周边老空水、含水层富水性以及地质构造等情况。有条件的矿井，钻探可采用定向钻机，开展长距离、大规模探放水。

工作面回采前，应当查清采煤工作面及周边老空水、含水层富水性和断层、陷落柱含(导)水性等情况。地测部门应当提出专门水文地质情况评价报告和水害隐患治理情况分析报告，经煤矿总工程师组织生产、安检、地测等有关单位审批后，方可回采。发现断层、裂隙或者陷落柱等构造充水的，应当采取注浆加固或者留设防隔水煤(岩)柱等安全措施；否则，不得回采。

【案例 3-8】 2022 年 5 月 9 日，云南省富源县大山脚煤矿发生一起水害事故，造成 4 人死亡，直接经济损失 976 万元。事故直接原因：被大山脚煤矿整合关闭的联兴煤矿 C3 煤层 110303 机运巷“两端高、中间低”，低凹处形成老空积水。大山脚煤矿组织一组煤轨道大巷反掘(上段)工作面掘进作业时，掘通被整合关闭的联兴煤矿 C3 煤层 110303 机运巷积水老巷导致发生透水事故。事故暴露出该矿技术管理薄弱、安全管理混乱：未认真分析运用隐蔽致灾因素普查报告和物探成果，在掘进前未针对物探发现的异常区域进行钻探验证；未对可能存在老空水影响的煤层编制分区管理设计；技术人员责任心不强，主观认为老空积水已疏排干净，在未查清工作面前方老巷积水的情况下冒险组织掘进作业。

事故案例

2. 防水煤(岩)柱与防水闸门

1) 防水煤(岩)柱

在煤体与含水层(带)接触地段，为防止井巷或采空空间突水危害，留设一定宽度(或高度)的煤岩体不采，以堵截水源流入矿井，这部分煤岩体称为防水煤岩柱。相邻矿井的分界处，应当留设防隔水煤(岩)柱。矿井以断层分界的，应当在断层两侧留设防隔水煤(岩)柱。

矿井防隔水煤(岩)柱一经确定，不得随意变动，并通报相邻矿井。严禁在设计确定的各类防隔水煤(岩)柱中进行采掘活动。

2) 防水闸门和防水闸墙

防水闸门硐室和防水闸墙为井下防水的主要安全设施，水文地质条件复杂、极复杂或者有突水淹井危险的矿井，应当在井底车场周围设置防水闸门或者在正常排水系统基础上另外安设由地面直接供电控制，且排水能力不小于最大涌水量的潜水泵。在其他有突水危险的采掘区域，应当在其附近设置防水闸门；不具备设置防水闸门条件的，应当制定防突(透)水措施，报企业主要负责人审批。当井下发生突然涌水或出现突水征兆危及矿井安全时，必须立即做好关闭防水闸门的准备工作，同时请示抢险救灾指挥部，批准后方可关闭防水闸门。

3) 注浆堵水

注浆堵水是指将注浆材料(水泥、水玻璃、化学材料以及黏土、砂、砾石等)制成浆液，压入地下预定位置，使其扩张固结、硬化，起到堵水截流、加固岩层和消除水患的作用。

注浆堵水是防治矿井水害的有效手段之一，当前国内外已广泛应用于截源堵水，减少矿坑涌水量，封堵充水通道，恢复被淹矿井或采区，巷道注浆，保障井巷穿越含水层(带)等。

4) 疏干开采和疏水降压

疏干开采是指对煤层顶板或煤层含水层的疏干。矿井疏干的目的是预防地下水突然涌入矿井，避免灾害事故，改善劳动条件，提高劳动生产率，消除地下水静水压力造成的破坏作用等，是煤矿防治水的一种主要措施。对于大水矿区，为了减少矿井涌水量，应采取截流、浅排和排、供、生态环保"三位一体"结合等辅助措施，与疏干工作统筹考虑，进行综合防治。

疏水降压，是指受水害威胁和有突水危险的矿井或采区借助于专门的疏水工程(疏水石门、疏水巷道、放水钻孔、吸水钻孔等)，有计划有步骤地将煤层上覆或下伏强含水层中的地下水进行疏放，使其水位(压)值降至某个安全水位(压)值以下的过程。其目的是预防地下水突然涌入矿井，避免灾害事故，改善劳动条件，提高劳动生产率，它是煤矿防治水的一种重要措施。

5) 井下排水

为了防止水灾的发生，矿井必须建立有效排水系统，排水系统必须符合《煤矿安全规程》的规定，保证日常排水和抗灾抢险排水的能力。

6) 矿井地下水动态监测

矿井应当建立地下水动态监测系统，对井田范围内主要充水含水层的水位、水温、水质等进行长期动态观测，对矿井涌水量进行动态监测。受底板承压水威胁的水文地质类型复杂、极复杂矿井，应当采用微震、微震与电法耦合等科学有效的监测技术，建立突水监测预警系统，探测水体及导水通道，评估注浆等工程治理效果，监测导水通道受采动影响变化情况。

第六节　矿井顶板灾害防治

一、采煤工作面顶板事故防治

顶板事故是指在井下生产过程中，顶板意外冒落造成的人员伤亡、设备损坏、生产中止等事故。按冒顶范围的不同，顶板事故分为局部冒顶和大型冒顶两类。按发生冒顶事故的力学原因不同，顶板事故分为压垮型冒顶、漏垮型冒顶和推垮型冒顶三类。

(1) 局部冒顶：范围不大，有时仅在 3～5 个支架范围内，伤亡人数不多(1～2 人)的冒顶，常发生在靠近煤壁附近、采煤工作面两端以及放顶线附近。在实际煤矿生产过程中，局部冒顶事故的次数远远多于大型冒顶事故，约占采煤工作面冒顶事故的 70%，总的危害比较大。从开采工序与煤层顶板事故发生的地点来看，局部冒顶可分为靠近煤壁附近的局部冒顶；采煤工作面两端的局部冒顶；放顶线附近的局部冒顶；地质破坏带附近的局部冒顶。

(2) 大型冒顶：范围较大，伤亡人数较多(每次死亡 3 人以上)的冒顶。它包括基本顶来压时的压垮型冒顶、厚层难冒顶板大面积冒顶、直接顶导致的压垮型冒顶、大面积漏垮型冒顶、复合顶板推垮型冒顶、金属网下推垮型冒顶、大块游离顶板旋转推垮型冒顶、采空区冒矸冲入采煤工作面的推垮型冒顶及冲击推垮型冒顶等。

(一) 局部冒顶事故防治

采掘工作空间或井下其他地点局部范围内顶板岩石坠落造成的顶板事故称为局部冒顶。工作面发生局部冒顶的原因主要有两个：直接顶被破坏后，由于失去有效的支护而造成局部冒顶;基本顶下沉压迫直接顶破坏工作面支架造成局部冒顶。

1. 局部冒顶的征兆

(1) 顶板发出响声,岩层下沉断裂。顶板压力急剧加大时,木支架会发出劈裂声,紧接着出现折梁断柱现象;金属支柱的活柱急速下缩,也发出很大响声;铰接顶梁的楔子被弹出或挤出;底板软时支柱发生钻底现象。有时也能听到采空区内顶板发生断裂的闷雷声。

(2) 顶板掉碴。顶板破裂严重时,折梁断柱就要增加,并出现顶板掉碴,掉碴越多,说明顶板压力越大。

(3) 煤质变酥,煤壁片帮增多,范围增大,工作面钻眼省力,采煤机割煤时负荷减小。

(4) 顶板出现裂缝,裂缝张开,裂缝增多。

(5) 顶板出现离层。"敲帮问顶"时,顶板发出"空、空"的响声,说明上下岩层之间已经离层。

(6) 顶板发生漏顶。破碎的伪顶或直接顶有时会因背顶不严和支架不牢出现漏顶现象,造成棚顶托空,支架松动造成冒顶。

(7) 瓦斯涌出异常。在含瓦斯煤层中,瓦斯涌出量突然增大。

(8) 顶板淋水增大。

2. 工作面局部冒顶的综合预防措施

(1) 工作面支架方式要与顶板岩性相适应。较坚硬的顶板可采用点柱;松软破碎的顶板要用棚子加背板。

(2) 采取措施预防爆破造成冒顶。根据顶板条件选择炮眼布置、角度、装药量、一次爆破量,防止爆破崩倒支架,形成过大的空顶面积和控顶距。

(3) 工作面落煤后要及时支护。落煤后,受到输送机弯曲段的限制,在一定范围内不能及时打基本柱,顶板悬露面积大、时间长,因此,应采取超前挂梁或打临时支柱的方法,防止局部冒顶。

(4) 在推移输送机时,有较大面积的顶板不能用支柱支撑,对容易冒顶的破碎顶板,必须采取相应措施。

(5) 工作面上下出口要有特种支架。

(6) 采取正确的回柱方法,防止顶板压力集中在局部支柱上,造成局部顶板破碎及回柱困难。严格执行作业规程,不得违章作业。

(7) 严格执行各项顶板管理制度。如"敲帮问顶"制度、验收支架制度、岗位责任制度、金属支柱检查制度、顶板分析制度和交接班制度。

(8) 保证工作面正规循环作业,加快推进速度。

(二) 大型冒顶事故的防治

大型冒顶事故是指冒顶范围大、伤亡人数多的冒顶。引起原因主要有两种:① 大面积悬露的难冒顶板积累了很大的矿山压力,最后压垮顶板破坏工作面支架造成冒顶;② 各种原因造成的工作面支架的支撑强度不足,最后支架被压垮引起冒顶。

1. 大型冒顶发生的征兆

(1) 顶板的预兆。顶板连续发出断裂声,声音的频率和音响增大,这是由于直接顶和基本顶发生离层,或顶板切断而发出的声音;有时采空区内顶板发出像闷雷的声音,这是基本顶和上方岩层产生离层或断裂的声音;顶板岩层破碎掉碴,而且掉碴逐渐增多,顶板的裂缝增加或裂隙张开，并产生大量的下沉，下沉速度增大；底板出现底鼓或裂缝。

（2）煤帮的预兆。由于冒顶前压力增大，煤壁出现明显的受压和片帮现象。煤壁受压后，煤质变酥，片帮增多。使用电钻打眼时，钻眼省力。

（3）支架的预兆。使用木支架时，支架被大量地压坏或折断，并发出响声。使用金属支柱时，耳朵贴在柱体上，可听见支柱受压后发出的声音。当顶板压力继续增加时，活柱迅速下缩，连续发出“咯咯”的声音。工作面使用铰接顶梁时，在顶板冲击压力的作用下，楔子有时被弹出或挤出。

（4）其他预兆。瓦斯涌出量突然增加；有淋水的顶板，淋水量增加。

2. 工作面大型冒顶的综合预防措施

预防采煤工作面大型冒顶，除采取预防局部冒顶时提到的预防措施外，还应按以下情况采取措施。

（1）了解顶板活动规律，有条件时对工作面顶板应进行矿压观测，对顶板来压进行预测预报。

（2）对于坚硬顶板大面积悬顶，有大型冒顶危险时，要采取顶板高压注水措施。

（3）坚硬顶板要进行强制放顶。

（4）提高单体支柱的初撑力和刚度。

（5）提高支架的稳定性。

（6）严格控制工作面采高。

（7）工作面在开切眼初采时不要反向开采。

（8）掘进上下顺槽时不得破坏复合顶板。

（9）重视初次放顶，加强有效的安全措施。

（10）对于直接顶破碎的大倾角工作面，为防止出现大面积漏垮型冒顶，应采取的措施是：合理选用支架，保证支柱有足够的支撑力和可缩量，顶板背严接实，严禁爆破崩倒支架，移溜推倒支架。

【案例 3-9】 2022 年 2 月 25 日，贵州省黔西南州三河顺勋煤矿发生一起重大顶板事故，造成 14 人死亡，直接经济损失 2288.47 万元。事故直接原因：超出矿界范围布置的隐蔽采面支护强度不足，导致复合顶板离层、断裂，支柱稳定性不够造成推垮型冒顶，酿成事故。事故暴露出该矿顶板管理不到位：未编制采面作业规程，未进行支护强度验算，未对单体液压支柱进行压力测试；现场单体液压支柱打设混乱，柱梁数量不足；采面停止回采时未对采面支护进行维护，在采面出现煤壁切顶现象后仍未采取加强支护措施。

事故案例

二、巷道顶板事故防治

80%以上的巷道顶板死亡事故发生在掘进工作面及巷道交岔口。

（一）掘进工作面冒顶事故的原因及预防措施

1. 掘进工作面冒顶事故的原因

（1）掘进破岩后，顶部存在将与岩体失去联系的岩块，如果支护不及时，该岩块可能与岩体失去联系而冒落。

（2）掘进工作面附近已支护部分的顶部存在与岩体完全失去联系的岩块，一旦支护失效，就会冒落造成事故。

2. 预防掘进工作面冒顶事故的措施

(1) 根据掘进工作面岩石性质，严格控制空顶距。当掘进工作面遇到断层褶曲等地质构造破坏带或层理裂隙发育的岩层时，棚子支护时应紧靠掘进工作面，并缩小棚距，在掘进工作面附近应采用拉条等把棚子连成一体，防止棚子被推垮，必要时还要打中柱；锚杆支护时应有特殊措施。

(2) 严格执行“敲帮问顶”制度，危石必须挑下，无法挑下时应采取临时支撑措施，严禁空顶作业。

(3) 掘进工作面冒顶区及破碎带必须背严接实，必要时要挂金属网防止漏空。

(4) 掘进工作面炮眼布置及装药量必须与岩石性质、支架与掘进工作面距离相适应，以防止因爆破而崩倒棚子。

(5) 采用前探掩护式支架，使工人在煤层顶板有防护的条件下出碴、支棚腿，以防止冒顶伤人。

(二) 巷道交岔处冒顶事故的原因及预防措施

1. 巷道交岔处冒顶事故的原因

巷道交岔处冒顶事故往往发生在巷道开岔的时候，因为开岔口需要架设抬棚替换原巷道的棚子的棚腿，如果开岔处巷道顶部存在与岩体失去联系的岩块，并且围岩正向巷道挤压，而新支设抬棚的强度不够或稳定性不够就可能造成冒顶事故。

(1) 抬棚架设一段时间后才能稳定，过早拆除原巷道棚腿容易造成抬棚不稳。

(2) 开口处围岩尖角如果被压碎，抬棚腿失去依靠也会失稳。至于抬棚的强度，则与选用的支护材料及其强度有关。

2. 预防巷道交岔处冒顶事故的措施

(1) 交岔口应避开原来巷道冒顶的范围。

(2) 必须在开口抬棚支设稳定后再拆除原巷道棚腿，不得过早拆除，切忌先拆棚腿后支护抬棚。

(3) 注意选用抬棚材料的质量与规格，保证抬棚有足够的强度。

(4) 当开口处围岩尖角被挤压坏时，应及时采取加强抬棚稳定性的措施。

【案例 3-10】 2021 年 5 月 26 日，枣庄矿业集团新安煤业有限公司 3 上 104 运输巷外段掘进工作面发生一起较大顶板事故，死亡 3 人，轻伤 1 人，直接经济损失 928 万元。事故直接原因：事故地点位于区域性断层和伴生断层叠加区，巷道顶板受断层切割形成不完整岩石块体，调向开门施工交岔点跨度不断扩大，支护强度不够，顶部岩石块体失稳滑落，引发顶板大面积垮落。事故也暴露出事故巷道段支护参数和支护方式不合理。在交岔点施工跨度不断扩大的情况下，没有针对性地调整支护参数、支护方式，只选用了“锚(杆)索梁网”支护、加密了锚(杆)索密度，未采取联合支护等强化措施，未调整锚(杆)索长度，致使锚(杆)索未锚固到稳定岩层中，锚固作用降低，支护强度不够。

事故案例

(三) 支架支护巷道冒顶事故的原因及预防措施

1. 支架支护巷道冒顶事故的原因

(1) 压垮型冒顶是因巷道顶板或围岩施加给支架的压力过大，损坏了支架，从而导致巷道顶部已破碎的岩块冒落。

(2) 漏垮型冒顶是因无支护巷道或支护失效(非压坏),巷道顶部存在的游离岩块,在重力作用下冒落,造成事故的发生。

(3) 推垮型冒顶是因巷道顶帮破碎岩石,在其运动过程中存在平行巷道轴线的分力,如果这部分巷道支架的稳定性不够,可能被推倒而发生冒顶。

2. 支架支护巷道冒顶事故的预防措施

(1) 在可能的情况下,巷道应布置在稳定的岩体中,并尽量避免采动的不利影响。

(2) 巷道支架应有足够的支护强度以抗衡围岩压力。

(3) 巷道支架所能承受的变形量,应与巷道使用期间围岩可能的变形量相适应。

(4) 尽可能做到支架与围岩共同承载。支架选型时,尽可能采用有初撑力的支架;支架施工时要严格按工序质量要求进行,并特别注意顶与帮的背严背实问题,杜绝支架与围岩间的空顶与空帮现象。

(5) 凡因支护失效而空顶的地点,重新支护时应先护顶,再施工。

(6) 巷道替换支架时,必须先支新支架,再拆旧支架。

(7) 在易发生推垮型冒顶的巷道中要提高巷道支架的稳定性,可以在巷道的架棚之间严格地用拉撑件连接固定,增加架棚的稳定性,以防推倒。倾斜巷道中架棚被推倒的可能性更大,其架棚间拉撑件的强度、密度要适当加大。

此外,在掘进工作面 10 m 内、断层破碎带附近 10 m 内、巷道交岔点附近 10 m 内、冒顶处附近 10 m 内,都是容易发生煤层顶板事故的地点,巷道支护必须适当加强。

第七节　冲击地压灾害防治

冲击地压是指煤矿井巷或工作面周围煤(岩)体由于弹性变形能的瞬时释放而产生的突然、剧烈破坏的动力现象,常伴有煤(岩)体瞬间位移、抛出、巨响及气浪等。

一、冲击地压的特征

(1) 突然爆发。冲击地压发生前,预兆不明显。

(2) 巨大声响。冲击地压爆发的瞬间伴有雷鸣般的响声。

(3) 冲击波强。煤体内积聚的弹性能突然释放,产生强大的冲击波。它能冲倒几十米至几百米内的风门、风墙等设施。

(4) 弹性震动。冲击地压发生时在围岩内引起弹性震动,人员被弹起摔倒,甚至输送机、轨道等重型设备可能被震动和推移,连地面人员有时都能感到这种震动。

(5) 煤体移动。据现场观测,发生浅部冲击地压时煤体发生移动,煤体移动时在顶板接触面上留有明显的棕褐色擦痕。

(6) 顶板下沉或底板鼓裂。冲击地压发生时,常导致顶板下沉或底鼓。

(7) 煤帮抛射性塌落。塌落多发生在煤帮上部到顶板的一段,越靠近顶板塌落越深,强烈冲击时,塌落深度可达 1.5～2.0 m。

二、冲击地压的防治原则

冲击地压防治应当坚持“区域先行、局部跟进、分区管理、分类防治”的原则。

(1) 区域先行。冲击地压防治措施可分为区域防冲措施和局部防冲措施两大类。区域防冲就是要优化矿井开采设计理念，根据煤岩层冲击危险性评价结果，确定合理的采煤方法，采取调整煤层开采顺序、优化巷道布置方式、煤柱尺寸选择、开采保护层等方法防止高应力集中。实施区域防冲措施，可以从根本上控制冲击地压，因此必须坚持区域先行的原则。

(2) 局部跟进。实施区域防冲措施不可能完全消除冲击地压。在具有冲击地压危险的区域，应该根据实际地质和开采条件、冲击地压监测信息、冲击地压防治效果和新揭露的地质条件等动态信息，采取煤层注水、钻孔卸压、卸压爆破、底板卸压、顶板预裂、水力压裂等局部防冲措施，实现应力的释放或转移，避免冲击地压发生。因而，必须在实施区城防冲措施之后，及时跟进局部防冲措施。

(3) 分区管理。冲击地压矿井同一煤层不同区域，由于其地质条件和开采条件不同，冲击地压危险程度也不同。如果采取同样的管理措施，极有可能导致某些区域管理过度，某些区域管理不足。应该根据冲击危险性评价结果，对强冲击危险区、中等冲击危险区、弱冲击危险性和无冲击危险区实施不同的管理措施，需要坚持分区管理原则。

(4) 分类防治。不同的矿井，诱发冲击地压的因素是不一样的，上覆岩层自重应力、区域构造应力、坚硬顶板垮落来压、断层错动、煤柱集中应力都可能诱发冲击地压。诱发冲击地压的因素不同，其防冲措施也不同。因而，冲击地压矿井应根据诱发因素的差异进行分类，实施分类防治。

三、冲击地压的预测、监测和效果检验

为了对有冲击危险的煤层及时采取防治措施，必须进行预测。冲击地压虽是瞬时发生，但发生之前有预兆，进行预测是可能的。

1. 顶板动态法

冲击地压发生之前的预兆表现为：煤岩层向已采空间运动加剧，顶板岩层断裂声加剧，有板炮声，采空区有雷声，顶板下沉，煤壁片帮；打煤层眼时，钻杆卡住不易拔出，支柱折断，柱帽压缩等；采煤工作面和巷道压力有明显的增大现象。只要认真观察分析，掌握其规律，就能及时进行预报。

2. 钻屑法

钻屑法又称钻粉率指数法或钻孔检验法。此法是通过在煤层中打直径 42～50 mm 的钻孔，根据排出的煤粉量及其变化规律和有关的动力效应，鉴别冲击危险的一种方法。

3. 微震法或地音监测法

岩石在压力作用下发生变形、破坏的过程中，必然产生声响和震动，以脉冲形式向周围岩体传播，产生应力波或声发射现象。这种声发射也称地音。因此，用微震仪或地音仪记录这一系列地震波，根据地震波的强弱变化规律和正常地震波相比可以判断煤层或岩体发生冲击的倾向程度。

此外，还有电磁辐射法、能量法、综合指数法及综合预测法等。

四、冲击地压的防治

根据发生冲击地压的成因和机理，冲击地压的主要防治措施应是避免产生应力集中。因此，对已产生应力的区域、因地质构造等因素存在高应力区的区域，应采取改变煤岩体物理力学性质，降低或释放煤岩体积聚的弹性能等措施。

1. 选择合理的开采方法

(1) 开采保护层。开采煤层时，为了降低潜在危险层的应力，可先开采保护层。当所有

煤层都有冲击地压危险时，应先开采冲击地压危险性最小的煤层。当有冲击地压危险的煤层的顶底板都赋存有保护层时，应先开采顶板保护层。

(2) 避免形成孤立煤柱。划分井田和采区时，应保证有计划地合理开采，避免形成应力集中的孤立煤柱，不允许在采空区内留煤柱，巷道上方不留煤柱，有条件的采区上山、采区边界及区段巷道采用无煤柱开采技术，以避免应力集中。

(3) 选择合理的采煤方法。开采有冲击地压危险的煤层时，应尽量采用长壁采煤法、全部垮落法管理顶板。煤柱支撑法、房柱式及其他留煤柱的开采方法，将使冲击地压发生频繁。

(4) 选择合理的巷道布置方式。开采有冲击地压危险的煤层时，应尽量将主要巷道和硐室布置在底板岩石中。

(5) 合理安排开采程序。要合理安排开采程序，防止采煤工作面三面被采空区包围，形成"半岛"。采煤工作面应采用后退式开采，避免相向采煤。

2. 煤层预注水

煤层预注水的目的主要是降低煤体的弹性和强度。采用向煤层注水的方法，使相邻巷道、采煤工作面的煤岩层边缘区减少内部黏结力，降低其弹性，减少其潜能。

大量的研究表明，煤岩层的单向抗压强度随着其含水量的增加而降低，同样，煤的强度与冲击倾向指数也随煤的湿度的增加而降低。

3. 钻孔卸压法

钻孔卸压法是利用钻孔降低积聚在煤层中的弹性能，是释放弹性能的一种方法。一般利用直径大约 100 mm 的钻头钻孔，现已有直径为 300 mm 的钻头。由于钻孔后，周围的煤体受力状态发生了变化，约束条件减弱，使煤体卸载，支承压力的分布发生了变化，峰值向煤体深部转移。当支承压力不超过煤层孔壁稳定范围时，孔壁不破坏，钻孔不变形，排出的煤粉量为正常值，煤层没有卸压。当支承压力超过煤层孔壁稳定范围时，钻孔被破坏。支承压力愈高，钻孔破坏范围愈大。因此，煤层积聚的应力愈高，利用钻孔卸压愈有效。

【案例 3-11】 2023 年 1 月 1 日，兖矿新疆矿业有限公司硫磺沟煤矿(4-5 煤层) 06W 带式输送机运输巷掘进工作面发生一起冲击地压事故，造成 1 人死亡、1 人受伤。事故直接原因：事故区域 4-5 煤层具有弱冲击倾向性，事故区域存在隐伏构造，局部构造应力高度集中，造成大量弹性能聚积。受综掘机割煤扰动导致围岩应力调整，诱发大量弹性能释放，造成冲击地压事故的发生。事故暴露出：该矿事故隐患排查治理不到位，自 2022 年 12 月 26 日以来，(4-5 煤层)06W 带式输送机运输巷掘进工作面迎头后方 30 m 范围内顶板下沉明显，迎头压力大，煤爆频繁，有锚杆折断现象，煤矿未认真分析研究，在未排查出导致矿压显现真正原因的情况下，只是采取了加强支护的措施后，继续组织掘进作业，隐患排查治理不到位。

事故案例

4. 震动爆破法

震动爆破法是在安全条件下，用爆破方法释放煤层积聚的能量，使煤层裂隙松动。这也是预防冲击地压的有效方法，一般有卸载爆破和诱发爆破两种方式。

卸载爆破就是在高应力区附近打钻，在钻孔中装药进行爆破，其主要目的是改变支承压力带的形状和减小峰值，炮眼布置尽量接近于支承压力带峰值位置。

诱发爆破就是在具有冲击地压危险的区域进行大药量的爆破，人为地在工作人员撤出后诱发冲击地压。

更多新的煤矿灾害事故案例，请扫描下面的二维码观看。每年更新，请购买正版图书，以免影响学习。

瓦斯 1　　瓦斯 2　　火灾 1　　火灾 2

矿尘 1　　矿尘 2　　顶板 1　　顶板 2

水灾 1　　水灾 2　　冲击地压 1　　冲击地压 2

第四章　煤矿事故自救互救与创伤急救

本章培训与考核要点

- 熟练掌握矿工自救与互救的原则；
- 掌握自救器的分类、用途及使用时应注意的问题；
- 掌握井下各类灾害发生时的自救与互救措施及避灾方法；
- 熟练掌握创伤急救操作技术。

在瓦斯、水、火、冲击地压等灾害情况发生重大变化后，未及时判断、报告和采取有效防范措施，就可能造成风险失控形成重大隐患甚至酿成事故；出现事故征兆等紧急情况后，受威胁区域人员未停止作业、及时撤出，造成事故发生或伤亡扩大。煤矿特种作业人员作为现场一线的操作人员，掌握科学的事故应急处置方法和现场急救技术，可以有效避免事故扩大、减少人员伤亡。

第一节　煤矿事故应急预案

一、煤矿事故应急预案的内容和实施要求

生产安全事故应急预案是针对可能发生的事故，为降低其严重后果而预先制定的应急救援方案，是应急救援活动的指导性文件。煤矿事故应急预案包括综合应急预案、专项应急预案和现场处置方案等内容。

综合应急预案，是指煤矿企业为应对各种生产安全事故而制定的综合性工作方案，是本单位应对生产安全事故的总体工作程序、措施和应急预案体系的总纲。

专项应急预案，是指煤矿企业为应对某一种或者多种类型生产安全事故，或者针对重要生产设施、重大危险源、重大活动防止生产安全事故而制定的专项性工作方案。

现场处置方案，是指煤矿企业根据不同生产安全事故类型，针对具体场所、装置或者设施所制定的应急处置措施。

煤矿特种作业人员应当了解本矿的应急预案，具备自救互救和应急避险的技能。煤矿至少每半年组织1次生产安全事故应急救援预案演练，演练结束后，对应急预案的修订部分组织从业人员进行宣贯学习。

按照应急救援预案和灾害预防与处理计划的相关内容，针对重点工作场所、重点岗位的风险特点制定应急处置卡，现场作业人员随身携带，一旦发生紧急情况，按照应急处置卡的方法应急避险。

二、事故报告

事故发生后，现场人员应尽量了解和判断事故的性质、地点和灾害程度，在认真积极地

消灭或控制事故的同时,及时向矿调度室报告灾情,并迅速向可能受灾的人员发出警报。

(1) 报告形式。就近用电话报告。

(2) 报告对象。首先应向矿调度室报告。矿调度室值班领导可根据灾情及时向上级汇报或组织人员抢救。若首先向本区队领导报告,往往会延误抢救时机。

(3) 报告内容。报告内容包括事故性质、发生地点、影响范围、人员伤亡以及现场抢救、撤离情况等。

(4) 报告方法。沉着冷静地把话说清楚,要如实报告灾情,不能含糊不清。若不清楚就说"不清楚",弄清楚后再次汇报。

三、避灾行动原则

(一) 积极抢救

根据灾情和现场条件,在保证自身安全的前提下,采取积极的方法和措施,及时进行现场抢救,将事故消灭在初始阶段或控制在最小范围。

(二) 安全撤离

当受灾现场不具备事故抢救的条件,或抢救事故可能危及自身安全时,应按规定的避灾路线和当时的实际情况,尽量选择安全条件最好且距离最短的路线,迅速撤离危险区域。

(三) 及时报告

发生灾情后,事故地点附近的人员应尽量了解和判断事故的性质、地点和灾害程度,利用最近处的电话或其他方式迅速地向矿调度室汇报,并向事故可能波及的区域发出警报,使其他工作人员尽快知道灾情。

(四) 妥善避灾

在灾变现场无法撤退时,如矿井冒顶堵塞、火焰或有害气体浓度过高无法通过以及在自救器有效工作时间内不能到达安全地点时,应迅速进入预先筑好的或就近快速建造的临时避难硐室,妥善避灾,等待矿山救护队的救援。在避灾时要注意给外面的救援人员留有信号标记。

四、避灾路线

在制定年度《矿井灾害预防和处理计划》时,已预计到矿井存在的自然灾害因素及可能发生各种事故的地点、情况,从而规定一旦发生某种事故后人员的撤退路线,这个撤退路线就是避灾路线。避灾路线应设置明显的路标,方向要标明,并使全矿人员熟悉掌握,使大家都知道何地发生何种事故后,人员从哪条路线上撤退是最安全的。

第二节　矿井自救设施与设备

一、自救器

自救器是入井人员在井下发生火灾、瓦斯煤尘爆炸、煤与瓦斯突出时防止有害气体中毒或缺氧窒息的一种随身携带的呼吸保护器具。《煤矿安全规程》规定:入井人员必须随身携带自救器。自救器有过滤式和隔离式两类。过滤式自救器仅能防护一氧化碳一种气体,对其他有毒气体不起防护作用,而且不能提供人呼吸的氧气。目前我国煤矿禁止使用过滤式自救器,而采用隔离式自救器。

隔离式自救器能提供人呼吸所需的氧气，人的呼吸在人体与自救器之间循环进行，与外界空气成分无关，所以它能防护各种毒气。根据隔离式自救器中氧气的来源不同又分为化学氧隔离式自救器和压缩氧隔离式自救器两种。

（一）化学氧自救器

化学氧自救器是指利用化学生氧物质产生氧气的隔离式呼吸保护器。它用于灾区环境大气中缺氧或存在有毒有害气体的环境，供一般入井人员使用，只能使用一次。

操作方法

1. 使用方法

（1）佩戴位置。将专用腰带穿入自救器腰带环内，固定在背部一侧腰间（图 4-1a）。

（2）开启扳手。使用时先将自救器沿腰带转到右侧腹前，左手托底，右手拉护罩胶片，使护罩挂钩脱离壳体，再用右手掰锁口带扳手至封印条断开后，丢开锁口带（图 4-1b）。

(a) 佩戴位置

(b) 开启扳手

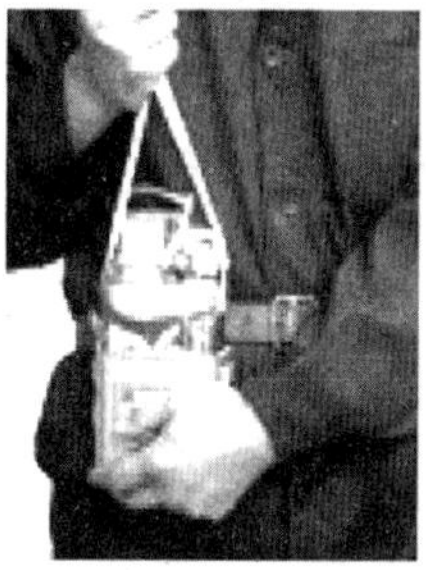
(c) 去掉上外壳

(d) 套上挎带

(e) 提起口具并立即戴好

(f) 调整挎带

图 4-1　化学氧自救器使用方法

(3) 去掉上外壳。左手抓住下外壳,右手将上外壳用力拔下、扔掉(图 4-1c)。

(4) 套上挎带。将挎带套在脖子上(图 4-1d)。

(5) 戴好口具。提起口具并立即拔出启动针,使气囊逐渐鼓起,立即拔掉口具塞并同时将口具塞入口中,口具片置于唇齿之间,牙齿紧紧咬住牙垫,紧闭嘴唇(图 4-1e)。

(6) 夹好鼻夹。两手同时抓住两个鼻夹垫的圆柱形把柄,将弹簧拉开,憋住一口气,使鼻夹垫准确地夹住鼻子。

(7) 调整挎带。如果挎带过长,抬不起头,可以拉动挎带上的大圆环,使挎带缩短,长度适宜后,系在小圆环上(图 4-1f)。

(8) 退出灾区。上述操作完成后,开始撤离灾区。途中感到吸气不足时不要惊慌,应放慢脚步,做深呼吸,待气量充足后再快步行走。

2. 使用注意事项

(1) 每班携带自救器前,应检查自救器外壳有无损伤或松动,如发现不正常现象应及时将自救器送到发放室检查校验。

(2) 携带自救器时,应避免碰撞、跌落,禁止将自救器当坐垫用;禁止用尖锐的器具猛砸外壳或药罐;禁止自救器接触带电体或浸泡在水中。

(3) 携带自救器时,任何场所不准随意打开自救器上外壳;如果自救器上外壳已意外开启,应立即停止携带,做报废处理。

(4) 在井下工作时,一旦发现事故征兆,应立即佩戴自救器后迅速撤离。佩戴自救器要求操作准确、迅速。

(5) 佩戴自救器撤离火区时,要冷静、沉着,最好匀速行走。

(6) 在整个逃生过程中,要注意把口具、鼻夹戴好,保证不漏气,严禁从嘴中取下口具说话。

(7) 吸气时,比平时正常吸气干、热一些,表明自救器在正常工作,对人体无害,此时千万不可取下自救器。

(8) 当发现呼气时气囊瘪而不鼓,并渐渐缩小时,表明自救器的使用时间已接近终点,要做好应急准备。

【案例 4-1】 2022 年 11 月 22 日,中煤平朔集团井工三矿井下发生一起较大事故,造成 4 人死亡。该矿核定生产能力 1000 万 t/a,属正常生产矿井。经初步调查,事故发生在该矿 34204 综采工作面,工作面遇断层构造群无法正常推进,矿方跳过该构造群重新布置开切眼,新开切眼的支架及相关设备已安装完毕,在辅运顺槽端头向内 5 m 处施工密闭墙时(未完工),1 名工人擅自进入密闭墙内晕倒,在附近作业的 3 名工人在未使用自救器的情况下盲目组织施救,进入密闭墙内后随即晕倒。在附近作业的相关人员佩戴自救器进入密闭墙内将 4 人救出,随即送往医院,经抢救无效死亡。

(二) 压缩氧自救器

操作方法

压缩氧自救器是指利用压缩氧气供氧的隔离式呼吸保护器。它用于灾区环境大气中缺氧或存在有毒有害气体的情况,是一种可反复多次使用的自救器,每次使用后只需要更换吸收二氧化碳的吸收剂并重新充装氧气即可重复使用。

1. 使用方法

(1) 携带时，挎在肩膀上。

(2) 使用时，先打开外壳封口带手把。

(3) 打开上盖，然后左手抓住氧气瓶，右手用力向上提上盖，此时氧气瓶开关即可自动打开，随后将主机从下壳中拽出。

(4) 摘下安全帽，挎上挎带，戴好安全帽。

(5) 拔开口具塞，将口具放入口腔里，牙齿咬住牙垫。

(6) 将鼻夹夹在鼻子上，开始呼吸。

(7) 在呼吸的同时，按动补给按钮 1～2 s，气囊充满后立即停止(在使用过程中发现气囊供气不足时，按上述方法操作)。

(8) 挂上腰钩。

2. 使用注意事项

(1) 压缩氧自救器储装有高压氧气，在携带过程中要防止碰撞自救器，严禁将自救器当坐垫使用。

(2) 携带过程中严禁开启扳把。

(3) 佩戴压缩氧自救器行走时要匀速行走，应保持呼吸均匀，禁止狂奔和取下鼻夹、口具或通过口具讲话。

(4) 自救器不能使用或失效时，应用湿毛巾捂住口鼻，匍匐前行至安全地点。

二、煤矿安全避险"六大系统"

煤矿安全避险"六大系统"是预防事故以及事故发生时开展自救互救、紧急避险而达到减少伤亡目的的重要技术保障。煤矿安全避险"六大系统"是指监测监控系统、人员定位系统、紧急避险系统、压风自救系统、供水施救系统和通信联络系统。煤矿应建立应急演练制度，科学确定避灾路线，编制应急预案，每年开展一次"六大系统"联合应急演练。加强入井人员培训，使其熟悉各种灾害情况的避灾路线，并能正确使用安全避险设施。

(一) 矿井监测监控系统

矿井监测监控系统是指可以实现对煤矿井下瓦斯、一氧化碳浓度、温度、风速等动态监控的自动化系统。矿井监测监控系统中心站实行 24 h 值班制度，当系统发出报警、断电、馈电异常信息时，能够迅速采取断电、撤人、停工等应急处置措施，充分发挥其安全避险的预警作用。

(二) 井下人员定位系统

井下人员定位系统是指通过入井人员携带识别卡，确保能够实时掌握所有井下各个作业区域人员的动态分布及变化情况的系统。当发生紧急情况时，可以准确掌握井下作业人员的位置，为事故应急救援提供依据。

(三) 井下紧急避险系统

井下紧急避险系统是指在灾害事故发生时，为不能撤到安全区域的人员建立的避险场所和设施。井下紧急避险系统包括临时避难硐室、永久避难硐室等。煤与瓦斯突出矿井应建设采区避难硐室；突出煤层的掘进巷道长度及采煤工作面走向长度超过 500 m 时，必须在距离工作面 500 m 范围内建设避难硐室等。煤与瓦斯突出矿井以外的其他矿井，从采掘工作面步行，凡在自救器所能提供的额定防护时间内不能安全撤到地面的，必须在距离采掘工作面1000 m范围内建设避难硐室等。紧急避险设施应具备安全防护、氧气供给保障、有害气体去除、环境监测、通信、照明、动力供应、人员生存保障等基本功能，在无任何外界支持的条件下其额定防护时间不低于96 h。

（四）矿井压风自救系统

矿井压风自救系统是指为了实现所有采掘作业地点在灾变期间能够提供压风供气，为事故现场人员提供氧气的系统。空气压缩机一般设置在地面，而在深部多水平开采的矿井，空气压缩机安装在地面难以保证对井下作业地点有效供风时，可安装在其供风水平以上2个水平的进风井井底车场安全可靠的位置。突出矿井的采掘工作面要设置压风自救装置。其他矿井的掘进工作面要安设压风管路，并设置供气阀门。

（五）矿井供水施救系统

矿井供水施救系统是指为了保证发生火灾、爆炸等事故现场人员用水的需要而事先配装的实时供水系统。《煤矿安全规程》要求建设完善的防尘供水系统，除设置三通及阀门外，还要在所有采掘工作面和其他人员较集中的地点设置供水阀门，以保证各采掘作业地点在灾变期间能够实现提供应急供水的要求。

（六）矿井通信联络系统

矿井通信联络系统是指一旦事故发生实施救援时保证畅通、有效地传递重要信息的系统。按照在灾变期间能够及时通知人员撤离和实现与避险人员通话的要求，建设完善的通信联络系统。在主副井绞车房、井底车场、运输调度室、采区变电所、水泵房等主要机电设备硐室和采掘工作面以及采区、水平最高点处安设电话。井下避难硐室、井下主要水泵房、井下中央变电所和突出煤层采掘工作面、爆破时撤离人员集中地点等，设有直通矿调度室的电话。要积极推广使用井下无线通信系统、井下广播系统，以确保发生险情时，可及时通知井下人员撤离。

三、避难硐室

避难硐室是矿井的重要安全设施，是发生事故后人员无法撤出灾区时的避难场所。如撤退路线被堵塞无法通过或在自救器有效工作时间内不能到达安全地点时，均应进入避难硐室避难。避难硐室可分为永久避难硐室和临时避难硐室两种。

（一）永久避难硐室

永久避难硐室预先设在井底车场附近或采区工作地点安全出口的路线上，距工作地点不能太远（即不能超过自救器的有效工作时间）。避难硐室的容积原则上应能容纳采区的全体人员。硐室内应备有供避灾人员呼吸用的供气装置（如压风自救装置）、通信设备、自救器、药品、食物等。需要注意两个问题：一是硐室内的供气装置要有保障，即空气气源能长时间供气，遇险人员使用的呼吸装置要佩戴方便、迅速，呼吸自如舒畅。二是硐室内要存放一定数量的自救器，其防护时间要长一些（如30 min以上的化学氧和压缩氧自救器），确保遇险人员在条件允许时，佩戴自救器从避难硐室撤到安全地点或井上。

（二）临时避难硐室

临时避难硐室，是利用工作地点的独头巷道、硐室或两道风门之间的巷道，在事故发生后临时修建的。为此，应事先在上述地点准备所需的木板、木柱、黏土、沙子或砖等材料，在有压气条件下，还应装有带阀门的压气管。临时避难硐室修筑方便，正确地利用它，能对遇险人员发挥很好的救护作用。

（三）避难硐室内避难时的注意事项

（1）进入避难硐室前，应在硐室外留有衣物、矿灯等明显标志，以便救护队发现。

（2）待避时应保持安静，不急躁，尽量俯卧于巷道底部，以保持体力、减少氧气消耗，并避免吸入更多的有毒气体。

（3）硐室内只留一盏矿灯照明，其余矿灯全部关闭，以备再次撤退时使用。

（4）间断敲打铁器或岩石等以发出呼救信号。

（5）全体避灾人员要团结互助、坚定信心。

（6）被水堵在上山时，不要向下跑出探望。水被排走露出棚顶时，也不要急于出来以防SO_2、H_2S等气体中毒。

（7）看到救护人员后，不要过分激动，以防血管破裂。

（8）待避时间过长遇救后，不要过分饮用食品和见到强光，以防损伤消化系统和眼睛。

第三节　煤矿灾害应急处置

一、现场紧急处置的原则

事故发生后，灾区内或受威胁区的人员，要迅速判断事故性质，利用现场条件，在保证安全的前提下采取措施，将事故消灭在初始阶段或最大限度地降低事故的危害程度。

（1）在消除事故灾害时，要保持统一指挥和组织，严禁冒险蛮干和单独行动。

（2）在抢救过程中，必须保证自身安全。

（3）在抢救伤员时，必须坚持“三先三后”的原则，即先救生还者，后救已死亡者；先救受伤较重者，后救受伤较轻者；对于窒息，心跳、呼吸停止，出血，骨折的伤员，先复苏、止血、固定，然后再搬运。

（4）采取各种措施，消除初始灾害，防止灾区情况恶化。

二、煤矿灾害情况发生重大变化的处置规定

2023年4月3日，国家矿山安全监察局下发了《国家矿山安全监察局关于做好煤矿灾害情况发生重大变化及时报告和出现事故征兆等紧急情况及时撤人工作的通知》，要求全国煤矿建立灾害情况发生重大变化及时报告制度和出现事故征兆等紧急情况及时撤人制度，落实相关工作责任。

（一）煤矿灾害情况发生重大变化及时报告制度

煤矿出现下列情形之一的，现场作业人员应当及时向煤矿分管负责人或带班值班矿领导报告；情况严重的，及时向煤矿主要负责人报告：

（1）井下甲烷浓度达到0.75%以上，或者变化浓度超过0.2个百分点的；

（2）高瓦斯矿井、突出矿井煤层急剧变薄、增厚的；

（3）矿井涌水量（不包括探放水时的可控出水量）、长观孔水位变化幅度达到20%以上的；

（4）井下出现突水点；

（5）矿井一氧化碳浓度达到24 ppm，或者变化浓度超过5 ppm的，或者有带式输送机的进风巷发现一氧化碳的；

(6) 冲击地压监测单个微震事件能量达到 10^4J 以上的；

(7) 采掘工作面遇有预测外或者变化较大地质构造的；

(8) 顶板离层、锚杆(索)应力、支架压力等监测数据突然增大，或者锚杆(索)断裂、棚梁棚腿弯曲严重的；

(9) 露天煤矿台阶有滑动迹象，工作面有伞檐或者有塌陷危险的老空区，发现拒爆、熄爆的；

(10) 出现其他重大变化应当报告的。

(二) 煤矿出现事故征兆等紧急情况及时撤人制度

煤矿有下列情形之一的，必须及时撤出危险区域作业人员：

(1) 井下所有作业场所回风流中甲烷浓度超过 1.0%的；

(2) 井下发生明显响煤炮声，喷孔、顶钻，煤壁外鼓、掉渣，瓦斯涌出持续增大或者忽大忽小，煤尘增大等突出征兆的；

(3) 井下出现煤层变湿、挂红、底鼓、淋水加大(含砂)等透水、突水、溃水征兆的；

(4) 井田及周边地面积水坑水位突然下降并溃入井下的；

(5) 当暴雨、洪水等自然灾害预警等级为红色(一级)、橙色(二级)的；

(6) 发现明火且不能立即扑灭的；

(7) 井下采掘作业地点出现强烈震动、巨响、瞬间底(帮)鼓、煤岩弹射等动力现象的；

(8) 全矿井计划外停电且不能立即有效恢复的；

(9) 露天煤矿遇到暴雨、8 级及以上大风等特殊天气，以及边坡出现明显沉降、变形加速、裂缝增大或贯通、大面积滚石滑落等滑坡征兆的；

(10) 其他事故征兆等紧急情况应当停产撤人的。

(三) 相关工作责任的落实

(1) 所有现场作业人员、带班值班人员具有出现事故征兆等紧急情况及时撤人的权力。出现事故征兆等紧急情况时，所有现场作业人员、带班值班人员无需请示，有权第一时间撤人，并在确保安全的前提下向矿调度室汇报。

(2) 煤矿要建立灾害情况发生重大变化及时报告和出现事故征兆等紧急情况及时撤人奖惩机制，加强从业人员培训和演练，保证从业人员熟练掌握各类报告和撤人情形，对及时报告灾害情况重大变化或出现事故征兆等紧急情况及时撤人、避免发生事故的，应当给予重奖。

三、矿井灾害事故的自救与互救

煤矿特种作业人员对有害气体、烟雾、温度、非常规响声和风流变化应时刻保持高度警惕；应熟记压风自救地点、避难硐室、自救器更换地点、最佳撤离路线；具备熟练佩用自救器、处理故障的能力；遇到突发情况，应保持头脑清醒、果断行动，积极进行自救互救。

(一) 瓦斯与煤尘爆炸事故的自救与互救

(1) 发生爆炸事故时，应背向空气颤动的方向，俯卧倒地，面部贴在地面，避开冲击波，屏住呼吸，用毛巾捂住口鼻，防止把火焰吸入肺部；用衣物盖住身体的暴露皮肤，以减少烧伤。

(2) 发生爆炸事故后，要立即佩用自救器，沿着避灾路线迅速撤退到安全地点，并向调度室报告事故性质、地点等灾害情况。

(3) 在班组长的带领下开展互救工作，帮助受伤人员佩戴自救器，进行简单包扎、止血和固定等处理后，快速撤离灾区。条件允许时，采取断电等措施，控制事故的危险源，防止事故进一步扩大。

(4) 如因爆炸破坏了避灾路线指示牌，应迎着风流方向撤退。

(5) 在撤退经过的巷道交岔口，应留下明显的标志，以引起救援人员的注意。

(6) 在撤退途中听到爆炸声或空气震动冲击波时，应立即背向声音和气浪传来的方向，脸向下，双手置于身体下面，闭上眼睛，迅速卧倒，头部要尽量低。

(7) 当唯一的出口被堵，无法撤退时，应采取灾区避险措施，等待救援。

(8) 当矿井发生瓦斯(煤尘)爆炸时，距离较远的事故波及区域的特种作业人员可能感觉不明显，只要发现风流速度加快、煤尘飞扬、空气颤动的现象，就应高度警惕，以便及时采取措施自救互救。

听到爆炸冲击声，头脑清醒要镇静。
切莫乱跑与乱冲，立即趴下闭眼睛。
面部捂上湿毛巾，背朝声响和气浪。
双手隐蔽在身下，身体盖严防烧伤。
最好趴在水沟旁，坚固物体做屏障。
迅速戴好自救器，爆炸过后就逃离。
尽快进入新风巷，避灾路线要牢记。
无法逃离进硐室，堵好硐口防毒气。
硐口设置标记物，敲打呼救发信息。

【案例 4-2】 2013 年 7 月 23 日，四川省煤炭产业集团芙蓉公司杉木树煤矿 N3022 风巷在排放瓦斯过程中，发生瓦斯爆炸事故，造成 7 人死亡。该矿为国有重点煤矿，设计生产能力 150 万 t/a，核定生产能力 130 万 t/a，属煤与瓦斯突出矿井，煤层具有Ⅰ级自然发火倾向，矿井水文地质复杂。事故原因是：供电网络出现故障造成 N3022 风巷局部通风机停止运行，导致 N3022 风巷瓦斯积聚，在恢复通风过程中发生瓦斯爆炸；在未查清爆炸原因的情况下，矿领导安排排放瓦斯，在排放瓦斯过程中再次发生爆炸，造成 7 名救护队员死亡。

(二) 煤与瓦斯突出事故的自救与互救

(1) 在采煤工作面发现突出预兆时，应迅速佩用自救器，以最快的速度通知人员迎着新鲜风流撤离。

(2) 按照突出事故的避灾路线，迅速撤出灾区，并立即向调度室报告。

(3) 对于小型煤与瓦斯突出事故，在保障安全的前提下，采取加强支护、清理堵塞物等措施，对被困人员施救。

(4) 如因突出破坏了避灾路线指示牌，应迎着风流方向撤退。

(5) 在撤退所经过的巷道交岔口，应留设指示行进方向的标志，提示救援人员注意。

(6) 撤退途中，听到爆炸声或感到空气震动冲击波时，应立即背向声音和气浪传来的方向，脸向下，双手置于身体下面，闭上眼睛，迅速卧倒，头部要尽量放低。

(7) 撤离时，超过自救器的保护时间，应进入以下地点进行自救：

① 最近的避难硐室或临时避险设施。

② 有压风自救装置和供水施救装置的地点。

③ 在有压风管、铁风筒的巷道或硐室，应打开供风阀门或接头形成正压通风，也可利用现场材料加固设置生存空间。

(8) 在避难地点外设置标识，有规律地敲击金属物、顶、帮岩石等，发出呼救信号，但禁用铁质工具敲击金属，避免产生火花而引起爆炸。

(9) 被困待救期间，所有人员要节约体能，轮流开启矿灯，保持镇定，互相鼓励，积极配合营救工作。

瓦斯突出显预兆，赶快撤人并汇报。
戴好隔离自救器，防护眼镜也戴牢。
迎着新风向外撤，沉着迅速井口跑。
无法撤离进硐室，隔离门要紧关闭。
打开硐室压风管，戴好头盔好供气。
节约用灯和食物，硐口明显做标记。
敲打金属发响声，呼救人员来这里。

(三) 矿井火灾事故的自救与互救

(1) 火灾事故的初期，应利用巷道的供水管道和灭火器材进行直接灭火，控制火势的发展，为彻底扑灭火灾打下基础。灭火应注意以下几点：① 要有充足的水量，应先从火源外围逐渐向火源中心喷射水流；② 要保持正常通风，并要有畅通的回风通道，以便及时将高温气体和水蒸气排出；③ 发生电气设备火灾时，首先要切断电源；④ 不宜用水扑灭油类火灾；⑤ 灭火人员要站在火源上风侧，以免烟气或水蒸气伤人。

(2) 应该了解火势的发展情况，火区波及范围、烟雾蔓延速度、有害气体含量、通风系统、风流及火灾烟雾蔓延的速度等情况、方向以及与自己所处巷道位置之间的关系，确定撤退路线和避灾自救的方法。

(3) 撤退时，不要惊慌和狂奔乱跑，在现场负责人及有经验的老工人带领下有组织地撤退。

(4) 位于火源回风侧的人员或撤退中遇到烟雾，应迅速佩用自救器，尽快撤到新鲜风流中；或在烟雾没有到达前，顺着风流尽快撤到安全地点。如果距火源较近且火势不大，可迅速穿过火区撤到进风侧。

(5) 在自救器有效保护时间内不能撤出时，应到储存自救器的硐室内更换自救器后再进行撤退；条件不具备时，应到有压风管路系统的地点，佩用压缩空气装置等。

(6) 撤退行动要迅速果断，快速有序。撤退中应靠巷道有连通出口的一侧行进，避免错过脱离危险区的机会，随时注意观察巷道和风流的变化情况，谨防火风压可能造成的风流逆转。人员之间要互相照应，互相帮助，团结互爱。

(7) 如果巷道充满了烟雾，造成视线不清，应尽量贴着巷道底板，辨认风流方向，俯身摸着铁道或铁管有秩序地外撤。

(8) 如果逆风或顺风都无法撤出时，应迅速进入避难硐室。没有避难硐室的巷道可在烟雾到来之前，选择合适的地点，利用现场条件构筑临时避难硐室。

(9) 逆烟流撤退具有很大的危险性，一般情况下不采用这种方法。除非在附近有脱离危险区的通道出口，又有脱离危险区的把握时，才可以采取这种自救的方法。

(10) 撤退过程中,发现有爆炸的预兆,应立即避开爆炸的正面巷道,进入旁侧巷道或躲避硐室;如果情况紧急,应迅速背向爆源,靠巷道的一侧就地顺着巷道趴卧,面部朝下紧贴巷道底板,用双臂护住头面部并尽量减少皮肤的外露部分;如果巷道内有水坑或水沟,则应顺势爬入水中。在爆炸发生的瞬间,要尽力屏住呼吸或是闭气将头面浸入水中,防止吸入爆炸火焰及有害气体。

井下火灾一发现,迅速扑灭莫迟延。
火势猛烈难扑灭,赶快汇报求支援。
火区人员守纪律,服从命令听指挥。
辨明方向逆风走,立即戴好自救器。
避灾路线要记清,尽快撤离危险区。
烟雾弥漫道路堵,无法撤离莫踌躇。
躲进硐室风门间,堵严硐口防雾烟。
节约用灯和食物,敲打金属来呼救。

(四) 矿井透水事故的自救与互救

(1) 透水后,应观察和判断透水的地点、水源、涌水量、发生原因、危害程度等情况,撤退到透水地点以上的水平,不能进入透水点附近及下方的独头巷道。

(2) 在撤退过程中,应靠近巷道一侧,抓牢支架或其他固定物体,尽量避开压力水头和泄水流,并注意防止被水中滚动的矸石和木料撞伤。

(3) 如透水破坏了巷道中的照明和路标,迷失行进方向时,应朝着有风流通过的上山巷道方向撤退。

(4) 在撤退沿途和所经过的巷道交岔口,应留设明显标志,以提示救援人员注意。

(5) 人员撤退到竖井,需从梯子间上去时,应遵守秩序,禁止慌乱和争抢。行动中手要抓牢,脚要蹬稳,切实注意自己和他人的安全。

(6) 如果唯一的出口被水封堵无法撤退时,应有组织的在独头工作面躲避,等待救援人员的营救。严禁盲目潜水逃生。

(7) 当被涌水围困无法退出时,应迅速进入预先筑好的避难硐室中。水位不断上升又没有通路时,可爬上巷道中高部冒落的空间。如发生老空透水,应在避难硐室处建临时挡墙或风帘,防止涌出有毒有害气体的伤害。进入避难硐室前,应设置明显标志。

(8) 在避灾期间,要做好长时间避灾的准备,人员应轮流担任岗哨观察水情,用敲击和呼喊的方法,有规律地发出呼救信号,其余人员均应静(卧)坐,减少体力和空气消耗。

(9) 被困期间断绝食物后,应努力克制自己,不要嚼食杂物充饥。需要饮水时,应选择适宜的水源,并用纱布或衣服进行过滤。

(10) 被困时间过长,发现救援人员时,不要过度兴奋和慌乱,以防发生意外。升井时,要用毛巾蒙住双眼,避免强光照射;升井后的一段时间内,以流食为主,切忌暴饮暴食。

透水征兆要记牢,发现征兆就汇报。
采取措施抗灾害,防止淹井把矿保。
人员撤退要迅速,低处要向高处跑。
透水下方有人员,屏住呼吸手抓牢。
防止呛水和溺水,闯过水头最重要。

老空老窑来臭水，赶快戴好自救器。
最后一人关闸门，水泵司机听指挥。
道路隔断无法逃，上山独头地势高。
节约用灯和食物，自身防护要做好。
敲打金属发信号，等待救援莫急躁。

(五) 冒顶事故时的自救与互救

(1) 当发现工作地点有发生冒顶的征兆，应迅速离开危险区，撤退到安全地点。

(2) 没有及时撤出时，要靠煤帮贴身站立或到木垛处避灾。

(3) 如被冒落物覆盖后，要立即发出呼救信号。以便救援人员准确判断出被困地点和距离，制定最佳的抢救方案，缩短救灾时间，提高抢救的成功率。

(4) 如冒落范围小，有利于抢救遇险人员时，可用工具把大块岩石移开或支起，将人员救出。

(5) 清理堵塞物时，要防止伤害遇险人员。严禁用爆破、镐刨、锤砸等方法。对抢救出的人员，首先要清理口鼻腔堵塞物，保证呼吸道畅通，并根据情况对受伤人员进行止血、包扎和固定。

(6) 被困人员要积极配合外部的营救工作。

(7) 要根据现场情况进行针对性处置，如无第二次大面积顶板动力现象，立即组织人员营救被困人员，防止事故扩大。抢救时，要加强顶板管理、巷道支护，设专人观察顶板变化和检查气体的含量。

垮面冒顶有征兆，速向调度室汇报。
情况严重别冒险，人员撤离工作面。
如果有人被埋压，抢救过程重安全。
如果巷道堵人员，搞好自救莫迟延。
安全地点来静坐，节灯节食延时间。
随时戴上自救器，严防瓦斯会超限。
轮流扒戳找出口，敲打金属求救援。
上级派人来抢救，一定救你脱危险。

第四节　创 伤 急 救

在煤矿井下，如果矿工发生急性病症或意外伤害，就需要周围人员的救助。如果施救者抢救科学得法，就可以挽救生命，减少伤残；如果施救者不懂急救知识，可能适得其反。

一、井下创伤急救的基本原则

煤矿井下离地面的医院比较远，在施行现场急救时应遵循“三先三后”原则。

(1) 对心跳、呼吸骤停的伤员，应先复苏后搬运。

(2) 对出血的伤员，应先止血后搬运。

(3) 对骨折的伤员，必须先固定后搬运。

二、创伤急救的关键

现场创伤急救的关键在于及时。对于心跳呼吸骤停的伤病员在 2 min 内进行急救的成功率可达70%,4～5 min内进行急救的成功率可达43%,15 min以后进行急救的成功率则较低。据统计,现场创伤急救搞得好可减少20%的伤员死亡。

三、现场急救的方法

(一) 人工呼吸

1. 人工呼吸前的准备工作

(1) 伤员的呼吸道要保持通畅无阻,以使气体容易进出。要检查口、鼻内有无泥草、痰涕或其他分泌物,如有应予以清除。

(2) 松开伤员的衣领、内衣、裤带,使外界没有阻碍胸廓的影响因素,让肺脏伸缩自如。

(3) 如有活动的假牙应立即取出,以免坠入气管。

(4) 要求在操作方法上,原则上不加重或无害于身体已有的损伤。

2. 口对口或(鼻)吹气法

口对口吹气法是效果最好、操作最简单的一种方法。

(1) 操作前使伤员仰卧,即腹胸朝上。

(2) 救护者在伤员头部的一侧,一只手托起伤员下颌,并尽量使其头部后仰;另一只手将其鼻孔捏住,以免吹气时从鼻孔漏气。

操作方法

(3) 救援人员自己深吸一口气,对紧伤员的口将气吹入,使伤员吸气。

(4) 松开捏住鼻子的手,并用手压其胸部以帮助伤员呼气。

(5) 如此有节律地、均匀地反复进行,每分钟吹气14～16次。

(6) 注意吹气时切勿过猛、过短,也不宜过长,以占一次呼吸周期的1/3为宜。其具体操作方法如图4-2所示。

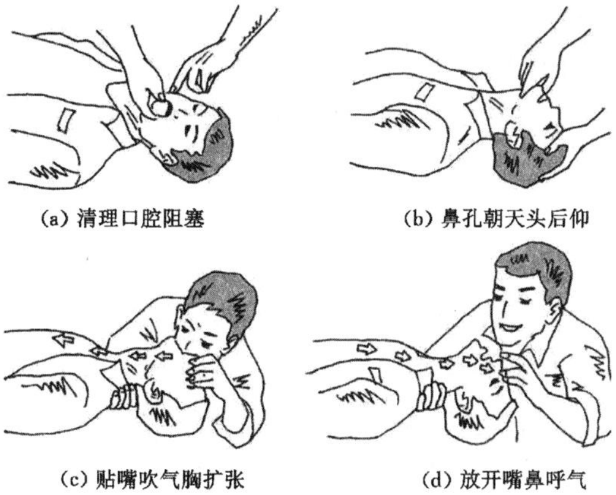

(a) 清理口腔阻塞　(b) 鼻孔朝天头后仰

(c) 贴嘴吹气胸扩张　(d) 放开嘴鼻呼气

图4-2　口对口吹气法

3. 仰卧压胸法

此法便于观察病人的表情,而且气体交换量也接近于正常人的呼吸量;最大的缺点是,伤员的舌头由于仰卧而后坠,容易阻碍空气的出入;所以采用本法时要将病人的舌头按出。这种姿势,对于淹溺及胸部创伤、肋骨骨折的伤员不宜使用。操作方法(图4-3)如下:

(1) 病人取仰卧位,背部可稍加垫,使胸部凸起。

(2) 救护人屈膝跪地于病人大腿两侧,把双手分别放于乳房下面(相当于第六、七对肋骨处),大拇指向内,靠近胸骨下端,其余四指向外,放于胸廓肋骨之上。

(3) 向下同时稍向前压,其方向、力量、操作要领等与俯卧压背法相同。

(4) 按上述动作,反复有节律地进行,每分钟进行 16~20 次。

4. 俯卧压背法

此法应用较普遍,是一种较古老的方法。由于病人取俯卧位,舌头能略向外坠出,不会堵塞呼吸道,救护人不必专门来处理病人的舌头,节省了时间,能及时进行人工呼吸。具体操作方法(图 4-4)如下:

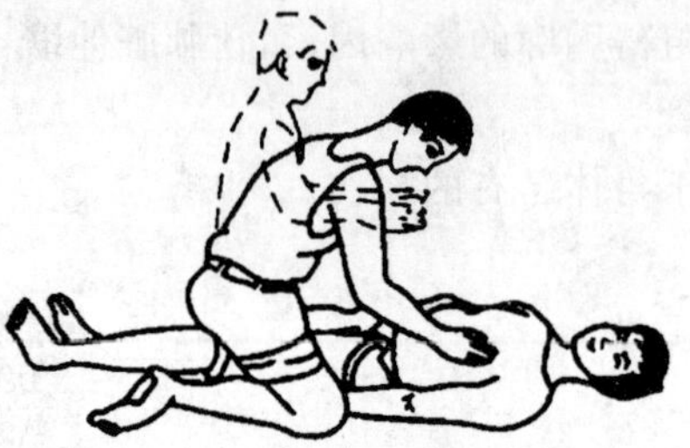

图 4-3　仰卧压胸法人工呼吸

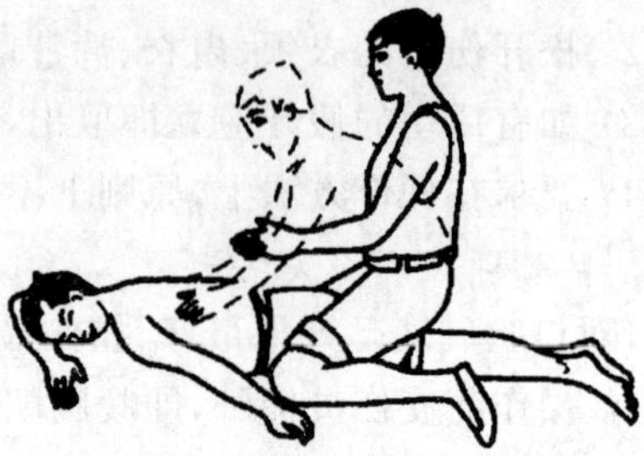

图 4-4　俯卧压背法人工呼吸

(1) 伤病人取俯卧位,即胸腹贴地,腹部可微微垫高,头偏向一侧,两臂伸过头,一臂枕于头下,另一臂向外伸开,以使胸廓扩张。

(2) 救护人面向其头,两腿屈膝跪地于伤病人大腿两旁,把两手平放在其背部肩胛骨下角(大约相当于第七对肋骨处)、脊柱骨左右,大拇指靠近脊柱骨,其余四指稍微张开并弯曲。

(3) 救护人俯身向前,慢慢用力向下压缩,用力的方向是向下、稍向前推压;当救护人的肩膀与病人的肩膀将成一直线时,不再用力;在这个向下、向前推压的过程中,即将肺内的空气压出,形成呼气;然后慢慢放松回身,使外界空气进入肺内,形成吸气。

(4) 按上述步骤,反复有规律地进行,每分钟进行 14~16 次。

(二) 心肺复苏

1. 心肺复苏概述

操作方法

心肺复苏适用于由急性心肌梗死、脑卒中、严重创伤、电击伤、溺水、挤压伤、踩踏伤、中毒等多种原因引起的呼吸、心跳骤停的伤病员。对于心跳呼吸骤停的伤病员,心肺复苏成功与否的关键是时间。在心跳呼吸骤停后 4 min 之内开始正确的心肺复苏,8 min 内开始高级生命支持者,生存希望较大。心肺复苏操作主要有心前区叩击术和胸外心脏按压术两种方法。

2. 心肺复苏操作程序

(1) 安全确认。

(2) 判断意识。

(3) 高声呼救。

(4) 将伤病员翻转成仰卧姿势,放在坚硬的平面上。

(5) 判断颈动脉搏动与呼吸。看胸部有无起伏;听有无呼吸声;感觉有无呼出气流拂面。

(6) 胸外心脏按压。

(7) 打开气道。

(8) 口对口人工呼吸。

(9) 重复做五个循环，判断意识，无意识，从第 6 步重新开始下个五循环。

(10) 复原(侧卧)位。心肺复苏成功后或无意识但恢复呼吸及心跳的伤病员，将其翻转为复原(侧卧)位。

3. 心前区叩击术

心前区叩击术是指伤员心脏骤停后救护者立即叩击心前区，叩击力应中等，一般可连续叩击 3～5 次(图 4-5)，并观察伤员脉搏、心跳。若心脏恢复则表示复苏成功；反之，应立即改用胸外心脏按压术。操作时，应使伤员头低脚高，施术者以左手掌置其心前区，右手握拳，从距患者胸部上方 40～50 cm 处，向左手背上叩击。

4. 胸外心脏按压术

胸外心脏按压术适用于各种原因造成的心跳骤停者。在进行胸外心脏按压前，应先用心前区叩击术，如果叩击无效，应及时正确地进行胸外心脏按压。

操作方法

(1) 判断有无意识：轻拍患者双肩、在双耳边呼唤。如果病人清醒，要继续观察，如果没有反应则为昏迷，进行下一个流程。

(2) 高声呼救，并立即进行心肺复苏术。

(3) 检查及畅通呼吸道：取出口内异物，清除分泌物。用一只手推前额使头部尽量后仰，同时另一只手将下颌向上方抬起。

(4) 人工呼吸：判断是否有呼吸：一看二听三感觉(维持呼吸道打开的姿势，将耳部放在病人口鼻处)，一看：患者胸部有无起伏；二听：有无呼吸声音；三感觉：用脸颊接近患者口鼻，感觉有无呼出气流。如果无呼吸，应立即给予人工呼吸 3 次，保持压额抬颌手法，用压住额头的手以拇指食指捏住患者鼻孔，张口罩紧患者口唇吹气，同时用眼角注视患者的胸廓，胸廓膨起为有效。待胸廓下降，吹第二口气。

(5) 胸外心脏按压术(图 4-6)。其操作方法是：

首先将伤员仰卧于木板上或地上，解开其上衣和腰带，脱掉胶鞋。

图 4-5　心前区扣击术

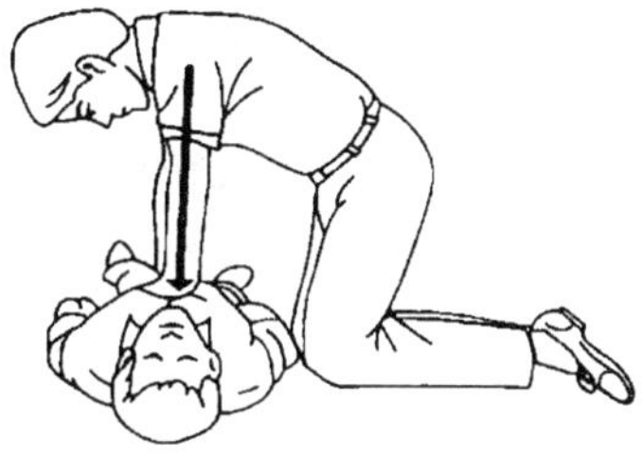

图 4-6　胸外心脏按压术

救护者位于伤员一侧，手掌面与前臂垂直，将另一手掌压于其上，使双手重叠，置于伤员胸骨中下 1/3 处(其下方为心脏)，以双肘和臂肩之力，有节奏、冲击式地向脊柱方向用力按压，使成人胸骨压下陷至少 5 cm。

按压后，迅速抬手使胸骨复位，以利于心脏舒张。按压次数以每分钟 80～100 次为宜。按压过快，心脏舒张不够充分，心室内血液不能完全充盈；按压过慢，动脉压力低，效果也不好。

使用胸外心脏按压术时的注意事项：

(1) 按压力量应因人而异。对身强力壮的伤员，按压力量可大些；对年老体弱的伤员，力量宜小些。按压时要稳健有力、均匀规则，重力应放在手掌根部，着力仅在胸骨处，切勿在心尖部按压，同时注意用力不能过猛；否则可致肋骨骨折、心包积血或引起气胸等。

(2) 胸外心脏按压与口对口吹气法最好同时施行，无论单人心肺复苏还是双人心肺复苏，均为每按压心脏 30 次，做口对口人工呼吸 2 次。

(3) 按压显效时，可摸到伤员颈总动脉、股动脉开始搏动，散大的瞳孔开始缩小，口唇、皮肤转为红润。

(三) 止血术

成年人血量约为 4500～5000 mL，为体重的 8%左右，人体若失血超过 1000 mL 便会有生命危险。因此，止血术对于抢救伤员是非常重要的。出血分动脉出血、静脉出血和毛细血管出血三种。对于毛细血管出血，一般用干净布条包扎伤口即可；对于静脉出血，可用加压包扎法止血；而对于动脉出血，由于喷流太快，抓紧止血是救人生命的关键。

1. 指压止血法

在伤口附近靠近心脏一端的动脉处，用拇指压住出血的血管，以阻断血流。此法可作为四肢大出血的暂时性止血措施。在指压止血的同时，应立即寻找材料，准备换用其他止血方法。各部位的止血点及其止血区域如图 4-7 所示。

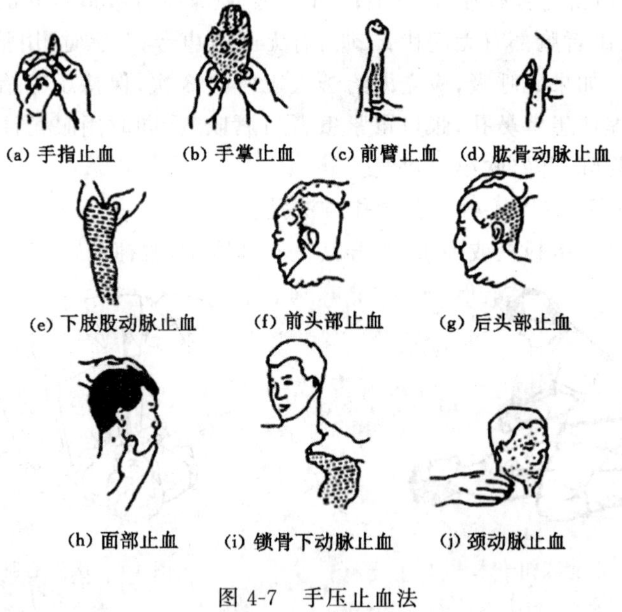

(a) 手指止血　(b) 手掌止血　(c) 前臂止血　(d) 肱骨动脉止血　(e) 下肢股动脉止血　(f) 前头部止血　(g) 后头部止血　(h) 面部止血　(i) 锁骨下动脉止血　(j) 颈动脉止血

图 4-7　手压止血法

2. 止血带止血法

当上肢或下肢大出血时，可在井下就地取材，使用胶管或止血带等材料采用止血带止血法压迫出血伤口的近心端进行止血。

(1) 止血带的使用方法：① 在伤口近心端上方加垫；② 急救者左手拿止血带，上端留 13～17cm，紧贴加垫处；③ 右手拿止血带长端，拉紧环绕伤肢伤口近心端上方 2 周，然后将止血带交左手中、食指夹紧；④ 左手中、食指夹止血带，顺着肢体下拉成环；⑤ 将上端一头插入环中拉紧固定；⑥ 在上肢应扎在上臂的上 1/3 处，在下肢应扎在大腿的中下 1/3 处。其具体操作方法如图 4-8 所示。

（2）止血带使用注意事项：① 扎止血带前，应先将伤肢抬高，防止肢体远端因瘀血而增加失血量；② 扎止血带时要有衬垫，不能直接扎在皮肤上，以免损伤皮下神经；③ 前臂和小腿不适于扎止血带，因其均有 2 根平行的骨骼，骨间可通血流，所以止血效果差。但在肢体离断后的残端可使用止血带，应尽量扎在靠近残端处；④ 禁止扎在上臂的中段，以免压伤桡神经，引起腕下垂；⑤ 止血带的压力要适中，以既达到阻断血流又不损伤周围组织为度；⑥ 止血带止血持续时间一般不应超过 1 h，时间太长可导致肢体坏死；太短会使出血、休克进一步恶化。因此，使用止血带的伤员必须配有明显标志，并准确记录开始扎止血带的时间，每 0.5～1 h 缓慢放松 1 次止血带，放松时间为 1～3 min，此时可抬高伤肢压迫局部止血；再扎止血带时应在稍高的平面上绑扎，不可在同一部位反复绑扎。使用止血带以不超过 2 h 为宜，应尽快将伤员送到医院救治。

3. 加垫屈肢止血法

当前臂和小腿动脉出血不能制止时，如果没有骨折和关节脱位，这时可采用加垫屈肢止血法止血。在肘窝处或膝窝处放入叠好的毛巾或布卷，然后屈肘关节或屈膝关节，再用绷带或宽布条等将前臂与上臂或小腿与大腿固定。其具体操作方法如图 4-9 所示。

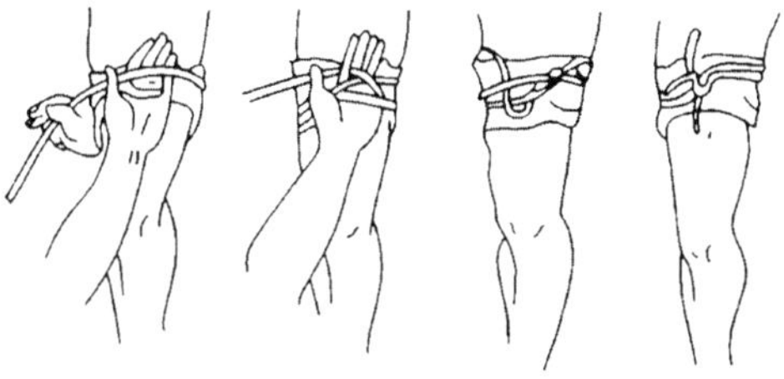
(a)　(b)　(c)　(d)

图 4-8　止血带止血法

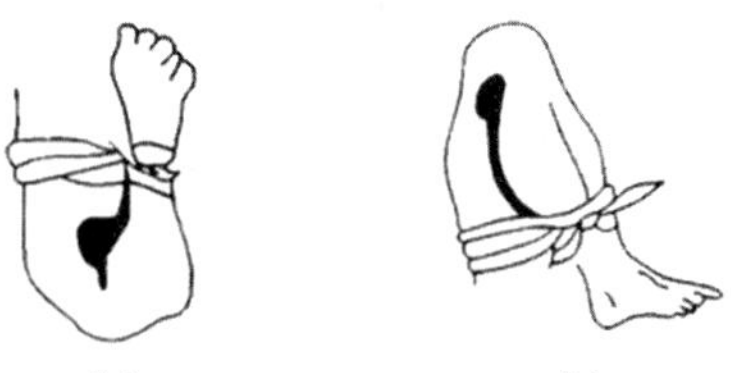
(a)　(b)

图 4-9　加垫屈肢止血法

4. 加压包扎止血法

加压包扎止血法主要适用于静脉出血的止血。其做法是：首先将干净的纱布、毛巾或布料等盖在伤口处，然后用绷带或布条适当加压包扎，即可止血。压力的松紧度以能达到止血而不影响伤肢血液循环为宜。其具体操作方法如图 4-10 所示。

5. 绞紧止血法

在找不到止血带的情况下，可用毛巾、三角巾、绷带、衣片等折叠成带状，在伤口上先加垫，然后用带子绕衬垫一周打结，用小木棒插入其中，先提起，适当绞紧至不出血，而后固定，如图 4-11 所示。

(四) 创伤包扎

包扎的目的是保护伤口和创面，减少感染，减轻痛苦。加压包扎有止血作用。用夹板固定骨折的肢体时，需要包扎，以减少继发性损伤，也便于将伤员运送到医院。

1. 布条包扎法

(1) 环形包扎法。该方法适用于头部、颈部、腕部、胸部、腹部等处的包扎。将布条做环

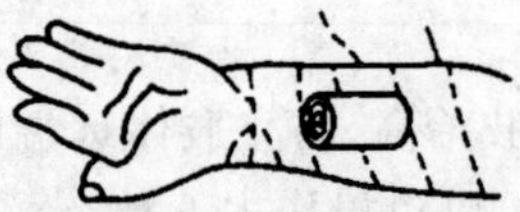

图 4-10　加压包扎止血法

图 4-11　绞紧止血法

行重叠缠绕肢体数圈后即成。

(2) "8"字包扎法。该方法多用于关节处的包扎。先在关节中部环形包扎 2 圈,然后以关节为中心,从中心向两边缠,一圈向上,一圈向下,2 圈在关节屈侧交叉,并压住前圈的 1/2。其具体操作如图 4-12 所示。

(3) 螺旋包扎法。该方法用于前臂、下肢和手指等部位的包扎。先用环形法固定起始端,把布条渐渐地斜旋上缠或下缠,每圈压前圈的 1/2 或 1/3,呈螺旋形,尾部在原位上缠 2 圈后予以固定。其具体操作方法如图 4-13 所示。

图 4-12　"8"字包扎法

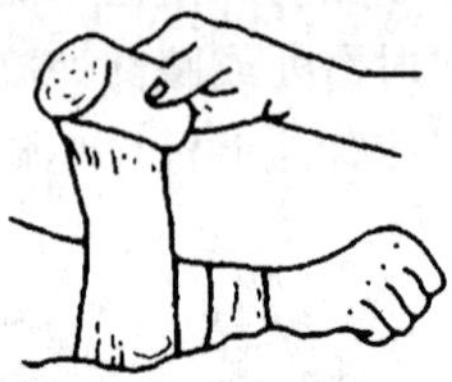

图 4-13　螺旋包扎法

(4) 螺旋反折包扎法。该方法多用于粗细不等的四肢包扎。开始先做螺旋形包扎,待到渐粗的地方,以一只手拇指按住布条上面,另一只手将布条自该点反折向下并遮盖前圈的 1/2 或 1/3。各圈反折须排列整齐,反折头不宜在伤口和骨头突出部分。其具体操作方法如图 4-14 所示。

2. 毛巾包扎法

(1) 头顶部包扎法。将毛巾横盖于头顶部,包住前额,两前角拉向头后打结,两后角拉向下颌打结。其具体操作如图 4-15a 所示。或者将毛巾横盖于头顶部,包住前额,两前角拉向头后打结,然后两后角向前折叠,左右交叉绕到前额打结,如果毛巾太短可接带子。其具体操作方法如图 4-15b 所示。

(2) 面部包扎法。将毛巾横置,盖住面部,向后拉紧毛巾的两端,在耳后将两端的上下角交叉后分别打结,在眼、鼻、嘴处剪洞。其具体操作方法如图 4-16 所示。

(3) 下颌包扎法。将毛巾纵向折叠成四指宽的条状,在一端扎一小带,毛巾中间部分包住下颌,两端上提,小带经头顶部在另一侧耳前与毛巾交叉,然后小带绕前额及枕部与毛巾另一端打结。

(4) 肩部包扎法。单肩包扎时将毛巾斜折放在伤侧肩部,腰边穿带子在上臂固定,叠角向上折,一角盖住肩的前部,从胸前拉向对侧腋下,另一角向上包住肩部,从后背拉向对侧腋下打结。

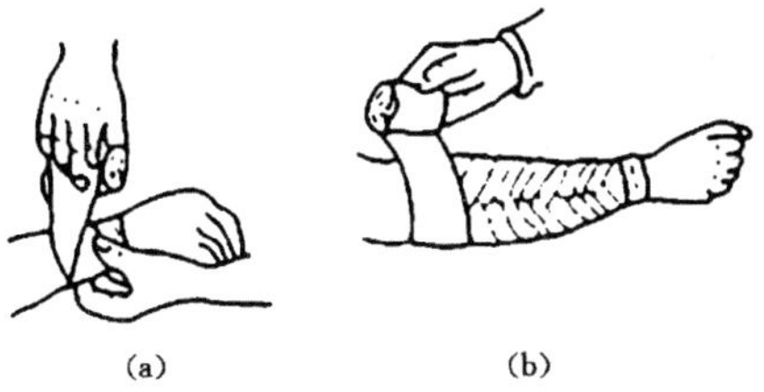

图 4-14　螺旋反折包扎法

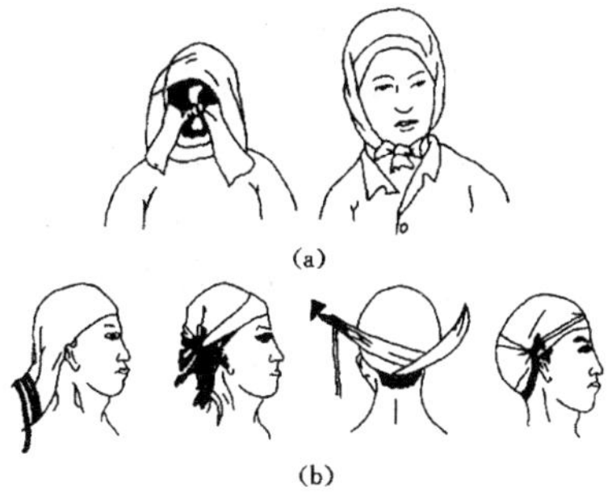

图 4-15　头顶部包扎法

(5) 胸部包扎法。全胸包扎时将毛巾对折，腰边中间穿带子，由胸部围绕到背后打结固定。胸前的两片毛巾折成三角形，分别将角上提至肩部，包住双侧胸，两角各加带过肩到背后与横带相遇打结。其具体操作方法如图 4-17 所示。

图 4-16　面部包扎法

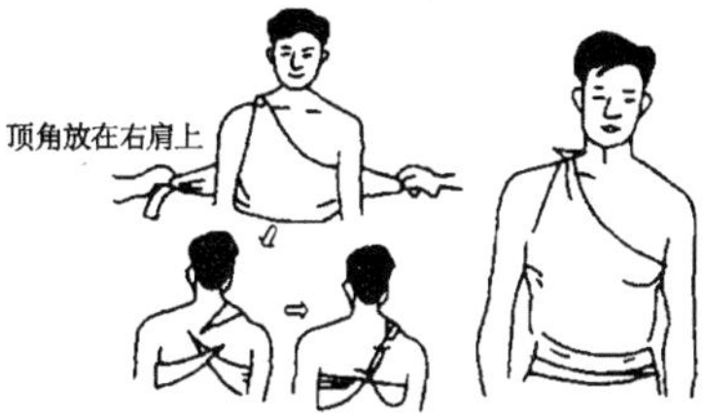

图 4-17　胸部包扎法

(6) 背部包扎法。该方法与胸部包扎法相同。

(7) 腹部包扎法。将毛巾斜对折，中间穿小带，小带的两头拉向后方，在腰部打结，使毛巾盖住腹部。将上、下两片毛巾的前角各扎一小带，分别绕过大腿根部与毛巾后角在大腿外侧打结。

(8) 臂部包扎法。该方法与腹部包扎法相同。

3. 包扎注意事项

(1) 在包扎时，应做到动作迅速敏捷，不触碰伤口，以免引起出血、疼痛和感染。

(2) 不能用井下的污水冲洗伤口。伤口表面的异物(如煤块、矸石等)应去除，但伤口深部异物须由医院处理，防止重复感染。

(3) 包扎动作要轻柔，松紧度要适宜，不可过松或过紧，结头不要打在伤口上，应使伤员体位舒适，绷扎部位应维持在功能位置。

(4) 脱出的内脏不可拿回腔内，以免造成体腔内感染。

(5) 包扎范围应超出伤口边缘 5～10 cm。

(五) 骨折临时固定

骨折临时固定是防止创伤休克的有效急救措施，可减轻伤员的疼痛，防止因骨折端移位而刺伤邻近组织、血管和神经。

1. 操作要点

(1) 在进行骨折固定时，应使用夹板、绷带、三角巾、棉垫等物品。手边没有上述物品时，可就地取材，如使用树枝、木板、木棍、硬纸板、塑料板、衣物、毛巾等代替。必要时也可将受伤肢体固定于伤员健侧肢体上，如下肢骨折可与健侧绑在一起，伤指可与邻指固定在一起。如果骨折断端错位，救护时暂不要复位，即使断端已穿破皮肤露在外面，也不可进行复位，而应按受伤原状包扎固定。

(2) 骨折固定应包括上、下两个关节，在肩、肘、腕、股、膝、踝等关节处应垫棉花或衣物，以免压破关节处皮肤。固定应以伤肢不能活动为度，不可过松或过紧。

(3) 搬运伤员时要做到轻、快、稳。

2. 固定方法

(1) 上臂骨折。在患侧腋窝内垫以棉垫或毛巾，在上臂外侧安放垫衬好的夹板或其他代用物后开始绑扎。绑扎后，使肘关节屈曲 90°，将患肢捆于胸前，再用毛巾或布条将其悬吊于胸前。其具体操作如图 4-18 所示。

(2) 前臂及手部骨折。用衬好的两块夹板或代用物，分别置放在患侧前臂及手的掌侧及背侧，以布带绑好，再以毛巾或布条将前臂吊于胸前。其具体操作如图 4-19 所示。

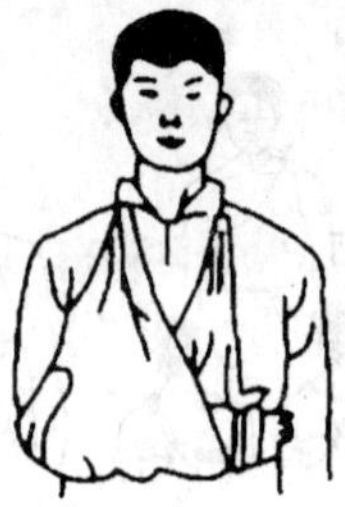

图 4-18　上臂骨折固定包扎法

图 4-19　前臂及手部骨折固定包扎法

(3) 大腿骨折。用长木板放在患肢及躯干外侧，将髋关节、大腿中段、膝关节、小腿中段、踝关节同时固定。

(4) 小腿骨折。用长、宽合适的木夹板两块，自大腿上段至踝关节分别在内外两侧捆绑固定。

(5) 骨盆骨折。用衣物将骨盆部包扎住，并将伤员两下肢互相捆绑在一起，膝、踝间加以软垫，屈髋、屈膝。要多人将伤员仰卧平托在木板担架上。有骨盆骨折者，应注意检查伤者有无内脏损伤及内出血。

(6) 锁骨骨折。以绷带做“∞”形固定，固定时双臂应向后伸。

(7) 脊柱骨折。确定伤员脊柱骨折后，应按伤员伤后的姿势固定，不能轻易搬动。固定方法是：用三块夹板组成“工”字形，其中一块长约 75 cm，另两块长约 60 cm；把长的一块顺着人体放在贴近脊柱处，在板和背部之间用毛巾或布垫好；把短的两块板横放在竖板的两端，分别放在两肩后和腰骶部，然后用绷带或三角巾固定在两肩和腰骶部，先固定上端的横板，再固定下端的横板（图 4-20a）。如无夹板时，可使用硬板担架固定与搬运脊柱骨折伤员（图 4-20b）。

(六) 伤员运送

井下条件复杂，转运伤员时要尽量做到轻、稳、快。没有经过初步固定、止血、包扎和抢救的伤员，一般不应转运。运送时应做到不增加伤员的痛苦，避免造成新的损伤及并发症。伤员运送时应注意以下事项：

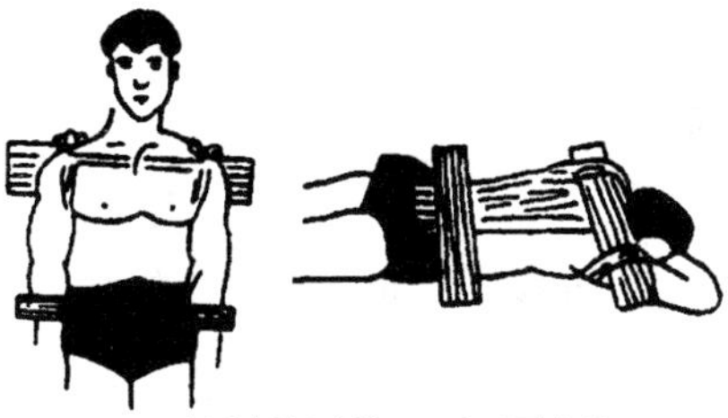

（a）用夹板组成的“工”字形固定法

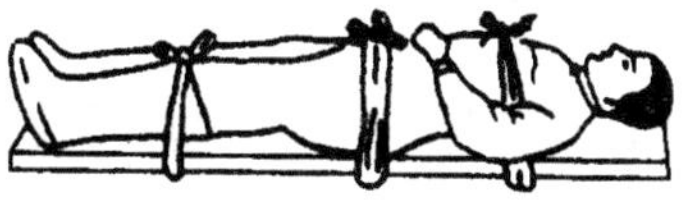

（b）用硬板担架固定法

图 4-20 脊柱骨折固定法

（1）呼吸、心搏骤停及休克昏迷的伤员应先及时复苏后再搬运。若现场没有懂得复苏技术的人员，则可为争取抢救时间而迅速向外搬运，去迎接救护人员进行及时抢救。

（2）对昏迷或有窒息症状的伤员，要将其肩部稍垫高，使头部后仰，面部偏向一侧或采用侧卧位，以防胃内呕吐物或舌头后坠堵塞气管而造成窒息，注意随时都要确保呼吸道通畅。

（3）一般伤员可用担架、木板、风筒、刮板输送机槽、绳网等物品运送，但脊柱损伤和骨盆骨折的伤员应用硬板担架运送。

（4）对一般伤员均应先行止血、固定、包扎等初步救护后，再进行转运。

（5）一般外伤的伤员，可平卧在担架上，抬高伤肢；胸部外伤的伤员可取半坐位；有开放性气胸者，须封闭包扎后才可转运。腹腔部内脏损伤的伤员，可平卧，用宽布带将腹腔部捆在担架上，以减轻痛苦及出血。骨盆骨折的伤员可仰卧在硬板担架上，屈髋、屈膝，膝下垫软枕或衣物，用布带将骨盆捆在担架上。

（6）搬运胸、腰椎损伤的伤员时，先把硬板担架放在伤员旁边，由专人照顾患处，另有2～3 人在旁帮其保持脊柱伸直位，同时用力轻轻将伤员推移到担架上，推动时用力大小、快慢要保持一致，要保证伤员脊柱不弯曲。伤员在硬板担架上取仰卧位，受伤部位垫上薄垫或衣物，使脊柱呈过伸位，严禁坐位或肩背式搬运。

（7）对脊柱损伤的伤员，要严禁让其坐起、站立和行走，也不能用 1 人抬头、1 人抱腿或人背的方法搬运，因为脊柱损伤后再弯曲活动时，有可能损伤脊髓而造成伤员截瘫甚至突然死亡，所以在搬运时要十分小心。在搬运颈椎损伤的伤员时，要专有 1 人抱持伤员的头部，轻轻地向水平方向牵引，并且固定在中立位，不使颈椎弯曲，严禁左右转动。搬运者多人双手分别托住颈肩部、胸腰部、臀部及两下肢，同时用力移上担架，取仰卧位。担架应用硬木板，肩下应垫软枕或衣物，使颈椎呈伸展样（颈下不可垫衣物），头部两侧用衣物固定，防止颈部扭转且忌抬头。若伤员的头和颈已处于曲歪位置，则须按其自然固有姿势固定，不可勉强纠正，以避免损伤脊髓而造成高位截瘫，甚至突然死亡。

（8）转运时应让伤员的头部在后面，随行的救护人员要时刻注意伤员的面色、呼吸、脉搏，必要时要及时抢救。随时注意观察伤口是否继续出血、固定是否牢靠，出现问题要及时处理。走上、下山时，应尽量保持担架平衡，防止伤员从担架上滚落下来。

(9) 将伤员运送到井上后，应向接管医生详细介绍受伤情况及检查、抢救经过。

四、煤矿各种伤害的急救

(一) 创伤性休克

创伤性休克是由于剧烈打击、重要脏器损伤、大出血使有效循环血量锐减，以及剧烈疼痛、恐惧等多种因素综合形成的。

1. 判断早期休克

判断早期休克可采用“三看二摸”的方法。

(1) 看神志。休克早期，伤员兴奋、烦躁、焦虑或激动，随着病情发展，脑组织缺氧加重，伤员表现淡漠、意识模糊，至晚期则昏迷。

(2) 看面颊、口唇和皮肤色泽。休克早期，外周小血管收缩，色泽苍白；后期则因缺氧、瘀血，色泽青紫。

(3) 看表浅静脉。休克后颈及四肢浅表静脉萎缩。

(4) 摸脉搏。休克代偿期，周围血管收缩，心率增快。收缩压下降前可以摸到脉搏增快，这是早期诊断的重要依据。

(5) 摸肢端温度。肢端温度降低，四肢冰凉。

2. 对创伤性休克人员的现场急救

创伤性休克的现场救治是为了消除创伤的不利因素影响，弥补由于创伤所造成的机体代谢的紊乱，调整机体的反应，动员机体的潜在功能以对抗休克。

(1) 患者平卧，保持安静，避免过多搬动，注意保温和防暑。

(2) 对创口予以止血和简单清洁包扎，以防再次污染；对骨折要做初步固定。

(3) 保持呼吸道通畅，昏迷患者头应侧向，并将其舌牵出口外。

(4) 抓紧时间送医院抢救。

(二) 冒顶挤压伤害

发生冒顶挤压人员时，由于身体肌肉丰富的部位如大腿、臀部或腰背部受到重物的挤压，使受压部分组织坏死，随之引起肢体肿胀、休克和急性肾衰竭等症状，称为挤压综合征。

1. 挤压伤害的症状

(1) 肢体肿胀。受压部位会出现压痕、变硬、皮下出血、水泡、肿胀、红斑等，呈暗褐色，甚至皮肤脱落。

(2) 感觉异常。受压部位会出现感觉减退或麻木，伸展会引起疼痛，周围脉搏仍会存在。

2. 对挤压伤害人员的现场急救

(1) 搬除重物。要搬除压在身上的重物，并及时清除口、鼻处异物，保持呼吸道通畅。

(2) 立即制动。伤员取平卧位，对肿胀的肢体不移动或减少活动，将伤肢暴露在凉爽处或用凉水降低伤肢温度(冬季要注意防止冻伤)，对伤肢不抬高、不按摩、不热敷。在骨折处做临时固定，对出血者做止血处理。

(3) 及时止血。对开放性伤口和活动性出血者，应予止血，不加压包扎，更不上止血带(大血管断裂出血时除外)。

(4) 抓紧时间送往医院。

(三) 有害气体中毒或窒息

对有害气体中毒或窒息人员应采取以下急救措施：

(1) 立即将伤员从危险区抢运到新鲜空气中，并安置在顶板良好、无淋水的地点。

(2) 立即将伤员口、鼻内的黏液、血块、泥土、碎煤等除去，并解开其上衣和腰带，脱掉胶鞋。

(3) 用衣服覆盖在伤员身上用以保暖。

(4) 根据心跳、呼吸、瞳孔等生命体征和伤员的神志情况，初步判断伤情的轻重。正常人每分钟心跳 60～80 次、呼吸 16～18 次，两眼瞳孔是等大等圆的，遇到光线能迅速收缩变小，而且神志清醒。休克伤员的两眼瞳孔不一样大，对光线反应迟钝或不收缩。对呼吸困难或停止呼吸者，应及时进行人工呼吸。当出现心跳停止的现象(心音、脉搏消失，瞳孔完全散大、固定，意志消失)时，除进行人工呼吸外，还应同时进行胸外心脏按压急救。

(5) 对二氧化硫和二氧化氮的中毒者只能进行口对口的人工呼吸，不能进行压胸或压背法人工呼吸，否则会加重伤情。当伤员出现眼红肿、流泪、畏光、喉痛、咳嗽、胸闷现象时，说明是二氧化硫中毒所致。当出现眼红肿、流泪、喉痛及手指、头发呈黄褐色现象时，说明是二氧化氮中毒所致。

(6) 人工呼吸持续的时间以恢复自主性呼吸或到伤员真正死亡时为止。当救护队来到现场后，应转由救护队用苏生器苏生。

(四) 触电

对触电人员应采取以下急救措施：

(1) 立即切断电源或使触电者脱离电源。

(2) 迅速观察伤员有无呼吸和心跳。如果发现已停止呼吸或心音微弱，应立即进行人工呼吸或胸外心脏按压。

(3) 如果呼吸和心跳都已停止时，应同时进行人工呼吸和胸外心脏按压。

(4) 对遭受电击者，如果有其他损伤(如跌伤、出血等)，应做相应的急救处理。

(五) 烧伤

煤矿作业人员烧伤的急救要点可概括为以下 5 个字：

(1)“灭”，即扑灭伤员身上的火，使伤员尽快脱离热源，缩短烧伤时间。

(2)“查”，即检查伤员呼吸、心跳情况，检查是否有其他外伤或有害气体中毒现象。对爆炸冲击烧伤伤员，应特别注意有无颅脑或内脏损伤和呼吸道烧伤。

(3)“防”，即要防止休克、窒息、创面污染。伤员因疼痛和恐惧发生休克或发生急性喉头梗阻而窒息时，可进行人工呼吸等方法进行急救。为了减少创面的污染和损伤，在现场检查和搬运伤员时，伤员的衣服可以不脱、不剪开。

(4)“包”，即用较干净的衣服把创面包裹起来，防止感染。在现场除化学烧伤可用大量流动的清水持续冲洗外，对创面一般不做处理，尽量不弄破水泡以保护表皮组织。

(5)“送”，即把严重伤员迅速送往医院。

(六) 溺水

对溺水人员应迅速采取下列急救措施：

(1) 转送：把溺水者从水中救出以后，要立即送到比较温暖和空气流通的地方，并且松开腰带，脱掉湿衣服，盖上干衣服，以保持体温。

(2) 检查:以最快的速度检查溺水者的口、鼻,如果有异物堵塞,应迅速清除,擦洗干净,以保持其呼吸道通畅。

(3) 控水:使溺水者取俯卧位,用木料、衣服等垫在腹下;或救护者左腿跪下,把溺水者的腹部放在救护者的右侧大腿上,使溺水者头朝下,并压溺水者背部,迫使溺水者体内的水由气管、口腔流出。

(4) 人工呼吸:当上述方法控水效果不理想时,应立即做俯卧压背式人工呼吸,或口对口吹气,或胸外心脏按压。

第五章　煤矿职业病危害防治

本章培训与考核要点

- 了解职业健康相关法律法规；
- 掌握单位职业健康管理制度；
- 熟悉职业健康基础知识、劳动者职业卫生权利与义务；
- 掌握所在岗位职业病危害因素的识别、健康损害与控制；
- 掌握职业病防护设施与职业病防护用品的使用和维护；
- 掌握职业病危害事故应急处置知识和技能。

第一节　煤矿职业健康形势

一、煤矿职业病

职业病，是指企业、事业单位和个体经济组织（以下统称用人单位）的劳动者在职业活动中，因接触粉尘、放射性物质和其他有毒有害物质等因素而引起的疾病。要构成职业病，必须具备以下 4 个条件，缺一不可。

（1）患病主体是企业、事业单位或个体经济组织的劳动者。

（2）必须是在从事职业活动的过程中产生的。

（3）必须是因接触粉尘、放射性物质和其他有毒有害物质等职业病危害因素引起的。

（4）必须是国家公布的《职业病分类和目录》所列的职业病。

职业病的种类按 2013 年 12 月 23 日开始施行的《职业病分类和目录》进行划分，共 10 类 132 种。煤矿职业病主要有煤肺、硅肺、水泥肺等尘肺病，噪声引起的听力下降或耳聋，振动引起的疾患和高温引起的中暑等。煤矿井下发病人数最多、危害最大的职业病是尘肺病。目前，世界各国对尘肺病都没有特效治疗方法，唯一的办法就是预防。

二、煤矿职业病防治的现状

近年来，国有大中型煤炭企业的职业卫生条件有了较大改善，职业病高发势头得到一定遏制。但是，当前煤炭行业职业病防治形势依然严峻，突出问题是：

（1）职业病病人数量大。

（2）尘肺病、职业中毒等职业病发病率在各行业稳居高位。

（3）职业病危害范围广，几乎所有的煤炭企业都存在职业病危害，特别是许多中小企业

注：本部分按照《国家卫生健康委办公厅 关于进一步加强用人单位职业健康培训工作的通知》（国卫办职健函〔2022〕441 号）和煤矿特种作业人员安全培训考核的要求编写。

工作场所劳动条件恶劣,劳动者缺乏必要的职业病防护措施。

(4) 对劳动者健康损害严重,尘肺病等慢性职业病一旦发病往往难以治愈,伤残率高。

因此,煤矿特种作业人员应当带头遵守煤矿的职业健康管理制度和操作规程,学习职业病危害防治和职业健康管理知识,合理使用职业病危害防护设施和防护用品,提高职业病防范意识和预防能力。

三、职业健康相关法律、法规、规章及主要职业卫生标准

近年来,我国在职业病危害防治方面的法律不断修订和完善,形成了相对完整的职业健康防治法律法规和标准体系。

(1)《职业病防治法》(2018 年修订);

(2)《职业病诊断与鉴定管理办法》(2021 年修订);

(3)《煤矿安全规程》第五编煤矿职业危害防治;

(4)《职业病危害项目申报办法》;

(5)《用人单位职业病危害告知与警示标识管理办法》;

(6)《工作场所职业卫生管理规定》;

(7)《煤矿作业场所职业病危害防治规定》;

(8)《建设项目职业病防护设施“三同时”监督管理办法》。

第二节　煤矿主要职业危害及防治措施

劳动者在劳动过程中因接触职业危害因素而对劳动者健康和劳动能力的侵害,称为职业危害。煤矿职业危害因素主要有粉尘、有毒有害气体、噪声、振动、潮湿的环境、高温的环境、放射性物质等。职业病防治工作坚持预防为主、防治结合的方针,实行分类管理、综合治理。

一、粉尘

视频讲解

在煤矿生产和建设过程中所产生的各种岩矿微粒统称为煤矿粉尘,它是污染作业环境、损害劳动者健康的重要职业性有害因素。煤矿粉尘主要是岩尘和煤尘,它是在矿井生产(如钻眼、爆破、切割、装载、落煤及运输和提升)过程中,因煤岩被破碎而产生的。不同的矿井由于煤、岩地质条件和物理性质及采掘方法、作业方式、通风状况和机械化程度不同,粉尘的生成量有很大的差异。所有粉尘对身体都是有害的,不同特性特别是不同化学性质的生产性粉尘,可能引起机体的不同损害,其中以呼吸系统损害最为主要。

(一) 粉尘的主要危害

粉尘对机体影响最大的是呼吸系统损害,包括尘肺、粉尘沉着症、呼吸系统炎症和呼吸系统肿瘤等疾病。粉尘的粒径越小,越容易通过人体的呼吸道而进入肺泡,并沉积于其中。接尘工龄越长,患尘肺的几率越大。消除尘肺病,预防是根本,综合防治是关键。含有可溶性有毒物质如铅、砷、锰的粉尘,可在呼吸道黏膜很快溶解吸收,导致中毒。

(二) 粉尘的主要防治措施

煤矿应当加强粉尘的监测和防治工作,制定职业危害防治措施。煤矿行业根据其粉尘的产生特点形成了各具特色的控制粉尘浓度的技术措施，主要体现在如下几个方面。

1. 粉尘防治的技术措施

(1) 改革工艺与设备。这是消除粉尘危害的主要途径，如用安全无害的工艺或原材料来代替有害的工艺或原材料；使用遥控操纵、计算机控制、隔室监控等措施避免工人接触粉尘；尽可能采用不含或含游离二氧化硅低的材料代替含游离二氧化硅高的材料；寻找石棉的替代品等。

(2) 湿式作业。这是一种非常经济实用的技术措施，如湿式凿岩、井下爆破后冲洗岩帮、高压注水采煤等。

(3) 密闭抽风除尘。对不能采取湿式作业的场所，可使用密闭抽风除尘的方法。如采用密闭尘源和局部抽风相结合，可防止粉尘外溢，抽出的空气经过除尘处理后排入大气。

2. 个体防护措施

个体防护是对技术防尘措施的必要补救，在作业现场，当工程控制无法将作业场所中职业危害因素的强度或者浓度降低到国家规定的职业卫生接触限值以下时，工人就必须使用合适的个体防护用品。工人防尘防护用品包括：防尘口罩、防尘眼镜、防尘安全帽、防尘服、防尘鞋等。个人防尘要求作业人员佩戴防尘口罩和防尘安全帽。

3. 卫生保健措施

职业健康监护共分为上岗前检查、在岗期间定期健康检查、离岗时健康检查、离岗后医学随访检查和应急检查。对从事接触职业危害作业的劳动者，煤矿企业应当按照《煤矿作业场所职业危害防治规定》的规定组织上岗前、在岗期间和离岗时的职业健康检查，并将检查结果书面告知从业人员。

二、职业毒害

煤矿生产中接触到的化学毒物主要有氮氧化物、碳氧化物和硫化氢等有毒有害气体。

(一) 氮氧化物的危害及防治

1. 氮氧化物的危害

煤矿中的氮氧化物以二氧化氮为主，二氧化氮为刺激性气体，比空气重，较难溶于水，可随呼吸进入到肺的深部，对肺组织产生强烈的刺激和腐蚀作用，可引起支气管炎和肺水肿等。其次是一氧化氮，在空气中和体内均容易被氧化为二氧化氮。吸入高浓度一氧化氮可产生毒性反应，使血红蛋白氧化成高铁血红蛋白，使组织缺氧，引起呼吸困难和窒息，导致中枢神经损害。可能接触氮氧化物的一般有岩巷爆破、煤巷爆破、爆破采煤等各工种。

2. 氮氧化物的预防措施

(1) 进行职业卫生知识培训，增强工人的安全意识和自我防护意识。

(2) 建立完善的应急救援措施，当事故发生后能使伤员及时得到现场救治，争取抢救时间。

(3) 建立健全职工健康档案，对作业者开展全面健康监护工作。从事氮化氧化物作业应做上岗前体检，上岗后每 1～2 年体检一次。

(二) 碳氧化物的危害及防治

1. 碳氧化物的危害

煤矿中碳氧化物主要有一氧化碳与二氧化碳。一氧化碳是无色、无味、无臭的气体，比空气轻，易燃易爆，一氧化碳进入人体之后会和血液中的血红蛋白结合，进而使血红蛋白不能与氧气结合，从而引起机体组织出现缺氧，导致人体窒息死亡。因此一氧化碳具有毒性，对心脏和大脑的影响最为显著。可能接触一氧化碳的工种一般有井下通风、岩巷爆破、煤巷爆破、采煤打眼、水力采煤、采煤支护、机械采煤等各工种。煤尘爆炸后要产生大量有害气体，尤其CO浓度一般为2%～3%，最高可达8%～10%，造成人员中毒。

二氧化碳密度大，比空气重，一般多积聚于巷道低处及通风不良的废巷中。高浓度时有显著毒性，主要是对呼吸中枢的毒性作用。在生产过程中，煤矿井下作业场所空气中二氧化碳的来源有煤、岩层涌出，煤自燃，爆破，人员呼吸等。抽放容易自燃和自燃煤层的采空区瓦斯时，必须经常检查一氧化碳浓度和气体温度等有关参数的变化，发现有自然发火征兆时，应立即采取措施。

2. 碳氧化物的预防措施

(1) 加强通风。加强通风，将碳氧化物冲淡到《煤矿安全规程》规定的浓度以下。如果碳氧化物产生量较大，可采用抽放措施。

(2) 加强检查。应用各种仪器或煤矿安全集中监测系统监视井下各种有害气体的动态，以便及时采取相应的措施。

(3) 警示危险。需要进入闲置时间较长的巷道进行作业时，必须先通风、后作业。盲道或废弃巷道应及时予以密闭或用栅栏隔断，并设立警示牌。

(4) 喷雾洒水。当工作面有二氧化碳放出时，可使用喷雾洒水的办法使其溶于水中。

(5) 急救措施。若有人缺氧窒息时，应移至空气新鲜的地方进行急救。

(6) 个人防护。进入高浓度一氧化碳的环境工作时，在通风的同时，要戴好特制的一氧化碳防毒面具，两人同时工作，以便监护和互助。二氧化碳的防护与一氧化碳类似，对于皮肤的防护，可佩戴保温手套，穿防护服；对于眼睛的防护，可佩戴安全护目镜或面罩。

(三) 硫化氢的危害及防治

1. 硫化氢的危害

硫化氢为无色、带有臭鸡蛋气味的气体，且易燃易爆，爆炸浓度界限为4.3%～46%。比空气重，易积聚于低洼处。易溶于水，扰动溶有硫化氢的积水即可逸出硫化氢气体。吸入后对人体有剧毒，主要作用于中枢神经系统。当接触浓度较高时，由于迷走神经反射，会立即发生昏迷或呼吸麻痹而呈"闪电式"的死亡，严重的会使人立即产生喉头痉挛、咽喉水肿而窒息。可能接触硫化氢的工种一般有：井下通风、爆破采煤、采煤支护、机械采煤、采煤运输、采煤装载、井下积水的老空区作业等各工种。

2. 硫化氢的预防措施

《煤矿安全规程》规定，矿井内硫化氢的含量不得超过0.00066%。接触硫化氢的作业人员应佩戴防毒口罩、安全护目镜、防毒面具和空气呼吸器，佩戴硫化氢报警设施。同时，完善硫化氢检测系统。

三、物理因素

煤矿井下高温高湿的作业生产环境十分恶劣，噪声与振动又是煤矿生产中很常见的有害因素。为保障煤矿工人的安全，防止职业病的发生，煤矿企业必须做好井下噪声、高温及振动等职业性有害因素的防治。

(一) 噪声的危害及主要防治措施

1. 噪声对人体的危害

根据作用的系统不同可把噪声的危害分为听觉系统(特异性)危害和听觉外系统(非特异性)危害。

(1) 听觉系统危害。工人若长时间在 85 dB(A)的强噪声下工作,会感到刺耳难受,长时间接触就会造成职业性耳聋。

在某些生产条件下,如进行爆破,由于防护不当或缺乏必要的防护设备,可因强烈爆炸所产生的振动波造成急性听觉系统的严重外伤,引起听力丧失,称为爆震性耳聋。根据损伤程度不同可出现鼓膜破裂,听骨破坏,内耳组织出血,甚至同时伴有脑震荡。

(2) 听觉外系统危害。噪声还可引起听觉外系统的损害。主要表现在神经系统、心血管系统等,如易疲劳、头痛、头晕、睡眠障碍、注意力不集中、记忆力减退等一系列神经症状。高频噪声可引起血管痉挛、心率加快、血压增高等心血管系统的变化。长期接触噪声还可引起食欲不振、胃液分泌减少、肠蠕动减慢等胃肠功能紊乱的症状。

2. 噪声的主要控制措施

(1) 消除、控制噪声源。消除、控制噪声源是噪声危害控制的根本措施。采用无噪声或低噪声设备代替高噪声设备,如无声液压机的应用;减低设备运行的负荷,减少设备部件的摩擦和撞击等。

(2) 控制噪声的传播。采用吸声、隔声、消声、减振的材料和装置以及阻尼与隔振技术,阻止噪声的传播。

(3) 个人防护。对生产现场的噪声控制不理想或特殊情况下高噪声作业,个人防护用品是保护听觉器官的有效措施,如佩戴防护耳塞、防护耳罩、头盔等。

(4) 健康监护。对上岗前的职工进行体格检查,是否存在职业禁忌证,如听觉系统疾患、中枢神经系统疾患、心血管系统疾患等。对在岗职工则进行定期的体检,以早期发现听力损伤,及时采取有效的防护措施。

(5) 合理安排劳动和休息。噪声作业应避免加班或连续工作时间过长,否则容易加重听觉疲劳,故应适当安排工间休息,休息时应尽量离开噪声环境,使听觉疲劳得以恢复。

《煤矿安全规程》规定:作业人员每天连续接触噪声时间达到或者超过 8 h 的,噪声声级限值为 85 dB(A)。每天接触噪声时间不足 8 h 的,可以根据实际接触噪声的时间,按照接触噪声时间减半、噪声声级限值增加 3 dB(A)的原则确定其声级限值。

(二) 高温的危害及主要防治措施

1. 高温作业对人体的危害

高温作业时,人体可出现一系列生理功能改变,这些变化在一定程度内是适应性反应,但若超过一定的限度,则可能会对机体产生不良影响。

2. 高温的主要控制措施

(1) 作业管理措施。在作业过程中通过通风降温、洒水降温、井下空调等措施,降低作业区温度。

(2) 个体防护。高温场所作业,个人防护极为重要。企业应及时向作业人员发放符合国家标准的高温作业个人防护用品,包括工作服、工作帽、防护眼镜、面罩和手套等,并为职工提供保存防护用品的设施。

(3) 加强医疗预防。企业做好高温职业危害健康管理，主要应注意职工高温危害的职业健康检查、危害档案管理和职业卫生教育。

《煤矿安全规程》规定：生产矿井采掘工作面空气温度不得超过 26 ℃，机电设备硐室的空气温度不得超过 30 ℃；当空气温度超过时，必须缩短超温地点工作人员的工作时间，并给予高温保健待遇。采掘工作面的空气温度超过 30 ℃，机电设备硐室的空气温度超过 34 ℃时，必须停止作业。

(三) 振动的危害及主要防治措施

1. 振动对人体的危害

生产过程中的一切振动统称为生产性振动。长期接触生产性振动可对机体产生不良影响。低强度振动主要引起组织和器官的位移、挤压，易引起不适感、疲劳、头晕、注意力分散等；高强振动易引起组织和器官的撞伤、压伤等机械性损伤，出现耳鸣、胸腹痛、注意力难集中等。

2. 振动的主要控制措施

(1) 减少扰动。其主要指减少或消除振动源的影响，如改善机器的平衡，提高安装质量等。

(2) 防止共振。防止共振是指防止或减少设备、结构对振动源的响应。如改变振动系统固有频率，改变振动系统扰动源频率。

(3) 隔振措施。采取措施减小或隔离振动的传递，常在振源与需要防振的设备间安装弹性隔振装置，使振源的大部分振动被隔振装置吸收，减小振源对设备或场所的干扰。

(4) 限制作业时间。当振动工具的振动强度控制暂时达不到标准时限值时，可适当缩短工人接触振动的时间，这是预防振动危害的重要措施。

(5) 改善作业环境，加强个人防护。坚持就业前体检，凡患有就业禁忌证者，不能从事该种作业；定期对工作人员进行体检，尽早发现受振动损伤的作业人员，采取适当预防措施及时治疗振动病患者。

第三节　煤矿职业卫生管理制度和应急处置

一、职业卫生管理制度

煤矿应当制定职业病危害防治计划和实施方案，建立健全下列职业卫生管理制度和操作规程：

(1) 职业病危害防治责任制度。

(2) 职业病危害警示与告知制度。

(3) 职业病危害项目申报制度。

(4) 职业病防护设施管理制度。

(5) 职业病个体防护用品管理制度。

(6) 职业病危害日常监测及检测、评价管理制度。

(7) 建设项目职业卫生“三同时”制度。

(8) 劳动者职业健康监护及其档案管理制度。

(9) 职业病诊断、鉴定及报告制度。

（10）职业病危害防治经费保障及使用管理制度。

（11）职业病危害防治档案管理制度。

（12）职业病危害事故应急管理制度。

（13）法律、法规、规章规定的其他职业病危害防治制度。

煤矿安全生产管理人员应当了解上述制度，重点掌握职业病危害警示与告知制度、职业病防护设施管理制度、职业病个体防护用品管理制度和劳动者职业健康监护及其档案管理制度。

二、职业危害告知

煤矿与煤矿工人订立劳动合同（含聘用合同）时，应当将工作过程中可能产生的职业病危害及其后果、职业病防护措施和待遇等如实告知煤矿工人，并在劳动合同中写明，不得隐瞒或者欺骗。

煤矿工人在已订立劳动合同期间因工作岗位或者工作内容变更，从事与所订立劳动合同中未告知的存在职业病危害的作业时，煤矿应当向煤矿工人履行如实告知的义务，并协商变更原劳动合同相关条款。

煤矿应当在醒目位置设置公告栏，公布有关职业病防治的规章制度、操作规程、职业病危害事故应急救援措施和工作场所职业病危害因素检测结果。存在或者产生职业病危害的工作场所、作业岗位、设备、设施，应当按照《工作场所职业病危害警示标识》（GBZ 158）的规定，在醒目位置设置图形、警示线、警示语句等警示标识和中文警示说明。警示说明应当载明产生职业病危害的种类、后果、预防和应急处置措施等内容。存在或者产生高毒物品的作业岗位，应当按照《高毒物品作业岗位职业病危害告知规范》（GBZ/T 203）的规定，在醒目位置设置高毒物品告知卡，告知卡应当载明高毒物品的名称、理化特性、健康危害、防护措施及应急处理等告知内容与警示标识。

三、职业病危害防护设施与职业病个体防护用品

煤矿在有关职业健康的生产技术、工艺、材料和设备的管理上应优先考虑实现本质安全。在无法完全避免职业危害的情况下，应采用危害程度较低的生产技术、工艺设备、原材辅料，选用有效的职业病防护设施等，减少或降低职业病危害因素的危害，保护劳动者。在职业病危害防护设施设备不能完全保护劳动者的情况下，给劳动者发放防护用品进行防护。

职业病危害防护设施设备要纳入企业设备管理，建立台账、档案和检修计划，经常进行维修检查并有责任人进行维护，严格按照计划进行检修和大修，确保处于良好状态。

煤矿应当为劳动者提供符合国家职业卫生标准的职业病个体防护用品，并督促、指导煤矿工人按照使用规则正确佩戴、使用，不得发放钱物替代发放职业病个体防护用品。煤矿应当对职业病个体防护用品进行经常性的维护、保养，确保其有效，不得使用不符合国家职业卫生标准或者已经失效的职业病个体防护用品。煤矿工人应当认真学习职业病个体防护用品的使用方法，不使用个体防护用品的不得上岗作业。

四、职业病危害事故应急处置

发生或者可能发生急性职业病危害事故时，煤矿应当立即采取控制和应急救援措施，并及时报告所在地卫生行政部门和有关部门。卫生行政部门接到报告后，应当及时会同有关部门组织调查处理；必要时，可以采取临时控制措施。卫生行政部门应当组织做好医疗救治

工作。对遭受或者可能遭受急性职业病危害的煤矿劳动者，煤矿应当及时组织救治、进行健康检查和医学观察，所需费用由用人单位承担。

(1) 作业地点发现有职业病危害事故预兆或已经发生职业危害事故时，现场人员应停止作业，撤出所有受威胁地点的人员，按指定的避灾路线撤离，并向矿调度中心汇报(内容要简明扼要，说明事故性质、地点、范围、主要原因和伤亡情况等)。撤离期间要尽可能通知沿途受灾害影响区域人员一同撤离到安全地点。

(2) 矿调度中心接到井下职业病危害事故报告后，应立即启动应急预案，通过井下语音广播系统、无线通信系统、调度通信系统等，通知到井下所有可能受事故波及区域的人员撤离，接到通知的作业人员应立即撤离。

(3) 发生中毒事故时，会有人相继出现胸闷、头痛、恶心等症状，应立即将中毒者移至新鲜空气处。在搬运途中，如仍受有害气体威胁，施救者一定要戴好自救器，对被救人员也要戴好自救器。将中毒者口中一切妨碍呼吸的东西(如假牙、黏液和泥土等)除去，将衣领及腰带松开，并使其保暖。

(4) 如果是一氧化碳中毒，中毒者还没有停止呼吸或呼吸虽已停止但心脏还有跳动，要立即给中毒者解开衣服，搓摩他的皮肤，使他温暖以后，立即进行人工呼吸。如果心脏停止跳动，就要迅速进行心脏复苏，同时进行人工呼吸。

(5) 如果是硫化氢中毒，在进行人工呼吸以前，要用湿棉花或手帕盖住他的口鼻。

(6) 如果是二氧化碳窒息，情况也不太严重，只要把他抬到新鲜风流中稍作休息后，就会苏醒。假如窒息时间较长，就要进行人工呼吸。在进行人工呼吸前，先要搓擦他的皮肤。

(7) 如果作业现场呼吸性粉尘浓度超过接触浓度管理限制，立即停止作业并向矿调度室汇报，调度室通知有关领导进行分析并处理。

(8) 如果设备发生故障，出现异常噪声或噪声指标超过国家最高环保标准时，要立即停止设备运行，开启备用设备并通知矿调度室。

(9) 当不能撤离时，要暂时避到安全地点，要沉着、冷静，尽量减少动作。并要在躲避地点巷道口悬挂矿灯、工具或定时间隔敲打管子、铁轨等，发出呼救信号，等待救援。

第四节　煤矿从业人员职业病预防的权利和义务

劳动者依法享有职业卫生保护的权利。用人单位应当为劳动者创造符合国家职业卫生标准和卫生要求的工作环境和条件，并采取措施保障劳动者获得职业卫生保护。工会组织依法对职业病防治工作进行监督，维护劳动者的合法权益。用人单位制定或者修改有关职业病防治的规章制度，应当听取工会组织的意见。

一、煤矿从业人员职业病预防的权利

煤矿从业人员享有下列职业病预防的权利：

(1) 获得职业卫生教育、培训权利。劳动者上岗前应接受职业健康培训，上岗前培训不得少于 8 学时，之后每年接受一次在岗培训，在岗培训不得少于 4 学时。因变更工艺、技术、设备、材料，或者岗位调整导致劳动者接触的职业病危害因素发生变化的，用人单位应当重新对劳动者进行上岗前职业健康培训。

(2) 获得职业健康检查、职业病诊疗、康复等服务。

(3) 了解工作场所产生或者可能产生的职业病危害因素、危害后果和应当采取的职业病防护措施。

(4) 要求用人单位提供符合防治职业病要求的职业病防护设施和个人使用的职业病防护用品，改善工作条件。

(5) 对违反职业病防治法律、法规以及危及生命健康的行为提出批评、检举和控告。

(6) 拒绝违章指挥和进行没有职业病防护措施的作业。

(7) 参与用人单位职业卫生工作的民主管理，对职业病防治工作提出意见和建议。

(8) 索取本人职业健康监护档案复印件。煤矿从业人员离开煤矿企业时，有权索取本人职业健康监护档案复印件，煤矿企业应如实、无偿提供，并在所提供的复印件上签章。

二、煤矿从业人员职业病预防的义务

(1) 劳动者应当学习和掌握相关的职业卫生知识，增强职业病防范意识。

(2) 遵守职业病防治法律、法规、规章和操作规程。

(3) 正确使用、维护职业病防护设备和个人使用的职业病防护用品。

(4) 发现职业病危害事故隐患应当及时报告。劳动者不履行前款规定义务的，用人单位应当对其进行教育。

第二篇　安全专业技术知识

第六章　煤矿井下爆破工的职业特殊性

本章培训与考核要点

- 了解煤矿作业特点；
- 了解煤矿井下爆破工在防治煤矿灾害中的重要作用；
- 掌握对煤矿井下爆破工的职业道德要求和安全职责要求。

第一节　煤矿作业特点

随着科学技术的创新和快速发展，煤炭工业面貌不断得到改善，以大型煤炭基地、大型煤炭企业和大型现代化煤矿为主的格局基本形成，大量落后不安全的小煤矿被淘汰，煤矿机械化、信息化和智能化程度逐步提高，安全生产条件大为改善。但是煤炭工业是一个特殊行业，生产条件和工作环境相对特殊，工作场所环境变化大，生产安全事故始终影响和制约着煤矿的生产建设。因此，煤矿特种作业人员了解井下作业场所的特点，对于履行自己的岗位职责具有重要意义。

(一) 煤矿作业环境特殊

煤矿作业场所多为地下作业，条件相对艰苦，而且我国 95%以上的煤矿是井工煤矿，井深平均在 400 m 以上，作业环境具有明显的特殊性。

(1) 狭窄不平，变化大。采煤工作面空间依据煤层厚度而定，中厚煤层空间稍大，薄煤层、极薄煤层作业空间非常狭小，给行人和运输造成不便。此外，采掘作业面经常处在交替衔接之中，采掘作业的条件变化较大。

(2) 光线不足，噪声大。作业场所没有自然采光，井下作业人员要靠矿灯照明；采、掘、运等设备运转声响大，经常造成噪声超标。

(3) 阴凉潮湿，风速大。有的巷道或工作面经常出现淋水或积水，导致井下环境湿度较大。为保障通风质量，必须有较大的风速。

(4) 粉尘严重，危害大。在生产过程中，伴有粉尘、有害气体产生。

(5) 井深巷远，劳动强度大。作业场所在地下，井深巷远，加上辅助时间，作业人员在井下时间较长，劳动强度大。采深大的矿井伴有地热现象，环境温度较高。

(二) 煤矿生产系统复杂

(1) 煤矿生产工艺复杂。煤矿井下生产具有多工种、多方位、多系统立体交叉连续作业的特点。采煤、掘进、通风、机电、排水、供电、运输等系统中，任何部位或任何一个环节出现问题，都可能酿成事故，甚至造成重特大事故。

(2) 煤矿生产和建设常常同时进行。要保证矿井持续生产，保持采掘平衡，必须在工作面回采的同时，不断进行巷道开拓准备，保证生产接替，这些生产建设环节的交叉，增加了安全生产、组织管理和技术管理的复杂性。

(三) 煤矿生产设备多

(1) 煤矿机电设备多而复杂。因为煤矿生产环节多，工艺复杂，所以井下生产要用到提升运输设备、通风压风设备、电气设备、排水设备、采掘设备以及保障安全生产的安全监测监控及瓦斯抽采设备。

(2) 煤矿机电设备向机械化、自动化、智能化的方向发展。综采成套设备的生产能力在适宜的煤层条件下，采煤工作面可实现年产超千万吨，出现了“一矿一面、一个采区、一条生产线”的高效集约化生产模式。高度智能化的采煤机实现了远程操控和工作面无人操作，带式输送机运输系统、矿井主要通风机和主提升设备操作实现了智能化。

(四) 煤矿事故诱发因素多样

(1) 由于煤矿生产条件的特殊性灾害因素多，致灾机理复杂。矿井瓦斯、矿尘、水、火、冲击地压及有毒有害气体经常威胁着煤矿安全生产，甚至引起重大安全事故。

(2) 安全管理不到位，设备、物料处于不安全状态，违章指挥、违章作业是造成人为事故的重要因素。

第二节　井下爆破工在防治煤矿灾害中的重要作用

煤矿井下爆破工是从事煤矿井下爆破作业的特种作业人员，其素质和责任心对爆炸物品危险品的保管和安全使用十分重要，一旦发生爆破事故或爆炸物品被盗丢失，就会造成严重的后果。

一、会主动分析判别灾情

(1) 处于事故地点及其附近的井下爆破工应在保证自己安全的情况下，通过自身的直观感觉和可能利用的手段，仔细地观察事故造成的各种异常变化和痕迹(如烟雾、温度、风流状态、空气成分、巷道支护、涌水等)，认真分析判断事故的性质和发生的原因。

(2) 查明事故的发生地点，并对灾害可能波及的范围和危害程度做出判断。

(3) 根据事故的性质和发生地点，结合井下巷道布置、通风系统、人员分布等情况，迅速判断有无诱发和伴生其他灾害事故的可能性。

(4) 迅速了解和掌握自己所在地点的人员伤亡情况，判断现场有无可采取的抢救手段和必备条件。

(5) 分析判断自己所在地点的安全条件，为采取抢险救灾或安全避灾行动提供依据，做好准备。

二、能有效防治煤矿灾害

（一）防治瓦斯事故

1. 防治瓦斯爆炸事故

瓦斯爆炸是煤矿井下危害最大的事故，井下爆破工在防治瓦斯爆炸事故中的主要作用是防止爆破作业引燃、引爆瓦斯。

（1）防止出现爆破火焰。爆破工必须严格执行“一炮三检”制；严禁裸露爆破；应使用合格的煤矿许用爆破器材，禁止使用变质炸药；合理布置炮眼，最小抵抗线不能过小，避免产生炮震裂缝而造成“走后门”现象；装药时，一定要清除炮眼内的煤粉，不装“盖药”“垫药”；严格执行湿式打眼、封孔使用水炮泥及洒水降尘制度；严禁用可燃性材料、无塑性的材料作为炮泥封孔；封泥长度必须符合《煤矿安全规程》的规定；连线时，严禁使用明接头和裸露爆破母线。

（2）防止出现电火花。爆破工严禁在井下拆开、敲打、撞击发爆器及矿灯的灯头和灯盖等。

（3）采取技术手段，杜绝爆破事故的发生。使用的煤矿许用炸药在满足井下爆破能力的前提下，设法降低爆温，提高爆轰性能，实现零氧平衡，杜绝爆破事故的发生。

2. 防治瓦斯突出事故

突出煤层的瓦斯含量和瓦斯压力一般比较高，钻眼、爆破等外力激发时容易发生突出事故。

爆破工在有突出危险的工作面作业时，要严格按照《煤矿安全规程》规定的爆破方法、步骤进行操作，注意观察工作面有无突出预兆。一旦发现突出预兆，坚决拒绝装药爆破，并及时采取正确的防灾措施。

（二）防治顶板事故

为防止发生顶板事故，爆破工除必须认真按照《煤矿安全规程》的规定作业外，还应做好以下工作：

（1）严格执行作业规程中打眼爆破的有关规定，装药量适当，严禁空顶作业，保持围岩稳定性。

（2）坚持一组装药、一次起爆的爆破方式，缩短围岩的悬露时间和面积。

（3）无论是爆破前还是爆破后，进入工作面时，严格执行“敲帮问顶”制度，危石必须处理，无法处理时，应采取临时支护措施，保证作业安全。

（4）工作面遇到地质构造、顶板岩石破碎时，应采取“放小炮”或不爆破的方法过破碎带。

（三）防治火灾事故

由于不按照爆破作业规定和爆破说明书进行爆破，如裸露爆破、“放空心炮”、用动力电源爆破、不装水炮泥、倒掉药卷中的消焰粉、炮眼深度不够或最小抵抗线不符合《煤矿安全规程》规定等，都可能导致引燃可燃物继而发生矿井火灾。因此，井下爆破工在爆破作业中一定要严格按照《煤矿安全规程》《爆破安全规程》有关规定和爆破作业说明书进行爆破作业。

（四）防治水害事故

井下爆破工必须学习有关防治水害的知识，熟悉发生透水事故前的预兆，注意观察，认真分析，一旦发现透水预兆，坚决拒绝装药爆破，并及时采取正确的防灾措施。

(五) 防治煤尘爆炸事故

爆破一方面扬起沉积的煤尘，另一方面产生新的煤尘，极易使空气中的煤尘达到爆炸浓度。井下禁止裸露爆破。没有执行湿式打眼、使用水炮泥和炮泥封孔及洒水降尘的工作面，坚决拒绝装药爆破，并及时向有关领导汇报。

此外，井下爆破工必须熟悉井下发生瓦斯、煤尘爆炸、火灾和水灾时的撤退路线和躲避地点（避难硐室）；必须随身携带自救器，并能熟练应用，以防煤矿井下灾害进一步扩大。

第三节　井下爆破工的职业道德和安全职责

一、井下爆破工的职业道德

每个从业人员，不论是从事哪种职业，在职业活动中都要自觉遵守职业道德。煤矿井下爆破工的职业道德主要体现在以下几个方面：

（1）热爱矿山，热爱本职工作。

（2）自觉服从工作安排，遵守劳动纪律，认真履行岗位职责。

（3）自觉遵守法律法规和规章制度，牢固树立“安全第一”意识，时刻保持安全生产的警惕性，保护好自身和他人的安全。

（4）加强学习，钻研技术，不断提高自己的业务能力和专业技术水平。

（5）爱护设备设施，正确、规范操作，认真检查、维护和保养，及时处理故障，使设备处于良好的运转状态。

（6）虚心向同事学习，弥补不足，积极进取，不断提高自身的综合素质。

二、井下爆破工的安全职责

（1）严格执行《爆破安全规程》《煤矿安全规程》等有关规定。

（2）严格遵守爆炸物品领退制度，保证爆炸物品不丢失。

（3）严格遵守爆炸物品运送制度，保证沿途安全。

（4）严格遵守“一炮三检制”和“三人连锁爆破制”等爆破操作规定，保证爆破过程安全。

（5）经常检查工作地点及使用设备、仪器的安全状态，爱护安全设施、设备，确保爆破工作顺利进行。

（6）严格遵守爆破后的巡检制度，发现残爆、拒爆等不安全因素及时处理或上报后处理。

（7）严格遵守处理爆破故障（残爆、拒爆）及特殊情况下爆破的规定和要求，正确处理爆破故障。

（8）严格遵守劳动纪律和管理制度，坚决制止他人违章作业、拒绝接受任何人的违章指挥。

（9）严格执行现场交接班，当班爆破工把本班遗留问题向接班爆破工在现场交接清楚。

（10）爆破结束后，将剩余爆炸物品如数及时交回爆炸物品库，发爆器交还发放室统一保管。

第七章　爆破基础知识

本章培训与考核要点

- 了解炸药及爆炸的一般特征，爆炸的主要性能参数，爆破的内部作用和外部作用；
- 了解矿用炸药的种类、安全炸药的机理，熟练掌握煤矿许用炸药的种类、使用条件、分级与选用；
- 了解起爆炸药的种类及选用，掌握矿用雷管的构造、分类及主要性能参数，熟悉电雷管的构造和检测技术；
- 了解发爆器和爆破网络检测仪器的构造及使用方法，熟练掌握电爆网路的测试技术和发爆器及检测仪器的操作技能；
- 熟练掌握爆炸物品的领取、运输及暂存管理的有关规定和方法，以及爆炸物品的现场使用的有关规定和方法。

第一节　爆破作用原理

一、炸药及爆破的一般特征

炸药是在一定能量作用下无需外界供氧就能发生快速的化学反应，同时放出大量的热量，产生大量的气体产物的物质。

炸药受外界能量作用后，炸药的成分经化学反应急剧分解，瞬间产生大量的热和气体并急剧膨胀，形成高压，对周围的煤、岩等介质起破坏作用。

炸药的爆炸反应具有以下三个要素：

(1) 反应过程中能放出大量的热。爆炸反应的热量和速度越大，则爆炸做功的能量也越大。爆炸反应热量的大小是衡量炸药做功能力大小的重要标志。

(2) 爆炸反应速度快。炸药爆炸对外界所做的功，随其反应速度的增高而加大。爆炸反应速度是衡量炸药威力的重要因素。

(3) 能生成大量的气体产物。炸药爆炸后生成大量气体，这些气体在膨胀过程中，能对周围介质产生破坏作用，把炸药的能量转换为机械功。

总之，炸药爆炸必须同时具备上述三个要素，三者又是相互联系的。所以，高温、高压、高速是炸药爆炸的重要特点。

二、炸药爆轰理论基础知识

(一) 炸药的起爆和感度

1. 炸药的起爆

炸药在未受外界能量作用时，处于相对稳定状态。利用炸药进行爆破作业时，必须由外界给予足够的能量，使炸药局部活化，失去平衡，发生爆炸反应，使炸药局部失去相对稳定状态到开始发生爆炸反应的过程称为起爆。炸药起爆所需要的最低限度起爆能量称为起爆能。炸药起爆后，就不再需要外界能量，靠已经发生的爆炸反应能量就可以继续进行爆炸反应。

2. 炸药的感度

在外界能量作用下，炸药发生爆炸的难易程度称为感度。炸药的感度有热感度、机械感度和爆轰感度等。炸药的感度必须适中，煤矿许用炸药以 6 号和 8 号雷管能够起爆为宜。

(二) 炸药的殉爆

某处炸药(主爆药)爆炸时引起相隔一定距离的另一炸药(受爆药)爆炸的现象称为殉爆。主爆药与受爆药之间发生殉爆的概率为 100% 的最大距离，称为殉爆距离。对受爆药来说，殉爆距离越大，表明其冲击波感度越高。产生殉爆现象的原因，主要是由于受爆药卷接受了主爆药卷的爆炸冲击波传来的足够的激发能量。

(三) 炸药爆炸的稳定性传播

(1) 传爆。炸药由起爆到爆炸结束的过程中，爆炸反应在炸药中自行传播的过程称为传爆。

(2) 冲击波和爆轰波。炸药起爆后，产生大量的热能和气体，形成了高温、高压、瞬间膨胀并高速运行的气浪，这种气浪具有极大的冲击作用，即冲击波。在炸药中传播的冲击波形成具有能量补充的特殊形式的冲击波，称为爆轰波。炸药的传爆是爆轰波传递能量的过程。

(3)爆速。爆轰波在炸药中传播的速度称为爆速(传爆速度)，单位为 m/s。爆速是衡量炸药爆炸强度的重要标准。常用炸药的爆速为 2500～7000 m/s。

(4) 炸药的聚能穴。炸药和雷管的一端都有一个窝心，称为炸药和雷管的聚能穴。它的作用是把爆轰产物沿轴线方向集中起来，形成聚能流，大大增强聚能穴端的局部破坏作用和传爆能力，这种作用称为聚能效应。

三、炸药爆炸的主要性能参数

我国工业炸药一般采用的技术指标有爆力、猛度、爆速、殉爆距离、含水率、密度以及爆炸热力学参数等。

(一) 爆力

爆力，又称炸药的做功能力，是指炸药爆炸后气体产物膨胀对周围介质做功(包括抛掷、破碎、压缩等)的能力，是衡量炸药爆炸特性的重要指标。

(二) 猛度

炸药的猛度，是指炸药爆炸最初冲量的猛烈程度(也称炸药的局部破碎作用)，是炸药爆炸时对接触介质冲击粉碎的能力。它是衡量炸药爆炸特性及爆炸作用的重要指标。

(三) 含水率

含水率是硝酸铵类炸药爆炸性能是否发生变化的内在根据，所以特别重要。一般，粉状炸药(用于井下的)质量标准所规定的容许含水率不大于0.3%。

(四) 密度

炸药密度,或称假比重,是指单位体积(其中包括炸药颗粒间的空隙)的炸药质量,通常单位为 g/cm^3,炸药的密度对于炸药的爆炸性能影响很大。对于单质炸药,爆速随密度的增大而增大;对于混合炸药,密度与爆速的关系比较复杂。在一定范围内,增大密度能提高理想爆速,但超过这个范围继续增大密度,就会导致爆速下降,最终导致熄爆。

(五) 炸药爆炸的热力学参数

(1) 爆热。炸药爆炸反应时释放的热量称为爆热,单位是 kJ/kg。爆热是炸药做功的能源,是炸药做功大小的重要参数之一。爆热值越高,爆炸时生成的热量越多,爆炸威力就越大。要提高炸药爆炸的威力,就必须提高爆热。工业炸药的爆热一般为 3300～5900 kJ/kg。

(2) 爆温。炸药爆炸时放出的热量将爆炸产物加热到最高的温度称为爆温,单位是℃。常用的工业炸药的爆温为 2300～4300 ℃。

(3) 爆压。爆压是指炸药在爆炸过程中产生的压力。其产物内的压力分布是不均匀的,并随时间的变化而变化。当爆轰结束时,爆炸产物在炸药初始体积内达到热平衡后的流体静压值称为爆压,单位为 MPa。

(4) 爆容。单位质量的炸药爆炸后生成的气体产物在标准状态下的体积称为爆容,单位是 L/kg。爆容越大,炸药的做功能力越大。

四、爆破的内部作用和外部作用

(一) 自由面和最小抵抗线

1. 自由面的概念

自由面是指某种介质与空气接触的界面。爆破时,位于药包附近被爆破的岩(煤)体与空气接触的界面叫作爆破自由面。具有自由面是进行爆破工作的必要条件。一般自由面越多,爆破效果越好,炸药爆炸能量的利用率越高,炸药的消耗量越少。

2. 最小抵抗线的概念

从装药重心到自由面的最短距离称为最小抵抗线。《煤矿安全规程》规定,工作面有2个及以上自由面时,在煤层中最小抵抗线不得小于 0.5 m;在岩层中最小抵抗线不得小于 0.3 m。浅眼装药爆破大岩块时,最小抵抗线和封泥长度都不得小于 0.3 m。

(二) 爆破的内部作用和外部作用

1. 爆破的内部作用和外部作用表现形式

装药爆破时,其爆破作用的表现形式与埋置药量和深度有关。对于一定装药量来说,若其在岩石内的装药埋置深度(用 W 来表示)$W_1>W_2>W_3>W_4$。当 W 超过某一数值 W_L(临界抵抗)时,炸药爆炸后,在自由面上看不到爆破作用的迹象,爆破作用只发生在岩体内部,这种爆破作用称为爆破的内部作用,如图 7-1a 所示。当 $W<W_L$ 时,装药爆炸后,爆破作用就显露在自由面,这种爆破作用称为爆破外部作用,如图 7-1c、图 7-1d 所示。临界抵抗线 W_L 如图 7-1b 所示,它取决于炸药的种类、装药数量和岩石性质。

2. 爆破漏斗

当装药的最小抵抗小于其临界抵抗时,在岩石中爆破产生外部作用。除在装药周围处形成压缩区、裂隙区和震动区外,还将破碎岩石向自由面方向抛出形成一个漏斗形的爆破

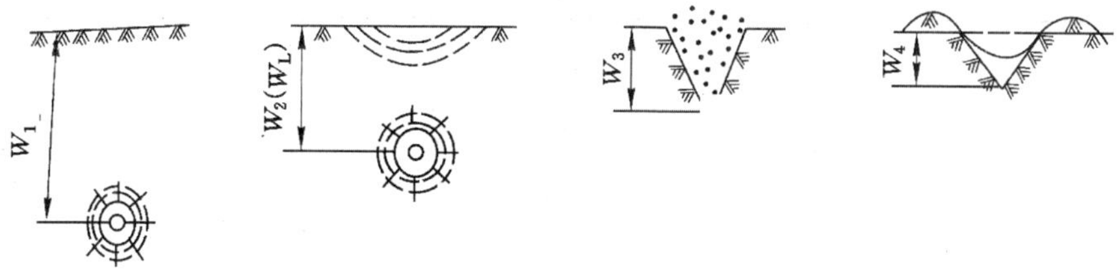

(a) 内部爆破作用　(b) 临界爆破作用　(c) 外部爆破作用　(d) 外部爆破作用

图 7-1　爆破作用形式

坑，这个爆破坑称为爆破漏斗。爆破漏斗半径 r 与最小抵抗线 W 的比值称为爆破作用指数 n，$n=r/W$。爆破漏斗有 4 种基本形式，如图 7-2 所示。

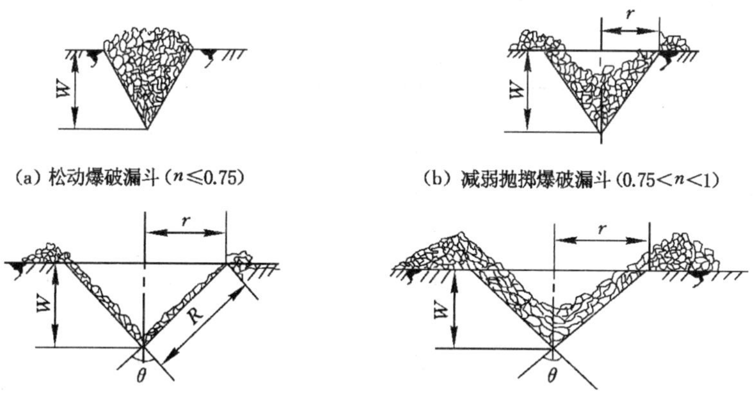

(a) 松动爆破漏斗 ($n\leqslant 0.75$)　(b) 减弱抛掷爆破漏斗 ($0.75<n<1$)

(c) 标准抛掷爆破漏斗 ($n=1$)　(d) 加强抛掷爆破漏斗 ($n>1$)

图 7-2　爆破漏斗的 4 种基本形式

(1) 松动爆破漏斗。当爆破后不形成显著漏斗，漏斗内破碎的岩石只发生隆起，没有大量岩石抛掷现象，这种爆破漏斗称为松动爆破漏斗。

(2) 加强抛掷爆破漏斗。爆破后，炮眼附近破碎的岩石被大量向远处抛出，其形成的漏斗称为加强抛掷漏斗。

第二节　矿用炸药

一、工业炸药的命名和分类

工业炸药的全称一般由产品序号或安全级别、产品用途和产品的类别组成。

工业炸药的产品序号是指同一类别、相同用途的产品顺序号，用阿拉伯数字表示。工业炸药的安全级别是指煤矿许用炸药的安全级别(共五级)。

工业炸药的用途按其使用对象和效能分为 6 种，见表 7-1。若某种炸药同时具有几种用途，按其中的主要用途表示。

表 7-1　工业炸药的用途、简称和代号

用途	简称	代号
岩石爆破	岩	Y
煤矿爆破	煤	M
露天爆破	露	L
硫化矿爆破	硫化	LH
地震爆破	震	Z
爆炸加工(含复合、压接、切割和成型等)	加	J

注:1. 根据惯例,工业炸药用途在命名中省略“爆破”二字。

2. 根据惯例,煤矿爆破在工业炸药命名中其用途表示为“煤矿许用”。

工业炸药按其组成特征和物理特征分为 4 大类 14 小类,见表 7-2。

表 7-2　工业炸药的类别、简称和代号

工业炸药类别		简称	代号
含水炸药	乳化炸药	乳化	RH
	乳化铵油炸药	重铵油	ZAY
	水胶炸药	水胶	SJ
铵油类炸药	多孔粒状铵油炸药	多孔粒	DKL
	粉状乳化炸药	粉乳	FR
	膨化硝铵炸药	膨化	PH
	乳化铵油炸药	重铵油	ZAY
	改性铵油炸药	改铵油	GAY
	粘性粒状炸药	粘粒	NL
	粉状铵油炸药	粉铵油	FAY
硝化甘油类炸药	胶质硝化甘油炸药	胶硝甘	JXG
	粉状硝化甘油炸药	粉硝甘	FXG
其他	铵梯炸药	铵梯	AT
	液体炸药	液□	Y□

注:1. 乳化铵油炸药作为含水炸药使用时为抗水型乳化铵油炸药,作为铵油类炸药使用时为普通型乳化铵油炸药。

2. 液体炸药的简称和代号根据液体炸药的主要成分来确定,简称表示方法是汉字“液”加上主要成分,例如硝酸肼的简称为“液肼”,代号为“YJ”。

3. 铵梯炸药自 2008 年 3 月 31 日起已停止销售和使用。冻结或半冻结的硝化甘油类炸药自 2006 年 7 月 20 日起已禁止在煤矿使用。

工业炸药的全称表示法:产品序号或安全级别+用途+类别,如全称为 2 号岩石乳化炸药,简称为 2-岩-乳化,代号为 2-Y-RH;全称为三级煤矿许用乳化炸药,简称Ⅲ-煤-乳化,代号为Ⅲ-M-RH 等。

二、煤矿许用炸药的分级、品种及其选用

（一）煤矿许用炸药的分级、检验方法与适用条件

煤矿许用炸药的瓦斯安全性分为五级，各个级别许用炸药瓦斯安全性（巷道试验）的合格标准如下：

（1）一级煤矿许用炸药。100 g 发射臼炮检定合格，适用于低瓦斯矿井的岩石工作面。

（2）二级煤矿许用炸药。150 g 发射臼炮检定合格，适用于低瓦斯矿井的煤层和半煤岩工作面。

（3）三级煤矿许用炸药。试验法一，450 g 发射臼炮检定合格；试验法二，150 g 悬吊检定合格，适用于高瓦斯矿井。

（4）四级煤矿许用炸药。250 g 悬吊检定合格，适用于煤与瓦斯突出矿井。

（5）五级煤矿许用炸药。450 g 悬吊检定合格，用于溜煤眼堵塞爆破和过石门揭开瓦斯突出煤层。

（二）煤矿许用炸药的品种及选用

煤矿许用炸药的品种主要有煤矿膨化硝胺炸药、煤矿水胶炸药、煤矿乳化炸药和离子交换型高安全煤矿炸药等。

1. 煤矿水胶炸药

水胶炸药可用于井下小直径炮眼爆破，尤其适用于井下有水而且坚硬岩石中的深孔爆破。

煤矿水胶炸药只是在组成成分中加入一定配比的食盐、氯化铵等消焰剂，制成对煤矿瓦斯和煤尘安全性不一样的煤矿水胶炸药，目前使用较多的是一至三级煤矿水胶炸药。

2. 煤矿乳化炸药

乳化炸药是指通过乳化剂的作用，使以硝酸盐为主的氧化剂水溶液微滴均匀地分散在含有气泡或多孔性物质的油相连续介质中，形成的油包水型膏状含水炸药。

乳化炸药在选用时应严格按照瓦斯等级选用，不得相互混用。

3. 被筒炸药

被筒炸药是指以安全等级不低于三级的煤矿许用炸药作药芯，装入石蜡纸筒内，在药卷与纸筒间填满粉状食盐，再封口形成单个药卷。其消焰剂含量可高达药芯质量的50%，这样既提高了安全性，又解决了加盐后降低爆炸性能和爆轰不稳定的矛盾。

被筒炸药爆炸时，被筒内的食盐变成一层细粉状的帷幕，将爆炸点笼罩起来，使之与瓦斯隔离，具有相当高的安全性，可用于高瓦斯矿井或煤与瓦斯突出矿井中。

4. 离子交换炸药

离子交换炸药是指以硝酸钠和氯化铵的混合物为主要成分，再加敏化剂硝化甘油而成的煤矿许用炸药，硝酸钠和氯化铵称为离子交换盐。

离子交换炸药是我国现有煤矿许用炸药中安全性最高的品种，特别适用于有煤与瓦斯突出危险的工作面。它具有较好的贮存安全性，间隙效应小，低温（−20 ℃）不会冻结等优点。离子交换炸药冻结或半冻结后感度高，运输和使用时要特别注意，尤其不要和酸、碱、油脂类杂物接触。

5. 当量炸药

当量炸药是指炸药组分中盐量分布均匀，并且安全性与被筒炸药相当的炸药。当量炸

药的含盐量比被筒炸药高，爆力、猛度和爆热远比被筒炸药低。在正常爆轰条件下，当量炸药对瓦斯的安全性相当高。但是由于其爆炸能量较小，容易由爆轰转为爆燃，在这个意义上讲，又影响了它的安全性。

（三）选用煤矿许用炸药时的注意事项

（1）煤矿许用炸药必须严格按照矿井瓦斯的安全等级选用，不得将用于低瓦斯矿井的炸药用于高瓦斯矿井。

（2）含水超过0.5%的煤矿铵梯炸药不得使用。硬化后，必须能用手揉松方能使用。

（3）有水和潮湿的工作面，必须选用抗水型炸药。

（4）煤矿水胶炸药的安全性高于同等级粉状炸药，但在使用、保管上应和同等级粉状炸药同样对待，严格按瓦斯安全等级选用。

（5）要注意炸药外形的检查，如发现药卷出水，要尽快使用；如出水严重，要经过性能检验，再确定是否可继续使用。

（6）水胶炸药爆炸性能随温度降低而下降，因此，在0 ℃以上使用为好，药温不宜过低。

（7）各级煤矿乳化炸药的瓦斯安全性应达到《煤矿许用炸药瓦斯安全性等级及其检验方法》的规定。爆炸后有毒气体生成量应符合《煤矿用炸药爆炸后有毒气体量测定方法和判定规则》的规定。

（8）运输、保管和使用乳化炸药时，不要挤压或用锋利物划破。

（四）《煤矿安全规程》对煤矿许用炸药使用范围的规定

井下爆破作业，必须使用煤矿许用炸药和煤矿许用数码电子雷管。煤矿许用炸药的选用应遵守下列规定：

（1）低瓦斯矿井的岩石掘进工作面，必须使用安全等级不低于一级的煤矿许用炸药。

（2）低瓦斯矿井的煤层采掘工作面、半煤岩掘进工作面，必须使用安全等级不低于二级的煤矿许用炸药。

（3）高瓦斯矿井，必须使用安全等级不低于三级的煤矿许用炸药。

（4）突出矿井，必须使用安全等级不低于三级的煤矿许用含水炸药。

（5）一次爆破必须使用同一厂家、同一品种的煤矿许用炸药。

第三节　起爆器材

利用工业炸药进行爆破时，必须借助于起爆材料激发炸药爆炸。起爆材料包括煤矿许用导爆索和雷管等。煤矿井下爆破作业，必须使用煤矿许用数码电子雷管，但考虑到煤矿井下爆破作业人员取证培训的需要，本节对传统的煤矿许用电雷管作简单介绍。

一、矿用电雷管

电雷管是利用电流通过电雷管中的桥丝或药剂，将电能转化为热能作用于发火药剂，使发火药点燃，引燃电雷管中的起爆药爆炸。

（一）矿用电雷管的分类

矿用电雷管，一般按作用时间和使用条件进行分类。

1. 按作用时间分类

按作用时间分类，电雷管可分为瞬发电雷管和延期电雷管两类。延期电雷管又可分为秒延期电雷管和毫秒延期电雷管等。

2. 按使用条件分类

按使用条件分类，电雷管可分为煤矿许用电雷管和非煤矿许用电雷管两类。煤矿许用电雷管包括煤矿许用瞬发电雷管、煤矿许用毫秒延期电雷管等。非煤矿许用电雷管包括普通瞬发电雷管、毫秒延期电雷管和秒延期电雷管等。

(二) 电雷管的结构

电雷管的结构主要包括：管壳、加强帽、电雷管装药、电引火装置和延期装置等。典型的瞬发电雷管的结构如图 7-3 所示。

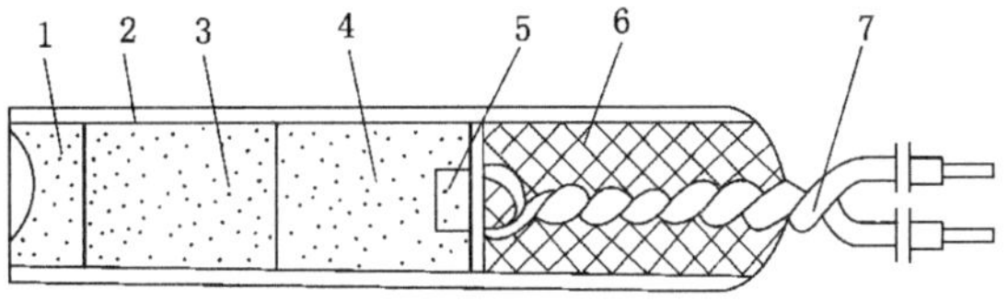

1—副起爆药(头遍药)；2—管壳；3—副起爆药(二遍药)；
4—正起爆药；5—桥丝；6—封口塞；7—脚线

图 7-3　瞬发电雷管

1. 管壳

常用的管壳有铜壳、纸壳、铝壳和铁壳。目前广泛使用的管壳是法兰铁管壳。

管壳的作用是保护雷管装药免受外界能量的作用和温度的影响，保证有足够的爆速，并使炸药爆轰成长迅速。

2. 加强帽

加强帽是置于管壳与起爆药之间的金属或其他材料的小管。管底中心有一传火孔。它可以增加电雷管的强度，抵抗外界冲击、防止漏药并阻止起爆药点火时气体漏掉以加快起爆药迅速成长，使起爆药迅速由燃烧转为爆轰。

3. 电雷管装药

电雷管装药是决定电雷管性能的基本元件。电雷管分正、副两种起爆药。正起爆药装入雷管上部，多采用敏感的二硝基重氮酚；副起爆药多采用黑索金，装入电雷管底部。正起爆药有一定的感度，先起爆可以保证雷管起爆的准确性，又能使副起爆药(钝感猛炸药)安全起爆，从而使雷管有足够的起爆能力。

4. 电引火装置

电引火装置是接受外界能量并传递给雷管装药的点火元件。当电流通过桥丝或药剂将电能转为热能作用于发火药剂时，使发火药点燃，再将热能传递给起爆药或延期药，引燃电雷管爆炸。

5. 延期装置

煤矿许用型延期电雷管是在煤矿许用瞬发电雷管基础上增加一个控制延期时间的延期元件。此延期元件为 5 芯铅管体，置于引火装置和起爆药之间，在规定的延期时间燃烧完后，才使电雷管爆炸。

(三) 电雷管的性能

为保证电雷管安全准爆和进行电爆网路计算，需要确定的主要性能参数有雷管电阻、最大安全电流、最小发火电流、4 ms 发火电流、雷管反应时间、发火冲能和雷管的起爆能力等。这些性能参数也是检验电雷管的质量，选择起爆电源和测量仪表的依据。

1. 动作时间

电雷管从通电开始到爆炸的时间为动作时间。

2. 电雷管全电阻

桥丝电阻和脚线电阻之和为电雷管全电阻，简称电雷管电阻。电雷管全电阻对安全爆破影响很大，在电雷管发放前必须逐个测定，排除断路、短路、电阻特大或特小的电雷管，使同一网路的电雷管电阻差不应超过相关规定，康铜桥丝不得超过 0.25～0.3 Ω，镍铬桥丝不应超过 0.8 Ω。

3. 电雷管最大安全电流

在一定时间内（5 min），给电雷管通以恒定直流电而不发火的最大电流称为电雷管最大安全电流。国家标准规定：电雷管的安全电流为 50 mA（0.05 A）。

最大安全电流的实际意义在于：选用仪表检测电雷管时，只要仪表的工作电流小于此值，就不会引爆电雷管，确认爆破地点杂散电流小于此值时，也不会发生意外爆炸。

4. 最小发火电流

通过恒定直流电流，在 1 min 内一定引爆发火药头的最小电流为最小发火电流。国家标准规定，任何厂家生产的电雷管，其最小发火电流均不得超过 0.7 A。一般国产电雷管的最小发火电流，康铜桥丝雷管为 0.14～0.7 A，镍铬桥丝雷管为 0.2～0.25 A。

实际工作中，通过单个电雷管的电流应大于最小发火电流。采用直流电起爆时，准爆电流取 2.5 A，采用交流电起爆时，准爆电流取 4 A，以保证电雷管可靠起爆。

5. 串联准爆电流

将电雷管分成若干组预先串联起来，每组 20 发，然后以恒定直流电由小到大一次通入各串联组，连续 3 次使组内雷管全部爆炸的最小电流为串联准爆电流。

国家标准规定：20 发雷管串联时，康铜桥丝电雷管不大于 2.0 A 恒定直流电，镍铬桥丝电雷管不大于 1.2 A 恒定直流电，应全部爆炸。

当需点燃冲能小的雷管首先爆炸时，就会把桥丝熔断，或把爆破网路炸断，这对于需点燃冲能较大（钝感）的雷管来说，意味着在桥丝还未发火的情况下爆破网路被提前切断起爆电流，由于无法供给电流，钝感的雷管将会拒爆。串联准爆电流的意义在于克服这种现象。

6. 起爆能力

起爆能力是指电雷管起爆时所具有的能量。电雷管中的起爆药量越多，起爆能力就越强。

(四) 常用电雷管的主要品种

1. 瞬发电雷管

通入电流后瞬时爆炸的电雷管为瞬发电雷管。瞬发电雷管由通电到爆炸时间小于 13 ms，无延期过程。瞬发电雷管可分为普通型和煤矿许用型两种。前者可用于露天爆破，后者可用于高瓦斯矿井和煤与瓦斯突出矿井。

2. 秒延期电雷管

通入足够的电流后，各雷管间隔数秒才爆炸的雷管，称秒延期电雷管。秒延期电雷管的构造与瞬发电雷管基本相同，其延期元件为精制导火索。

秒延期电雷管为普通型电雷管，由于它在延期时间内能喷出火焰，因此不能用于煤矿井下爆破作业。

3. 毫秒延期电雷管

当通过足够电流时，各雷管间隔若干毫秒后起爆的雷管，称为毫秒延期电雷管。

毫秒延期电雷管的构造与秒延期电雷管基本相同，只是延期药不同。毫秒电雷管分为普通型和煤矿许用型两种。国产毫秒延期电雷管共20段，前5段为煤矿许用型，后15段为普通型，各段延期时间及脚线颜色标志见表7-3。

表7-3　毫秒延期电雷管延期时间与标志

类型	段别	延期时间/ms	脚线颜色	类型	段别	延期时间/ms	脚线颜色
煤矿(安全)许用型	1	13	灰红	普通型	11	460±40	用数字牌区分
	2	25±10	灰黄		12	550±45	用数字牌区分
	3	50±10	灰蓝		13	650±50	用数字牌区分
	4	75^{+15}_{-10}	灰白		14	760±55	用数字牌区分
	5	100±15	绿红		15	880±60	用数字牌区分
普通型	6	150±20	绿黄		16	1 020±70	用数字牌区分
	7	200^{+20}_{-25}	绿白		17	1 200±90	用数字牌区分
	8	250±25	黑白		18	1 400±100	用数字牌区分
	9	310±30	黑黄		19	1 700±130	用数字牌区分
	10	380±35	黑白		20	2 000±150	用数字牌区分

毫秒延期电雷管广泛用于各类矿山及土石方工程的毫秒爆破作业中。它是实施毫秒爆破的一种起爆器材，可以提高爆破效率，减轻地震效应，适用于矿山井巷掘进和露天爆破作业中。

普通型毫秒电雷管不能用于煤矿井下爆破作业。煤矿许用毫秒电雷管可适用于有瓦斯或煤尘爆炸危险的采掘工作面、高瓦斯矿井或煤与瓦斯突出矿井。

4. 抗杂散电流电雷管

因电气设备或导线的漏电或大容量设备产生的感应电流，使地层或金属设备、管道带电，常称为杂散电流。当爆破地点存在杂散电流时，普通电雷管会有误爆的危险。在这种条件下，应当使用抗杂散电流电雷管。

5. 非电毫秒雷管(导爆管毫秒雷管)

非电毫秒雷管与毫秒电雷管的不同之处，主要在于它不需要电点火装置，而采用一个与导爆管相连接的塑料连接套，利用导爆管的爆轰波来引燃延期药达到爆炸的目的。

它不仅具备了毫秒电雷管所具备的优点，而且还具有抗杂散电流、雷电和射频电危害的能力。

6. 无起爆药雷管

目前国内生产的无起爆药雷管，分为电延期和非电延期雷管两类。

应当注意，在有瓦斯和煤尘爆炸危险的矿井中，不允许采用非电延期雷管。无瓦斯和煤尘爆炸危险的矿井采用毫秒延期电雷管时总延期时间也有严格限制。为确保安全生产，应推广安全型毫秒雷管。

(五) 电雷管的选用

1.《煤矿安全规程》对电雷管使用的规定

(1) 在采掘工作面,必须使用煤矿许用瞬发电雷管、煤矿许用毫秒延期电雷管或煤矿许用数码电雷管。使用煤矿许用毫秒延期电雷管时,最后一段的延期时间不得超过 130 ms。不同厂家生产的或不同品种的电雷管,不得掺混使用。不得使用导爆管或普通导爆索,严禁使用火雷管。

(2) 从成束的电雷管中抽取单个电雷管时,不得手拉脚线硬拽管体,也不得手拉管体硬拽脚线,应将成束的电雷管顺好,拉住前端脚线将电雷管抽出。抽出单个电雷管后,必须将其脚线扭结成短路。

(3) 装配起爆药卷必须防止电雷管受震动、冲击,折断脚线和损坏脚线绝缘层。

(4) 装配起爆药卷时,电雷管必须由药卷的顶部装入,严禁用电雷管代替竹、木棍扎眼。电雷管必须全部插入药卷内。严禁将电雷管斜插在药卷的中部或捆在药卷上。电雷管插入药卷后,必须用脚线将药卷缠住,并将电雷管脚线扭结成短路。

(5) 装药后,必须把电雷管脚线悬空,严禁电雷管脚线、爆破母线与运输设备、电气设备以及采掘机械等导电体相接触。

2. 选用煤矿许用雷管时的注意事项

(1) 井下爆破作业,必须使用煤矿许用电雷管。

(2) 电雷管必须严格执行轻拿、轻放制度。

(3) 不得使用脚线裸露处表面氧化的电雷管。

(4) 不得使用桥丝接触不良、松动、折断或电阻不稳定的电雷管。

(5) 严禁使用外壳有裂缝、严重砂眼的电雷管。

(6) 不得使用进水、起爆药受潮的电雷管。

(7) 不同厂家、不同批次的电雷管不得混用。

(8) 运输、保管和使用电雷管时,不要挤压。

(六) 矿用电雷管常见异常及对安全爆破的影响

(1) 电雷管脚线裸露处表面氧化,导致电阻增大,有时单个雷管的电阻可达 100 Ω 以上,从而使整个爆破网路电阻超过发爆器的能力,造成拒爆。

(2) 雷管桥丝接触不良、松动、折断或电阻不稳定。这种情况往往使雷管电阻明显增大,造成雷管不响或整个网路拒爆。

(3) 雷管外壳有裂缝、严重砂眼,无法引爆炸药或使炸药发生爆燃。

(4) 雷管进水,起爆药受潮,易发生雷管拒爆或“胆响药不响”的现象。

(5) 不同厂家、不同批次的雷管同时串联使用,电打火特性差异过大,易使部分雷管拒爆(即用单发发火电流单独通电仍能起爆,但串联通电时却未被点燃)。

二、煤矿许用导爆索

导爆索是用单质猛炸药黑索金或太安为药芯,用棉、麻、纤维及防潮材料包缠成索状的起爆材料。导爆索经过雷管起爆,可以引爆炸药,也可作为独立的爆破能源。

目前生产的导爆索品种有普通导爆索、煤矿许用导爆索等。

煤矿许用导爆索的爆速为 6000 m/s 以上,能正常起爆 2 号和 3 号抗水煤矿铵梯炸药。

煤矿许用导爆索的外径为 7.3 mm，药量为 12 g/m，消焰剂为 2 g/m，采用聚氯乙烯绝缘塑料被覆。

导爆索严禁冲击和挤压，当需要切断时，只准用快刀剪断，不准点燃。

三、煤矿许用数码电子雷管

（一）煤矿许用数码电子雷管的结构

煤矿许用数码电子雷管是在原有电雷管装药的基础上，采用具有电子延时功能的专用集成电路芯片实现延期的电子雷管。煤矿许用数码电子雷管利用电子延期精度可靠、可校准的特点，延期精度和可靠度极大提高，煤矿许用数码电子雷管的延期时间可精确到 1 ms，且延期时间可由爆破作业人员在爆破现场对爆破系统进行设定和检测。煤矿许用数码电子雷管与普通电雷管、导爆管雷管的区别如图 7-4 所示。煤矿许用数码电子雷管的结构简图见图 7-5 所示。

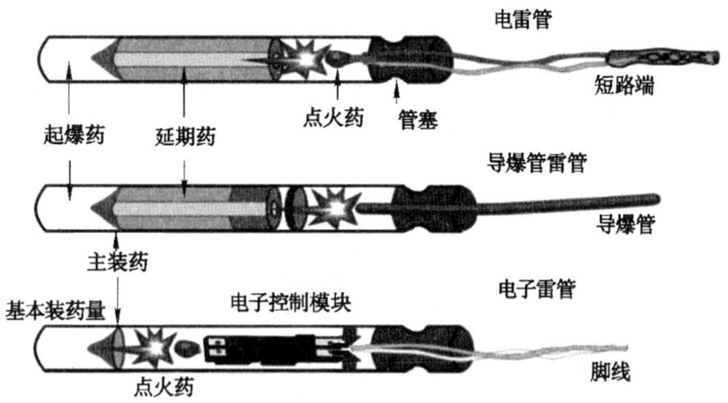

图 7-4　数码电子雷管与普通电雷管、导爆管雷管的区别

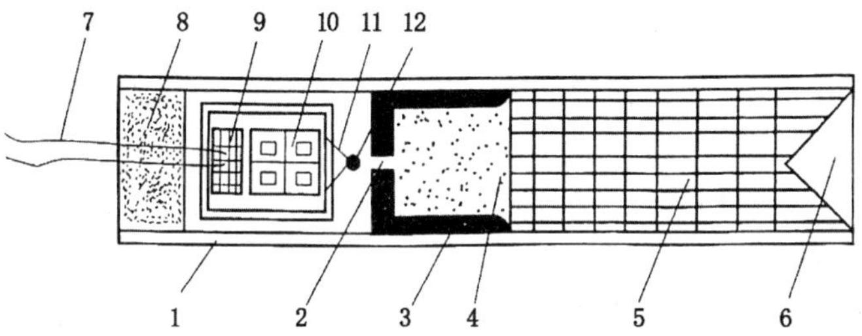

1—管壳；2 —传火孔；3 —加强帽；4 —正起爆药；5 —加强药；6 —聚能穴；7—脚线；8 —密封塞；9—聚能电容；10—延期模块；11—桥丝；12—引火头

图 7-5　煤矿许用数码电子雷管的结构简图

由图 7-5 可知，煤矿许用数码电子雷管与传统雷管的不同之处在于延期结构和点火头的位置，传统雷管采用化学物质进行延期，煤矿许用数码电子雷管采用具有电子延时功能的专用集成电路芯片进行延期；传统雷管点火头位于延期体之前，点火头作用于延期体实现雷管的延期功能，由延期体引爆雷管的主装药部分，而煤矿许用数码电子雷管延期体位于点火头之前，由延期体作用到点火头上，再由点火头直接作用到雷管的主装药上。

(二) 煤矿许用数码电子雷管的特点

煤矿许用数码电子雷管具有传统雷管没有的安全性和信息化功能，能实现清晰的、即时的雷管流向管控功能。非正常授权的雷管只要是起爆的地点、时间、操作者有一个不对就不能起爆，同时起爆系统将向管理部门上报这一异常情况，对社会安全和爆破作业单位的内部管理极为有利。

1. 优点

(1) 减少安全事故：强大的抗交直流电、抗静电、抗干扰能力。

(2) 延期时间精确、不受段别影响：延时值设定单位：1 ms；设定时间范围：0～2000(或20000) ms；延时精度：延时时间≤150 ms 时误差小于1 ms；延时时间＞150 ms 时误差为延时时间的±0.2％。

(3) 可大规模组网：单个起爆器可一次组网 500 发数码电子雷管；最大可连接 32 台起爆器，组网 16000 发数码电子雷管。

(4) 实现在线检测：数码电子雷管可双向通信，实现在线检测，可随时了解组网情况，有效保证爆破质量。

(5) 实现流向管控：数码电子雷管使用的专用起爆设备带有物联网功能，含北斗定位、远程通信等模块，实现数码电子雷管销售、流通和爆破监管全过程动态生命周期的实时监控。

2. 安全性

(1) 数码电子雷管将普通瞬发电雷管与电子控制线路相结合，集密码控制、精确延时，专用起爆为一体，三重密码(爆破工、雷管、起爆器密码)对应才能起爆。一旦发生丢失、被盗、没有密码起爆不了。传统方法的起爆器、220 V 电源都无法使其起爆，可最大限度减少民爆物品被不法分子利用危害社会的可能性，能进一步加强危险品管理，提高危险品流通、使用环节的安全水平。

(2) 采用 IO 状态锁定技术系统安全。起爆系统在未发送起爆指令前，因死机或其他原因造成的 IO 输出异常不会起爆，确保整个系统安全。

(3) 采用 CAN 总线技术保证网络安全运行。采用 CAN 总线技术对程序功能进行设定，检测起爆器与雷管之间的通道信号是否存在异常、雷管响应状态等；实时监控多个起爆网络支线的电子雷管起爆网络，当网络上有异常时，网络能及时发现并拒绝起爆指令，确保系统在任何状态下都不会发生误动作。

(4) 采用非上电的条码扫描时间置入方式保证人员安全。延期时间写入采用条码扫描时间置入方式，无需在爆破现场对装孔的雷管进行上电设置，最大限度保证操作人员安全。

3. 实用性

独有的创新技术让电子雷操作方便。采用智能数字化地址识别双向通信技术，系统无需提前注册即可读出所有联网的电子雷管参数，实现一键式延期时间设置，简化了电子雷管起爆操作程度，普通爆破员即可胜任。

便利的仓储和物流管理。数码电子雷管延期时间宽泛(0～20000 ms)，极大减少了产品品种，降低仓储和物流管理难度及费用。

4. 经济性

(1) 组网能力强。可一次完成大规模爆破，采用快速连接线夹，网络连接方便快捷，加快工程进度，为爆破施工节约大量宝贵时间、人力和物力。

(2) 延期精度高。通过合理的爆破设计，可减少 5%～15%的炸药使用量，提高炸药使用效率，降低爆破成本。

(3) 有效降低振动，减少对周边生产设备设施、房屋的破坏。

(4) 减少矿石大块率。减少铲装运输成本；后期加工方便，节约电能，提高综合效益。

第四节　发爆器及爆破网络检测仪器

目前，煤矿爆破起爆及网络检测必须用与煤矿数码电子雷管及其配套的起爆器，考虑到煤矿井下爆破作业人员特种作业取证考试的需要，对传统的发爆器和爆破网络检测进行简单介绍。

一、发爆器

(一) MFBB 型发爆器

发爆器是用于供给电爆网路起爆电能的工具。目前，煤矿井下普遍使用的是晶体管电容式发爆器。该发爆器的型号很多，但工作原理基本相同，是用干电池变流升压对主电容充电，然后电爆网路放电引爆电雷管。

MFBB 型发爆器(图 7-6)是在保留 MFB 系列发爆器的一切功能，并改进 FBB 型的基础上研制而成的。它由 MFB-100 型隔爆网路安全闭锁式发爆器、本质安全型爆破测试器、本质安全型爆破用警示器、爆破母线及母线缠绕绞车包箱、本质安全发爆器测量仪组成。

图 7-6　MFBB 型发爆器

(1) MFBB 型发爆器有以下几个特点：① 具有控制模块无极自动换挡功能和恒输出引燃冲量特性。随着负载发数的增减，储能电容器前充电电压也与发数成比例地增减，发数每增减一个数值，都有所对应的稳定电压位。因此，发爆器向网路输送的电能与负载相适应，从而避免了“大马拉小车”引起的高温火花和拒爆等不安全因素。② 具有控制模块网路闭锁功能。当母线产生虚接、短路或断路等接触故障时，控制模块就切断储能电容器的充电回路，不能充电，发爆器不能工作，从而避免发生爆前火花和由于电源、连线等原因产生的拒爆。③ 采用快速接线端子及弹簧压紧结构。由于采用这种接线方式，接线简单可靠；端子保持清洁，减少了接触电阻；特别是由于发爆器具有闭锁功能，不能用接线端子短路做母线打火或导通试验，从而有效地防止发爆器火花引起的瓦斯燃烧和爆炸事故。④ 供电时间为 4 ms，达到了国家标准的规定，比 MFB 系列发爆器的 6 ms 更能可靠地防止爆后火花。

(2) MFBB 型发爆器的使用条件和技术特征：MFBB 型发爆器适用于有瓦斯或煤尘爆炸危险的采掘工作面，供引爆串联电雷管用，MFBB 型发爆器的技术特征见表 7-4。

表 7-4　MFBB-100 型发爆器技术特征

项　目	内　容
起爆能力/发	100

表7-4(续)

项 目	内 容
电压峰值/V	1800
输出引燃冲量/(A^2·ms)	≥8.7
供电时间/ms	≤4
附加功能	控制模块具有无级自动换挡、恒输出冲量及网路闭锁等功能
充电时间/s	≤20
电源	4.5(R-20 型干电池 3 节串联)
外形尺寸/(mm×mm×mm)	220×153×54
质量/kg	≤2

(二) 发爆器的使用和保管

1. 使用

使用发爆器爆破时,必须按下列程序和要求操作:

(1) 用前检查。使用前,应先检查氖气灯泡在规定时间内是否发亮,如在规定时间内发亮,则证明发爆能力正常,然后方可准备与爆破母线连接。检查发爆器的外壳是否有裂缝,固定螺丝是否上紧,接线柱、防尘小盖等部件是否完整,毫秒开关是否灵活,发现发爆器防爆性能失效时,应立即更换。

(2) 接线要求。当爆破作业地点及附近符合爆破有关规定,爆破工接到班组长发出的爆破命令,并确认瓦斯不超限且人员已全部撤离,按规定发出爆破信号后,方可解开母线接头接到发爆器的接线柱上,以免因主电容残余电荷全部泄放,发生早爆伤人事故。

(3) 起爆操作。将开关钥匙插入毫秒开关内,按逆时针方向转至"充电"位置,氖气灯亮后,立即按顺时针方向转至"放电"位置。如不立即转至"放电"位置,不但浪费电能,而且由于主电容端电压继续上升,可能引起发爆器内部元件损坏。如果氖气灯不亮,必须首先解下爆破母线,然后将毫秒开关从"充电"位置转至"放电"位置,查出故障。起爆后开关要停在"放电"位置上,拔出钥匙,由爆破工自已保管,并把爆破母线从发爆器上取下,扭接成短路挂好。每次爆破后,都应及时将防尘帽盖好,防止煤尘或潮气的侵入。

2. 保管

(1) 发爆器必须由爆破工保管,上、下井随身携带,每班升井都做检查。在井下,发爆器要挂在支架上或放在木箱里,不能放在潮湿或淋水地点,防止受潮。在有淋水的地点使用时,必须用胶布或雨衣盖好。

(2) 发爆器的钥匙由爆破工保管,不得转交他人或随意乱放。

(3) 发爆器发生故障,应及时送到地面由专人修理,不得在井下拆开修理,更不得敲打、撞击,以防发爆器失爆。若氖气灯泡超过规定时间才发亮或发爆器充电时间过长,必须及时在地面更换电池。长期不用的发爆器,必须取出电池。

(4) 严禁用两个接线柱连线短路打火的方法来检查输出电量的大小、有无残余电荷和用发爆器检查母线导通。因为这样很容易击穿电容及其他元件,损坏发爆器;更危险的是产生的电火花,容易引爆瓦斯和煤尘。

二、爆破网路检测仪器

(一) 导通表

导通表又名测炮器,它是专门用来测量电雷管、爆破母线或电爆网路是否导通的仪表。量程为 10 mA,由 1.5 V 电池和 1 个 150 Ω 的电阻串联组成(图 7-7),可代替爆破电桥和欧姆表作导通检测。

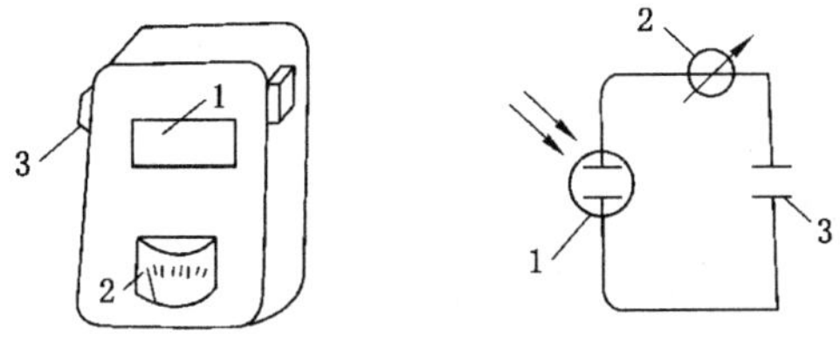

1—硒光电池或硅光电池;2—检流表;3—金属片乳化炸药

图 7-7 光电导通表

光电导通表内部电源为硒光电池或硅光电池,在矿灯光或其他光线照射下,最高可产生 0.5 V 电压,无光线照射,则不产生电压。使用时,先用矿灯照射光电池,同时使被测物件的两端分别与导通表的两个金属片相接触,回路接通,检流表指针若转动,则表示被测物件导通。

(二) 爆破线路电桥

爆破线路电桥是用来检查和测量电雷管及电爆网路的通断和电阻的仪表。这种电桥测量电阻的范围是 0.2~50 Ω,质量为 1.5 kg,工作电流远小于电雷管的安全电流,因此是安全的。

目前多使用 205-1 型爆破线路电桥,它为防爆专用仪表,可在煤矿井下使用,如图 7-8 所示。检测时先把电雷管脚线或电爆网路的母线接在电桥的两个接线柱上,使转换开关指向“雷管”或“网路”,再用手指压下按钮,同时旋转分划盘。若检流表的指针不动,则说明电雷管或网路不通;若检流表的指针摆动,则说明电雷管或网路导通;当检流表指针居中时,即可松开按钮,此时指针所指分划盘上的读数,即为被测的电雷管或电爆网路的电阻值。

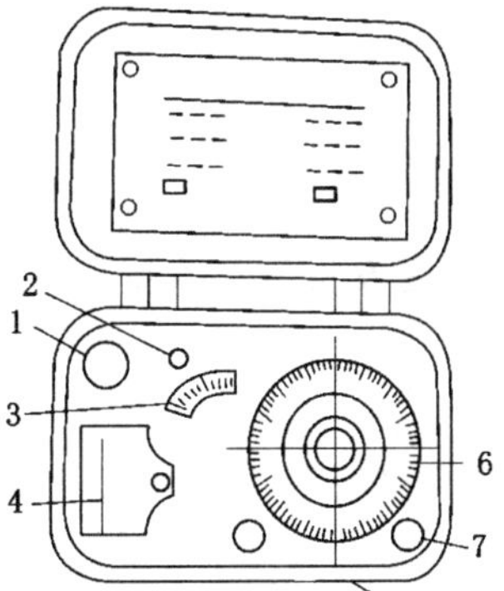

1—转换开关;2—调整钮;3—检流表;4—电池室;5—外壳;6—分划盘;7—按钮

图 7-8 205-1 型爆破线路电桥

(三)《煤矿安全规程》对爆破网路检测的规定

(1) 每次爆破作业前,爆破工必须做电爆网路全电阻检查。严禁用发爆器打火放电检测电爆网路是否导通。

(2) 爆破前,脚线的连接工作可由经过专门训练的班组长协助爆破工进行。爆破母线连接脚线、检查线路和通电工作,只准爆破工一人操作。

通过对电爆网路做全电阻检查,可以及时发现网路中的错连、漏连、短路、接地等现象,确定起爆网路所需要的电流、电压,从而可以判断网路雷管能否全部起爆,避免爆破时产生拒爆;也可以防止用发爆器通电后,可能因电爆网路炸开瞬间产生的火花,或因网路连接线与爆破母线接头短路或接触不牢,通电瞬间产生的电火花引发的瓦斯、煤尘爆炸。

三、煤矿许用数码电子雷管的起爆器和爆破网路检测

(一) FBH-200-B 型起爆控制器的使用

下面以煤矿常用的 FBH-200-B 型数码电子雷管起爆控制器(起爆器)为例介绍煤矿许用数码电子雷管起爆控制器的使用。

作业流程:起爆器领取→删除上班数据→当班注册数据→项目下载→正常运输雷管、炸药→雷管、炸药进入工作面入箱管理→正常加工起爆药→瓦斯检查→装药→撤人、设置警戒→联线、网络监测→瓦斯检查→起爆→瓦斯检查→安全确认→爆破结束→雷管、炸药核销→当班数据上传。

1. 起爆器领取

起爆器正常备案后方可使用,爆破工领取起爆器后,先进入起爆器系统对系统时间进行检查确认,发现系统时间不匹配北京时间,必须进行校正。

2. 删除上班数据

爆破工领取起爆器时,先将上班爆破数据进行删除,进入该起爆器专用 APP 系统,在主界面点击"8. 删除",在弹出的界面删除上班雷管数据。

3. 注册数据

爆破工进入炸药库领取雷管、炸药时,在起爆器专用 APP 系统中先对当班使用雷管进行注册,注册时可采取 3 种方式,分别为"单发检测""扫码注册"和"手动输入"(优先选扫码注册,当本雷管管壳二维码模糊不清或遇其他原因无法扫码注册时,再选择单发注册或手动输入进行注册)。

4. 单发检测

进入起爆器专用 APP 系统主界面,点击"1. 单发检测"进入单发雷管检测注册页面,然后连接单发检测装置,对待注册雷管逐发将雷管线尾夹与雷管单发检测装置接触即可完成注册,系统会自动判断段位并归类。

5. 扫码注册与手动输入

扫码注册与手动输入均在主界面选择"2. 注册"进行注册,进入"2. 注册"页面后,点击"扫码注册"即可扫取雷管管壳二维码进行注册。扫码注册时,起爆器顶端的扫码端口会发射红色十字射线,将射线对准雷管管壳二维码,待起爆器发出提示音后,屏幕将会显示本雷管注册成功标识,然后系统会自动判断段位并归类,注册好的雷管会在注册列表中显示。雷管注册完毕后,再次点击扫码注册即可关闭扫码。手动输入时,在"2. 注册"界面点击"手动输入"进行雷管注册,选择输入的雷管段位后,在起、止框中分别输入起、止雷管管壳码后,点

击“确定”键完成手动输入注册；若领取的雷管管壳码不连续，则必须逐管依次输入，输入单个雷管管壳码时，则无需输入止管壳码数据。

6. 删除

雷管注册后，进行二次检查确认，发现输入的注册的信息错误时，可在雷管的注册列表表格中长按该条雷管信息，然后在弹出的界面点击“删除”即可直接删除该条雷管信息。

7. 项目下载

项目下载前，先进入起爆器系统在“无线连接”设置里连接有效“无线 WiFi 或个人热点”，确保起爆器接入网络。然后，进入起爆器专用 APP 系统主界面，点击“3. 项目下载”下载爆破项目，进入该界面后直接选择已保存的项目名称进行下载，选择后点击“定位”，定位完成后爆破工仔细核对经纬度信息是否在准爆区域范围内；若定位不准时可点击“经度纬度”进行手动修改核对信息，确认定位信息无误后点击“下载”，完成项目下载。若需新建爆破项目时，则在“3. 项目下载”界面点击“输入项目”按钮，在弹出的界面分别输入项目名称、合同编号、项目编号、身份证号等信息，输入完成后点击“保存并下载”按钮完成项目下载。

8. 网络测试

工作面爆破警戒、装药连线等准备工作完成时，必须进行网络测试，在起爆器专用 APP 系统界面点击“4. 网络测试”按钮，雷管检测完成后系统将显示检测结果，检测合格点击“退出”进入下一步操作，检测不合格点击“查看”，根据错误雷管信息排查，排查错误雷管完成后再次进行检测，直至所有雷管检测合格。

9. 起爆

当上述准备工作全部完成，作业点将进行爆破作业时，爆破工持起爆器进入起爆器专用 APP 系统界面点击“5. 起爆”，进入“5. 起爆”界面后会显示本次爆破作业各项信息，包括作业时间、雷管数量、作业点经纬度等数据；爆破工必须进行检查确认，确认本次爆破作业各项信息正确无误后，点击该爆破项目，系统将进入爆破检测程序；检测无误后系统弹出起爆充电界面，点击“继续”进入充电模式；充电结束后系统将弹出“雷管是否起爆”提示语，根据系统提示依次按下起爆器上的“数字 1”和“数字 5”按键发出起爆指令。系统发出起爆指令后，系统界面将显示起爆倒计时，倒计时终了进行爆破，爆破完成系统界面弹出任务完成提示语，点击“退出”进行下一步作业。

10. 当班数据上传

当班爆破作业正常完成后，由爆破工持起爆器、炸药、雷管核销单到炸药库进行核销与数据上传。上传当班数据时，进入起爆器专用 APP 系统界面点击“6. 查看”进入爆破数据查看界面，在“6. 查看”界面点击“起爆历史数据”查看当班爆破数据，在显示的数据中选择当班爆破数据，然后点击“上传”，将数据上传至中爆网与民爆网，数据上传完成后将在界面显示“上传成功”，未上传的数据显示绿色，已上传的数据显示红色。

(二) 故障与处理

FBH-200-B 型起爆控制器使用过程中，按表 7-5 进行故障处理。

表 7-5　起爆故障与处理

作业流程	故障现象	问题分析	处理方式
单发检测	1. 连接单发检测装置、管壳线尾夹后，注册无反应、不识别雷管	雷管存在断路	检查管壳线尾夹、单发检测装置端口是否完好，重新连接等待 10 s 再次尝试注册；若失败，可判定该发雷管断路
	2. 显示桥丝异常	检测时间不足	再次进行雷管注册
项目下载	1. 提示“起爆器未备案或者未设置该合同作业任务”	当前作业项目或起爆器未在民爆网上备案	按照相关要求在民爆网上进行操作
	2. 提示“当前位置不在作业范围之内”	合同编号、GPS经纬度信息有误	核对并校正经纬度信息，再次操作
	3. 提示“请求 Website 服务器失败”	当前民爆网服务故障或当前未连接网络、信号差	稍等片刻再次下载或者更换起爆器
	4. 提示“当前无网络”或者“一段时间后，提示当前网络差”	当前未连接网络、信号差	检查网络、重新连网
网络测试	1. 起爆器自动退出检测程序，或者总线电流显示异常，提示请检查当前线路	总线短路	1. 先确定线尾夹或爆破母线接头是否连接在一块 2. 采用二分法判断，检查线卡连接是否正确；或目前是否损坏、短路
	2. 总线电流极小或为 0	总线断路	1. 检查连接线的线尾夹是否完好地连接在总线上，重新夹紧，再次检测； 2. 检查连接线是否完好，把两个夹子直接接触，若检测自动退出，则连接线完好
	3. 总线电流小于参考值，且显示多发雷管错误	多发雷管未连接到总线上	1. 错误的雷管不是连续的，多发雷管未卡在总线上，检查线路，把未进行卡线的雷管卡到线路上，再次进行检测； 2. 错误的雷管数是连续的，线路中间某个地方断了，断线处为第一发错误的雷管处，检修线路后再次进行检测
	4. 总线电流大于参考值，且显示多发雷管错误	总线漏电	把整条线路一分为二，分别检测，确认两段的总线电流，哪一段偏大，即该段线路漏电，对该段线路可能碰到水的线卡和连接线部分进行擦拭，再确认电流无误后，把两条线路连接，进行检测

表7-5(续)

作业流程	故障现象	问题分析	处理方式
网络测试	5. 检测时总线电流正常，且显示一发或者几发错误	判段错误的雷管未连接到总线上	打开错误列表，根据雷管编码找到对应的雷管，连接到总线上再进行起爆
	6. 检测时总线电流正常，多次检测后突然出现之前检测没有出现过的错误雷管信息	判断多次检测后，总线上有残存电流影响检测	退出程序，把连接线的线尾夹与总线断开，等待几秒钟后，重新连接，再次检测
	7. 检测时候总线电流正常，检测结果有一发雷管未在总线上，且经检查该发雷管完好地卡在总线上	线尾夹损坏，装药时雷管管壳脚线处损坏	把线尾夹去掉，将该发雷管的两条脚线直接连在总线上，若此时检测该发雷管还是显示错误，可将该发雷管作为不合格产品直接销毁。
	8. 检测时一切正常，但是放完爆破母线后，检测总线电流很小或者为零	爆破母线损坏或连接处存在断路	重新连接爆破母线再次检测，若果检测不合格则更换新的爆破母线
起爆	1. 充电 28 s后未能正常进入执行起爆界面	充电失败	退出起爆软件，重新进行起爆流程操作
	2. 起爆检测电流正常，显示存在少量错误雷管	爆破母线损坏或连接处存在断路	重新连接爆破母线，再次检测；若果检测不合格，则更换新的爆破母线

第五节　爆炸物品的管理

煤矿爆炸物品是易燃易爆品，对它的管理与使用是煤矿安全工作的重要组成部分。爆炸物品的安全管理不但对煤矿本身的安全十分重要，而且对社会治安也有着重要的影响。

一、爆炸物品的贮存

(一) 井下爆炸物品库的类型

井下爆炸物品库有两种：一种是服务全矿井的爆炸物品库，其形式有硐室式和壁槽式两种；另一种是在多水平生产的矿井内，或在井下爆炸物品库距爆破工作地点超过 2.5 km 的矿井内，或在井下无爆炸物品库的矿井内，设置的爆炸物品发放硐室。

(二) 井下爆炸物品库的贮存量

井下爆炸物品库的最大贮存量，不得超过该矿井 3 天的炸药需要量和 10 天的电雷管需要量。

井下爆炸物品库的炸药和电雷管必须分开贮存。

每个硐室贮存的炸药量不得超过 2 t，电雷管不得超过 10 天的需要量；每个壁槽贮存的炸药量不得超过 400 kg，电雷管不得超过 2 天的需要量。

库房的发放爆炸物品硐室允许存放当班待发的炸药，但其最大存放量不得超过 3 箱。

(三)《煤矿安全规程》对井下爆炸物品库的相关规定

井下爆炸物品库的布置必须符合下列要求：

(1) 库房距井筒、井底车场、主要运输巷道、主要硐室以及影响全矿井或一翼通风的风门的法线距离：硐室式不得小于 100 m，壁槽式不得小于 60 m。

(2) 库房距行人巷道的法线距离：硐室式不得小于 35 m，壁槽式不得小于 20 m。

(3) 库房距地面或上下巷道的法线距离：硐室式不得小于 30 m，壁槽式不得小于 15 m。

(4) 库房与外部巷道之间，必须用 3 条相互垂直的连通巷道相连。连通巷道的相交处必须延长 2 m，断面积不得小于 4 m^2，在连通巷道尽头还必须设置缓冲砂箱隔墙，不得将连通巷道的延长段兼作辅助硐室使用。库房两端的通道与库房连接处必须设置齿形阻波墙。

(5) 每个爆炸物品库房必须有 2 个出口，一个出口供发放爆炸物品及行人，出口的一端必须装有能自动关闭的抗冲击波活门；另一出口布置在爆炸物品库回风侧，可铺设轨道运送爆炸物品，该出口与库房连接处必须装有 1 道常闭的抗冲击波密闭门。

(6) 库房地面必须高于外部巷道的地面，库房和通道应设置水沟。

(7) 贮存爆炸物品的各硐室、壁槽的间距，应大于殉爆安全距离。

二、爆炸物品的运输

井下运输爆炸物品主要包括井筒内运输、井下机车运输和井下人力运输。

(一) 井筒内运送爆炸物品必须遵守的规定

《煤矿安全规程》规定，在井筒内运送爆炸物品，应遵守下列规定：

(1) 电雷管和炸药必须分开运送；但开凿或延深立井井筒中的装配起爆药卷工作，必须在地面专用的房间内进行。专用房间距井筒、厂房、建筑物和主要通路的安全距离必须符合国家有关规定，且距离井筒不得小于 50 m。严禁将起爆药卷与炸药装在同一爆炸物品容器内运往井底工作面。

(2) 必须事先通知绞车司机和井上、下把钩工。

(3) 运送电雷管时，罐笼内只准放置 1 层爆炸物品箱，不得滑动。运送炸药时，爆炸物品箱堆放的高度不得超过罐笼高度的 2/3。采用将装有炸药或电雷管的车辆直接推入罐笼内的方式运送时，车辆必须符合规程规定。使用吊桶运送爆炸物品时，必须使用专用箱。

(4) 在装有爆炸物品的罐笼或吊桶内，除爆破工或护送人员外，不得有其他人员。

(5) 罐笼升降速度，运送电雷管时，不得超过 2 m/s；运送其他类爆炸物品时，不得超过 4 m/s。吊桶升降速度，不论运送何种爆炸物品，都不得超过 1 m/s。司机在启动和停绞车时，应保证罐笼或吊桶不震动。

(6) 在交接班、人员上下井的时间内，严禁运送爆炸物品。

(7) 禁止将爆炸物品存放在井口房、井底车场或其他巷道内。

(二) 井下用机车运送爆炸物品时的规定

《煤矿安全规程》规定，井下用机车运送爆炸物品时，应遵守下列规定：

(1) 炸药和电雷管在同一列车内运输时，装有炸药与装有电雷管的车辆之间，以及装有炸药或电雷管的车辆与机车之间，必须用空车分别隔开，隔开长度不得小于 3 m。

(2) 电雷管必须装在专用的、带盖的、有木质隔板的车厢内，车厢内部应铺有胶皮或麻袋等软质垫层，并只准放置 1 层爆炸物品箱。炸药箱可以装在矿车内，但堆放高度不得超过矿车上缘。运输炸药、电雷管的矿车或车厢必须有专门的警示标识。

(3) 爆炸物品必须由井下爆炸物品库负责人或经过专门培训的人员专人护送。跟车人员、护送人员和装卸人员应坐在尾车内，严禁其他人员乘车。

(4) 列车的行驶速度不得超过 2 m/s。

(5) 装有爆炸物品的列车不得同时运送其他物品或工具。

井下采用无轨胶轮车运送爆炸物品时，应参照民用爆炸物品运输管理有关规定执行。

(三) 用钢丝绳牵引的车辆运送爆炸物品时的规定

《煤矿安全规程》规定，水平巷道和倾斜巷道内有可靠的信号装置时，可用钢丝绳牵引的车辆运送爆炸物品，但炸药和电雷管必须分开运输，运输速度不得超过 1 m/s。运输电雷管的车辆必须加盖、加垫，车厢内以软质垫物塞紧，防止震动和撞击。

严禁用刮板输送机、带式输送机等运输爆炸物品。

【案例 7-1】 某年某矿一号井用串车运送 5000 发电雷管时，由于运输速度过快，加上轨道质量差，当串车运行至斜巷中部时，雷管车脱轨发生爆炸，从而引起斜巷内的煤尘爆炸。爆炸后的冲击波及高温烟流迅速波及上部车场及绞车房，造成 15 人死亡、10 余人中毒的重大事故。

(四) 人力运送爆炸物品时的规定

由爆炸物品库或爆炸物品发放硐室(站)直接向工作地点用人力运送爆炸物品，是井下最常用的运送方法。

《煤矿安全规程》规定，由爆炸物品库直接向工作地点用人力运送爆炸物品时，应遵守下列规定：

(1) 电雷管必须由爆破工亲自运送，炸药应由爆破工或在爆破工监护下运送。

(2) 爆炸物品必须装在耐压和抗撞冲、防震、防静电的非金属容器内，不得将电雷管和炸药混装。严禁将爆炸物品装在衣袋内。领到爆炸物品后，应直接送到工作地点，严禁中途逗留。

(3) 携带爆炸物品上、下井时，在每层罐笼内搭乘的携带爆炸物品的人员不得超过 4 人，其他人员不得同罐上下。

(4) 在交接班、人员上下井的时间内，严禁携带爆炸物品人员沿井筒上下。

用人力运送爆炸物品时，除必须遵守上述规定外，还必须遵守国家《爆破安全规程》的有关规定：

(1) 不得提前班次领取爆炸物品，不得携带爆炸物品在人群聚集的地方停留。

(2) 1 人 1 次运送的爆炸物品不得超过：雷管 5000 发；拆箱(袋)运搬炸药 20 kg；背运原包装炸药 1 箱(24 kg)；挑运原包装炸药 2 箱(48 kg)。

(3) 运送人员在井下应随身携带完好的带绝缘套的矿灯。

【案例 7-2】 某年黑龙江省某煤矿，领药工(未经培训)从井下爆炸物品库领取 81 kg 炸药和 280 发瞬发电雷管，并胡乱装在同一条麻袋中，在井下背运 2800 m，到工作面后，不顾炸药放置地点是否安全，随手扔下麻袋，使穿出麻袋的雷管脚线与电钻明接头接触，瞬间发生雷管和炸药爆炸，造成死亡 3 人、重伤 1 人，并造成冒顶、崩倒支架、崩断金属支柱等严重事故。

三、爆炸物品的领退

领退爆炸物品是爆破工作的一个重要环节，《煤矿安全规程》规定，煤矿企业必须建立爆炸物品领退制度、电雷管编号制度和爆炸物品丢失处理办法。电雷管(包括清退入库的电雷管)在发给爆破工之前，必须用电雷管检测仪逐个做全电阻检查，并将脚线扭结成短路。发放的爆炸物品必须是有效期内的合格产品。

(一) 爆炸物品的领取

爆破工在领取爆炸物品时,必须遵守下列规定和要求:

(1) 不论在井上还是井下,爆破工接触爆炸物品时,必须穿棉布或抗静电衣服。

(2) 领取的爆炸物品必须符合国家规定质量标准和使用条件;井下爆破作业,必须使用煤矿许用炸药和煤矿许用电雷管。不得领用过期或严重变质的爆炸物品。不能使用的爆炸物品必须交回爆炸物品库。

(3) 根据生产计划、爆破工作量和消耗定额,确定当班领用爆炸物品的品种、规格和数量计划,填写爆破工作指示单,经班组长审批后签章。

(4) 爆破工携带"爆破资格证"和班组长签章的爆破工作指示单到爆炸物品库领取爆炸物品。

(5) 领取爆炸物品时,必须当面检查品种、规格和数量,并从外观上检查其质量。发现雷管不导通、电阻过大、桥丝松动、管壳有裂缝或炸药变质等问题,及时调换。电雷管必须实行专人专号,不得借用、遗失或挪作他用。

(6) 爆破工必须在爆炸物品库的发放硐室领取爆炸物品,不得携带矿灯进入库内,以防止矿灯引爆爆炸物品。

(二) 爆炸物品的清退

(1) 每次爆破作业完成后,爆破工应将爆破的炮眼数,使用爆炸物品的品种、数量,爆破情况、爆破事故及处理情况等,认真填写在爆破作业记录中。

(2) 爆破工在爆破工作结束后,必须把剩余的和不能使用的爆炸物品收好,保证"实领、实用、缴回"三个环节中爆炸物品的品种、规格和数量相一致。清点无误后,将本班爆破的炮眼数、爆炸物品使用数量及缴回数量等填写在爆破工作指示单上,经班组长签章,当班缴回爆炸物品库,并由发放人签章。

(3) 爆破工所领取的爆炸物品,不得遗失,不得转交他人,更不得私自销毁、扔弃和挪作他用,发现遗失应及时报告班组长,严禁私藏爆炸物品。

【案例 7-3】 内蒙古伊金霍洛旗某煤矿违章使用不符合《煤矿安全规程》规定的炸药,造成井下发生炸药爆炸事故,死亡 16 人,重伤 2 人,轻伤 7 人,直接经济损失 120 万元。

第八章　爆破技术知识

本章培训与考核要点

- 了解爆破作业说明书的内容；
- 熟练掌握电爆网络的连接和检测技术，熟练掌握起爆方法；
- 掌握井巷掘进爆破技术、井巷爆破控制技术，掌握影响爆破效果的主要因素；
- 掌握炮采工作面炮眼的种类及布置，掌握检查炮眼质量的技能，熟练掌握炮采工作面间隔分组爆破、毫秒爆破的技术。

第一节　爆破作业说明书

爆破作业说明书是井巷施工组织设计中的一个重要组成部分，是指导、检查和总结爆破工作的技术文件。爆破作业图表是在爆破说明书的基础上编制出来的指导和检查钻眼爆破构造的技术文件，包括炮眼布置图、装药结构图、炮眼布置参数、装药参数的表格、预期的爆破效果和经济指标等。

一、爆破作业说明书的作用

爆破说明书是采掘作业规程的主要内容之一，是爆破作业贯彻《煤矿安全规程》的具体措施，是爆破工进行爆破作业的依据。

《煤矿安全规程》规定，煤矿爆破作业必须编制爆破作业说明书。爆破人员必须依照说明书进行作业。

爆破作业前，爆破工应认真阅读爆破作业说明书，熟悉说明书内要求的爆破参数、爆破条件以及爆破后要达到的要求。

二、爆破作业说明书的内容

根据《煤矿安全规程》规定，爆破作业说明书必须符合下列内容和要求：

(1) 炮眼布置图必须标明采煤工作面的高度和打眼范围或掘进工作面的巷道断面尺寸，炮眼的位置、个数、深度、角度及炮眼编号，并用正面图、平面图和剖面图表示。

(2) 炮眼说明表必须说明炮眼的名称、深度、角度，使用炸药、雷管的品种，装药量，封泥长度，连线方法和起爆顺序。

(3) 说明书必须编入采掘作业规程，并及时修改补充。

除《煤矿安全规程》规定的内容和要求外，爆破作业说明书还应包括预期爆破效果表，对炮眼利用率、每个循环进度和炮眼总长度、炸药和雷管总消耗及单位消耗量等。

在实际爆破作业中，由于工作面条件复杂多变，当爆破条件发生变化时，应及时修改爆破作业说明书的内容，使爆破作业说明书的内容尽量与实际情况相适应。

第二节　起爆技术

一、电爆网路

矿井开采时，往往需要一次通电起爆若干个电雷管，这就需要预先将这些电雷管的脚线与脚线、脚线与爆破母线连接好，组成爆破网路，通电后使每个电雷管都能获得足够的电流而爆炸。

爆破网路的连线方式包括：串联、并联和混联等，如图 8-1 所示。

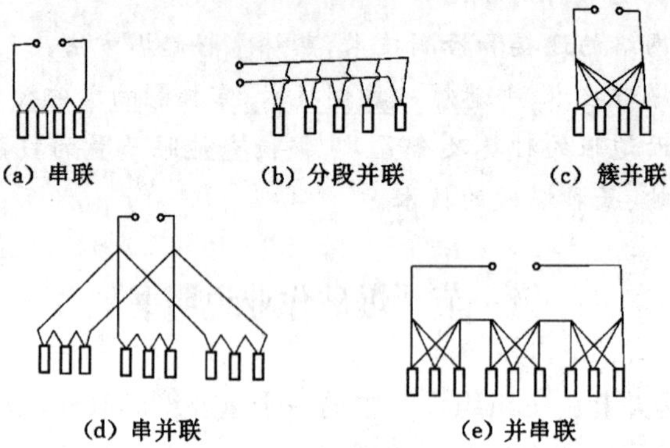

图 8-1　爆破网路连线方式

1. 串联

串联是依次将相邻的两个电雷管的脚线各一根互相连接起来，最后将两端剩余两根脚线接到母线上，再将母线接入电源。

串联电雷管群的准爆条件是：必须使通入网路的电流值大于串联电雷管的最小准爆电流。

2. 并联

并联是将所有的电雷管的两根脚线分别接到网路的两根母线上，通过母线与电源连接。并联方式可分为分段并联和簇并联两种方式。

3. 混联

混联是上述两种方法的结合，可分为串并联和并串联两种。当一次起爆炮眼数目较多时，则需采用串并联或并串联。串并联是先将电雷管分组，每组串联接线，然后各组剩余的两根脚线都分别接到爆破母线上。并串联是将各组电雷管并联，然后将各组串联起来。并串联在现场很少采用。

二、起爆方法

利用起爆器材，并辅以一定的工艺方法引爆炸药的过程称为起爆。起爆所采用的工艺、操作和技术的总和称为起爆方法。现行的起爆方法主要分成两大类：一类是电力起爆法；另一类是非电力起爆法。利用电雷管通电后起爆产生的爆炸能引爆炸药的方法称为电力起爆法。它是通过由电雷管、母线和起爆电源三部分组成的起爆网路来实施的。

起爆操作注意如下事项：

(1) 选用同厂同批生产的电雷管，并用爆破电桥或爆破欧姆表检查雷管的电阻。

(2) 检查雷管电阻要在有防护的专门场所进行，不得离贮存炸药和起爆药包的地点太近。

(3) 必须按设计的爆破网路接线，接线前要切断工作面电源。

(4) 整个爆破网路必须从工作面向爆破站方向敷设。

(5) 接线头牢固、悬空，接头间保持一定距离。

(6) 加强装药连线的组织工作。

第三节　井巷爆破掘进技术

一、井巷掘进爆破技术

井巷掘进施工目前主要有两种方法：一是综合机械化施工法；二是钻眼爆破法。尽管综合机械化施工法作业连续、机械化程度高、安全高效，但目前还没有解决刀具磨损快、寿命短的问题，故其使用范围受到一定的限制。因此，钻眼爆破法仍是目前井巷掘进施工最主要的方法。

(一) 掘进爆破炮眼的种类和作用

掘进爆破炮眼的种类按其用途和位置不同，可分为掏槽眼、辅助眼和周边眼 3 种，如图 8-2 所示。

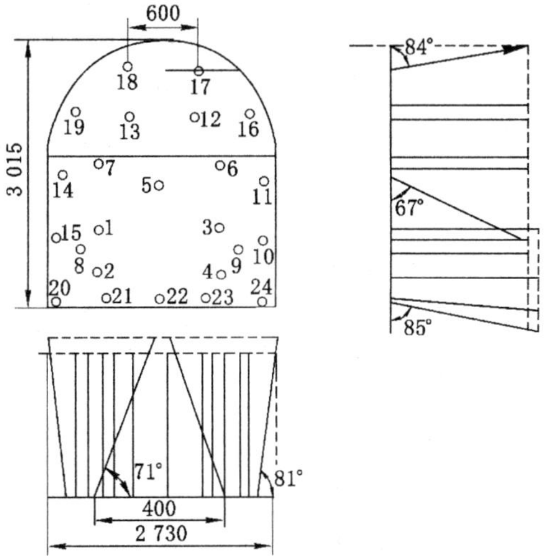

1,2,3,4,5—掏槽眼；6,7,8,9,12,13—辅助眼；10,11,14,15—帮眼；

16,17,18,19—顶眼；20,21,22,23,24—底眼

图 8-2　巷道掘进工作面的炮眼种类

(1) 掏槽眼。一般布置在掘进工作面的中下部，最先起爆。它的作用主要是给辅助眼增加自由面，为辅助眼的爆破创造有利条件。掏槽眼应比其他炮眼深 150～200 mm，装药量较其他炮眼增加 15%～20%。

(2) 辅助眼。位于掏槽眼与周边眼之间，在掏槽眼之后起爆。它的作用是使自由面扩大，保证周边眼的爆破效果。

(3) 周边眼。位于巷道的四周，巷道中的周边眼按其所在位置不同可分为顶眼、帮眼和底眼。周边眼最后起爆，它的作用是爆破后形成巷道轮廓，保证巷道断面形状、尺寸、方向和坡度等符合设计要求。

(二) 井巷工作面炮眼的布置

1. 巷道工作面炮眼的布置

合理的炮眼布置应能满足以下要求：

(1) 有较高的炮眼利用率。

(2) 炮眼的布置必须有利于爆堆集中，飞石距离小，不损坏支架和其他设备。

(3) 掏槽眼应比其他炮眼加深 200 mm，保证掏槽的效果。

(4) 炮眼布置应能保证爆破后断面和轮廓尺寸符合设计要求，不发生超挖或欠挖；壁面平整并能保持巷道围岩本身的强度和稳定性。

(5) 先爆炸的炮眼不会影响后爆炸炮眼的起爆，不会发生后起爆的炸药被钝化的情况。

(6) 爆破块度均匀，大小符合装岩要求，大块率少。

(7) 便于打眼工打眼操作，并尽可能减少钻眼机械和设备的移动。

(8) 在保证爆破安全与效果的前提下尽可能减少布眼数量。

2. 立井工作面炮眼的布置

立井工作面炮眼布置的要求和原则基本与巷道炮眼相同，但需考虑到立井的井形和钻眼方向。一般井筒为圆形，其掏槽眼的布置形式为圆锥掏槽和筒形直眼掏槽。前者的炮眼利用率较高，但岩石抛掷高度也较高，容易崩坏井内设备，而且对打眼要求较高，各炮眼的倾斜角度要相同且对称；后者是应用最为广泛的掏槽形式，当炮眼深度较大时，可采用二级或三级筒形掏槽，每级逐渐加深，后级深度通常为前级深度的 1.5～1.6 倍，如图 8-3 所示。

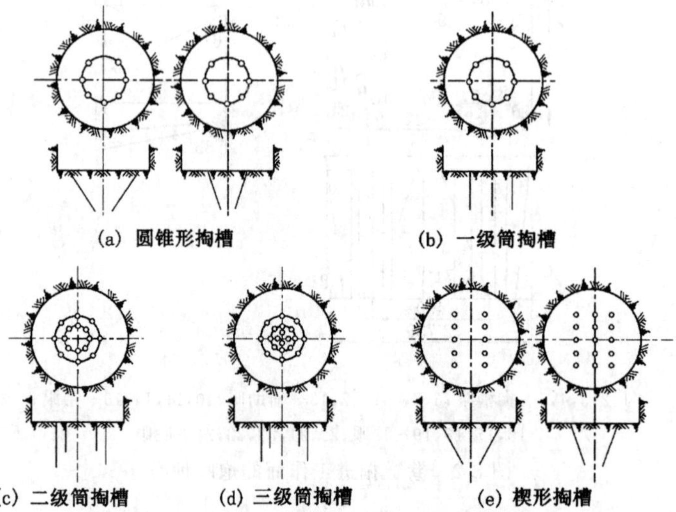

图 8-3　立井掘进的掏槽形式

立井掘进工作面上的炮眼均布置在以井筒中心为圆心的同心圆周上，周边眼爆破参数应按光面爆破设计。周边眼和掏槽眼之间所需崩落眼圈数和各圈内炮眼的间距，根据崩落眼最小抵抗线和邻近系数的关系来调整。

（三）井巷掘进的掏槽方式

根据掏槽眼的方向不同，井巷掘进常用的掏槽方式可分为斜眼掏槽、直眼掏槽和混合掏槽三种。

1. 斜眼掏槽

斜眼掏槽是目前井巷掘进中常见的掏槽方法，它适用于各种岩石条件中。斜眼掏槽的各掏槽眼不与巷道中线平行，而与工作面在水平方向成一角度。常用的斜眼掏槽方式有单斜掏槽、扇形掏槽、锥形掏槽和楔形掏槽。其中，楔形掏槽使用范围比较广泛，适用于各类岩石和中等以上断面。

1）单斜掏槽

单斜掏槽适用于中硬及较软的岩层。当岩石中有松软的夹层和层理、节理与裂缝结构时，各掏槽眼应尽量垂直地穿过层理、节理和裂缝，并处于巷道中心线上，可避免夹钎或崩倒支架。眼距为 0.3～0.6 m，与工作面的平面夹角为 50°～75°，眼深为 0.8～1.5 m，装药系数（装药长度与炮眼长度比值）为 0.5 左右，炮眼布置如图 8-4 所示。

2）扇形掏槽

扇形掏槽适用于软岩层中有弱面可利用的巷道。它是一排布置在较软的煤岩层中的炮眼，向同一方面倾斜，与工作面的平面夹角一个比一个大（为 45°～90°），形成扇形。掏槽眼的方向可随软岩层的位置选定。眼数根据断面大小和岩石的硬度选定，一般为 3～5 个，眼距为 0.3～0.6 m，眼深为 1.3～2.0 m，装药系数为 0.5 左右，各槽眼利用多段延期电雷管依次起爆，如图 8-5 所示。

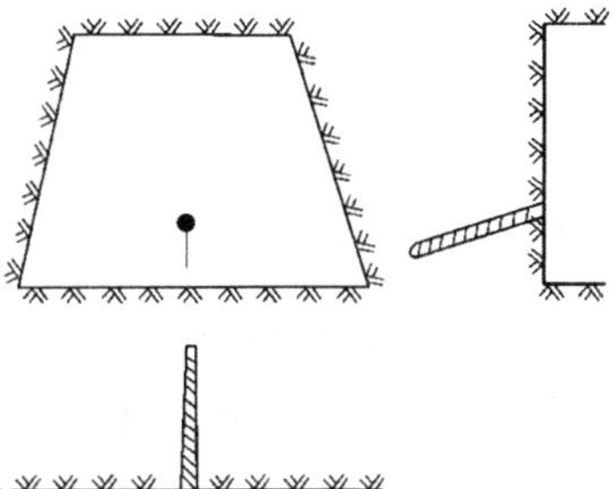

图 8-4　单斜掏槽炮眼布置

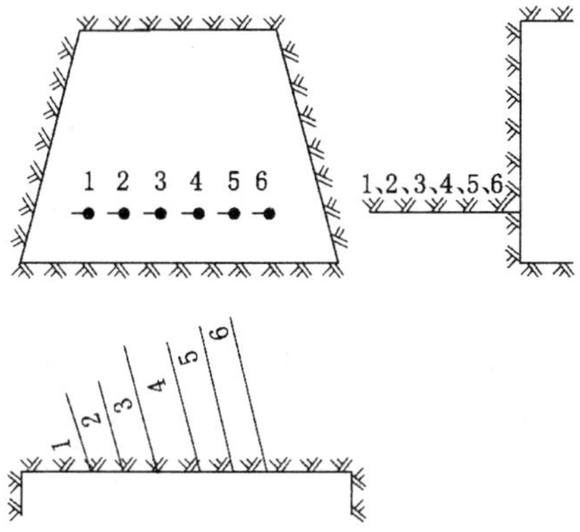

1，2，3，4，5，6—掏槽眼序号

图 8-5　扇形掏槽炮眼布置

3）锥形掏槽

在只有一个自由面的坚硬岩层或均质岩层中爆破时，采用锥形掏槽，即将几个掏槽炮眼的眼底集中在一点附近，实行集中装药，同时起爆，如图 8-6 所示。

锥形掏槽可分为三眼或四眼锥形掏槽，眼数、眼深和眼距根据断面大小及岩石软硬而定，眼数一般为 3～6 个，多为 4 个。眼口左右间距一般为 0.8～1.2 m，上下间距为 0.6～

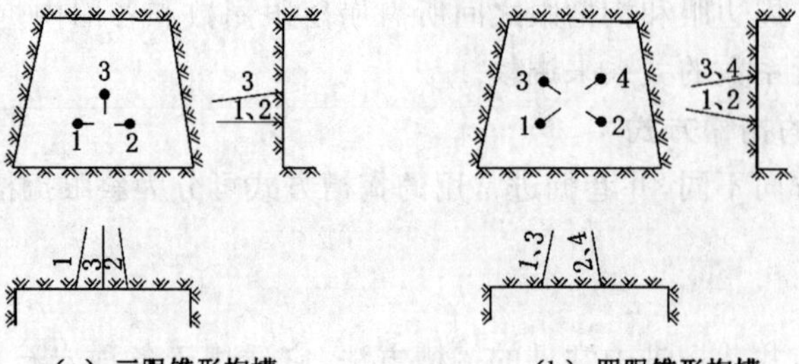

1,2,3,4—掏槽眼序号

图 8-6　锥形掏槽炮眼布置

1.0 m,与工作面夹角为 55°～70°,眼底间距为 0.1～0.2 m,眼深应小于巷道高或宽的 1/2。

4）楔形掏槽

楔形掏槽和锥形掏槽一样,根据眼底集中装药,爆破成抛掷漏斗的原理,集中装药在眼底成一条直线。槽眼为对称布置,分水平楔形掏槽和垂直楔形掏槽两种,多数情况下使用垂直楔形掏槽,如图 8-7 所示。

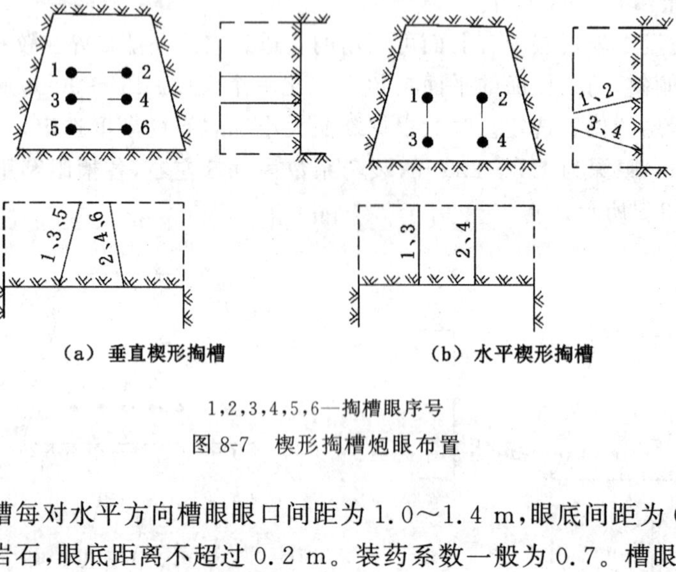

1,2,3,4,5,6—掏槽眼序号

图 8-7　楔形掏槽炮眼布置

垂直楔形掏槽每对水平方向槽眼眼口间距为 1.0～1.4 m,眼底间距为 0.2～0.3 m,但对于坚硬难爆的岩石,眼底距离不超过 0.2 m。装药系数一般为 0.7。槽眼排距(每对槽眼垂直距离)、眼数及槽眼角度根据岩石软硬决定,排距一般为 0.3～0.5 m,眼数一般为 4～6 个,槽眼角度一般为 60°～70°。垂直楔形掏槽因受巷道宽度限制,深度较浅。

2. 直眼掏槽

直眼掏槽,是指所有掏槽眼都垂直于巷道工作面,各槽眼之间保持平行,且槽眼距离较小,留有不装药的空眼。

直眼掏槽适用于坚硬或中等坚硬的岩石、断面较小的巷道中掏槽,特别适用于立井井筒。但有空眼的直眼掏槽不能在有瓦斯或煤尘爆炸危险的地点使用。

目前,广泛使用的直眼掏槽方式有直线掏槽、菱形掏槽、角柱掏槽、五星掏槽和螺旋掏槽等方法。

1）直线掏槽

直线掏槽炮眼相距 0.1～0.2 m，适用于整体性好的韧性岩石和较小的巷道断面，炮眼布置如图 8-8 所示。

2）角柱掏槽

角柱掏槽用于中硬岩层中。掏槽眼一般用两段毫秒电雷管起爆，如图 8-9 所示。

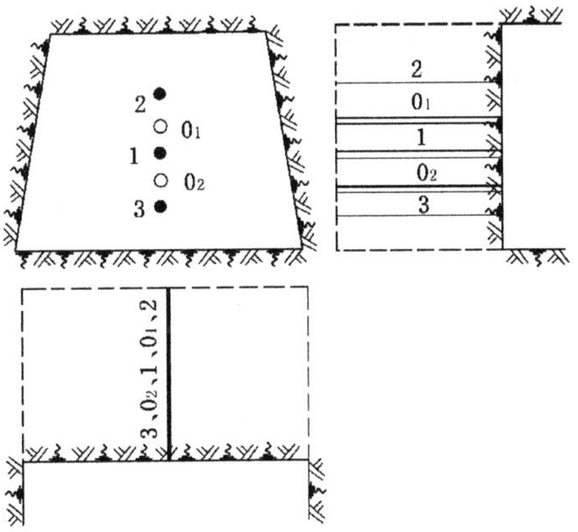

0_1，0_2—空眼；1，2，3—装药眼

图 8-8　直线掏槽炮眼布置

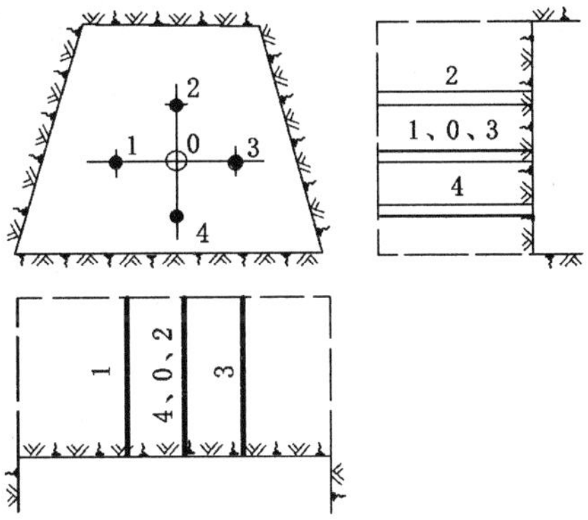

0 —空眼；1，2，3，4—装药眼

图 8-9　角柱掏槽炮眼布置

3）菱形掏槽

菱形掏槽适应于各种岩石条件。一般用毫秒电雷管分两段起爆，距离小的一对先起爆，距离大的一对后起爆，装药系数为 0.7～0.8，如图 8-10 所示。

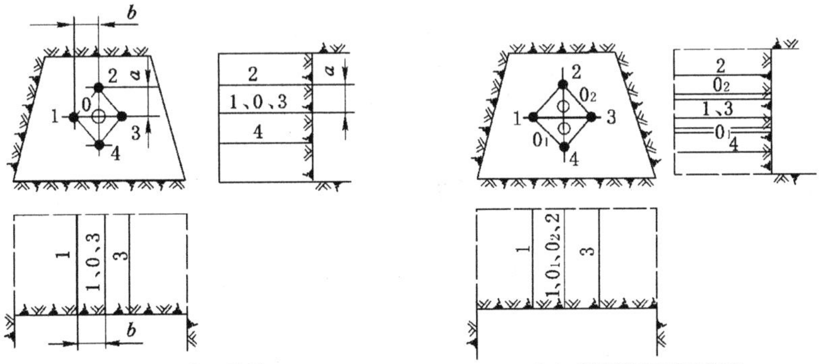

（a）普通岩石菱形掏槽　　（b）坚硬岩石菱形掏槽

0，0_1，0_2—空眼；1，2，3，4—装药眼

图 8-10　菱形掏槽炮眼布置

4）五星掏槽

五星掏槽适用于井下各种条件，掏槽效果比较可靠，中深孔爆破时，如图 8-11 所示。

4）螺旋掏槽

螺旋掏槽适用于中硬以上岩石，是较好的直眼掏槽方式之一。它以中空眼为中心，周边布置四个掏槽眼，逐个加大距离，形成螺旋。在 1、2、3 号眼连线中间各加一个空眼，作为自由面以防炸药压死，如图 8-12 所示。

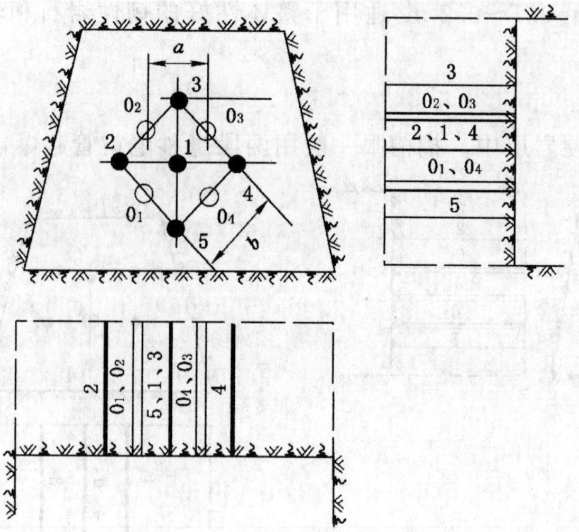

$0_1,0_2,0_3,0_4$—空眼；1,2,3,4,5—装药眼

图 8-11　五星掏槽炮眼布置

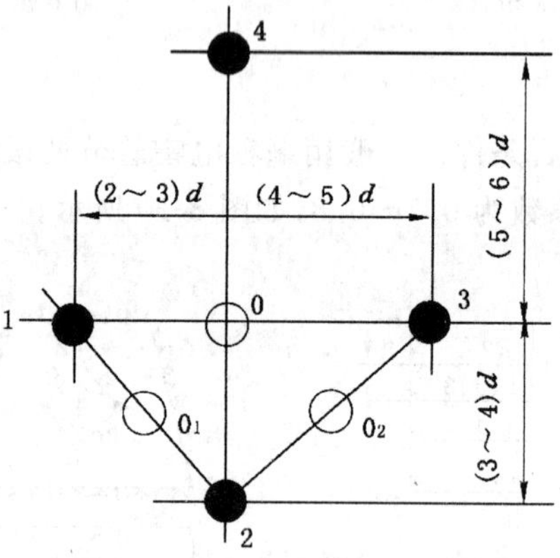

$0,0_1,0_2$—空眼；d—炮眼直径；1,2,3,4—装药眼

图 8-12　螺旋掏槽炮眼布置

3. 混合掏槽

在断面较大、岩石较硬的掘进巷道中，为弥补直眼掏槽的不足，采用直眼与斜眼混合掏槽，如图 8-13 所示。斜眼作垂直楔状布置，其槽眼与工作面夹角以 75°～85°为宜。斜眼眼底与直眼眼底相距约 0.2 m，斜眼装药系数为 0.4～0.5。直眼装药系数为 0.7 左右。

二、井巷控制爆破技术

为提高爆破效率，减少单位炸药消耗量，改善爆破断面的形成质量，现在普遍推广使用毫秒爆破、光面爆破和定向断裂爆破等控制爆破技术。

(一) 毫秒爆破

毫秒爆破又称微差爆破，是将炮眼分组，以毫秒级的时间间隔控制炮眼按预定顺序先后分组起爆的一种延期爆破方法。其延期间隔时间一般为几毫秒到几十毫秒。

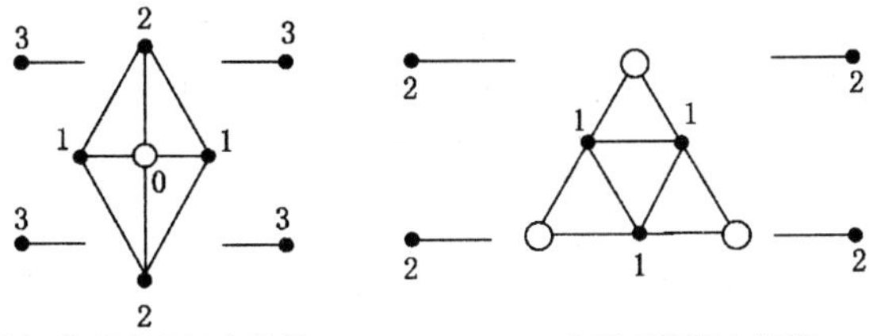

(a) 菱形直眼混合掏槽　　(b) 三角形直眼混合掏槽

1,2,3—起爆顺序

图 8-13　混合掏槽炮眼布置

1. 毫秒爆破参数的确定

毫秒爆破参数确定方法与一般爆破相同,但在相同爆破参数条件下,毫秒爆破能减少岩石破碎块度。反之,若保持岩石块度不变,采用毫秒爆破时,则可增大炮眼间距的 10%～20%,或增大装药的最小抵抗线。

毫秒爆破的另一个重要参数是延期间隔时间。毫秒间隔时间是否合理以及是否能准确地控制它,是关系到毫秒爆破应用成功与否的关键。在实际爆破工作中,合理的毫秒间隔时间应能得到良好的爆破破碎效果和最大限度的降震。

2. 毫秒爆破的优点

(1) 可减弱爆破地震效应和空气冲击波的影响,减小飞石距离。

(2) 可增大一次爆破量,减少爆破次数,提高大型设备的利用率。

(3) 爆落的矸石块度均匀,大块率低。

(4) 爆堆形状整齐,爆堆比较集中,有利于提高装岩效率。

(5) 可以在有瓦斯煤尘爆炸危险的工作面使用,实现全断面一次起爆,缩短爆破和通风时间,提高掘进速度,并有利于工人健康。

(二) 光面爆破

光面爆破,简称光爆,是指沿开挖边界布置密集炮孔,采取不耦合装药或装填低威力炸药,在主爆区之后起爆,以形成平整的轮廓面的一种控制爆破技术。

1. 光面爆破炮眼的布置

(1) 炮眼布置的顺序。一般是首先选择掏槽方法,确定掏槽的位置。掏槽眼最好布置在巷道掘进断面的中下部,距离底板 1.0～1.3 m 处为宜,此时打眼操作容易,可保证掏槽眼质量;其次是根据岩石条件,选择周边眼参数,布置周边眼及控制光面层厚度的二圈眼位置;最后安排辅助眼及底眼的位置。

(2) 布置原则。由于掏槽眼和周边眼已固定,所以主要考虑辅助眼和底眼的布置。总的原则是使炮眼均匀布置在被爆岩体中,同时光面层厚度要均匀。

掏槽眼周围的辅助眼与槽腔的距离不宜过大,当采用直眼掏槽时,以不大于槽腔直径为宜。辅助眼间的距离,可为距槽腔距离的 1.0～1.5 倍。控制光面层厚度的二圈眼眼距,一般等于或稍大于光面层厚度。

2. 光面爆破的注意事项

(1) 当工作面有软岩(煤)层或易冒落破碎的岩石时,可根据实际情况在周边加打空眼,或适当将周边眼加密。

(2) 光面爆破的眼位、眼深及其方向应力求准确。在硬岩中，周边眼口应在轮廓线上，眼底不宜超过轮廓线 100 mm；在软岩中，眼口应在轮廓线内 100 mm 处，眼底应正好落在轮廓线上，当工作面处在易冒落破碎的软岩夹层（无瓦斯）时，可在软岩夹层上加打空眼，起导向作用。

(3) 光爆应采用反向不耦合与空气柱结构装药。在高瓦斯矿井，采掘工作面采用毫秒爆破时，若采用反向起爆，必须制定安全技术措施，经矿总工程师批准后实施。

（三）定向断裂爆破

定向断裂爆破，是指在岩巷周边眼爆破时，利用切缝管对炮眼内的爆炸能量释放方向进行定向控制，使切缝方向集中释放能量来形成最大应力，作用于岩面并产生裂缝，裂缝在应力波和爆生气体的共同作用下定向扩展，最终形成控制精确断裂面的一种控制性爆破。

定向爆破应用范围广，在各类硬岩、中硬和软弱破碎岩层以及各种层理岩层中均可取得良好效果。

三、影响爆破效果的主要因素

爆破是目前采掘工程中破碎岩石的主要手段。在爆炸的作用下，岩石被破碎，从而达到预期的目的。要想达到理想的爆破效果或改善爆破质量，就必须正确分析影响爆破的各种因素，利用有利因素，避开不利因素。

（一）炸药的性能

影响爆破效果的炸药性能参数主要有：炸药爆速、爆炸气体生成量及装药密度等。

（二）装药结构

不同的装药结构可改变炸药的爆炸性能，从而引起爆炸作用的变化。

（三）岩石性质及地质构造

不同的岩石，其硬度是不同的。一般而言，岩石的坚固性系数越大，炸药消耗量也越大，反之则越小；弹性大，岩石的炸药消耗量大，而脆性岩石则较小。因此，爆破时应选用不同的炸药，以便获得较好的爆破效果。一般来讲，爆破中硬和坚硬岩石时，应选用爆速较高的炸药；而爆破较松软的岩石时，应选用爆速较低的炸药；进行光面爆破和预裂爆破时，为了保护孔壁围岩免遭破坏，通常应采用爆速低的炸药。

（四）爆破参数和爆破工艺

1. 爆破参数

爆破参数，主要是指炸药消耗量、装药量、炮眼直径、炮眼深度、炮眼数目等。爆破参数确定得是否合理，将直接影响爆破效果。

(1) 单位炸药消耗量。爆破 1 m^3 原岩所需的炸药量为单位炸药消耗量，单位为 kg/m^3。单位炸药消耗量受炸药的种类、品种、岩石的性质及爆破参数等因素的影响。单位炸药消耗量偏小时，会造成欠挖，爆破后无法达到设计要求；单位炸药消耗量过大时；不仅浪费炸药，而且破坏围岩的稳定、容易崩倒支架、损坏支护和设备，产生大量的有毒有害气体，更为严重的是造成瓦斯、煤尘爆炸。

一般情况下，掘进工作面以掏槽眼装药量最大，辅助眼次之，周边眼的装药量最少。

(2) 炮眼直径。炮眼直径对凿岩速度、眼数、单位炸药消耗量和巷道成形等都有影响。炮眼直径一般比照标准药包直径（32 mm 或 35 mm）大 5～7 mm 来确定，一般为 37～42 mm。

(3) 炮眼数目。根据岩石性质、断面尺寸、使用爆炸物品等，按炮眼的不同作用进行合理布置，排列出炮眼数，经实践验证后再作适当调整。炮眼数目过少，易出大块岩石，不利于装岩，同时巷道周边轮廓成型较差；炮眼数目过多，导致工时和成本增加。调整后的炮眼数目应满足较高的爆破效率，且爆破后巷道轮廓应符合施工和设计的要求。

(4)炮眼深度。确定炮眼深度，要结合钻眼效率、循环工作量和循环时间、劳动力组织、经济成本、顶板情况等因素来考虑。如果条件允许，为了提高工效，应力求增加眼深和循环次数。在目前施工技术和设备等条件下，炮眼深度一般不超过 4 m，以 0.8～2.0 m 居多。为了提高炮眼利用率，掏槽眼必须比其他炮眼深 200 mm。

2. 爆破工艺

爆破参数确定后，爆破施工工艺也是影响爆破效果的一个关键环节，如炮孔装药、填塞等。

(五) 间隙效应

间隙效应，是指在炮眼内，如果药柱与炮眼孔壁之间存在间隙，常常会发生爆轰中断或爆轰转变为燃烧的现象，又称为管道效应或沟槽效应。

1. 间隙效应的危害

在爆破工程中，间隙效应不仅降低了爆破效果，而且在瓦斯矿井中进行爆破时，若炸药发生燃烧，就有引发事故的可能。因此，在爆破作业中应尽可能地消除间隙效应。

2. 消除间隙效应的措施

(1) 装药前，炮眼内的煤、岩粉应认真清扫，保证药卷之间密接。

(2) 采用耦合散装炸药的方法来消除径向间隙。在连续药柱上，隔一定距离套上硬纸板或其他材料做成的隔环，其外径稍小于炮眼直径，将间隙隔断，以阻止间隙内空气冲击波的传播或削弱其强度。

(3) 采用临界直径小、爆轰性能好、对间隙效应抵抗力大的炸药。

(4) 加大药包直径或缩小炮眼直径。

(5) 采用高威力炸药，或沿炸药全长敷设煤矿许用导爆索。

四、掘进工作面爆破质量要求

掘进工作面爆破工作要做到“七不、二少、一高”。

(1)“七不”是指：

① 不发生爆破伤亡事故，不发生引燃、引爆瓦斯和煤尘事故。

② 巷道轮廓符合设计要求，工作面平、直、齐，中心腰线符合规定，不超挖欠挖。

③ 不崩倒支架，防止冒顶事故。

④ 不崩破顶板，不留伞檐，防止落石事故。

⑤ 不留底根，便于装车、铺轨和支架。

⑥ 不崩坏管线、设备。

⑦ 不抛掷太远，块度均匀，不出大块，岩堆集中，有利于打眼与装岩平行作业和单行作业。

(2)“二少”是指：

① 减少爆破时间，做到全断面一次起爆。

② 材料消耗少。合理布置炮眼，装药量合理，减少震动。

(3)“一高”是指：

炮眼利用率高，达到 90%以上，达到循环进度。

第四节　炮采工作面爆破技术

一、炮采工作面炮眼的种类及作用

炮采工作面的炮眼，按位置可分为底眼、腰眼和顶眼，如图 8-14 所示。

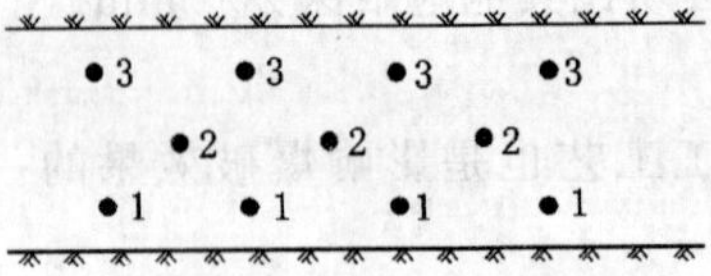

1—底眼；2—腰眼；3—顶眼

图 8-14　炮采工作面炮眼的布置

1. 底眼及其作用

底眼位于工作面的底部，它的作用是先将煤层下部的煤崩出，起到掏槽作用，为腰眼和顶眼爆破创造自由面，不留底煤，不破底板，为装煤、移溜和支柱创造良好条件。

2. 腰眼及其作用

腰眼位于煤层顶板与底板之间的腰部，它的作用是进一步扩大底眼掏槽，为顶眼爆破增加自由面，为落煤创造条件。

3. 顶眼及其作用

顶眼位于腰眼与顶板之间，它的作用是在不留顶煤并保持顶板稳定或减少顶板被震动的情况下落煤。

二、炮采工作面炮眼的布置

炮采工作面炮眼排列应根据工作面的采高、煤的硬度、顶底板岩性和煤层节理、层理等条件来决定。一般常用的炮眼布置有三种形式。

1. 单排眼

单排眼一般用于 1 m 以下的薄煤层或煤质松软、节理发育的中厚煤层。一般沿工作面打一排稍带俯角并斜向一侧的炮眼，如图 8-15 所示。

2. 双排眼

当煤层厚度为 1.0～1.5 m，煤层中硬时，沿工作面打两排上、下成对的炮眼，其布置形式有对眼、三花眼(图 8-16)及三角眼等，煤质中硬时可用对眼，煤质软时可用三花眼，煤层上部煤质软或顶板较破碎时可用三角眼。

3. 五花眼

五花眼适用于煤层厚度大于 1.5 m，煤质坚硬或采高较大的中厚煤层，沿工作面打三排炮眼，一般上、中、下三排炮眼互相错开，如图 8-17 所示。

三、采煤工作面爆破参数

为获得良好的爆破效果，必须根据煤层的硬度、厚度、节理和裂隙发育程度、炸药性能和顶板的状况，正确选择爆破参数，包括炮眼布置方式、炮眼角度、炮眼深度、装药量等。

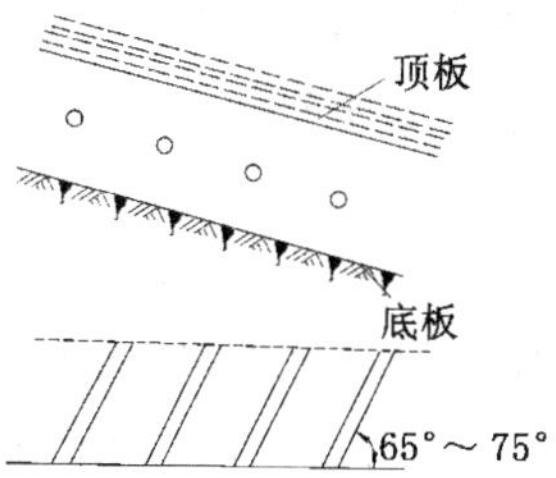

图 8-15　单排眼布置

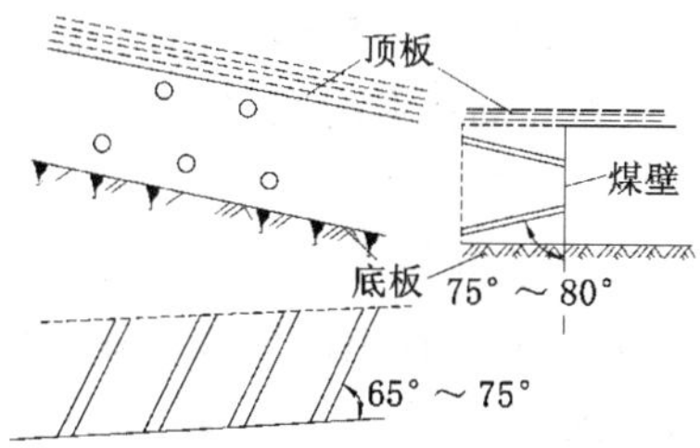

图 8-16　三花眼布置

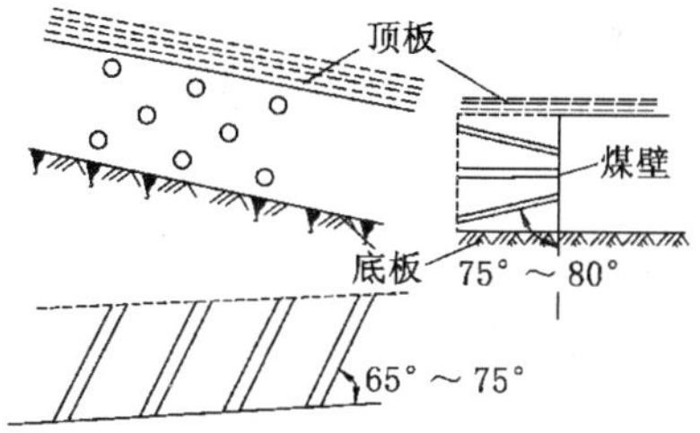

图 8-17　五花眼布置

1. 炮眼角度

为便于打眼操作和不崩倒支架，炮眼与煤壁水平夹角一般为 65°～75°，煤质软时角度大一些，煤质硬时角度小一些。角度过大，会降低炮眼的利用率。角度过小，虽对爆破有利但影响进度，不便于打眼操作，容易崩倒工作面支柱；爆破时易将大量煤炭崩入采空区，增加清扫浮煤的工作量；同时又损失煤炭资源，易酿成自然发火。因掏槽眼只有一个自由面，炮眼角度一般为 45°～55°。

炮眼在垂直面上，顶眼一般有仰角，底眼一般有俯角。顶眼以要求不破坏顶板，减少对顶板的震动和不留顶煤为原则。当顶板稳定时，顶眼仰角为 5°～10°，眼底距顶板 0. 1～0. 3 m；顶板松散或破碎以及分层开采底层时，顶眼与顶板平行，眼底距顶板一般为 0. 3～0. 5 m。底眼俯角为 10°～ 15°，眼底距底板约 0. 1～0. 2 m，以不破底板和不留底煤，使底板保持平整为原则。

2. 炮眼间距

相邻炮眼的间距，可根据炮眼的深度、煤质软硬、夹石情况和粒度要求而定。在正常情况下，炮眼的间距与深度之比保持在 3∶5 左右，一般为 1. 0～1. 2 m。

3. 炮眼深度

确定炮眼深度时要从炮眼利用率和满足循环进尺的要求出发，同时要考虑工作面顶板状况。顶板破碎时，炮眼深度要适当减小。炮眼深度还要与工作面单体支架的金属顶梁长度相适应。

一般多采用小进度，一次推进的长度为 1. 0～1. 2 m，炮眼深度大于循环进度 0. 2 m 左右。小循环进度的炮采炮眼装药量少，顶板受震动小，悬顶面积小，有利于顶板管理和安全；且可实行一次爆破较多的炮眼，对提高自装率有利。但小进度的缺点是辅助工序占用时间多。

若每次加大循环进度，一次推进进度为 1.6～2.0 m 时，可减少爆破、准备、移输送机、回柱、放顶等辅助作业时间，但这种方法只可在顶板条件好的工作面进行。

4. 炮眼的装药量

炮眼装药量要综合炮眼布置方式、循环进度、煤质硬度、顶板状况等因素来确定。每个炮采工作面作业规程里的爆破作业说明书中都规定了顶眼、腰眼、底眼的炸药消耗量。

一般底眼装药量最多，腰眼药量适当减少，顶眼药量最少。双排眼时，底眼和顶眼的装药量一般按 1∶(0.5～0.7)的比例分配；三排眼时，底眼、腰眼、顶眼的装药量按 1∶0.75∶0.5 的比例分配。

四、炮采工作面间隔分组爆破

《煤矿安全规程》规定，在采煤工作面可分组装药，但一组装药必须一次起爆。所以，采煤工作面严禁一次装药，分次起爆。

采用间隔分组装药爆破时应采取以下技术措施：

(1) 在地质条件好、顶板比较稳定的工作面，如果合理选择好发爆器容量，加大炮眼水平角度，适当缩小相邻炮眼的间距(0.8 m 左右)和严格控制每个炮眼的装药量，且工作面倾斜长度较短时，可以适当加长一次爆破长度，采用大串联一组装药一次起爆；如果工作面倾斜长度较长，可以分组视顶板稳定情况，确定分组长度，实行分组装药，一组装药一次起爆。

(2) 在顶板较不稳定、比较破碎的工作面，采取减少顶眼和加大顶眼与顶板的距离，并在分组间留煤柱(煤垛)的情况下，视顶板情况适当缩小分组长度，实行一组装药一次起爆。

(3) 采用在刮板输送机溜槽上加盖板的办法，避免煤压死输送机导致输送机难以启动，影响正常生产。

(4) 采取留有一定炮道和加大底眼俯角，以及在刮板输送机一侧加压点柱或挤住溜槽的办法，防止爆破崩翻溜槽。

(5) 使用毫秒雷管爆破，可以一次多发爆破，爆破效果好，又利于顶板管理。

(6) 如果采煤工作面采用分次装药，一组装药一次起爆确有困难时，可以一次打眼，间隔分组装药起爆。分组装药的间隔距离不得小于 2 m。为防止间隔区间的未装药炮眼被爆破挤压变形，可以在炮眼中插上炮棍，最后视分组爆破情况，再把间隔区间内的炮眼装上药卷进行爆破，如图 8-18 所示。

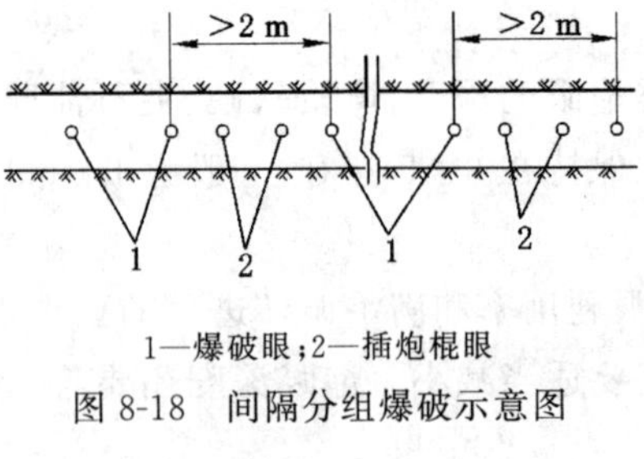

1—爆破眼；2—插炮棍眼

图 8-18　间隔分组爆破示意图

(7) 每次爆破前都必须对爆破地点附近 20 m 内风流中的瓦斯进行检查，确定瓦斯浓度在 1%以下，煤尘符合要求，方可爆破。

(8) 严禁在一个采煤工作面使用 2 台发爆器同时进行爆破。

五、炮采工作面的毫秒爆破

采煤工作面装药爆破，可采用煤矿许用瞬发电雷管或煤矿许用毫秒延期电雷管起爆，但使用毫秒延期电雷管的爆破效果和安全效果要比瞬发电雷管好。一般使用毫秒延期电雷管比瞬发电雷管爆破装煤效率可提高31%～50%。

采用毫秒爆破应采取以下技术措施：

(1) 炮孔间必须采用串联，不得并联或串并联。

(2) 爆破前，用光电导通表或数字欧姆表检查网路。

(3) 使用发爆器要保证网路实际起爆电流不小于1.5～2.0 A。

(4) 对于顶板破碎、煤质松软、煤壁矿压较大的工作面，应适当减少炮眼数目与装药量，降低顶眼位置或减少顶眼数目。

(5) 工作面分组爆破，一次爆破长度为5～30 m，每隔5～15 m留一煤垛，长3 m以上。

(6) 加强工作面瓦斯检查，瓦斯浓度超过1%不得装药爆破。

(7) 工作面要有足够风量，设好防尘水管，爆破前、后都必须洒水降尘。

(8) 过断层、破碎带时，断层、破碎带上下2 m内不准爆破。

毫秒爆破技术不仅解决了炮采工作面效率低和劳动强度大的问题，而且解决了崩倒支柱的问题。采用毫秒爆破应选择合理的爆破参数和正确的起爆方法。此外，还应试验和改进更小时差的雷管，延长雷管脚线，制作不同长度和质量的药卷，以适应毫秒爆破的要求。

六、炮采工作面爆破质量要求

炮采工作面爆破工作要做到“七不、二少、三高”。

(1)“七不”是指：

① 不发生爆破伤亡事故，不发生引燃、引爆瓦斯和煤尘事故。

② 不崩倒支柱，防止发生冒顶事故。

③ 不崩破顶板，便于支护，降低含矸率。

④ 不留底煤和伞檐，便于攉煤和支柱。

⑤ 使工作面平、直、齐，保证循环进度。

⑥ 不崩翻刮板输送机、崩坏油管和电缆等。

⑦ 块度均匀，不出大块煤，减少人工二次破碎工作量。

(2)“二少”是指：

① 减少爆破次数，增加一次爆破的炮眼个数，缩短爆破时间。

② 材料消耗少。合理布置炮眼，装药量适中，降低炸药雷管消耗。

(3)“三高”是指：

块煤率高，回采率高，自装率高。

第三篇 实际操作技能

第九章 爆破作业

本章培训与考核要点

- 熟练掌握爆破作业操作的准备、程序和方法；
- 掌握爆破安全技术措施；
- 熟练掌握特殊情况下安全爆破特点和安全爆破技术。

保证爆破作业过程的安全是爆破工的基本职责。井下爆破工作必须由专职爆破工担任。在煤与瓦斯突出煤层中，专职爆破工的工作必须固定在一个工作面。在瓦斯矿井中进行爆破作业时，爆破工、班组长和瓦斯检查工都必须在现场严格执行“一炮三检”和“三人连锁爆破”制度，以保证爆破作业安全、顺利进行。

第一节 起爆药卷装配

装配起爆药卷(引药)就是把电雷管装进药卷，形成引爆药卷。

一、起爆药卷的装配规定

《煤矿安全规程》规定，装配起爆药卷必须遵守下列规定：

(1) 必须在顶板完好、支架完整、避开电气设备和导电体的爆破工作地点附近进行。严禁坐在爆炸物品箱上装配起爆药卷。装配起爆药卷数量，以当时爆破作业需要的数量为限。

(2) 装配起爆药卷必须防止电雷管受震动、冲击，折断电雷管脚线和损坏脚线绝缘层。

(3) 电雷管必须由药卷的顶部装入，严禁用电雷管代替竹、木棍扎眼。电雷管必须全部插入药卷内。严禁将电雷管斜插在药卷的中部或捆在药卷上。

(4) 电雷管插入药卷后，必须用脚线将药卷缠住，并将电雷管脚线扭结成短路。

二、起爆药卷装配的安全操作

1. 了解炮眼布置情况

装配起爆药卷前，爆破工应了解炮眼布置情况，清点爆破工具，然后开始装配起爆药卷。

2. 从成束雷管中抽出单个雷管

从成束的电雷管中抽取单个电雷管时，不得手拉脚线硬拽管体，也不得手拉管体硬拽脚线，应将成束的电雷管顺好，拉住前端脚线将电雷管抽出。抽出单个电雷管后，必须将其脚线扭结成短路。

3. 装配起爆药卷的操作方法

装配起爆药卷时，电雷管只许由药卷的顶部（非聚能穴端）装入，装入的方法有两种：

（1）药卷扎眼装配。先将药卷顶部揉软，再用一根略大于电雷管直径的尖头木棍或竹棍，在药卷顶端中心垂直扎一孔眼，将电雷管全部插入孔眼中，然后用电雷管脚线在药卷上套一个扣，剩余脚线全部缠绕药卷，以便把电雷管固定在药卷内，并把电雷管脚线末端扭结成短路，如图 9-1 所示。

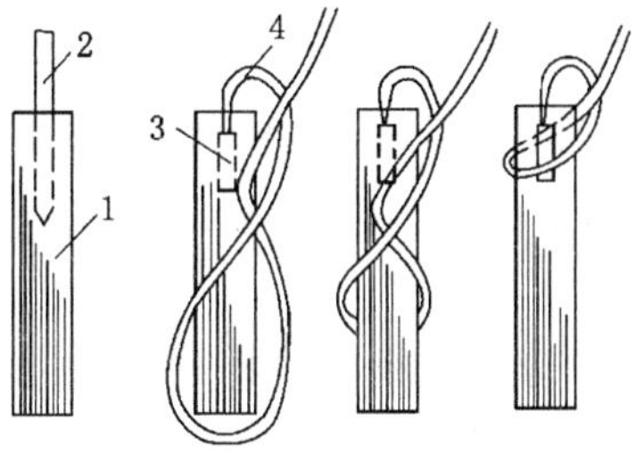

1—药卷；2—扎孔棍；3—电雷管；4—脚线

图 9-1　引药扎孔装配

（2）启开药卷封口装配。先用手将药卷揉搓松软，再打开药卷顶部封口，用木竹棍在药卷顶端中心扎略大于雷管直径的孔眼，再将电雷管全部装入药卷，用雷管脚线把封口扎牢，同时把电雷管脚线末端扭结成短路，如图 9-2 所示。

不得用电雷管代替竹棍、木棍扎眼；电雷管必须全部插入药卷内；严禁将电雷管从侧面斜插入药卷或捆在药卷上，如图 9-3 所示。

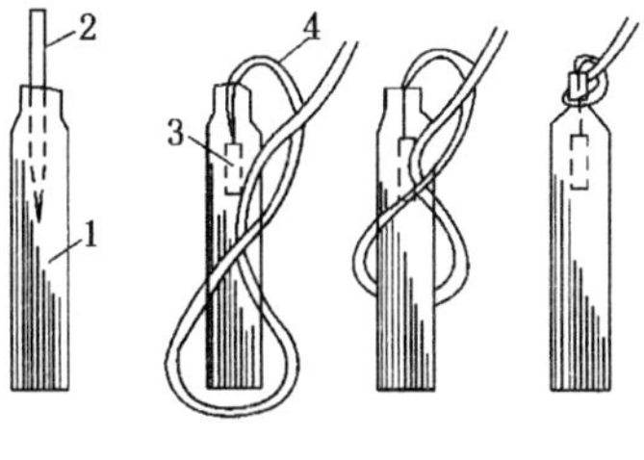

1—药卷；2—扎孔棍；3—电雷管；4—脚线

图 9-2　启开药卷封口装配

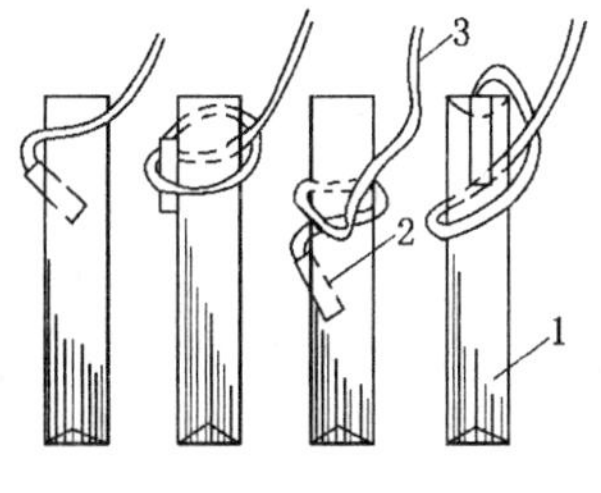

1—药卷；2—电雷管；3—脚线

图 9-3　不正确的引药装配法

在现场装配起爆药卷时，有的爆破工为了图省事，怕麻烦，采取如图 9-3 所示的装配方法。这些不正确的装配方法，不仅不利于正常地引爆药卷，还有可能会使炸药的爆速和传爆性能降低，甚至有可能产生爆燃和拒爆。

4. 起爆药卷数量的确定

起爆药卷的数量应以当时爆破工作面的需要数量为限，用多少装配多少。

5. 起爆药卷的保存

爆破工必须把炸药、电雷管分开存放在专用的爆炸物品箱内。装配好的起爆药卷也要整齐摆放在专用箱内，点清数，并加锁；严禁乱扔乱放。爆炸物品箱必须放在顶板完好，支架完整，避开机械、电气设备的地点。爆破时，必须把爆炸物品箱放到警戒线以外的安全地点。

三、装配起爆药卷常见安全事故及预防

1. 装配起爆药卷常见事故

由于雷管内为高敏感度的炸药，装配起爆药卷时，如果违反操作规程就很容易引起事故。常见安全事故有：

(1) 装配起爆药卷的地点选择在支架不全、不牢或者空顶的地方，由于顶板矸（煤）石掉下，砸到电雷管，导致雷管爆炸。

(2) 从成束雷管中抽出单个雷管时，没有理顺好电雷管脚线，抽取单个雷管用力过大，致使封口塞松动，两根脚线错动，造成雷管拒爆，或造成雷管桥丝与管体内壁发生摩擦，使雷管发生燃烧或爆炸，造成人员伤亡。

(3) 电雷管脚线没有扭结成短路，脚线搭到巷壁、轨道、管路、电缆等导电体或有静电的塑料制品上，导致发火电流通过雷管，引起雷管爆炸。

(4) 用电雷管直接插入炸药内，用力过大，引起雷管爆炸，或把药卷挤压过分密实引起药卷拒爆。

(5) 坐在爆炸物品箱上装配起爆药卷。一旦一个雷管发生爆炸，引爆其他爆炸物品，使事故扩大。

(6) 发爆器与电雷管、起爆药卷混放在一起，发爆器漏电引起电雷管、炸药爆炸。

(7) 电雷管插入药卷的深度不够，起爆能没有完全传给药卷，产生拒爆或残爆现象。

2. 事故的预防

(1) 装配起爆药卷必须在顶板完好、支架完整、避开电气设备和导电体的爆破工作地点附近进行。严禁坐在爆炸物品箱上装配起爆药卷。

(2) 抽出单个雷管时，应按正确方法将电雷管抽出。避免桥丝松动或桥丝与壳壁发生摩擦。抽出的单个电雷管应立即将雷管脚线扭结成短路。

(3) 装配起爆药卷时，严禁穿化纤衣服，避开电气设备和导电体，并把电雷管脚线末端扭结成短路。

(4) 装配好的起爆药卷应妥善保管，严禁乱扔乱放，禁止与发爆器混放在一起。

(5) 在药卷上扎眼时，应用略大于电雷管直径的尖头木棍或竹棍扎孔，并把电雷管全部插入药卷中。

(6) 加强对爆破工的安全技术教育，规范操作步骤。

【案例 9-1】 四川省某矿，爆炸物品管理较为混乱，井下炸药、雷管乱扔乱放，甚至在井下发现有已插入雷管的炸药卷（引药）。该矿在井下爆破时，由于炸药不合格，突然爆炸引起煤尘爆炸，死亡 12 人，伤 4 人。

第二节 装填炸药

一、安全装药条件要求

爆破工在装药之前，必须与班组长、瓦斯检查工对装药工作面附近及炮眼等进行全面检查，对所查出的问题应及时处理。有下列情况之一的，严禁装药：

(1) 采掘工作面的控顶距离不符合作业规程的规定，或者有支架损坏，或者伞檐超过规定。

(2) 爆破地点附近 20 m 以内风流中瓦斯浓度达到或超过 1.0%。

(3) 在爆破地点 20 m 以内，矿车、未清除的煤(矸)或其他物体堵塞巷道断面 1/3 以上。

(4) 炮眼内发现异状、温度骤高骤低、有显著瓦斯涌出、煤岩松散、透老空等情况。

(5) 采掘工作面风量不足。

(6) 炮眼的深度、角度、位置不符合作业规程规定。

(7) 炮眼内煤(岩)粉未清除干净。

(8) 发现拒爆未处理。

(9) 高瓦斯矿井工作面采用反向起爆未制定安全措施或应落实的安全措施未落实。

(10) 工作面未洒水降尘。

二、装药结构

煤矿爆破常用的装药结构有正向装药和反向装药两种形式，根据药包本身的结构又可分为连续装药和空气柱间隔装药。

1. 正向装药和反向装药

(1) 正向装药是指起爆药包(引药)位于柱状装药的外端，靠近炮眼口，雷管底部朝向眼底的装药方法，如图 9-4a 所示。

(2) 反向装药是指起爆药包位于柱状装药的里端，靠近或在炮眼底，雷管底部朝向眼口的装药方法，如图 9-4b 所示。

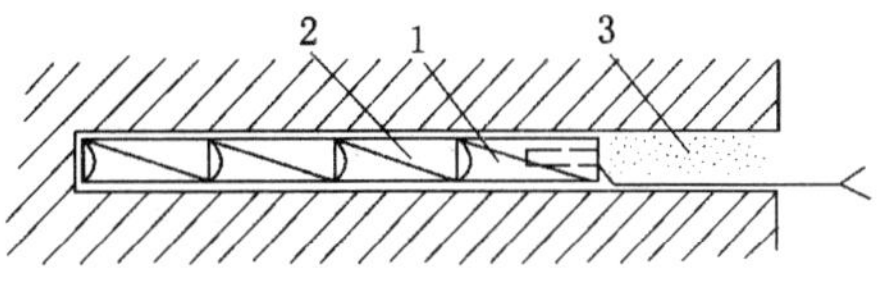

(a) 正向装药

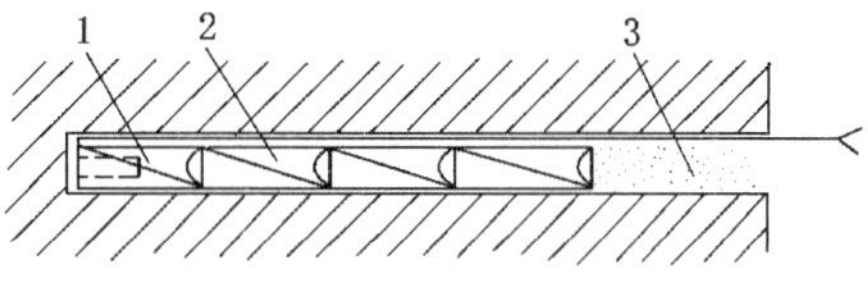

(b) 反向装药

1—起爆药卷；2—被爆药卷；3—炮泥

图 9-4 正向装药与反向装药

2. 正向起爆和反向起爆特点的比较

反向起爆时，炸药的爆轰波和固体颗粒的传递与飞散方向是向着眼口的。当这些微粒飞过预先被气态爆炸产物所加热的瓦斯时，就很容易使瓦斯点燃。而正向起爆则不同，飞散的炸药颗粒是向炮眼内部飞散的，不易引爆瓦斯。所以，在有瓦斯、煤尘爆炸危险的工作面，正向起爆比反向起爆安全性高。但是，反向起爆具有比正向起爆的爆破效果好、炮眼利用率高的优点。这是由于反向起爆爆轰波的传播朝向自由面方向，能充分发挥炸药的爆炸能量

(图 9-5);引药在炮眼最里端,容易保证药卷衔接,电雷管不易从药卷拽出来。所以,在低瓦斯矿井中多采用反向起爆。

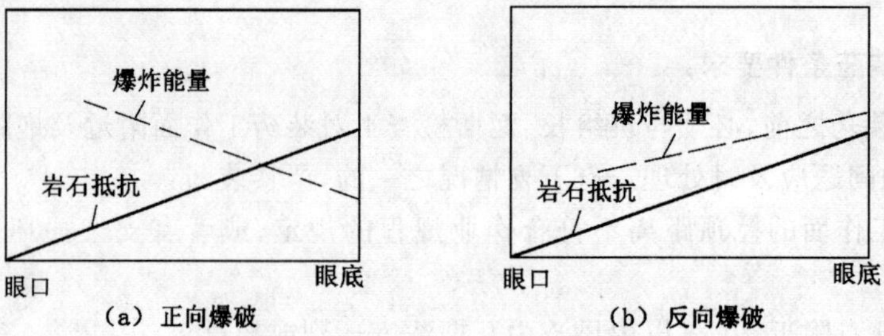

图 9-5 岩石抵抗与炸药能量沿炮眼深度的变化示意图

《煤矿安全规程》规定,在高瓦斯矿井采掘工作面采用毫秒爆破时,若采用反向起爆,必须制定安全技术措施。

3. 连续装药和间隔装药

(1) 连续装药是指炮眼内的药卷相互间彼此密接的装药,是煤矿井下最常用的装药结构,主要有径向不耦合连续装药、留空气柱和不留空气柱连续装药 3 种。

(2) 间隔装药是指炮眼内的药卷之间留有空气柱,使药卷之间不直接接触的装药。

三、装药操作时的方法和步骤

当爆破工确认符合装药条件后,可进行装药。安全装药程序如下:

1. 清孔

装药前,首先将等待装药的炮眼用掏勺或压缩空气吹眼器清除净炮眼内的煤、岩粉和积水,以防煤、岩粉堵塞,使药卷无法密接或装不到底。使用吹眼器时,应避免炮眼内飞出的岩粉、块等杂物伤人。

2. 验孔

炮眼清理后,再用炮棍检查炮眼的深度、角度、方向和炮眼内部情况。发现炮眼不符合装药要求的,及时处理。

3. 装药

验孔以后,爆破工必须按作业规程、爆破作业说明书规定的各号炮眼的装药量、起爆方式进行装药。各个炮眼的电雷管段号要与爆破作业说明书规定的起爆顺序相符合。

装药时,要一手抓住电雷管的脚线,另一手用木质或竹质炮棍将放在眼口处的药卷轻轻地推入炮眼底,使炮眼内的各药卷间彼此密接,推入时用力要均匀,不能用炮棍冲撞或捣实,以防捣破药卷外皮使炸药受潮或捣响雷管。对于仰角较大的炮眼,可在药卷后边顶上一段炮泥,一起送入眼底,用炮泥卡住药卷。

装药后,必须把电雷管脚线末端扭结成短路并悬空,严禁电雷管脚线、爆破母线同运输设备及采掘机械等导电体相接触。

4. 封孔

装填炮泥时,要一手拉住雷管脚线,使脚线紧贴炮眼侧壁,但不要拉得过紧,防止拉坏脚线或管口;另一手装填炮泥,最初填塞的炮泥应慢慢用力,轻捣压实;以后各段炮泥须依次用力、一一捣实。装填水炮泥时,紧靠药卷处应先装填 0.03～0.04 m 的黏土炮泥，然后再装水炮泥。水炮泥外剩余部分应用黏土炮泥封实，要防止捣破水炮泥。同时注意雷管脚线应紧靠炮眼内壁，避免脚线被炮棍捣破。炮眼封泥的长度，必须符合《煤矿安全规程》规定。

四、装药时的安全注意事项

1. 有水的炮眼应使用抗水型炸药

非抗水型的粉末状炸药在吸水受潮后，极易产生拒爆、残爆或爆燃。

2. 注意起爆药卷方向和装药结构

装药时，必须注意起爆药卷的方向，不得装盖药、垫药或采用其他不合理的装药结构；不得使起爆药卷爆炸后产生的爆轰波方向与药卷聚能穴排列方向相反。

在现场把正向起爆药卷以外的药卷称为盖药；把反向起爆药卷以里的药卷称为垫药，如图 9-6 所示。

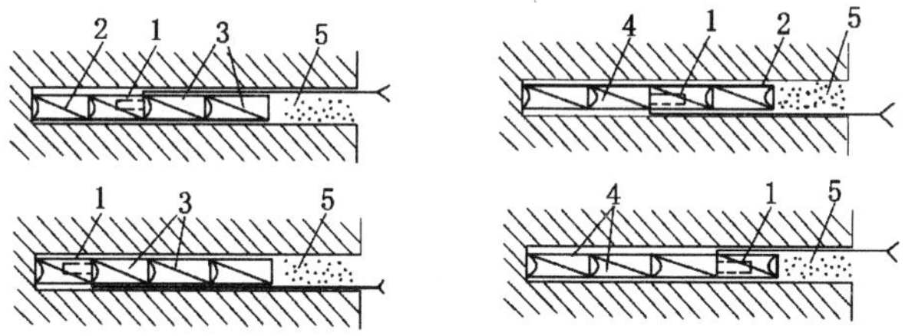

1—起爆药卷；2—被动药卷；3—盖药；4—垫药；5—炮泥

图 9-6　不合理的炮眼装药结构

垫药和盖药在大部分情况下不传爆，这是由于爆轰的传播是有方向性的。它总是以电雷管为起点，顺着电雷管起爆的方向，沿着药柱向前传播。在一般情况下，相反的方向得不到足以激发炸药的能量，导致盖药、垫药拒爆。即使个别传爆，也达不到炸药的正常爆速。

装盖药、垫药不仅浪费炸药，影响爆破效果，更为严重的是容易产生残爆和爆燃，一旦瓦斯、煤尘达到爆炸浓度，就有可能发生爆炸，对井下安全造成很大的威胁。

3. 不得装错电雷管的段别

如果装错雷管延期段别，会导致应先爆的未爆，应后爆的却先爆了。原定后爆的炮眼，是按 2～3 个自由面装的药量，由于提前起爆，结果只有一个自由面，抵抗线太大，必然造成冲炮（打筒），无法使工作面形成有效的爆破效果。一方面影响作业进度和工程质量，另一方面容易引爆瓦斯和煤尘。

4. 一个炮眼内不得装两个起爆药卷

不同段的雷管在设计上就有时间差，即使是同一厂家生产的同一批产品，其同一段的雷管也有一定的误差值。如果把秒量差别较大的雷管装在同一个炮眼里，眼底的雷管秒量小先爆，中间的电雷管因秒量大而后起爆，先爆的炸药冲击波将外部的起爆药卷抛在自由面外边爆炸，就有可能引爆瓦斯、煤尘；同时，后爆的炸药也无法起到作用而影响爆破效果。因此，井下爆破装药时，一个炮眼内不得装两个起爆药卷。

5. 坍塌、变形、有裂缝或用过的炮眼不准装药

坍塌、变形、有裂缝或用过的炮眼都不完整，装药时容易将药卷卡住，不是装不到底，就是互不衔接，而且还容易把起爆药卷的电雷管拽出，或将药卷包皮刮破。由于眼壁不规整，

炮泥充填不易达到要求。炮眼裂缝泄漏的爆生气体容易引燃瓦斯和煤尘。这不仅达不到预期的爆破效果，而且对安全不利。

6. 装药时要清除炮眼内的煤、岩粉，并使药卷彼此密接

炮眼内存有煤、岩粉，容易发生瓦斯爆炸事故或爆破事故。原因如下：

(1) 炮眼内的煤、岩粉使装入炮眼的药卷不能装到眼底，或者药卷之间不能密接，影响爆炸能量的传播，以致造成残爆、拒爆和爆燃，并留下残眼。

(2) 煤粉是可燃物质，极易被爆炸火焰燃烧，喷出孔外，有点燃瓦斯、煤尘的危险。

(3) 若煤粉参与炸药爆炸的反应过程，就会改变原有的氧平衡，成为负氧平衡，导致爆生气体一氧化碳增高，影响人身健康。

7. 装药时要用炮棍将药卷轻轻推入，并保证聚能穴端部都朝着传爆的方向

煤矿井下目前普遍使用的粉状炸药、水胶炸药都有最佳密度范围。若用炮棍把炸药捣实，使炸药密度大于最佳密度，就会降低炸药的敏感度，造成炸药反应不完全，有时还会出现爆轰中断而产生拒爆。另外，还要防止把粉状炸药的外皮捣破，以免炸药受潮。对于水胶炸药，则要避免浆液外流，保证炸药的爆破性能。轻轻推入药卷可以避免捣破雷管脚线，或捣响雷管。

第三节　炮泥和封泥

炮泥是用来堵塞炮眼的。炮泥质量的好坏、封泥长度、封孔质量直接影响到爆破效果和安全。矿井下常用炮泥有两种，一种是在塑料圆筒袋中充满水的水炮泥，另一种是黏土炮泥。

一、炮眼封泥质量要求

为了保证封孔的质量，封孔时必须使用质量合格的炮泥。

(1) 黏土炮泥是用具有不燃性和可塑性的松散材料制成的。它是用比例为 1∶3 的黏土和砂子，加上含有 2%～3%的食盐水拌和搓制而成。炮泥应干湿适度，过干或过软都无法使炮泥有足够的可塑性和强度。

(2) 水炮泥是将水注入筒状聚乙烯塑料袋并封住口而制成的充填材料。其长度一般在 250～300 mm 之间，直径略小于炮眼直径。作炮眼封泥用时，塑料袋内应有足够的水量，对漏水的水炮泥不得使用。

(3) 严禁用煤粉、块状材料或其他可燃性材料做炮眼封泥。这是因为：

① 这些材料不是可塑性的，不能起到堵塞炮眼的作用，无法使炮眼堵塞严密，阻止不了爆生气体的外逸，容易造成冲炮现象。

② 这些材料具有可燃性，当这些材料参与炸药爆炸反应时，改变了炸药本身的氧平衡关系而变成负氧平衡，从而产生更多的有害气体并生成二次火焰，引燃、引爆瓦斯或煤尘。

③ 炸药爆炸时，将燃烧的煤炭颗粒等可燃材料抛出，易引燃瓦斯煤尘。

【案例 9-2】 江西省波阳县某矿因工作面存在循环风现象，加上进风断面减少，使工作面处于无风或微风状态，导致瓦斯积聚，非专职爆破工爆破，炮眼未用炮泥，并且使用煤电钻电源起爆，发生瓦斯爆炸事故，死亡 11 人。

二、炮泥的优点和作用

1. 黏土炮泥的优点和作用

(1) 能提高炸药的爆破效果。当炸药爆炸时,炮泥能增加眼口的抵抗力,使炮眼内聚积压缩能,提高冲击波的冲击力,阻止高压的爆生气体从炮眼喷泄出来,同时还能使炸药的爆炸反应充分,放出更多的能量,使热量充分转化为机械能,从而达到理想的爆破效果。

(2) 保证爆破安全。炮泥的阻塞使炸药在爆炸中充分反应,达到零氧平衡,可以减少有毒气体的生成,降低爆生气体逸出工作面时的温度和压力;同时还由于炮泥能阻止火焰和灼热固体颗粒从炮眼内喷出,减少引燃瓦斯、煤尘的可能性。

2. 水炮泥的优点和作用

(1) 消焰、降温。当炮眼内的炸药爆炸时,水炮泥内的水由于爆炸气体的冲击作用而形成雾状分布在空气中,吸收大量的热量,起到降低爆温、缩短爆炸火焰延续时间的作用,从而减少引爆瓦斯或煤尘的可能性,有利于煤矿生产安全。

(2) 灭尘和减少有毒气体。水炮泥形成的水幕能灭尘、降低和吸收有毒有害气体,有利于井下作业环境的改善。

经实际测定,使用水炮泥,煤尘浓度可降低近 50%,二氧化碳含量可减少 35%,二氧化氮含量可减少 45%。因此,水炮泥是一种安全、可靠的炮眼充填材料。

《煤矿安全规程》规定,炮眼封泥必须使用水炮泥,水炮泥外剩余的炮眼部分应用黏土炮泥或用不燃性的、可塑性松散材料制成的炮泥封实。

【案例 9-3】 2012 年 10 月 10 日,淮北市某矿掘进工作面发生一起瓦斯爆炸事故,造成 6 人死亡,直接经济损失 809 万元。工作面炮眼装药未使用水炮泥、封泥长度不足,爆破抵抗线不够,炸药爆炸产生的火焰引起瓦斯爆炸是事故的原因之一。

三、炮眼深度和炮眼封泥长度的规定

《煤矿安全规程》规定,炮眼深度和炮眼的封泥长度应符合下列要求:

(1) 炮眼深度小于 0.6 m 时,不得装药、爆破;在特殊条件下,如挖底、刷帮、挑顶确需进行炮眼深度小于 0.6 m 的浅孔爆破时,必须制定安全措施并封满炮泥。

(2) 炮眼深度为 0.6~1 m 时,封泥长度不得小于炮眼深度的 1/2。

(3) 炮眼深度超过 1 m 时,封泥长度不得小于 0.5 m。

(4) 炮眼深度超过 2.5 m 时,封泥长度不得小于 1 m。

(5) 深孔爆破时,封泥长度不得小于孔深的 1/3。

(6) 光面爆破时,周边光爆炮眼应用炮泥封实,且封泥长度不得小于 0.3 m。

(7) 工作面有 2 个或 2 个以上自由面时,在煤层中最小抵抗线不得小于 0.5 m,在岩层中最小抵抗线不得小于 0.3 m。浅孔装药爆破大岩块时,最小抵抗线和封泥长度都不得小于 0.3 m。

当炸药爆炸时,如果炮眼无封泥,封泥不足或不实,就不能阻止爆生气体从炮眼逸出,炮眼内形成不了足以破碎、抛掷岩石的有效功。同时,炸药在爆炸时氧化不充分。此外,高温、高压的爆生气体和炽热的固体颗粒自炮眼内喷出,直接与巷道中的瓦斯、煤尘接触,能引起瓦斯和煤尘的燃烧和爆炸。

因此,《煤矿安全规程》规定,无封泥、封泥不足或不实的炮眼,严禁爆破。严禁裸露爆破。

第四节　联　　线

一、爆破母线及连接线

《煤矿安全规程》规定，爆破母线和连接线应符合下列要求：

(1) 爆破母线应符合相关标准规定。

(2) 爆破母线和连接线、电雷管脚线和连接线、脚线和脚线之间的接头相互扭紧并悬空，不得与轨道、金属管、金属网、钢丝绳、刮板输送机等导电体相接触。

(3) 巷道掘进时，爆破母线应随用随挂。不得使用固定爆破母线，特殊情况下，在采取安全措施后可不受此限。

(4) 爆破母线与电缆应分别挂在巷道的两侧。如果必须挂在同一侧，爆破母线必须挂在电缆的下方，并应保持 0.3 m 以上的距离。

(5) 只准采用绝缘母线单回路爆破，严禁用轨道、金属管、金属网、水或大地等作为回路。

(6) 爆破前，爆破母线必须扭结成短路。

除以上规定外，还应注意以下几点：

(1) 爆破母线要有足够的长度，必须大于规定距离。

(2) 爆破母线接头不应过多，以免增加网路电阻、断线、漏电或断路故障。每个接头要刮净锈垢后接牢，并用绝缘胶布包好。

(3) 发现母线外皮破损，必须及时包扎，避免网路与外界相连，发生漏电、短路或雷管提前爆炸等意外事故。

(4) 严禁用多芯或多根导线做爆破母线。不得用两根材质、规格不同的导线做爆破母线。

(5) 在井下，爆破母线要放在干燥安全的地点，使用后要升井干燥、检查，并定期作电阻测定和绝缘性能测定。

二、联线的要求及方法

联线工作应严格按照爆破作业说明书规定的联线方式，将电雷管脚线与脚线、脚线与连接线、脚线(连接线)与爆破母线连好接通，以保证爆破质量，节约爆破作业时间，消除事故隐患。

联线的要求和方法如下：

(1) 联线前，必须认真检查爆破工作面的瓦斯浓度以及顶板、两帮、工作面煤壁及支架情况，确认安全后方可进行联线。

(2) 脚线的联接工作可由经过专门训练的班组长协助爆破工进行。爆破母线连接脚线，检查线路和通电工作，只准爆破工一人操作。与连线无关的人员都要撤离到安全地点。

(3) 联线时，其他与联线无关的人员应撤离爆破地点；联线人员应先把手洗净擦干，避免手上泥灰沾在接头上，增加接头电阻或影响接头导通；然后把电雷管脚线解开，用砂布等将接头裸露处的氧化层和污垢除净，按一定顺序从一端开始向另一端进行脚线间的扭结连接。如果脚线长度不够，可用规格相同的脚线作连接线，连线接头要用对头连接，不要用顺向连接，如图 9-7 所示。

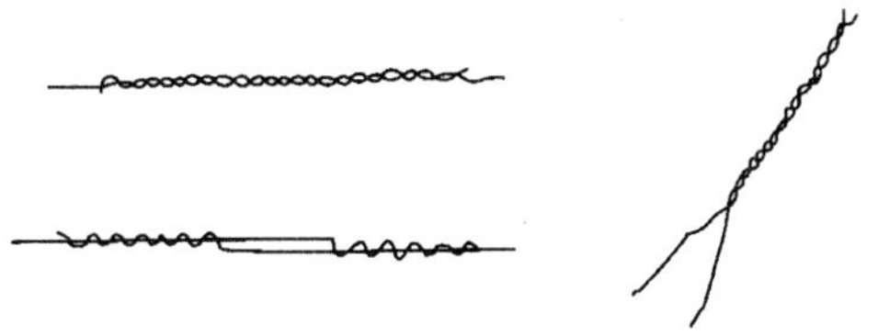

（a）正确连线　　（b）不正确连线

图 9-7　脚线、连接线、端线间的接头

脚线之间、脚线与连接线之间的接头必须扭紧牢固，不得虚接，并要悬空；不得与任何物体相接触。接头处用绝缘胶布包好，不得留有须头。

当炮眼内的脚线长度不够需接长脚线时，两根脚线接头位置必须错开，并用绝缘胶布包好，防止脚线短路和漏电。

（4）电雷管脚线之间的联线工作完成后，应认真检查有无错联、漏联，各个接头是否独立悬空，确认联线正确再与连接线连接。

（5）待爆破工作面人员全部撤离，并验明母线无电流后，再与母线或连接线连接。

（6）连接线与爆破母线的正确及错误连接方法如图 9-8 所示。

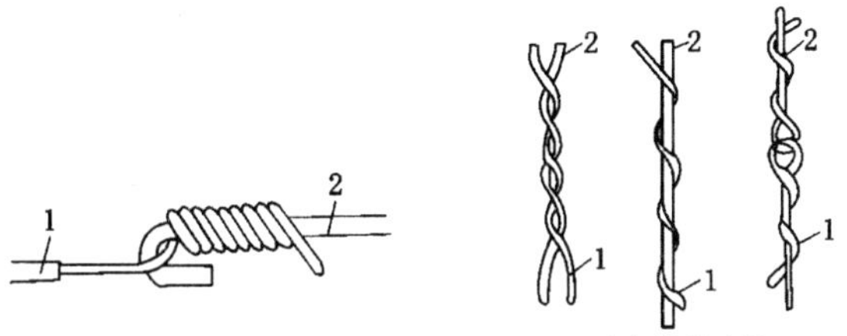

(a) 正确连接　　(b) 错误连接

1—脚线；2—母线

图 9-8　连接线或脚线与母线的连接

（7）在煤矿井下严禁用发爆器检查母线是否导通，这样易产生火花而引爆瓦斯或煤尘。

【案例 9-4】 2010 年 8 月 20 日，山西汾西矿业集团香源煤业公司一开拓工作面，爆破工带领一名没有爆破工证书的矿工下井，在工作面爆破工命令没有爆破操作资格证书的矿工把爆破母线拉直，在接线带班长和带班长在工作面内连接雷管未撤出时，没有合格证书的矿工擅自拧响发爆器，导致接线带班长和带班长被炸药当场炸死。事故导致 2 人死亡、1 人受伤。

第五节　爆　　破

一、采掘工作面的起爆要求

对煤矿井下采掘工作面而言，选择什么样的起爆方式必须根据爆破工作面的安全条件、技术要求、顶板条件和发爆器能力来确定。既要考虑爆破作业的高效，又要注意爆破作业安全。

1. 采煤工作面的起爆要求

(1) 在有瓦斯或有煤尘爆炸危险的采煤工作面,应采用毫秒爆破。

(2) 采煤工作面采用分次装药时,必须符合一组装药一次起爆的要求。一组装药一次起爆既符合煤矿安全要求,又能保证爆破效果。

(3) 每次爆破前都必须对爆破地点附近 20 m 内风流中的瓦斯浓度进行检查,瓦斯浓度在 1%以下,煤尘符合规定后,方可爆破。

(4) 严禁在 1 个采煤工作面使用 2 台发爆器同时进行爆破。

2. 巷道掘进工作面的起爆要求

(1)《煤矿安全规程》规定,在高瓦斯矿井采掘工作面采用毫秒爆破时,若采用反向起爆,必须制定安全技术措施。

(2)《煤矿安全规程》规定,在掘进工作面应全断面一次起爆,不能全断面一次起爆的,必须采取安全措施。

(3) 实行全断面一次爆破时,要注意合理布置炮眼,起爆顺序必须按爆破作业说明书要求进行,不得随意变更。

3. 井筒工作面起爆要求

除按照巷道掘进工作面起爆要求外,根据井筒爆破的特殊性,还应遵守《煤矿安全规程》规定:

(1) 在开凿或延深立井井筒时,必须在地面或在生产水平巷道内进行爆破。

(2) 在爆破母线与电力起爆接线盒引线接通之前,井筒内所有电气设备必须断电。

(3) 只有在爆破工完成装药和连线工作,将所有井盖门打开,井筒、井口房内的人员全部撤出,设备、工具提升到安全高度以后,方可爆破。

【案例 9-5】 2009 年 1 月 12 日,新庄孜矿掘进五队三组在风巷施工时发生一起爆破崩人事故。当日夜班,该组施工的风巷采用分次爆破,先放下部后放上部。两次爆破后,迎头下帮肩窝未放掉,施工单位要求补两个炮放第三次炮。由于临近交接班时间,爆破工在未确定施工单位装炮、联炮人员已经撤出的情况下进行爆破,造成 1 人受伤。

二、"一炮三检"和"三人连锁爆破"制度

1. "一炮三检"制

"一炮三检"制就是指在采掘工作面装药前、爆破前和爆破后爆破工、班组长和瓦斯检查员都必须在现场,由瓦斯检查员检查瓦斯,爆破地点附近 20 m 以内风流中瓦斯浓度达到 1%时,不准装药、爆破;爆破后瓦斯浓度达到 1%时,必须立即处理,并不准用电钻打眼。

执行"一炮三检"制,是为了加强爆破前瓦斯检查,防止漏检,避免在瓦斯超限情况下爆破。

【案例 9-6】 2005 年 5 月 12 日,攀枝花市畔海煤矿 1580 井发生一起特大瓦斯爆炸事故,死亡 21 人,重伤 7 人,造成直接经济损失 500 余万元。事故发生的直接原因是作业人员在停工期间关停局部通风机,造成瓦斯积聚;管理人员严重违章指挥;作业人员违章作业,爆破工不具备爆破工资格,爆破未执行"一炮三检"制;爆破母线裸露短接产生火花引起瓦斯爆炸。

2.“三人连锁爆破”制

（1）“三人连锁爆破”制的内容。“三人连锁爆破”制是指爆破工、班组长和瓦斯检查工三人必须同时自始至终地参加爆破工作的全过程，并按照分工，各尽其责，相互监督检查，在各自做好本职工作后履行换牌手续的一种制度。

（2）“三人”的爆破作业职责。① 班组长：按照作业规程和爆破作业图表，组织打眼、装药、爆破前后洒水、顶板及支护的检查、设备及工具的管理、警戒和风筒的管理及爆破后的验炮、指导瞎炮处理等工作。② 爆破工：负责引药的制作、母线的敷设、装药、起爆及装药起爆前的瓦斯浓度复查（复核瓦斯检查工检查的数据）和瞎炮处理工作。③ 瓦斯检查工：负责检查工作面及其附近 20 m 范围内的通风、瓦斯监测仪器的使用情况、瓦斯浓度的测量及爆破的全过程。

（3）“三人连锁爆破”制的换牌程序。爆破工在检查连线工作无误后，将“警戒牌”交给班组长。班组长接到“警戒牌”后，在检查顶板、支架、上下出口、风量、阻塞物、工具设备以及洒水等爆破准备工作无误，达到爆破要求条件时，负责布置警戒，组织撤出人员到规定的安全地点躲避。

班组长必须安排专人在警戒线和可能进入爆破地点的所有通路上担任警戒工作。警戒人员必须在规定距离的有掩护的安全地点进行警戒。班组长必须清点人数，确认无误后，方准下达爆破命令，将自己携带的“爆破命令牌”交给瓦斯检查工。

瓦斯检查工经检查瓦斯、煤尘等符合规定，将自己携带的“爆破牌”交给爆破工，爆破工发出爆破口哨后进行起爆。爆破后三牌各归原主。

（4）执行“三人连锁爆破”制的目的。执行“三人连锁爆破”制能够使工作面在爆破过程中，对负有爆破安全直接责任的爆破工、班组长、瓦斯检查工明确责任。实行连锁，可以避免爆破工作混乱。

【案例 9-7】 2010 年 7 月 16 日，山西汾西矿业集团中兴煤矿 3213 综采工作面机头处扩帮起底时，工作面瓦斯超限，瓦斯检查工没有执行“一炮三检”和“三人连锁爆破”制度，爆破工严重违章放明炮，引起工作面瓦斯燃烧。事故导致一名通风区副区长脸部烧伤，工作面停产。

三、安全起爆程序

（1）爆破前，爆破工必须把爆炸物品箱放到警戒线以外，做好爆破准备。

（2）爆破工在检查连线工作无误后，通知班组长布置警戒。

（3）在有煤尘爆炸危险的煤层中，在掘进工作面爆破前，爆破地点附近 20 m 的巷道内都必须洒水降尘。

（4）爆破前，必须加强对机器、液压支架和电缆等的保护或将其移出工作面。

（5）爆破工接到爆破命令后，将爆破母线与连接线（或脚线）进行连接。母线与电雷管脚线连接后，爆破工即吹口哨并大声叫喊“要爆破啦”；待其他人员离开后，爆破工才最后离开爆破地点，并必须在安全地点起爆。起爆地点到爆破地点的距离必须在作业规程中具体规定。爆破工、警戒人员和爆破时待避人员都必须躲在有支架、物体等掩护体和支护、通风良好的安全地点。

（6）检查线路和爆破通电工作只能由爆破工一人操作。爆破前，爆破工应先用导通表或爆破电桥以及欧姆表检查爆破网路是否导通、电阻是否过大，若网路不通或电阻过大，必须查清原因。

(7) 若网路正常，爆破工接到起爆命令后，必须先发出爆破警号，高喊数声“爆破”或鸣笛数声，至少再等 5 s，方可起爆。

(8) 爆破时，先将爆破母线扭结解开，牢固地接在发爆器的接线柱上。使用电容式发爆器时，先将钥匙插入发爆器内，将毫秒开关转至“充电”位置，待氖灯泡闪亮稳定（MFB 型发爆器）或红绿灯交替闪烁（MFBB 型发爆器）时，再迅速将开关转至“放电”位置。当经过“爆破”位置瞬间，发爆器电能输入爆破网路，从而引爆炮眼的电雷管和炸药。

(9) 爆破后，爆破工必须立即取下发爆器把手或钥匙，并把爆破母线从发爆器电源上摘下，扭结成短路。

装药的炮眼应当班爆破完毕。特殊情况下，当班留有尚未爆破装药的炮眼时，当班爆破工必须在现场向下一班爆破工交接清楚。

【案例 9-8】 某煤矿掘进二区在掘进工作面打完炮眼后，爆破工 1 人留在工作面装药、连线，做爆破准备工作。贯通的回风道口距起爆地点 10 m，没有设警戒。爆破前，爆破工曾经此通道口向里面看了一眼，见无人向外走，便到距爆破点 48 m 处开始起爆，恰在此时，有该区 2 名干零活的工人从通道出来，炮响后将一前一后 2 名工人崩伤，其中 1 人经抢救无效死亡。

四、爆后检查

(1) 按照作业规程规定，爆破后至少等 5 min（使用瞬发电雷管时）或至少等 15 min（使用延期电雷管时）后，班组长和爆破工才可巡视爆破地点，检查通风、瓦斯、煤尘，观察工作面有无异常。

(2) 在有煤尘爆炸危险煤层中的掘进工作面爆破后，附近 20 m 的巷道内必须洒水降尘。

(3) 检查支架、刮板输送机，检查有无拒爆、残爆等，发现异常立即处理。

五、撤警戒

爆破结束后，爆破工要报告班组长，班组长确认可以解除警戒后，爆破工发出撤警信号，其他人员方可进入作业。

六、安全警戒与安全信号

1. 安全警戒

(1) 装药警戒范围由爆破技术负责人确定；装药时应在警戒区边界设置明显标识并派出岗哨。

(2) 爆破警戒范围由设计确定；在危险区边界，应设有明显标识，并派出岗哨。

(3) 执行警戒任务的人员，应按指令到达指定地点并坚守工作岗位。

2. 安全信号

(1) 预警信号：该信号发出后爆破警戒范围内开始清场工作。

(2) 起爆信号：起爆信号应在确认人员全部撤离爆破警戒区，所有警戒人员到位，具备安全起爆条件时发出。起爆信号发出后现场指挥应再次确认达到安全起爆条件，然后下令起爆。

(3) 解除信号：安全等待时间过后，检查人员进入爆破警戒范围内检查、确认安全后，报请现场指挥同意，方可发出解除警戒信号。在此之前，岗哨不得撤离，不允许非检查人员进入爆破警戒范围。

(4) 各类信号均应使爆破警戒区域及附近人员能清楚地听到或看到。

第六节　特殊情况下的安全爆破

一、巷道贯通爆破

两条巷道掘进贯通时，涉及互不通视的两个工作面，极易发生事故，为了确保安全，《煤矿安全规程》规定，贯通巷道必须遵守下列规定：

(1) 掘进巷道贯通前应制定贯通专项措施。

综合机械化巷道在相距 50 m 前，其他巷道在相距 20 m 前，必须停止一个工作面作业，做好调整通风系统的准备工作。停掘的工作面必须保持正常通风，设置栅栏及警标，每班必须检查风筒的完好状况和工作面及其回风流中的瓦斯浓度，并安设甲烷传感器，瓦斯浓度超限时，必须立即处理。

掘进的工作面每次爆破前，必须派专人和瓦斯检查工共同到停掘的工作面检查工作面及其回风流中的瓦斯浓度，瓦斯浓度超限时，必须先停止在掘工作面的工作，然后处理瓦斯，只有在 2 个工作面及其回风流中的瓦斯浓度都在 1.0% 以下时，掘进的工作面方可爆破。每次爆破前，2 个工作面入口必须有专人警戒。

(2) 贯通时，必须由专人在现场统一指挥。

(3) 贯通后，必须停止采区内的一切工作，立即调整通风系统，风流稳定后，方可恢复工作。

间距小于 20 m 的平行巷道的联络巷贯通，必须遵守以上各项规定。

除以上规定外，巷道贯通爆破还必须符合下列规定和要求：

(1) 用爆破方法贯通井巷时，必须有准确的测量图，每班在图上填明进度。测量人员必须勤给中、腰线，打眼工和爆破工要严格按中、腰线调整方向和坡度，布置炮眼。

(2) 当贯通的两个工作面相距 20 m(在有冲击地压煤层中，两个掘进工作面相距 30 m、综掘工作面相距 50 m)前，地测部门必须事先下达通知书，并且只准从一个工作面向前接通。

间距小于 20 m 的平行巷道，其中一个巷道爆破时，两个工作面的人员都必须撤离至安全地点。

(3) 贯通爆破前，要加固贯通地点支架，背好帮顶，防止崩倒支架或冒顶埋人。

(4) 距贯通地点 5 m 内，要在工作面中心位置打超前探眼，探眼深度要大于炮眼深度 1 倍以上，眼内不准装药，在有瓦斯工作面，爆破前用炮泥将探眼填满。

(5) 与停掘已久的巷道贯通时，应按上述规定认真执行，并在贯通前严格检查停掘巷道的瓦斯、煤尘、积水、支架和顶板，发现问题立即处理，否则不准贯通。

(6) 由班组长指派警戒人，并亲自接送。在班组长或班组长指定的专人来接以前，警戒人不得擅离岗位。

(7) 两巷较近时，可采取少装药、放小炮的办法进行爆破，防止崩垮巷道。

(8) 到预测贯通位置而未贯通时，应立即停止掘进，查明原因，重新采取贯通措施。

二、遇老空区爆破

老空区是井下采空区和报废巷道的总称。由于老空区内没有排水和通风设施，往往积存着大量的水、瓦斯和其他有毒有害气体，爆破时如误穿老空区，往往易发生突然涌水、人员中毒和瓦斯爆炸等恶性事故。所以，在接近老空区时，必须制定安全措施，并注意以下事项：

(1) 爆破地点距老空区 15 m 前，必须通过打探眼、探钻等有效措施，探明老空区的准确位置、范围和水、火、瓦斯等情况，必须根据探明的情况采取措施进行处理，否则不准装药或爆破。

(2) 打眼时，如发现炮眼内出水异常，煤、岩松散，工作面温度骤高骤低，瓦斯大量涌出等异常情况，说明工作面已临近老空区，必须查明原因，采取有效的放水、瓦斯排放等措施，爆破条件具备时才可以装药爆破。

(3) 揭露老空爆破时，必须将人员撤至安全地点，并在无危险地点起爆。只有经过检查，证明无危险后，方可恢复工作。

(4) 必须做好水害分析预报，坚持“有疑必探，先探后掘”的探放水原则，发现异常情况，必须查明原因，采取措施，否则不准装药爆破，以免误穿老空区，发生透水、火灾、大量涌出瓦斯以及瓦斯爆炸等事故。

【案例 9-9】 2014 年 10 月 1 日，铜川某煤矿 2408 运顺巷道贯通时发生爆破事故，当日凌晨，矿区安排一队组在井下作业，工作面打完眼后，装完炸药，工人准备爆破并通知对面巷道撤出人员，此时，对面巷道几名工人正在操作故障设备，通知未及时传达到，炮声过后造成 2 人死亡、3 人受伤。

三、接近积水区的爆破

由于水具有较强的流动性和渗透性，当地质、水文地质情况和采空区位置不明，或测量不准确，以及过去小煤窑的存在，往往在爆破时误穿积水区导致大量积水涌出，造成冲毁设备，伤亡人员，甚至淹没矿井等严重事故。因此，在接近积水区爆破时，必须加强管理，并采取如下安全措施：

(1) 在接近溶洞、含水丰富的地层（流沙层、冲积层、风化带等）、导水断层、积水的井巷和老空区，打开隔水煤（岩）柱放水等有透水危险的地点爆破时，必须坚持“有疑必探，先探后掘”的原则。

(2) 接近积水区时，要根据已查明的情况进行切实可行的排放水设计，制定安全措施，否则严禁爆破。

(3) 工作面或其他地点发现有透水预兆（挂红、挂汗、空气变冷、出现雾气、水叫、顶板来压、顶板淋水加大、地板鼓起或产生裂隙出现涌水、水色发浑有臭味、煤岩变松软等其他异状）时，必须停止作业，爆破工停止装药、爆破，并及时汇报，采取措施，查明原因。若情况危急，必须发出警报，立即撤出所有受水害威胁地点的人员。

(4) 打眼时，如发现炮眼涌水，要立即停止钻眼，不要拔出钻杆，并马上向班组长或调度室汇报。

(5) 合理选择掘进爆破方法，在探水眼严密掩护下，可采取多打眼、少装药、放小炮的方法，以利保持煤体的稳定性。

(6) 如果水体位置不清楚时，在距离水体 15 m 前，必须通过打探眼等有效措施，探明水体的位置和范围以及老空区中的积水、瓦斯等情况。针对查明的情况，制定相应的安全措施。

（7）爆破穿透老空区或积水区时，所有人员都要撤到预先指定的安全地点，爆破工要在安全的条件下爆破，爆破后立即查明积水区、老空区及其附近情况，确认安全后，方可恢复工作。

四、挖底、刷帮、挑顶浅眼爆破时的要求

由《煤矿安全规程》可知，炮眼深度小于 0.6 m 时，不得装药、爆破；在特殊条件下，如挖底、刷帮、挑顶确需进行炮眼深度小于 0.6 m 的浅孔爆破时，必须制定安全措施并封满炮泥。制定的安全措施必须符合下列要求：

（1）每孔装药量不得超过 150 g。

（2）炮眼必须封满炮泥。

（3）爆破前必须在爆破地点附近 20 m 范围内洒水降尘并检查瓦斯浓度，瓦斯浓度达到 1%时，不准爆破。

（4）检查并加固爆破地点附近至少 10 m 范围内的支架。

（5）采取有效措施，保护好风、水管路、电气设备及其他设施，以防崩坏。

（6）爆破时，必须布置好警戒并有值班班长在现场指挥。

五、机采工作面打切口时的注意事项

在使用单滚筒的机采工作面，必须采用爆破的方法形成切口（即机窝）。

由于切口位于采煤工作面的上、下两出口处，顶板暴露较大，上、下两巷受回采面超前压和周期压等影响，往往顶板大量下沉、破碎或离层严重，再加上机头、机尾和其他设备体积大，在移动这些设备时，又必须反复支撤支柱，使顶板更加破碎。因此，工作面与上下两巷衔接处维护比较困难，如操作不当，容易发生冒顶事故。故爆破工在打切口爆破时，除严格执行正常的爆破制度与规定外，还必须注意以下事项：

（1）采煤工作面与上、下两巷衔接处 20 m 范围内，必须加强维护，支架和顶帮刹杆必须齐全，断梁折腿的支架必须及时更换，爆破前必须加固。

（2）工作面上、下切口爆破区及其相邻 5 m 范围内的支柱和特殊支架必须齐全牢固，并有防倒措施。对于顶梁、摩擦式金属支柱或单体液压支柱缺件和失效者必须立即更换，爆破前必须加固。

（3）爆破前，必须加强对刮板输送机的机头、机尾等设备以及支柱、电缆等的保护。

（4）爆破时，严格执行“一炮三检”制，防止瓦斯超限。

（5）装药量要适当，炮眼封泥要符合作业规程的规定。

六、石门揭穿（开）突出煤层采用震动爆破时的注意事项

《煤矿安全规程》规定，石门揭穿突出煤层时，必须编制防突专项设计，并报企业技术负责人审批。突出煤层采掘工作面必须编制专项防突设计。

矿井必须对防治突出措施的合理参数和效果进行实际考察确定。

《煤矿安全规程》规定，井巷揭煤工作面的防突措施包括预抽煤层瓦斯、排放钻孔、金属骨架、煤体固化、水力冲孔或其他经试验证明有效的措施。

震动爆破，实质上就是掘进工作面全断面一次爆破揭开煤层，在采取安全措施后，人为地利用爆破所产生的强烈震动诱导煤和瓦斯突出，以保证作业安全。

爆破工除遵守以上规定外，还应注意以下事项：

(1) 参与震动爆破的爆破工都必须学习和掌握施工技术安全措施，掌握突出预兆和避灾路线，一切行动听指挥。进入揭穿突出煤层工作面时必须佩戴隔离式自救器。

(2) 严格按施工技术措施规定的炮眼布置、眼深、角度、装药结构、装药方法、连线方式、起爆方式等进行。

(3) 严格执行"一炮三检"制，瓦斯浓度达到1%时不准装药、爆破。

(4) 装药前将工作面所有废炮眼、钻探孔、排瓦斯孔等用炮泥堵塞，从炮眼口算起填塞长度要超过1 m。

(5) 在迎头作业时，注意观察突出预兆，发现有突出预兆后，不得装药爆破，并立即撤出迎头到安全地点，并及时向上级汇报。

(6) 风筒末端距工作面不得超过5 m，要有足够的风量；爆破前开启风水喷雾器，爆破后进行洒水降尘。

(7) 震动爆破只准一次装药、全断面一次爆破，不准分次爆破。只有得到矿技术负责人的命令后，爆破工方可起爆。

(8) 发现拒爆，必须按《煤矿安全规程》的规定进行处理，无论是重新联线，还是距拒爆炮眼0.3 m外重新打平行眼装药、爆破，都必须按震动爆破的安全要求进行爆破作业。新炮眼爆炸后，爆破工要仔细检查和收集残余的爆炸物品。

七、突出工作面的远距离爆破

《煤矿安全规程》规定：井巷揭煤采用远距离爆破时，必须制定包括爆破地点，避灾路线及停电、撤人和警戒范围等的专项措施。

煤巷掘进工作面采用远距离爆破时，爆破地点必须设在进风侧反向风门之外的全风压通风的新鲜风流中或避难硐室内，爆破地点距工作面的距离必须在措施中明确规定。

远距离爆破时，回风系统必须停电撤人。爆破后，进入工作面检查的时间应在措施中明确规定，但不得小于30 min。

《煤矿安全规程》还规定：突出煤层采掘工作面附近、爆破时撤离人员集中地点必须设有直通矿调度室的电话，并设置有供给压缩空气设施的避险设施或压风自救装置。工作面回风系统有人作业的地点，也应设置压风自救装置。

此外，还应注意以下问题：

(1) 爆破必须使用安全等级不低于三级的煤矿许用含水炸药，爆破母线使用小电缆，其接头必须使用接线盒或冷补胶，严禁使用明接头延长爆破母线，并保证吊挂整齐。

(2) 爆破时，必须把反向风门关闭，并严格执行"一炮三检制"和"三人连锁爆破"制。

八、过断层、裂隙带和岩性突变地带时的爆破

在煤矿井下生产过程中，常常遇到不同的地质构造，这些地质构造往往造成采掘工作面条件发生很大变化，给爆破工作和煤矿安全带来很大的影响。因此，过断层、裂隙带和岩性突变地带时的爆破应遵守下列规定：

(1) 加强地质调查，摸清地质情况.

(2) 在破碎带中掘进，应做到一次成巷。

(3) 施工严格执行作业规程的规定,加强围岩观察,及时掌握过断层、裂隙带和岩性突变地带出露时间。一旦发现异常要及时处理。

(4) 支护及时,棚距小,帮顶背实,在距断层前 5 m 左右时,要采用密集支柱。

(5) 采用爆破落煤时,要尽量少打眼、少装药、放小炮,尽量保持围岩的稳定性。如果爆破中顶板难以控制与管理,有冒顶危险,应改用手镐方法掘进。

(6) 减少空顶距离。

(7) 当顶板特别松软破碎时,可打撞楔控制破碎顶板。

(8) 在顶板岩性突变地段,要及时打点柱支护突变带顶板。对伞檐状危岩要及时敲掉,敲不下来时,要在伞檐下打上撑柱,并在下面加密柱棚,或加打抬板棚。

(9) 巷道接近断层等构造时,要加强对瓦斯的检查和对断层水的探测。

九、强制放顶爆破

在使用全部垮落法放顶的地方,要求有正常的初期来压和周期来压。顶板在回柱之后或液压支架前移之后,支架后面的顶板应垮落下来,而且逐步充满整个空间,但是有的顶板坚硬,会形成大面积悬顶而不冒落,不加处理,一旦大面积自然冒落,必然形成暴风,摧毁工作面支架,或形成工作面切顶(岩石沿煤壁断落),压毁工作面支架。

为防止顶板事故发生,应在支架下面安全条件好的地方朝顶板打眼进行强制性爆破放顶,使顶板每次小范围地垮落。

(1) 一般根据顶板坚硬程度,沿切顶线打一排 1.5 m 以上的钻孔,孔距一般为 0.5 m,装煤矿许用含水炸药不超过 3 卷,作龟裂爆破,切开顶板。

(2) 在工作面有伪顶时,不管伪顶有无空响,伪顶与直接顶有无脱层,也应自切顶线打超过伪顶厚度的炮眼,装药爆破切开直接顶,确保垮落可靠。

十、开凿或延深立井井筒爆破

由于立井爆破的特殊性,除按掘进工作面的爆破要求外,还应遵守下列规定:

(一) 立井井筒爆破安全操作步骤

1. 做好地面上的爆破准备工作

(1) 领取爆炸物品。按爆破作业说明书的规定和要求,确定炸药、雷管、炮泥和敷设网路所需导线的用量,并按规定手续领取,运到距井筒 50 m 以外的专用房间内。

(2) 检查炸药和雷管质量。检查炸药卷外皮是否完整,有无变质现象,检查雷管的外表、通断和电阻,将符合要求的雷管脚线外端导线表面的锈刮净。

(3) 装配引药时,要根据网路爆破顺序和眼数按操作规程进行装配。应使用串装药(将药卷装在塑料套筒或浸石蜡的防水纸袋内做成与装填结构一致的长药卷),其长度与炮眼装填结构相同,但先不装引药,在工作面装炮眼时再装。引药和成串药卷不准放在同一炸药箱内。

(4) 炸药的运输。爆破工必须将引药和炸药分次、单独用吊桶或罐笼运至工作面。在运送时,吊桶或罐笼内除爆破工和护送人员外,不得有其他任何人,在交接班和人员上下井时间内禁止运送炸药。吊桶的运行速度不得超过 1 m/s,起罐或停罐不得使罐(吊桶)发生震动。在运送炸药和井底装药时,除装药、爆破人员、信号工、看盘工和水泵司机外,其他人员都要预先撤到地面或生产水平。

(5) 装药前，在加固工作面临时支架时，将工作面工具提出井外，抓岩机提到安全高度，吊桶提至距工作面 0.5 m 高处，防止碰撞连线引起爆炸事故。

2. 爆破和通风

(1) 当井筒内和井口房内全部人员撤到安全地点后，方可爆破。

(2) 爆破前，必须提起吊桶，打开井盖门。

(3) 爆破后，若采用压入式通风时，井盖门一直要打开到炮烟从井筒吹出为止；若采用混合式通风时，井盖门爆破后就可关上。

(二)《煤矿安全规程》有关规定

(1) 开凿或延深立井井筒，向井底工作面运送爆炸物品和在井筒内装药时，除负责装药爆破的人员、信号工、看盘工和水泵司机外，其他人员必须撤到地面或上水平巷道中。

(2) 开凿或延深立井井筒的装配起爆药卷工作，必须在地面专用的房间内进行。

专用房间距井筒、厂房、建筑物和主要通路的安全距离必须符合国家有关规定，且距离井筒不得小于 50 m。

严禁将起爆药卷与其他炸药装在同一爆炸物品容器内运往井底工作面。

(3) 在开凿或延深立井井筒时，必须在地面或在生产水平巷道内进行爆破。

在爆破母线与电力起爆接线盒引线接通之前，井筒内所有电气设备必须断电。

只有在爆破工完成装药和连线工作，将所有井盖门打开，井筒、井口房内的人员全部撤出，设备、工具提升到安全高度以后，方可起爆。

爆破通风后，必须仔细检查井筒，清除崩落在井圈上、吊盘上或其他设备上的矸石。

爆破后乘吊桶检查井底工作面时，吊桶不得蹾撞工作面。

第十章　爆破事故的预防与处理

本章培训与考核要点

- 掌握爆破事故产生的原因，熟练掌握爆破事故的预防及处理方法；
- 掌握爆破事故的勘察技术及方法。

第一节　早爆的原因及预防

早爆是指在正式通电起爆前，雷管、炸药突然发生的爆炸，如在炸药加工、贮存、搬运、装填过程中，或在起爆时人员撤退过程中发生的爆炸。早爆极易造成人身伤亡事故。

一、早爆的原因

(1) 杂散电流是爆破人员最担心的一种早爆因素，其主要来源于电机车牵引网路的漏电电流，当电机车启动和运行时其杂散电流可高达十几至数十安培，远远超过雷管的最大安全电流值，当其通过管路或潮湿的煤、岩壁导入雷管脚线时，就会引起早爆。

(2) 雷管脚线或爆破母线与动力或照明交流电源一相接地，又相互与另一接地电源相接触时，易发生早爆。

(3) 雷管脚线或爆破母线与漏电电缆相接触。

(4) 雷管和炸药受到机械撞击、挤压和摩擦时，易发生早爆。

(5) 各种起爆材料和炸药都具有一定的爆轰敏感度，在一处进行爆破作业，有可能引起附近另一处装药炮眼发生爆炸。

(6) 雷管和炸药变质、外壳破损等质量原因也会引起早爆。

二、预防早爆的措施

(1) 采取措施降低电机车牵引网路产生的杂散电流，加强井下机电设备和电缆的检查及维修，发现问题应及时处理；采用电雷管起爆时，杂散电流不得超过 30 mA。对杂散电流较大的地点也可使用电磁雷管。

(2) 电雷管脚线、爆破母线在连接以前扭结成短路，连线后电雷管脚线和连接线、脚线与脚线之间接头都必须悬空，并用绝缘胶布包好，不得同任何导电体或潮湿的煤、岩壁相接触。

(3) 存放雷管、炸药和装配起爆药卷的地点应安全可靠，严防煤、岩块或硬质器件撞击电雷管和炸药。

(4) 使用正规厂家生产的符合要求的爆破器材，经常检查雷管和炸药的质量，如有变质或破损现象不得使用。

(5) 发爆器及其把手、钥匙应妥善保管，严禁交给他人。

第二节　拒爆的预防及处理

拒爆又称瞎炮或盲炮，指炮眼或深孔中的起爆药包通电后，雷管与炸药全部未爆，或只爆雷管而炸药未爆的现象。当雷管与部分炸药爆炸，但在孔底剩留有未爆的药包，则称为半爆或残炮。拒爆是爆破作业中经常发生的爆破故障，极易造成人身伤亡事故。

一、产生拒爆的原因

(1) 电雷管质量不合格；炸药受潮变质，感度降低。

(2) 电路断路，如母线断开、接头不良以及串联电路中有一发或几发电雷管不导通等。

(3) 装药、装炮泥未按规定进行操作，雷管脚线折断或绝缘不良，造成不导通或电流短路。

(4) 连接的雷管数超过发爆器的起爆数，发爆器起爆电流不足，各雷管的电流不均匀等。

(5) 混用不同规格、不同厂家、不同材质的电雷管。

(6) 连线时错接、漏接，个别雷管脚线短路、随意改变网路连接方法、改变爆破导线规格、母线断股等。

(7) 发爆器与爆破母线、母线与脚线、脚线与脚线间连接不实，有短路；或与水、金属、岩石等导体、非导体接触，造成断路。

二、拒爆的预防

(1) 不领取变质炸药和不合格的电雷管；不使用硬化到不能用手揉松的硝酸铵类炸药，也不使用破乳和不能揉松的乳化炸药；有水和潮湿的炮眼应使用抗水炸药。

(2) 同一爆破网路中，不使用不同厂家生产的或同一厂家生产的但不同批次的电雷管；不领取、不使用未经导通、全电阻测试或管口松动的电雷管。

(3) 装药前应认真把炮眼内的煤、岩粉清理干净；向孔内装药或封泥时，脚线要紧贴孔壁；严格按操作规程进行装药，装药时必须用木棍或竹棍轻轻将药推入孔中，防止把药卷压实或把电雷管脚线折断、绝缘皮破损而造成网路不通、短路或漏电的现象。

(4) 网路连接时，连线接头必须扭紧牢固，尤其雷管脚线裸露处的锈迹应在连线前处理掉；联线后认真检查，防止出现接触不良、错接、漏接等现象，严格按照爆破作业说明书要求的方式进行联接。

(5) 爆破网路的电雷管数量不得超过发爆器的起爆能力；选用能力足够的发爆器并保持其完好；领取发爆器时认真检查其性能，随班领取，防止碰撞、摔打，及时更换电池，严禁用接线柱短路打火花的方式检查其残余电流；发爆器的起爆能力要大于一次爆破的雷管个数。

(6) 保持爆破母线的完好，妥善保管，及时检查处理。

(7) 炮眼布置应合理，尽量采取减少或消除间隙效应的措施；不准装垫药、盖药，不准采用不合理的装药方式。

三、拒爆的处理

通电以后装药炮眼不响时，爆破工必须先取下把手或钥匙，并将爆破母线从电源上摘下，扭结成短路，再等一定时间（使用瞬发电雷管时，至少要等 5 min；使用延期电雷管时，至少要等 15 min），才可沿线路检查，找出不响的原因。

处理拒爆（残爆）必须在班组长的直接指导下进行，并应当班处理完毕。如果当班未能处理完毕，爆破工必须同下一班爆破工在现场交接清楚。

（1）通电后如果出现全网路不爆时，爆破工应按规定用欧姆表检查网络，根据以下情况进行处理：

① 若表针读数小于零，说明网路有短路处，应依次检查导线，查出短路并处理后，重新通电起爆。

② 若表针走动小，读数大，说明有连接不良的接头，电阻大，应依次检查连接接头，查出后将其扭结牢实，重新联线起爆。

③ 若表针不走动，说明网路导线或雷管桥丝有折断，应改变联线方法，依次逐段重新爆破，或一眼一放。

（2）用导通表检测网路，若网路导通，则可重新爆破；若网路不导通，说明有断路，需要逐段检查，处理后重新通电爆破。

（3）若出现局部拒爆时，可在距拒爆炮眼 0.3 m 以外处另打与拒爆炮眼平行的新炮眼，重新装药起爆。

四、处理拒爆必须遵守的规定

（1）严禁用镐刨，或从炮眼中取出药卷，或从起爆药卷中拉出电雷管。

（2）严禁将炮眼残底继续加深；严禁用打眼的方法往外掏药；严禁用压风吹这些炮眼。

（3）处理拒爆的炮眼爆炸后，爆破工必须详细检查炸落的煤、矸，收集未爆炸的电雷管和药卷。

（4）在拒爆处理完毕以前，严禁在该地点进行与处理拒爆无关的工作。

第三节 残爆、爆燃和缓爆的原因及预防

残爆是指炮眼里的炸药引爆后，发生爆轰中断而残留部分不爆药卷的现象。爆燃是指炮眼里的药卷未能正常起爆，没有形成爆炸而发生快速燃烧，或形成爆轰后又衰减为快速燃烧的现象。缓燃又称为迟爆，是指在通电后，炸药延迟一段时间才爆炸的现象。迟爆时间可长达几分钟至十几分钟，爆破人员会误以为是拒爆而进入工作面进行检查，最容易发生伤亡事故。

一、发生残爆、爆燃和缓燃的原因

（1）装药时炮眼内的煤、岩粉未清理干净，或因操作失误，致使炮眼内的药卷受到阻隔或分离，影响药卷之间的传爆。

（2）装药时药卷被捣实，增加了药卷的密度，降低了药卷的稳定传爆性。

（3）装药时装了盖药或垫药，起爆后盖药常常被抛出散落在煤岩堆中，或在燃烧中散落在煤岩堆中，而垫药则常被留在眼底。

(4) 炸药质量不好或发生变质,或炮眼内的炸药因受潮失效。

(5) 雷管起爆能力不足,起爆后炸药达不到稳定爆轰或爆轰中断,产生残爆或爆燃。

(6) 药卷与炮眼孔壁之间存在间隙,常常会发生爆轰中断或爆轰转变为燃烧的现象,即发生炸药传爆的间隙效应。

二、预防残爆、爆燃和缓燃的措施

(1) 装药前必须将炮眼内的煤、岩粉清理干净。

(2) 装药时应把药卷轻轻送入炮眼,炮眼内的各药卷间彼此密接,避免用炮棍把炸药捣实。

(3) 合理布置炮眼,严禁装盖药和垫药。

(4) 加强对爆破器材的检查和保管,禁止使用不合格的炸药和雷管。

(5) 起爆药卷内的雷管聚能穴和装配位置应符合要求,并且雷管应全部插入药卷内。

(6) 通过控制药卷与炮眼孔壁的间隙尺寸来克服间隙效应,消除因间隙效应而发生的爆轰中断现象。

第四节　冲炮的原因及预防

当炮眼中炸药爆炸后,形成的爆炸冲击波难以克服岩石的抵抗作用,爆生气体沿炮眼喷出,只在眼壁和眼口处稍有破坏。这种爆破事故称为冲炮(也叫放空炮)。冲炮不仅不能破碎岩石,达不到爆破目的,而且还可能引起瓦斯、煤尘爆炸,严重威胁矿井安全。

一、冲炮的原因

(1) 炮眼深度过大或过小,炮眼间距过大,炮眼与工作面的倾角过大,装药量不足。

(2) 雷管和炸药质量差,起爆能不足,传爆不稳定,爆炸威力小。

(3) 炮眼封口炮泥长度短,封泥质量差或封泥充填不够密实。

二、预防冲炮的方法

(1) 要根据煤、岩层的硬度、构造发育情况和施工要求布置炮眼,炮眼的间距、角度要合理,装药量要适当。

(2) 加强爆破器材的管理,严禁使用受潮、硬化变质的炸药。

(3) 充填炮眼的炮泥质量要符合《煤矿安全规程》的有关规定,水炮泥水量充足,黏土炮泥软硬适中,保证炮泥的充填长度和炮眼封填质量符合规定。严禁用煤粉、块状材料或其他可燃性材料做炮眼封泥。

第五节　爆破崩倒支架及造成冒顶事故的预防

一、爆破崩倒支架的原因

(1) 炮眼布置不合理,如在炮眼角度偏斜,炮眼深度不够,装药过多,装填的炮泥太少或不装炮泥等情况下,爆破时极易将支架崩倒。

(2) 炮眼的排列方式与煤层硬度、采高不相适应,炮眼间距太大,爆破时造成大块煤崩落,支架被崩倒。

(3) 支架架设质量不好。如掘进工作面的顶帮未插严背实，柱脚浅，岔角过大或过小，或没加撑木、拉条、防倒器等；采煤工作面支架的迎山不够，楔子打得不紧，或将支架打在浮煤、矸石上，爆破时支架易被崩倒。

(4) 采煤工作面的炮道宽度小，太靠近支架，爆破时崩倒支架。

二、爆破崩倒支架的预防措施

(1) 爆破前，必须检查支架并对爆破地点附近 10 m 内的支护进行加固。

(2) 掘进工作面的顶帮要插严背实，并打上拉条、撑木，实行必要的加固；选择合理的掏槽方式、炮眼布置、角度、个数等爆破参数；打眼应靠近支架开眼，使眼底正处于两支架的中间；工作面要留有足够的掏槽深度。

(3) 采煤工作面支架除加强刹顶外，要用紧楔和打撑木的办法进行必要的加固；工作面要留有足够宽的炮道。

(4) 严格按照作业规程规定的装药量进行装药，避免出现装药量过大的现象。

三、爆破造成冒顶事故的主要原因

(1) 采掘工作面遇到有地质构造，顶板松软破碎的情况，未采取少装药放小炮的办法或其他有效措施进行爆破，造成冒顶。

(2) 顶眼装药量太大，爆破时对顶板的冲击强烈，造成冒顶。

(3) 采掘工作面顶眼的眼底距顶板距离太小或打入了顶板内，爆破时造成冒顶。

(4) 一次爆破炮眼数超过作业规程的规定，造成空顶面积过大，在未进行及时支护的情况下发生冒顶事故。

(5) 炮眼的角度不合适，爆破时崩倒或崩坏支架(柱)，造成大面积空顶，支架不及时跟上，造成冒顶。

四、爆破造成冒顶事故的预防措施

(1) 采掘工作面遇到地质构造，顶板破碎、松软、裂隙发育时，应采用少装药、放小炮或直接挖除通过的办法，减少对顶板的震动和破坏。

(2) 炮眼布置的角度、位置要合理，顶眼的眼底要距顶板 0.2～0.3 m。

(3) 一次爆破的炮眼数和装药量应控制在作业规程范围内，防止崩倒支架，形成过大的空顶面积和空顶距。

(4) 爆破前，应对爆破地点及其周围的支护进行加固，防止崩倒支架，崩倒的支架应及时修复加固；空顶时，严禁装药爆破。

第六节　爆破引起的瓦斯爆炸事故的原因及预防

一、爆破引起瓦斯事故的原因

(1) 没有严格执行“一炮三检”制。

(2) 有瓦斯积聚未及时处理。

(3) 无炮泥或不按规定堵塞炮泥，炮泥堵塞质量差。

(4) 裸露爆破。

二、预防瓦斯事故的措施

(1) 严格落实"一炮三检"制,加强瓦斯检查,防止瓦斯积聚。

(2) 加强通风管理,防止漏风,严格执行风电闭锁和甲烷电闭锁的使用规定。

(3) 严格执行堵塞炮泥规定,使用好黏土炮泥和水炮泥。

(4) 严禁裸露爆破。

(5) 加强机电设备的维修,严格使用隔爆电气设备,防止电火花的产生。

【案例 10-1】 2014 年 4 月 21 日,云南省曲靖市某煤矿发生一起重大瓦斯爆炸事故,造成 14 人死亡,直接经济损失 1498 万元。事故当班入井 77 人,炮采工作面爆破作业时发生瓦斯爆炸,爆炸冲击波瞬间沿炮采工作面迅速转播,造成多处风门、巷道、设备烧毁受损。

事故原因:该矿非法越界组织生产,工作面违规串联通风、循环风、微风作业,瓦斯积聚并达到爆炸浓度界限,井下没有执行"一炮三检"和"三人连锁爆破"制度,违规爆破作业产生火焰引起瓦斯爆炸。

第七节　爆破引起的煤尘爆炸事故的原因及预防

一、爆破引起煤尘爆炸事故的原因

(1) 未严格执行洒水降尘制度,地面沉积煤尘超标。

(2) 瓦斯超限,瓦斯爆炸引起煤尘爆炸。

(3) 未严格执行使用黏土炮泥和水炮泥的规定,炮泥堵塞质量差,或不堵炮泥。

(4) 裸露爆破。

(5) 采煤工作面分组爆破未严格执行规定,扬起煤尘。

(6) 放顶煤用爆破法处理卡住放煤口的大块煤。

二、预防煤尘事故的措施

(1) 加强检测,执行好综合防尘措施,防止煤尘超限。

(2) 加强检测,防止瓦斯超限,严防瓦斯、煤尘混合爆炸。

(3) 加强通风管理,严格执行风电闭锁。

(4) 严格执行堵塞炮泥的规定,使用好黏土炮泥和水炮泥。

(5) 严禁裸露爆破,严格按规程进行爆破作业,要防止爆破产生明火引起煤尘爆炸。

(6) 采煤工作面分组爆破设计要合理,制度要严格。

(7) 放顶煤时,严禁用爆破法处理卡住放煤口的大块煤。

(8) 用爆破法处理溜煤眼堵塞,要检查瓦斯,使用安全被筒炸药。

第八节　爆破引起的透水事故的原因及预防

一、爆破引起透水事故的原因

(1) 对矿井水文地质情况掌握不准,采掘作业盲目揭穿而造成透水事故。

(2) 忽视安全,违章作业。有些矿井对透水隐患基本上是掌握的,但是因为盲目追求进度和产量，缺乏安全第一的思想，因此不采取放水措施，违章作业，导致透水事故。

(3) 缺乏安全技术培训，职工素质不高。有些矿山缺乏安全培训和安全思想教育，即使出现透水预兆，也没有足够的认识，未能及时采取措施、停止工作、撤离人员。

二、预防透水事故的措施

(1) 编制详细完整的水文地质资料。在矿井建设和生产过程中对矿井的透水水源要进行认真的调查研究，掌握可能出水的断层及裂隙分布，了解含水层的补给来源和通道，查清井田内的采空区数量、分布地点，查清地面河流、湖泊、池塘积水区域和水量变化，编制出详细完整的水文地质资料，做到心中有数。

对地面水要根据历年最高洪水位确定井口标高，必要时还应在井口修防水堤坝。对井田范围内的河、沟、渠要疏干或改道。对地下水要采取探、防、堵、截、排等综合措施。

(2) 严格执行防治水有关规定。坚持"预测预报，有疑必探，先探后掘，先治后采"的探放水原则。按照《煤矿防治水细则》的要求，制定切实可行的探放水措施。

打眼时发现岩石变软、片帮、来压，在钻孔中水压大，水量增大，以及顶钻等异常时，应立即停止钻进，查明原因，撤出人员，采取措施。

(3) 进行爆破作业遇有以下情况，必须立即停止爆破，进行探放水：① 当采掘工作面接近采空区、水淹井巷区域、含水层、导水断层、溶洞和陷落柱时。② 接近水文地质复杂并有出水征兆的区域时。③ 接近可能与河流、湖泊、水库、池塘、水井相通的断层破碎带时。④ 遇有透水预兆时，如空气忽然变冷、煤层发潮、煤壁挂汗、顶板滴水、水叫声、臭鸡蛋味、炮眼向外流水、顶钎子等。

【案例10-2】 2014年4月，云南省曲靖市下海子煤矿补巷掘进工作面爆破时击穿老空区，老空区内大量积水瞬间涌出，水沿着运输巷、联络巷渍入并淹没运输下山、回风下山后，水位上升并淹没残采工作面等区域，造成21人遇难，1人下落不明，直接经济损失6689万元。事故的原因：下海子煤矿非法越界开采陆东煤矿三号井保安煤柱，掘进工作面不进行探放水作业，冒险蛮干，爆破贯通采空区积水，诱发透水造成事故。

第九节　爆破事故的勘察技术及方法

一、现场勘察的基本要求

1. 查清爆炸事故的概况

调查事故发生的时间、地点、单位和人员伤亡情况，事故造成的设备损坏和经济损失，摸清事故初步原因和与事故有关的一些问题和情况。

2. 检查爆破事故区域的通风情况

观察是否出现巷道受阻、通风不正常的现象，检查有毒有害气体浓度，防止瓦斯积聚、毒气熏人，阻碍抢救工作。

3. 检查爆破事故诱发的其他事故情况

如爆破崩倒支架造成冒顶事故；引起瓦斯、煤尘爆炸事故；崩坏机电设备引起外因火灾事故等。及时检查了解事故给方方面面带来的影响和损失，准确认定事故的性质和类别。

4. 了解及时恢复生产的可能性和具体措施

经过积极可靠的现场抢救和处理，伤亡人员得到妥善救护，机电设备恢复正常运转，通风或有毒有害气体浓度符合《煤矿安全规程》规定，顶板得到有效控制，工作面或巷道畅通无阻，各种安全设施恢复正常使用，确认事故现场已达到安全作业条件，经抢险救灾指挥部同意，方可恢复正常生产。

二、爆破人身伤害事故的勘察

1. 爆破伤人事故的勘察

(1) 对于炮眼内炸药发生突然爆炸的情况，要对突然爆炸的原因加以分析：① 是否作业地点有杂散电流通过潮湿的煤壁或岩壁，导入雷管脚线而引爆炮眼；② 是否井下电源一相接地，雷管脚线或爆破母线又互相接触另一个接地电源；③ 雷管脚线或爆破母线与漏电的电缆是否有接触的地方；④ 受害者是否穿化纤衣服，造成静电电压引爆雷管。

(2) 检查受害者是否违章替代爆破工连接母线；爆破工是否未等受害者撤回到安全地点就拧发爆器起爆了。

(3) 如果是多次起爆，检查是不是爆破工没有待爆破工作面人员全部撤离并验明母线无电流后，再与雷管脚线或连接线连接。

(4) 检查爆破前两根母线是否没有拧成短路状态。

(5) 检查是否因母线长度不符合作业规程规定而造成崩人事故。

(6) 检查雷管是否受到外界冲击，如大块煤、岩和金属器材撞击，导致雷管爆炸。

(7) 检查是否按作业规程进行作业，重点检查爆破参数是否合理，包括炮眼深度、角度、眼距以及装药量等是否符合《煤矿安全规程》的规定。

(8) 检查炮眼充填情况，是否按规定充填，充填物中是否有煤渣、石块等坚硬物质。

(9) 检查受害者是否不听劝阻闯过警戒线，误入爆破区域内。

(10) 检查是否安排警戒员，警戒距离是否符合规定要求。检查警戒人员是否认真负起责任，警戒标志是否齐全并全部到位，是否以“相约”习惯作业代替正规操作程序，造成崩人事故。

(11) 检查受害者伤害地点与造成爆破事故有关因素的内在联系，分析事故产生的原因。

2. 炮烟熏人事故的勘察

(1) 检查爆破后，作业人员是否没有等炮烟排完就匆忙进入工作面。

(2) 检查是否因杂物堆积影响通风排烟等。

(3) 检查炸药质量，是否使用了超期、硬化、变质的炸药，造成炸药缓慢燃烧，产生过量的有害气体。

(4) 检查使用的炸药量是否过多，造成风量不能在规定时间内将炮烟冲淡。

(5) 检查在工作面附近是否有未充填满的旧巷或采空区，爆破后在旧巷或采空区里积满了大量炮烟，然后突然涌出造成熏人事故。

(6) 检查采掘工作面是否由于串联通风造成了炮烟熏人事故。

(7) 检查爆破前后是否在距离爆破地点 20 m 范围内采取了洒水、喷雾等降尘措施。

(8) 检查炮眼充填质量。因为炮泥填得深、堵得严、充填质量好，也可减少爆破有害气体的产生。

三、爆破非人身伤害事故的勘察

1. 爆破崩倒支架事故的勘察

(1) 检查支架质量是否符合要求。如采煤工作面支架迎山角不够，劲木不全，有空顶或棚腿打在浮煤上等。

(2) 检查打眼角度是否正确。采煤工作面炮眼位置不合适，炮眼角度大，间距不均匀，有大块煤(岩)崩出来等。

(3) 检查是否炮眼过浅，装药量是否过大，炮泥装得是否少而软。

2. 爆破崩坏刮板输送机事故的勘察

(1) 检查刮板输送机是否铺得过高，周围有无保护围栏，以免爆破时刮板输送机被砸落架。

(2) 检查是否底眼眼口太低，以免爆破时崩坏刮板输送机。

(3) 检查刮板输送机铺得是否牢固，以免爆破时刮板输送机被砸或冲击而造成刮板输送机脱节。

(4) 检查炮眼是否过浅，装药量是否过大，炮眼封泥是否少而软。

第十一章　煤矿井下爆破作业安全技术实际操作考试标准

(说明:本实操考试标准由国家煤矿安全监察局于 2016 年 9 月 2 日以煤安监行管[2016]19 号文印发。)

1　制定依据

本标准依据《中华人民共和国安全生产法》《煤矿安全规程》《特种作业人员安全技术培训考核管理规定》《煤矿井下爆破工安全技术培训大纲及考核标准》等法律、法规和标准制定。

2　适用对象

从事煤矿井下爆破作业的人员,即井下爆破工。

3　考试方式

采用实物操作、模拟操作和手指口述等方式。

4　考试点基本条件

4.1　具有满足实际操作考试需要的考试场所。考试场所必须按照环境保护、劳动保护、安全和消防各项要求设置,应当设置有关安全指示标志、警示标语、考场规则等,应当安装实时监控系统。

4.2　具有满足实际操作考试需要的实物装置。配置带有炮眼布置的工作面模型,模拟炸药和模拟电雷管,发爆器、爆破母线、导通表、炮泥、便携式甲烷检测报警仪等实物,或者配置“井下爆破作业安全操作模拟考试装置”。实物装置及仪表应功能齐全、性能稳定、操作可靠、安全环保。

4.3　具有满足实际操作考试需要的考评人员。考评人员应具有工程师、讲师及以上专业技术职务或者技师及以上资格,实际从事采矿、矿建专业相关工作 5 年以上,熟悉相应的专业知识和操作技能,掌握考试标准。

5　考试要求

5.1　考试科目

5.1.1　爆破前安全准备(简称 K1)

5.1.2　装药、连线安全操作(简称 K2)

5.1.3　起爆安全操作及拒爆、残爆安全处理(简称 K3,必考科目)

5.2　组卷方式

从 K1、K2 中随机抽取一个科目与 K3 组成试卷。

5.3　考试成绩

考试成绩总分为 100 分,80 分及以上为合格。

5.4　考试时间

考试时间为30分钟。

6　考试内容及评分标准

6.1　爆破前安全准备，见表11-1。

表11-1　爆破前安全准备

考试时间：15分钟

序号	考试项目	操作内容与步骤	考试方式	分值	评分标准
1	发爆器安全检查	1. 检查发爆器 ① 外观无损坏。 ② 外壳固定螺丝、接线柱牢靠。 ③ 防尘小盖、氖气灯完好。	实物操作＋手指口述	6分	操作内容每项2分，每缺一项或一项不正确扣2分。
		2. 测试发爆器电池 ① 发爆钥匙完好。 ② 用钥匙将发爆器扭到充电位置。 ③ 确认发爆器完成充电时间正常。		6分	操作内容每项2分，每缺一项或一项不正确扣2分。
2	电雷管安全检查	1. 检查电雷管 ① 未受潮，无砂眼，无裂缝。 ② 脚线裸露处无锈蚀。	模拟操作＋手指口述	6分	操作内容每项3分，每缺一项或一项不正确扣3分。
		2. 领用核对 ① 数量、品种、规格与领用单相符。 ② 在有效期内。		6分	操作内容每项3分，每缺一项或一项不正确扣3分。
3	炸药安全检查	1. 检查炸药 ① 未受潮、无变形。 ② 药卷不漏药。		6分	操作内容每项3分，每缺一项或一项不正确扣3分。
		2. 领用核对 ① 数量、品种、规格与领用单相符。 ② 在有效期内。		6分	操作内容每项3分，每缺一项或一项不正确扣3分。
4	起爆药卷安全制作	1. 抽取电雷管 理顺成束电雷管脚线→轻拉单个电雷管前端脚线，将其慢慢抽出→把抽取的电雷管脚线扭结成短路状态。		6分	操作步骤每步2分，每缺一步或一步不正确扣2分。
		2. 制作起爆药卷 确认起爆药卷制作地点顶板完好、支护完整、避开电气设备→轻揉炸药卷顶部，开启药卷封口→使用木扦或竹扦在药卷的顶端中心，垂直扎好略大于电雷管直径的孔→把电雷管全部管体插入到孔眼中→将电雷管脚线在药卷上拴一个扣→把剩余的脚线全部缠在药卷上→扭结电雷管脚线末端成短路状态→将起爆药卷轻轻放入专用药箱。		8分	操作步骤每步1分，每缺一步或一步不正确扣1分。
5	合计			50分	

6.2　装药、连线安全操作，见表 11-2。

表 11-2　装药、连线安全操作

考核时间：15 分钟

序号	考试项目	操作内容与步骤	考试方式	分值	评分标准
1	装药安全操作	1. 清孔与验孔 ① 使用掏勺或吹眼器清除炮眼内的煤尘或岩粉。 ② 使用炮棍查验炮眼的深度、角度和方向，确认炮眼符合装药条件。	模拟操作＋手指口述	4 分	操作内容每项 2 分，每缺一项或一项不正确扣 2 分。
		2. 装药 ① 确认甲烷浓度不超过 1.0%。 ② 使用炮棍将药卷轻轻推入眼底，确认装入的药卷彼此密接。 ③ 一只手向炮眼内缓缓推进起爆药卷，另外一只手轻轻松直电雷管脚线。 ④ 装药后，将电雷管脚线悬空放置。		8 分	操作内容每项 2 分，每缺一项或一项不正确扣 2 分。
		3. 封泥 ① 紧靠药卷装填 30～40 mm 的黏土炮泥，再装填适量的水炮泥和黏土炮泥。 ② 一只手轻轻拉住电雷管脚线，另一只手轻捣、压实炮眼封泥。 ③ 将电雷管脚线扭结成短路状态，并盘放在炮眼口附近。		6 分	操作内容每项 2 分，每缺一项或一项不正确扣 2 分。
2	联线安全操作	1. 检查爆破母线 ① 材质相同，长度合适、无损伤。 ② 接头无锈蚀、无松脱。 ③ 呈短路状态。 ④ 悬挂位置、悬挂方式、与其他导体的间距合理。	实物操作＋手指口述	8 分	操作内容每项 2 分，每缺一项或一项不正确扣 2 分。
		2. 联线准备 ① 撤出现场与爆破工作无关的人员。 ② 顶板、煤壁、两帮和支架等完好、可靠。 ③ 刮净连线接头并保持清洁。		6 分	操作内容每项 2 分，每缺一项或一项不正确扣 2 分。

表 11-2(续)

序号	考试项目	操作内容与步骤	考试方式	分值	评分标准
2	联线安全操作	3. 连接脚线与脚线、脚线与连接线。 ① 把相邻电雷管的脚线彼此连接起来，然后把两端脚线通过端线与母线连接起来，再把母线接到电源上(串联连接方式)。 ② 脚线长度不够长时，用规格相同的脚线作连接线。 ③ 采用“对头”连接方式进行连接。 ④ 脚线之间、脚线与连接线之间的接头连接牢靠，位置错开，并悬空放置。	实物操作+手指口述	8 分	操作内容每项 2 分，每缺一项或一项不正确扣 2 分。
		4. 连接爆破母线 ① 确认连接前爆破母线无电流。 ② 爆破工一人将脚线或连接线与爆破母线连接。 ③ 爆破母线的连接接头扭紧并悬空放置。 ④ 爆破母线与电缆分别挂在巷道两侧，必须挂在一侧时，爆破母线挂在电缆下方，并保持 0.3 m 以上的距离。 ⑤ 将爆破母线扭结成短路。		10 分	操作内容每项 2 分，每缺一项或一项不正确扣 2 分。
3	合计			50 分	

6.3　起爆安全操作及拒爆、残爆安全处理，见表 11-3。

表 11-3　起爆安全操作及拒爆、残爆安全处理

考核时间：15 分钟

序号	考试项目	操作内容与步骤	考试方式	分值	评分标准
1	起爆安全操作	1. 起爆准备 ① 确认甲烷浓度不超过 1.0%。 ② 确认爆破警戒到位、采用绝缘母线单回路爆破，进行电爆网路全电阻检测。 ③ 连接爆破母线与发爆器上的接线端并拧紧接线。 ④ 爆破工最后离开爆破地点，并在安全地点起爆。 ⑤ 起爆地点到爆破地点的距离合理。	模拟操作+手指口述	10 分	操作内容缺一项或一项不正确扣 10 分。
		2. 发爆器充电 ① 接收班组长发出的起爆命令。 ② 旋转发爆器开关钥匙到充电位置。		4 分	操作内容缺一项或一项不正确扣 4 分。
		3. 起爆操作 确认发爆器氖灯闪亮稳定→发出爆破警号，至少等待 5 s 后→扭转发爆器钥匙放电起爆。		9 分	操作步骤缺一步或一步不正确扣 9 分。

表 11-3(续)

序号	考试项目	操作内容与步骤	考试方式	分值	评分标准
1	起爆安全操作	4. 起爆后操作 立即拔出钥匙→摘下爆破母线→将爆破母线扭结成短路→ 确认甲烷浓度不超过1.0%。	模拟操作＋手指口述	8分	操作步骤缺一步或一步不正确扣8分。
2	全网路拒爆原因查找	拔出钥匙→摘下爆破母线→将爆破母线扭结成短路→等待规定时间后，沿母线检查，找出拒爆原因(在处理拒爆期间不得解除警戒)。		8分	操作步骤每步2分，每缺一步或一步不正确扣2分。
3	拒爆残爆安全处理	1. 准备 ① 确认爆破现场没有从事与处理拒爆无关的工作人员。 ② 确认爆破警戒到位。		2分	操作内容每项1分，每缺一项或一项不正确扣1分。
		2. 处理 ① 因连线不良造成的拒爆，重新连线起爆。 ② 由于装药不良造成的拒爆，在距拒爆炮眼0.3 m以外，另打一个与拒爆眼平行的新炮眼，重新装药起爆。 ③ 详细检查炸落的煤、矸，收集未爆电雷管。	手指口述	9分	操作内容每项3分，每缺一项或一项不正确扣3分。
4	合计			50分	

第四篇　煤矿井下爆破作业操作资格考试题库

第一部分　法律法规知识子题库

一、单选题

1.《安全生产法》规定，生产经营单位应当向从业人员如实告知作业场所和工作岗位存在的（　　）、防范措施以及事故应急措施。

A. 危险因素　　B. 人员状况　　C. 设备状况　　D. 环境状况

2.《安全生产法》规定，未经（　　）合格的从业人员，不得上岗作业。

A. 基础知识教育

B. 安全生产教育和培训

C. 技术培训

3. 在煤矿生产中，当生产与安全发生矛盾时必须是（　　）。

A. 安全第一　　B. 生产第一　　C. 先生产后安全

4. 特种作业人员必须取得（　　）才允许上岗作业。

A. 技术资格证书　　B. 操作资格证书　　C. 安全资格证书

5.《煤矿安全监察条例》的执法主体是（　　）。

A. 煤矿安全监察机构　　B. 煤炭行业管理部门

C. 司法机关　　D. 职工代表委员会

6. 煤矿职工因行使安全生产权利而影响工作时，有关单位不得扣发其工资或给予处分，由此造成的停工、停产损失，应由（　　）负责。

A. 该职工　　B. 企业法人　　C. 责任者　　D. 工会

7. 煤矿安全监察工作应当以（　　）为主。

A. 预防　　B. 事故处理　　C. 处罚　　D. 事故教训警示他人

8. 规定采矿许可证制度的法律是（　　）。

A. 煤炭法　　B. 矿产资源法　　C. 矿山安全法　　D. 安全生产法

9.《安全生产法》规定的从业人员在安全生产方面的义务包括：从业人员在作业过程中，应当严格遵守本单位的安全生产规章制度和操作规程，服从管理，正确佩戴和使用（　　）。

A. 劳动防护用品　　B. 安全卫生用品　　C. 专用器材设备

10. 安全生产责任制重在（　　）上下真功夫。

A. 健全完善　　B. 分工明确　　C. 责任追究　　D. 贯彻落实

11.《刑法》第134条对重大责任事故罪追究刑事责任最高可判(　　)年有期徒刑。

A. 5　　B. 7　　C. 15　　D. 10

12. 煤矿企业必须建立健全各级领导安全生产责任制，职能机构安全生产责任制，(　　)安全生产责任制。

A. 领导干部　　B. 岗位人员　　C. 工作人员　　D. 作业人员

13. 行政处分只能对(　　)做出处分决定。

A. 单位　　B. 个人　　C. 单位和个人　　D. 领导集体

14.《矿山安全法》的制定目的是：为了保障矿山安全，防止矿山事故，保护(　　)人身安全，促进采矿业的发展。

A. 劳动者　　B. 煤矿工人　　C. 矿山职工　　D. 管理人员

15. (　　)是制定《安全生产法》的根本出发点和落脚点。

A. 依法制裁安全生产违法犯罪　　B. 建立和完善我国安全生产法律体系

C. 加强安全生产监督管理　　D. 重视和保护人的生命权

16. 根据《煤炭法》的规定，对违法开采的行为，构成犯罪的，由司法机关依法追究有关人员的(　　)。

A. 民事责任　　B. 行政责任　　C. 刑事责任　　D. 法律责任

17. 我国煤矿安全生产的方针是(　　)。

A. 安全第一，质量为本　　B. 安全第一，预防为主，综合治理

C. 安全为了生产，生产必须安全　　D. 质量是基础，安全是前提

18. 煤矿特种作业人员必须经过(　　)，取得特种作业操作资格证书后方可上岗作业。

A. 职业教育　　B. 专门安全作业培训　　C. 学历教育

19. 煤矿企业没有给职工发放煤矿职工安全手册，且逾期未改正的，处(　　)以下的罚款。

A. 1万元　　B. 5万元　　C. 10万元

20. 煤矿企业负责人和生产经营管理人员应当(　　)下井，并建立下井登记档案。

A. 不定期　　B. 轮流带班　　C. 定期

21. 煤矿职工举报煤矿重大安全生产隐患和行为经调查属实的，应给予最先举报人1000元至(　　)的奖励。

A. 1万元　　B. 2万元　　C. 3万元

22. 矿山企业主管人员违章指挥、强令工人冒险作业，因而发生重大伤亡事故的，对矿山事故隐患不及时采取措施，因而发生重大伤亡事故的，依照刑法规定追究(　　)。

A. 刑事责任　　B. 行政责任　　C. 民事责任

23. 坚持"管理、(　　)、培训并重"是我国煤矿安全生产工作的基本原则。

A. 装备　　B. 技术　　C. 检查

24. 对发现事故预兆和险情，不采取防止事故的措施，又不及时报告，应追究(　　)的责任。

A. 当事人或事故肇事者　　B. 领导　　C. 段长

25. 企业职工由于不服管理违反规章制度，或者强令工人违章冒险作业，因而发生重大伤亡事故，造成严重后果的行为是(　　)。

A. 玩忽职守罪　　B. 过失犯罪　　C. 重大责任事故罪　　D. 渎职罪

26.《劳动法》规定，用人单位应保证劳动者每周至少休息(　　)。

A. 0.5日　　B. 1日　　C. 1.5日　　D. 2日

27. 生产经营单位(　　)与从业人员订立协议，免除或者减轻其对从业人员因生产安全事故伤亡依法应承担的责任。

A. 可以　　B. 不得以任何形式　　C. 可以有条件

28. 规定安全生产许可证制度的法律法规是(　　)。

A. 煤炭法　　B. 矿山安全法

C. 煤矿安全监察条例　　D. 安全生产许可证条例

29. 煤矿安全生产是指在煤矿生产活动过程中(　　)不受到危害，物(财产)不受到损失。

A. 人的生命　　B. 人的生命与健康　　C. 人的健康

30. 矿山企业必须建立健全安全生产责任制，(　　)对本企业的安全生产工作负责。

A. 矿长　　B. 各职能机构负责人

C. 各工种、岗位工人　　D. 特种作业人员

31. 从业人员对用人单位管理人员违章指挥、强令冒险作业，(　　)。

A. 不得拒绝执行　　B. 先服从后报告　　C. 有权拒绝执行

二、多选题

1. 行政处罚有严格的程序，行政处罚程序的种类包括(　　)。

A. 简易程序　　B. 一般程序　　C. 特别程序　　D. 听证程序

2. "建立健全安全生产责任制度"是《煤炭法》确立的安全管理制度的一项重要内容，它包括(　　)。

A. 煤矿企业职能管理机构及其工作人员的安全生产责任制

B. 煤矿企业负责人的安全生产责任制

C. 煤矿安全检查责任制

D. 岗位人员的安全生产责任制

E. 群防群治制度

3. 重大责任事故罪在客观方面必须具备的条件有(　　)。

A. 违章行为　　B. 违章行为发生在生产作业过程中

C. 不懂安全生产知识　　D. 造成重大伤亡事故或其他严重后果

E. 未取得安全操作资格证书

4. 在下列说法中，符合我国安全生产方针的是(　　)。

A. 必须坚持"以人为本"　　B. 实行"安全优先"的原则

C. 在事故的预防与处理上应重在处理　　D. 为了保证安全应将一些高危企业统统关闭

5. 以下几项制度中属于《煤炭法》规定的法律制度是(　　)。

A. 生产许可制度　　B. 采矿许可制度

C. 安全管理制度　　D. 质量标准化制度

E. 井下作业矿工特殊保护制度

6. 《煤矿安全规程》是煤矿安全法规体系中一部重要的安全技术规章，它具有(　　)的特点。

A. 强制性　　B. 科学性　　C. 规范性　　D. 相对稳定性

7. 煤矿安全生产工作中人们常说的"三违"行为是指(　　)。

A. 违章作业　　B. 违反财经纪律　　C. 违反劳动纪律　　D. 违章指挥

8. 煤矿安全生产要坚持"三并重"原则，"三并重"是指(　　)三并重。

A. 生产　　B. 管理　　C. 装备　　D. 培训

9. 煤矿安全治理，要坚持(　　)。

A. 依法办矿　　B. 依法管矿　　C. 依法纳税　　D. 依法治理安全

10. 建立健全(　　)是党和国家在安全生产方面对各类生产企业的政策要求，同时也是生产经营企业的自身需求。

A. 安全生产责任制　　B. 业务保安责任制　　C. 工种岗位安全责任制　　D. 经营目标责任制

11. 刑事制裁是各种法律制裁中最为严厉的制裁，包括主刑和附加刑。以下几种制裁属于主刑的是(　　)。

A. 有期徒刑　　B. 没收财产　　C. 剥夺政治权利　　D. 管制

E. 拘役

12. 以下几种制裁属于行政制裁的是(　　)。

A. 支付违约金　B. 劳动教养　C. 行政处罚　D. 行政处分

E. 没收财产

13. 过失犯罪的特点是(　　)。

A. 不是有意识的犯罪　B. 有意识的犯罪

C. 有无危害结果都要定罪　D. 必须追究其刑事责任

E. 客观上只有造成严重的危害结果才构成犯罪

14.《安全生产法》的出台,解决了目前安全生产面临的(　　)问题。

A. 企业的安全生产管理缺乏明确的法律规范,企业负责人安全生产责任制不明确

B. 煤炭生产中存在的乱采、滥挖行为

C. 一些地方政府监管不到位

D. 安全生产投入严重不足,企业安全技术装备老化、落后,抗灾能力差

E. 企业职工安全意识较差

15.《煤矿安全监察条例》确立了(　　)制度。

A. 煤矿事故报告与调查处理　B. 煤矿安全监察行政处罚

C. 煤矿安全生产监督检查　D. 煤矿安全监察监督约束

E. 煤炭生产许可制度

16. 企业民主监督的主要形式有(　　)。

A. 职工代表大会　B. 企业工会组织

C. 群众安全监督检查网(岗)　D. 社会监督

17. 违法行为,又称违法,是指人们(　　)的活动。

A. 违反法律　B. 违反纪律　C. 具有社会危害性　D. 主观上有过错

18. 属于法律的是(　　)。

A. 煤炭法　B. 煤矿安全监察条例

C. 安全生产法　D. 安全生产许可证条例

19. 属于行政法规的是(　　)。

A. 煤炭法　B. 煤矿安全监察条例

C. 安全生产法　D. 安全生产许可证条例

20. 煤矿进行采矿作业,不得采用可能危及相邻煤矿生产安全的(　　)等危险方法。

A. 决水　B. 高落式采煤　C. 爆破　D. 巷道掘进

E. 贯通巷道

21. 某煤矿生产副矿长赵某在采煤作业过程中擅自指挥工人开采保安煤柱,造成冒顶及地表塌陷,死亡村民及工人计 5 人,工人伤 2 人。在该事故中,赵某应承担(　　),伤者承担(　　),死亡矿工应(　　),死亡村民应(　　)。

A. 民事责任　B. 刑事责任　C. 不追究责任　D. 获得民事赔偿

E. 行政责任　F. 追究重大责任事故罪

22. 安全生产管理,坚持(　　)的方针。

A. 安全责任制　B. 安全第一　C. 预防为主　D. 监督检查

E. 综合治理

23. 事故调查处理中坚持的原则是(　　)。

A. 事故原因没有查清不放过　B. 责任人员没有处理不放过

C. 广大职工没有受到教育不放过　D. 资金不到位不放过

E. 整改措施没有落实不放过

24. 煤矿的(　　)等安全设备、设施和条件应符合国家标准、行业标准。

A. 通风　　B. 防瓦斯　　C. 防煤尘　　D. 防水火

E. 环境卫生

25. 煤矿职工安全手册应载明(　　)等。

A. 职工的权利和义务　　B. 重大安全隐患

C. 应急保护措施和方法　　D. 违法行为举报电话和受理部门

26.《安全生产法》规定,生产经营单位从业人员在安全生产方面有(　　)的权利。

A. 了解工作岗位存在的危险因素和防范措施　　B. 对存在问题提出批评、检举和控告

C. 拒绝违章指挥和强令冒险作业　　D. 危及人身安全时停止作业

E. 生产安全事故中受到损害时获得赔偿　　F. 参与事故调查

27. 企业取得安全生产许可证,在从业人员方面应具备(　　)条件。

A. 主要负责人和安全生产管理人员经考核合格并取得安全资格证书

B. 特种作业人员考核合格并取得操作资格证书

C. 从业人员经安全生产教育和培训合格并取得培训合格证书

D. 依法参加工伤保险

E. 医疗保障

28. 生产经营单位的从业人员在作业过程中,应当(　　)。

A. 严格遵守本单位的安全生产规章制度　　B. 严格遵守本单位的安全生产操作规程

C. 服从管理　　D. 正确佩戴和使用劳动防护用品

E. 尊敬同事

29. 从业人员发现事故隐患或者其他不安全因素,应当立即向(　　)报告;接到报告的人员应当及时予以处理。

A. 煤矿安全监察机构　　B. 地方政府

C. 现场安全生产管理人员　　D. 本单位负责人

30. 属于规章的是(　　)。

A. 煤矿安全规程

B. 煤矿安全监察条例

C. 以省政府令颁布的煤矿安全生产监督管理规定

D. 安全生产许可证条例

31.《劳动法》规定,国家对(　　)实行特殊劳动保护。

A. 童工　　B. 未成年工　　C. 女职工　　D. 青少年

32. 黄某与张某合资开办煤矿。在安全整顿中,因该矿不能保证生产安全,当即责令其停止生产,进行整顿。但两位矿主和矿长王某拒不进行整顿,仍强令矿工进行煤炭生产。当年9月25日,该煤矿发生瓦斯爆炸事故,造成2人死亡、5人重伤。经查,爆炸是因为矿工李某违章吸烟造成的,李某当场死亡;爆炸时的当班瓦斯检查工刘某没有履行瓦斯检查职责,且未取得操作资格证。在该事故中,李某应承担(　　),刘某应承担(　　),矿主和王某应承担(　　),伤亡者应(　　)。

A. 民事责任　　B. 刑事责任

C. 行政责任　　D. 不追究责任

E. 追究重大责任事故罪　　F. 获民事赔偿

33. 国务院制定"关于预防煤矿生产安全事故的特别规定"的目的是(　　)。

A. 发现并排除煤矿安全生产隐患　　B. 落实煤矿安全生产责任

C. 预防煤矿生产安全事故　　D. 保障职工生命安全

E. 改善煤矿形象

34. 根据《劳动法》的规定,不得安排未成年工从事(　　)的劳动。

A. 矿山井下　　B. 有毒有害

C. 国家规定的第四级体力劳动强度　　D. 其他禁忌从事

35.《安全生产法》规定,生产经营单位与从业人员订立的劳动合同,应当载明有关保障从业人员(　　)的事项。

A. 工资待遇　B. 劳动安全　C. 医疗社会保险　D. 防止职业危害

36. 工会依法组织职工参加本单位安全生产工作的(　　),维护职工在安全生产方面的合法权益。

A. 民主管理　B. 安全管理　C. 民主监督　D. 生产管理

37. 生产经营单位应当对从业人员进行安全生产教育和培训,保证从业人员具备(　　)。未经安全生产教育和培训合格的从业人员,不得上岗作业。

A. 必要的安全生产知识

B. 必要的企业管理知识

C. 熟悉有关的安全生产规章制度和安全操作规程

D. 掌握本岗位的安全操作技能

三、判断题

1. 在煤矿安全生产方面,安全生产许可证制度是一项基本制度,由国家强制力来保证它的实施。（　　）
2. 煤矿安全监察机构是《煤矿安全监察条例》的执法主体。（　　）
3. 安全生产责任制是“安全第一,预防为主,综合治理”方针的具体体现,是煤矿企业最基本的安全管理制度。（　　）
4. 把作业场所和工作岗位存在的危险因素,如实告知从业人员,会有负面影响,增加思想负担,不利于安全生产。（　　）
5. 企业的从业人员没有经过安全教育培训,不了解规章制度,因而发生重大伤亡事故的,行为人不应负法律责任,应由发生事故的企业负有直接责任的负责人负法律责任。（　　）
6. 安全生产责任制是一项最基本的安全生产制度,是其他各项安全规章制度得以切实实施的基本保证。（　　）
7. 矿山职工有享受劳动保护的权利,没有享受工伤社会保险的权利。（　　）
8. 过于自信和疏忽大意的过失而造成重大事故发生的,由于主观上不希望发生,不是有意识行为,不应对责任人定为重大责任事故罪。（　　）
9. 煤矿工人不仅有安全生产监督权、不安全状况停止作业权、接受安全教育培训权,而且还享有安全生产知情权。（　　）
10. 生产经营单位为从业人员提供劳动保护用品时,可根据情况采用货币或其他物品替代。（　　）
11. 立法机关经立法程序制定、认可的法律,才有实施保证;而群众组织、社会团体的文件,不具有国家强制力的保证。（　　）
12. 违法的主体必须具有责任能力。（　　）
13. 凡属违法行为,都应追究违法者的刑事责任,给予刑事制裁。（　　）
14. 我国煤矿生产安全状况较差的原因较多,但煤矿职工整体素质较差,法律意识淡薄是不可忽视的主观因素。（　　）
15. 煤矿生产中,事故的预防和处理都是较为重要的工作,都必须重点去抓,不能有主次之分。（　　）
16. 煤矿企业作业人员有权拒绝任何人违章指挥,有权制止任何人违章作业。（　　）
17. 煤矿企业及其人员因煤矿安全监察机构违法给予行政处罚受到损害的,有权依法提出赔偿要求。（　　）

18. 安全生产教育、培训，应坚持统一规划，归口管理，分级实施，分类指导，教考分离的原则。（ ）
19. 新的安全监察体制的建立，改变了长期以来政企不分，在安全管理上重管理轻监督的现象。（ ）
20. 制定《安全生产法》最重要的目的是制裁各种安全生产违法犯罪行为。（ ）
21. 矿产资源的开采，不论开采规模的大小，在安全和物质保证上都必须立足于保护矿山职工的人身安全。（ ）
22. 煤炭生产是一项比较危险的生产活动，企业在与从业人员订立"生死合同"时，必须如实告知从业人员，并经双方签字后方可生效，否则将视为无效合同。（ ）
23. 安全警示标志，能及时提醒从业人员注意危险，防止从业人员发生事故，因此对其设置应越多越好。（ ）
24. 煤矿企业要保证"安全第一，预防为主，综合治理"方针的具体落实，必须严格执行《煤矿安全规程》。（ ）
25. 2004 年 12 月 18 日，蹬钩工龙某在井下 1203 工作面作业时，擅自开动绞车，使下放的两节重车撞到停在空车道上的车斗，将掘进区爆破工庄某挤死，属于重大责任事故罪。（ ）
26. 安全与生产的关系是，生产是目的，安全是前提，安全为了生产，生产必须安全。（ ）
27. 某乡办小井瓦斯检查工王某，自 2005 年 8 月下旬起，已测知井下瓦斯浓度日趋上升，但未及时报告处理。9 月 2 日，井下爆破时，王某又没有检查瓦斯，结果爆破引起瓦斯爆炸，死伤多人，属于重大责任事故罪。（ ）
28. 煤矿企业可以有偿为每位职工发放煤矿职工安全手册。（ ）
29. 安全生产违法行为轻微并及时纠正，没有造成危害后果的，可不予行政处罚。（ ）
30. 特种劳动防护用品实行三证制度，即生产许可证、安全鉴定证和产品合格证。（ ）
31. 安全生产立法最根本的目的就是为了保护劳动者在生产过程中的生命安全与健康。（ ）
32. 从业人员有获得符合国家标准的劳动防护用品的权利。（ ）
33. 从业人员有权拒绝违章指挥和强令冒险作业。（ ）
34. 在发生安全事故后，从业人员有获得及时抢救和医疗救治并获得工伤保险赔偿的权利。（ ）
35. 法律责任是指违法者对其违法所造成的对社会和受害者的危害应承担的法律后果。（ ）
36. 行政处罚由国家特别授权的机关依法追究、强制执行，其他机关和组织无权进行处罚。（ ）
37. 自燃事故属于责任事故中的一种。（ ）
38. 在冬季，经领导批准，井下个别硐室可采用灯泡取暖，但不准用电炉取暖。（ ）
39. 劳动者本人可以自行购买劳动防护用品。（ ）

单选题答案与解析

1. A	2. B	3. A	4. B	5. A	6. C	7. A	8. B
9. A	10. D	11. B	12. B	13. B	14. C	15. D	16. C
17. B	18. B	19. B	20. B	21. A	22. A	23. A	24. A
25. C	26. B	27. B	28. D	29. B	30. A	31. C	

1. 从业人员对作业场所和工作岗位存在的危险因素、应当采取的防范措施和事故应急措施具有知情权，有助于有针对性地进行防范。生产经营单位应当如实告知，不得隐瞒，更不能欺骗从业人员。选 A。
2. 对从业人员进行安全生产教育和培训，是保证安全生产的重要手段，《安全生产法》第二十八条中明确规定，未经安全生产教育和培训合格的从业人员，不得上岗作业。选 B。
3. 当生产和其他工作与安全发生矛盾时，要以安全为主，生产和其他工作要服从于安全，这就是安全第一原则。选 A。
4. 煤矿特种作业人员必须经专门的安全技术培训并考核合格，由省级煤矿安全培训主管部门颁发《中华人民共和国特种作业操作证》，方可上岗作业。选 B。

5.《煤矿安全监察条例》第二条规定：国务院决定设立的煤矿安全监察机构按照国务院规定的职责，依照本条例的规定对煤矿实施安全监察。这就说明其执法主体是煤矿安全监察机构。选 A。

6. 安全生产权利是法律赋予从业人员的，比如对安全生产工作中存在的问题提出批评、检举和控告的权利，拒绝违章指挥和强令冒险作业的权利等。由此而影响工作时，有关单位不得扣发其工资或给予处分，由此造成的停工、停产损失，应由责任者负责。选 C。

7. 根据《煤矿安全监察条例》第五条规定，煤矿安全监察应当以预防为主，及时发现和消除事故隐患，有效纠正影响煤矿安全的违法行为。选 A。

8.《矿产资源法》第十六条明确了开采哪些矿产资源需由国务院地质矿产主管部门审批，并颁发采矿许可证。选 B。

9. 根据《安全生产法》第五十四条规定，从业人员在作业过程中，应当严格遵守本单位的安全生产规章制度和操作规程，服从管理，正确佩戴和使用劳动防护用品。选 A。

10. 安全生产责任制是根据我国的安全生产方针和安全生产法规建立的各级领导、职能部门、工程技术人员、岗位操作人员在劳动生产过程中对安全生产层层负责的制度。其实施的关键在于贯彻落实。选 D。

11. 根据《刑法》第一百三十四条规定，在生产、作业中违反有关安全管理的规定，因而发生重大伤亡事故或者造成其他严重后果的，处三年以下有期徒刑或者拘役；情节特别恶劣的，处三年以上七年以下有期徒刑。选 B。

12. 煤矿企业必须建立、健全各级领导安全生产责任制、职能机构安全生产责任制、岗位人员安全生产责任制。选 B。

13. 行政处分是指国家机关、企业事业单位，按行政隶属关系，根据国家法律或国家机关、企业事业单位的规章规定，对犯有轻微违法失职行为尚不够刑事处分或者违反纪律的所属人员，给予的一种制裁。选 B。

14.《矿山安全法》是为了保障矿山生产安全，防止矿山事故，保护矿山职工人身安全，促进采矿业的发展而制定的法律。选 C。

15.《安全生产法》的立法目的是为了加强安全生产工作，防止和减少生产安全事故，保障人民群众生命和财产安全，促进经济社会持续健康发展。其根本出发点和落脚点，是为了保障人民群众的生命和财产安全。选 D。

16. 根据《煤炭法》法律责任部分的规定，对违法开采的行为，构成犯罪的，由司法机关依法追究有关人员的刑事责任；造成损失的，依法承担赔偿责任。选 C。

17. 我国煤矿的安全生产方针是安全第一，预防为主、综合治理。选 B。

18. 煤矿特种作业人员必须经专门的安全技术培训并考核合格，由省级煤矿安全培训主管部门颁发《特种作业操作证》，方可上岗作业。选 B。

19. 根据《国务院关于预防煤矿生产安全事故的特别规定》第二十二条规定，煤矿企业应当免费为每位职工发放煤矿职工安全手册。煤矿企业没有为每位职工发放符合要求的职工安全手册的，由县级以上地方人民政府负责煤矿安全生产监督管理的部门或者煤矿安全监察机构责令限期改正；逾期未改正的，处5万元以下的罚款。选 B。

20. 根据《国务院关于预防煤矿生产安全事故的特别规定》第二十一条规定，煤矿企业负责人和生产经营管理人员应当按照国家规定轮流带班下井，并建立下井登记档案。选 B。

21. 根据《国务院关于预防煤矿生产安全事故的特别规定》第二十三条规定，任何单位和个人发现煤矿有本规定第五条第一款和第八条第二款所列情形之一的，都有权向县级以上地方人民政府负责煤矿安全生产监督管理的部门或者煤矿安全监察机构举报。受理的举报经调查属实的，受理举报的部门或者机构应当给予最先举报人 1000 元至 1 万元的奖励，所需费用由同级财政列支。选 A。

22. 根据《刑法》第一百三十四条规定，该矿山企业主管人员触犯刑法中强令、组织他人违章冒险作业罪，应追究其刑事责任。选 A。

23. 煤矿安全生产工作必须坚持“管理、装备、培训并重”原则，这是我国煤炭战线广大职工在多年安全生产工作中不断总结经验、提高认识得出的重要结论。选 A。
24. 发现事故预兆和险情时，现场作业人员应立即采取措施处理并进行汇报，若不采取防止事故的措施，又不及时报告，应追究当事人或事故肇事者的责任。选 A。
25. 根据《刑法》第一百三十四条规定，在生产、作业中违反有关安全管理的规定，因而发生重大伤亡事故或者造成其他严重后果的，处三年以下有期徒刑或者拘役；情节特别恶劣的，处三年以上七年以下有期徒刑。该企业职工的行为属于重大责任事故罪。选 C。
26. 根据《劳动法》第三十八条规定，用人单位应当保证劳动者每周至少休息一日。选 B。
27. 根据《安全生产法》第五十二条规定，生产经营单位与从业人员订立的劳动合同，应当载明有关保障从业人员劳动安全、防止职业危害的事项，以及依法为从业人员办理工伤保险的事项。生产经营单位不得以任何形式与从业人员订立协议，免除或者减轻其对从业人员因生产安全事故伤亡依法应承担的责任。选 B。
28. 《安全生产许可证条例》中规定了国家对矿山企业、建筑施工企业和危险化学品、烟花爆竹、民用爆炸物品生产企业实行安全生产许可制度。选 D。
29. 煤矿安全生产是指在煤矿生产活动过程中，人的生命和健康不受到危害，物、财产不受到损失。首先强调的是人的生命、人的健康第一宝贵。选 B。
30. 根据《矿山安全法》第二十条的规定，矿山企业必须建立、健全安全生产责任制。矿长对本企业的安全生产工作负责。选 A。
31. 根据《安全生产法》第五十四条规定，从业人员有权对本单位安全生产工作中存在的问题提出批评、检举、控告；有权拒绝违章指挥和强令冒险作业。生产经营单位不得因从业人员对本单位安全生产工作提出批评、检举、控告或者拒绝违章指挥、强令冒险作业而降低其工资、福利等待遇或者解除与其订立的劳动合同。选 C。

多选题答案与解析

1. ABD	2. ABD	3. ABD	4. AB	5. ACE	6. ABCD	7. ACD
8. BCD	9. ABD	10. AC	11. ADE	12. BCD	13. AE	14. ACD
15. ABCD	16. ABC	17. ACD	18. AC	19. BD	20. ACE	21. BECD
22. BCE	23. ABCE	24. ABCD	25. ABCD	26. ABCDE	27. ABCD	28. ABCD
29. CD	30. AC	31. BC	32. DCEBF	33. ABCD	34. ABCD	35. BD
36. AC	37. ACD					

1. 行政处罚法规定的行政处罚程序主要包括以下内容：① 简易程序和一般程序。② 申辩和听证程序。③ 办案人员与作出行政处罚决定的人员分开。④ 作出罚款决定的机关与收缴罚款的机构分离。⑤ 完善行政机关监督制度。**此题易错**，选 ABD。
2. 根据《煤炭法》第七条规定，煤矿企业必须坚持安全第一、预防为主的安全生产方针，建立健全安全生产的责任制度和群防群治制度。ABD 属于安全生产责任制。**此题易错**，选 ABD。
3. 重大责任事故罪在客观方面表现：① 行为人必须具有违反规章制度的行为。② 行为人违反规章制度的行为发生在生产过程中并与生产有直接联系。③ 行为人违反规章制度的行为引起了重大伤亡事故，造成严重后果。**此题易错**，选 ABD。
4. 我国安全生产方针是安全第一，预防为主、综合治理。AB 项符合安全生产方针，C 项在事故的预防与处理上应重在预防，D 项说法绝对，选 AB。
5. ACE 项属于《煤炭法》规定的法律制度。B 项采矿许可证制度规定的法律是《矿产资源法》。D 项质量标准化制度是《煤矿安全生产标准化管理体系基本要求及评分方法(试行)》规定的。**此题易错**，选 ACE。

6.《煤矿安全规程》是煤矿安全生产法规体系中一部重要的安全技术规章，具有强制性、科学性、规范性和相对稳定性的特点。选 ABCD。

7.“三违”是违章指挥、违规作业和违反劳动纪律的简称。选 ACD。

8.“培训、管理、装备”三并重原则是落实安全第一、预防为主、综合治理的重要手段，是确保煤矿安全生产的重要原则。选 BCD。

9.“依法办矿、依法管矿、依法治理安全”是我国煤矿安全治理的基本思路。选 ABD。

10. 为贯彻落实“以人为本、安全第一”的思想，煤矿企业必须严格地把安全生产责任制和工种岗位安全责任制建立健全起来，B 项侧重各种工作岗位的职能及其责任，D 项侧重经营目标。**此题易错**，选 AC。

11. 主刑的种类如下：① 管制；② 拘役；③ 有期徒刑；④ 无期徒刑；⑤ 死刑。附加刑的种类如下：① 罚金；② 剥夺政治权利；③ 没收财产。**此题易错**，ADE 属于主刑，BC 属于附加刑。

12. 行政制裁分为行政处分、行政处罚和劳动教养三种。A 项支付违约金属于民事违约责任，E 项属于附加刑，**此题易错**，选 BCD。

13. 应当预见自己的行为可能发生危害社会的结果，因为疏忽大意而没有预见，或者已经预见而轻信能够避免，以致发生这种结果的，是过失犯罪。过失犯罪，法律有规定的才负刑事责任。可知 BCD 不符合题意，**此题易错**，选 AE。

14.《安全生产法》的出台，解决了目前安全生产面临的四大问题：① 现行的有关安全生产方面的法律、法规主要是针对国有企业和大型企业制定的，对非国有企业和中小型企业的安全生产条件和安全生产违法行为缺乏相应的法律规范和处罚依据；② 企业的安全生产管理缺乏明确的法律规范，企业负责人安全生产责任制不明确；③ 一些地方政府监管不到位；④ 安全生产投入严重不足，企业安全技术装备老化、落后、抗灾能力差。**此题易错**，选 ACD。

15.《煤矿安全监察条例》确立了煤矿安全监察员管理制度、煤矿建设工程安全设施设计审查与竣工验收制度、煤矿安全生产监督检查制度、煤矿事故报告和调查处理制度、煤矿安全监察信息与档案管理制度、煤矿安全监察监督制约制度、煤矿安全监察行政处罚制度。**此题易错**，选 ABCD。

16. 企业民主监督的主要形式有职工代表大会、企业工会组织和群众安全监督检查网(岗)等。D 项主要是对国家机关和公职人员的监督，**此题易错**，选 ABC。

17. 违法行为指违背法律规定的行为。行为人在实施该行为时主观上有过错，从而使法律所保护的社会关系受到侵犯。根据违法性质，违法行为可分为刑事违法行为、民事违法行为、经济违法行为、行政违法行为等；根据对社会的危害程度，违法行为可分为一般违法行为和严重违法行为(犯罪)。B 项违纪不一定即是违法，**此题易错**，选 ACD。

18. AC 属于法律，BD 属于行政法规。

19. AC 属于法律，BD 属于行政法规。

20. 根据《煤炭法》第二十四条规定，煤炭生产应当依法在批准的开采范围内进行，不得超越批准的开采范围越界、越层开采。采矿作业不得擅自开采保安煤柱，不得采用可能危及相邻煤矿生产安全的决水、爆破、贯通巷道等危险方法。**此题易错**，选 ACE。

21. 该起冒顶及地表塌陷事故中，赵某违章指挥，强令他人冒险作业，触犯了刑法，应承担刑事责任；伤者没有阻止违章指挥，进行作业，承担行政责任；死亡矿工因死亡不追究责任；死亡农民应获得民事赔偿。选 BECD。

22. 我国安全生产方针是安全第一，预防为主、综合治理。选 BCE。

23. 事故调查处理的原则有三点：坚持实事求是、尊重科学的原则；坚持“四不放过”的原则；坚持重视追究领导责任的原则。其中“四不放过”的原则：对安全工作责任不落实，发生重特大事故的，要严格按照事故原因未查明不放过、责任人未处理不放过、有关人员未受到教育不放过、整改措施未落实不放过。选 ABCE。

24. 煤矿的通风、防瓦斯、防水、防火、防煤尘、防冒顶等安全设备、设施和条件应符合国家标准、行业标准。

E 项为干扰项，选 ABCD。

25. 根据《国务院关于预防煤矿生产安全事故的特别规定》第二十二条规定，煤矿企业应当免费为每位职工发放煤矿职工安全手册。煤矿职工安全手册应当载明职工的权利、义务，煤矿重大安全生产隐患的情形和应急保护措施、方法以及安全生产隐患和违法行为的举报电话、受理部门。选 ABCD。

26. 《安全生产法》规定从业人员在安全生产方面的五大权利：① 事故工伤、保险和伤亡求偿权；② 危险因素、防范措施及事故应急措施的知情权；③ 安全管理的批评权、检举权、控告权；④ 拒绝违章指挥和强令冒险作业权；⑤ 紧急情况下的停止作业和紧急撤离权。F 项工会有权依法参加事故调查，选 ABCDE。

27. 根据《安全生产许可证条例》第六条规定，企业取得安全生产许可证，应当具备下列安全生产条件：① 建立、健全安全生产责任制，制定完备的安全生产规章制度和操作规程；② 安全投入符合安全生产要求；③ 设置安全生产管理机构，配备专职安全生产管理人员；④ 主要负责人和安全生产管理人员经考核合格；⑤ 特种作业人员经有关业务主管部门考核合格，取得特种作业操作资格证书；⑥ 从业人员经安全生产教育和培训合格；⑦ 依法参加工伤保险，为从业人员缴纳保险费；⑧ 厂房、作业场所和安全设施、设备、工艺符合有关安全生产法律、法规、标准和规程的要求；⑨ 有职业危害防治措施，并为从业人员配备符合国家标准或者行业标准的劳动防护用品；⑩ 依法进行安全评价；⑪ 有重大危险源检测、评估、监控措施和应急预案；⑫ 有生产安全事故应急救援预案、应急救援组织或者应急救援人员，配备必要的应急救援器材、设备；⑬ 法律、法规规定的其他条件。选 ABCD。

28. 根据《安全生产法》第五十七条规定，从业人员在作业过程中，应当严格遵守本单位的安全生产规章制度和操作规程，服从管理，正确佩戴和使用劳动防护用品。选 ABCD。

29. 根据《安全生产法》第五十九条规定，从业人员发现事故隐患或者其他不安全因素，应当立即向现场安全生产管理人员或者本单位负责人报告；接到报告的人员应当及时予以处理。A、B 两项由事故单位负责人进行上报，选 CD。

30. 规章是行政性法律规范文件，AC 属于规章；条例是国家权力机关或行政机关依照政策和法令而制定并发布的，针对政治、经济、文化等各个领域内的某些具体事项而作出的，比较全面系统、具有长期执行效力的法规性公文，BD 属于条例。**此题易错**，选 AC。

31. 根据《劳动法》第五十八条规定，国家对女职工和未成年工实行特殊劳动保护。未成年工是指年满 16 周岁未满 18 周岁的劳动者。选 BC。

32. 在该事故中，李某因死亡不追究责任；刘某没有履行瓦斯检查职责，且未取得操作资格证，应承担行政责任；矿主和矿长王某拒不进行整顿，仍强令矿工进行煤矿生产，从而造成瓦斯爆炸事故，应承担刑事责任，并追究重大责任事故罪；伤亡者应获民事赔偿。**此题易错**，选 DCEBF。

33. 根据《国务院关于预防煤矿生产安全事故的特别规定》第一条规定，为了及时发现并排除煤矿安全生产隐患，落实煤矿安全生产责任，预防煤矿生产安全事故发生，保障职工的生命安全和煤矿安全生产，制定本规定。可知选 ABCD。

34. 根据《劳动法》第六十四条规定，不得安排未成年工从事矿山井下、有毒有害、国家规定的第四级体力劳动强度的劳动和其他禁忌从事的劳动。选 ABCD。

35. 根据《安全生产法》第五十二条规定，生产经营单位与从业人员订立的劳动合同，应当载明有关保障从业人员劳动安全、防止职业危害的事项，以及依法为从业人员办理工伤社会保险的事项。选 BD。

36. 根据《安全生产法》第七条规定，产经营单位的工会依法组织职工参加本单位安全生产工作的民主管理和民主监督，维护职工在安全生产方面的合法权益。生产经营单位制定或者修改有关安全生产的规章制度，应当听取工会的意见。B、D 属于安全生产管理的范畴。**此题易错**，选 AC。

37. 根据《安全生产法》第二十八条规定，生产经营单位应当对从业人员进行安全生产教育和培训，保证从业人员具备必要的安全生产知识，熟悉有关的安全生产规章制度和安全操作规程，掌握本岗位的安全操作技能，了解事故应急处理措施，知悉自身在安全生产方面的权利和义务。未经安全生产教育和培训合格的从业人员，不得上岗作业。B项是针对管理人员的。选ACD。

判断题答案与解析

1. √	2. √	3. √	4. ×	5. √	6. √	7. ×	8. ×
9. √	10. ×	11. √	12. √	13. ×	14. √	15. ×	16. √
17. √	18. √	19. √	20. ×	21. √	22. ×	23. ×	24. √
25. √	26. √	27. √	28. ×	29. √	30. √	31. √	32. √
33. √	34. √	35. √	36. √	37. ×	38. ×	39. ×	

1. √。煤矿企业属于高危行业，国务院颁布的《安全生产许可证条例》，规定了国家对矿山企业实行安全生产许可制度。企业未取得安全生产许可证的，不得从事生产活动。其实施的保证是国家强制力。

2. √。根据《煤矿安全监察条例》第二条规定，国家对煤矿安全实行监察制度。国务院决定设立的煤矿安全监察机构按照国务院规定的职责，依照本条例的规定对煤矿实施安全监察。这就说明执法主体是煤矿安全监察机构。

3. √。安全生产责任制是根据我国的安全生产方针"安全第一，预防为主，综合治理"和安全生产法规建立的各级领导、职能部门、工程技术人员、岗位操作人员在劳动生产过程中对安全生产层层负责的制度。安全生产责任制是企业中最基本的一项安全管理制度，也是企业安全生产、劳动保护管理制度的核心。

4. ×。根据《安全生产法》第四十四条规定，生产经营单位应当教育和督促从业人员严格执行本单位的安全生产规章制度和安全操作规程；并向从业人员如实告知作业场所和工作岗位存在的危险因素、防范措施以及事故应急措施。

5. √。根据《安全生产法》第二十八条规定，生产经营单位应当对从业人员进行安全生产教育和培训，保证从业人员具备必要的安全生产知识，熟悉有关的安全生产规章制度和安全操作规程，掌握本岗位的安全操作技能，了解事故应急处理措施，知悉自身在安全生产方面的权利和义务。未经安全生产教育和培训合格的从业人员，不得上岗作业。可知从业人员没有经过安全教育培训，不了解规章制度，因而发生重大伤亡事故的，行为人不应负法律责任，应由发生事故的企业负有直接责任的负责人负法律责任。

6. √。安全生产责任制是一项最基本的安全生产制度，是其他各项安全规章制度得以切实实施的基本保证。

7. ×。《劳动法》第三条中规定了劳动者享有劳动保护的权利，享受社会保险和福利的权利。

8. ×。**此题易错**，根据《刑法》第一百三十四条规定，在生产、作业中违反有关安全管理的规定，因而发生重大伤亡事故或者造成其他严重后果的，处三年以下有期徒刑或者拘役；情节特别恶劣的，处三年以上七年以下有期徒刑。可知若是违反有关管理规定，由于过于自信和疏忽大意的过失造成重大事故发生的，仍当定为重大责任事故罪。

9. √。煤矿工人安全生产的十项权利包括：参与安全生产管理权、安全生产监督权、安全生产知情权、参与事故隐患整改权、不安全状况停止作业权、接受安全教育培训权、抵制违章指挥权、紧急避险权、反映举报权、投诉上告权。

10. ×。根据《煤炭法》第三十六条规定，煤矿企业必须为职工提供保障安全生产所需的劳动保护用品。劳动保护用品是指劳动者在生产过程中为免遭或减轻事故伤害或职业危害的所配备的一种防护性装备，经营单位不得用货币或其他物品替代。

11. √。法律实施的保证是国家强制力。法律是由享有立法权的立法机关，依照法定程序制定、修改并颁布，并由国家强制力保证实施的规范总称。而群众组织、社会团体的文件，仅表示一定范围内的规定，不具有国家强制力的保证。

12. √。并不是任何人实施了危害社会的行为都构成违法。自然人必须达到法定的年龄并具有责任能力，单位必须具备法定条件，才能成为违法的主体。

13. ×。违法按其性质和危害程度的不同，可分为刑事违法、民事违法和行政违法等，可知并不是所有的违法行为都给予刑事制裁。**此题易错**。

14. √。我国煤炭行业属于高危行业，事故频发，安全生产形势严峻。其主要原因，既有瓦斯灾害严重等客观因素，也有煤矿职工整体素质较差，法律意识淡薄、思想认识不够高、安全措施不够得力等主观因素。

15. ×。煤矿生产中，事故的预防和处理要有主次之分，安全生产方针中的预防为主，目的是控制危险因素，减少或杜绝事故的发生，而处理是对已发生事故的处理，预防肯定比处理主要。**此题易错**。

16. √。这是《安全生产法》赋予从业人员的权利。从业人员有权对本单位安全生产工作中存在的问题提出批评、检举、控告；有权拒绝违章指挥和强令冒险作业。

17. √。根据《安全生产违法行为行政处罚办法》第四条规定，生产经营单位及其有关人员对安全生产监督管理部门或者煤矿安全监察机构给予的行政处罚，享有陈述权、申辩权；对行政处罚不服的，有权依法申请行政复议或者提起行政诉讼。生产经营单位及其有关人员因安全生产监督管理部门或者煤矿安全监察机构违法给予行政处罚受到损害的，有权依法提出赔偿要求。

18. √。根据《安全生产培训管理办法》第四条规定，安全培训工作实行统一规划、归口管理、分级实施、分类指导、教考分离的原则。

19. √。由于受计划经济体制的影响，我国早期煤矿的安全监察体制和工作制度存在一些弊端。一是由于政企不分，煤炭工业主管部门不能真正行使安全监察职能。政府参予企业决策、管理，再对企业进行监察实际是在对自身进行监察。二是安全监察、安全管理不分。各级煤炭工业主管部门和煤矿企业兼有监察、管理职能，削弱了监察工作的力度。为了适应社会主义市场经济的需要，应当在政企分开的原则下，煤矿安全实行国家监督，企业管理，强化国家对煤矿安全的监察职能。

20. ×。制定《安全生产法》最重要的目的是为了加强安全生产工作，防止和减少生产安全事故，保障人民群众生命和财产安全，促进经济社会持续健康发展。**此题易错**。

21. √。矿产资源的开采，不论开采规模的大小，在安全和物质保证上都必须立足于保护矿山职工的人身安全。体现了煤矿安全生产方针中把人的安全放在第一位。

22. ×。根据《安全生产法》规定，生产经营单位不得以任何形式与从业人员订立协议，免除或者减轻其对从业人员因生产安全事故伤亡应负的责任。

23. ×。安全警示标志的设置要有针对性，并不是越多越好，多了使人意识混淆，少了又起不到警示提醒和注意效果，应该是在有安全威胁的场所设置醒目的安全警示标志。

24. √。制定《煤矿安全规程》的目的，是保障煤矿安全生产和职工人身安全，防止煤矿事故。其意义是规范煤矿安全生产工作，加强管理和监察执法，遏制重大、特大事故，保护职工安全和健康，保证和促进我国煤炭工业健康发展和煤矿安全状况稳定好转。

25. √。重大责任事故罪是指在生产、作业中违反有关安全管理的规定，因而发生重大伤亡事故或者造成其他严重后果的行为。龙某违章操作，致使庄某死亡，属于重大责任事故罪。

26. √。安全与生产是相互促进、相互制约、相辅相成的关系，即生产是企业的目标，安全为生产服务；安全是生产的前提，生产必须安全，不安全就不能生产。

27. √。重大责任事故罪是指在生产、作业中违反有关安全管理的规定，因而发生重大伤亡事故或者造成其他严重后果的行为。瓦斯检查工王某违反规定，发现瓦斯隐患未上报处理，爆破作业前未检查瓦斯，属于重大责任事故罪。

28. ×。煤矿企业应当免费为每位职工发放职工安全手册。煤矿职工安全手册应当载明职工的权利、义务，煤矿重大安全生产隐患的情形和应急保护措施、方法以及安全生产隐患和违法行为的举报电话、受理部门。

29. √。根据《行政处罚法》第三十三条规定，违法行为轻微并及时改正，没有造成危害后果的，不予行政处罚。初次违法且危害后果轻微并及时改正的，可以不予行政处罚。**此题易错**。

30. √。特种劳动保护用品是指国家为确保劳动者在生产工作中安全与健康必须配备的防护用品。国家对特种劳动保护用品实行“三证”和“一标志”制度，即生产许可证、产品合格证、安全鉴定证和安全标志。

31. √。《安全生产法》总则第一条开宗明义地表述其立法宗旨是“为了加强安全生产监督管理，防止和减少生产安全事故，保障人民群众生命和财产安全，促进经济发展。”

32. √。生产经营单位必须为从业人员提供符合国家标准或者行业标准的劳动防护用品，并监督、教育从业人员按照使用规则佩戴、使用。从业人员在作业过程中，应当严格遵守本单位的安全生产规章制度和操作规程，服从管理，正确佩戴和使用劳动防护用品。

33. √。根据《安全生产法》第五十四条规定，从业人员有权对本单位安全生产工作中存在的问题提出批评、检举、控告；有权拒绝违章指挥和强令冒险作业。

34. √。根据《安全生产法》第五十六条规定，生产经营单位发生生产安全事故后，应当及时采取措施救治有关人员。因生产安全事故受到损害的从业人员，除依法享有工伤保险外，依照有关民事法律尚有获得赔偿的权利的，有权提出赔偿要求。

35. √。法律责任，广义指任何组织和个人均所负有的遵守法律，自觉地维护法律的尊严的义务。狭义指违法者对违法行为所应承担的具有强制性的法律上的责任。

36. √。行政处罚是指行政机关依法对违反行政管理秩序的公民、法人或者其他组织，以减损权益或者增加义务的方式予以惩戒的行为。行政处罚由具有行政处罚权的行政机关在法定职权范围内实施。

37. ×。自燃事故得以发生，说明自燃的条件具备，这些条件的形成多数存在技术不严、管理不当等原因，这部分自燃事故属于责任事故。天然形成的自燃事故则不在此列。**此题易错**。

38. ×。根据《煤矿安全规程》第二百五十三条规定，井下严禁使用灯泡取暖和使用电炉。电炉不仅不防爆，而且还是一种明火源，稍有不慎就可能点燃附近的可燃物，从而引起火灾。

39. ×。根据《安全生产法》第四十五条规定，生产经营单位必须为从业人员提供符合国家标准或者行业标准的劳动防护用品，并监督、教育从业人员按照使用规则佩戴、使用。劳动者本人无需也不允许自行购买劳动防护用品。

第二部分　安全基本知识子题库

一、单选题

1. 凡长度超过(　　)而又不通风或通风不良的独头巷道，统称为盲巷。

A. 6 m　　B. 10 m　　C. 15 m

2. 煤矿井下构筑永久性密闭墙体厚度不小于(　　)。

A. 0.5 m　　B. 0.8 m　　C. 1.0 m

3. 矿井反风时，主要通风机的供给风量应不小于正常供风量的(　　)。

A. 30%　　B. 40%　　C. 35%

4. 当发现有人触电时，首先要(　　)电源或用绝缘材料将带电体与触电者分离开。

A. 闭合　　B. 切断　　C. 开关

5. 采掘工作面及其他作业地点风流中瓦斯浓度达到1.5%时，(　　)停止工作，切断电源，撤出人员，进行处理。

A. 不应　　B. 必须　　C. 不一定

6. 利用仰卧压胸人工呼吸法抢救伤员时，要求每分钟压胸的次数是(　　)。

A. 8～12次　　B. 16～20次　　C. 30～36次

7. 煤层顶板可分为伪顶、直接顶和基本顶3种类型。在采煤过程中，(　　)是顶板管理的重要部位。

A. 伪顶　　B. 直接顶　　C. 基本顶

8. 在标准大气状态下，瓦斯爆炸的瓦斯浓度范围为(　　)。

A. 1%～10%　　B. 5%～16%　　C. 3%～10%　　D. 10%～16%

9. 井下风门每组不得少于(　　)道，必须能自动关闭，严禁同时敞开。

A. 1　　B. 2　　C. 3　　D. 4

10. 矿用防爆标志符号“d”为(　　)设备。

A. 增安型　　B. 隔爆型　　C. 本质安全型　　D. 充砂型

11. H_2S气体的气味有(　　)。

A. 臭鸡蛋味　　B. 酸味　　C. 苦味　　D. 甜味

12. 煤矿井下用人车运送人员时，列车行驶速度不得超过(　　)。

A. 3 m/s　　B. 4 m/s　　C. 5 m/s　　D. 6 m/s

13. 每个生产矿井必须至少有(　　)以上能行人的安全出口通往地面。

A. 1个　　B. 2个　　C. 3个　　D. 4个

14.《煤矿安全规程》规定，采掘工作面空气温度不得超过(　　)。

A. 26 ℃　　B. 30 ℃　　C. 34 ℃　　D. 40 ℃

15. 在导致事故发生的各种因素中，(　　)占主要地位。

A. 人的因素　　B. 物的因素　　C. 不可测知的因素

16. 油料火灾不宜用(　　)灭火。

A. 水　　B. 沙子　　C. 干粉

17. 井下(　　)使用灯泡取暖和使用电炉。

A. 严禁　　B. 可以　　C. 寒冷时才能

18. 由于瓦斯具有(　　)的特性,所以可将瓦斯作为民用燃料。

A. 可燃烧　　B. 无毒　　C. 无色、无味

19. 煤与瓦斯突出多发生在(　　)。

A. 采煤工作面　　B. 岩巷掘进工作面　　C. 石门揭煤掘进工作面

20. 在含爆炸性煤尘的空气中,氧气浓度低于(　　)时,煤尘不能爆炸。

A. 12%　　B. 15%　　C. 18%

21. 靠近掘进工作面迎头(　　)长度以内的支架,爆破前必须加固。

A. 5 m　　B. 10 m　　C. 15 m　　D. 20 m

22. 恢复通风前,压入式局部通风机及其开关附近(　　)以内风流中瓦斯浓度都不超过 0.5%时,方可人工开启局部通风机。

A. 10 m　　B. 15 m　　C. 20 m　　D. 25 m

23. 过滤式自救器的主要作用是过滤(　　)气体。

A. CO　　B. CO_2　　C. H_2S　　D. 所有气体

24. 煤矿企业必须按国家规定对呼吸性粉尘进行监测,采掘工作面每(　　)月测定(　　)。

A. 2 个;1 次　　B. 1 个;1 次　　C. 4 个;1 次

25. 在高瓦斯矿井、瓦斯喷出区域及煤与瓦斯突出矿井中,掘进工作面的局部通风机都应实行“三专供电”,即专用线路、专用开关和(　　)。

A. 专用变压器　　B. 专用电源　　C. 专用电动机

26. 煤矿井下要求(　　)以上的电气设备必须设有良好的保护接地。

A. 24 V　　B. 36 V　　C. 50 V

27. 刚发出的矿灯最低限度应能正常持续使用(　　)。

A. 11 h　　B. 12 h　　C. 16 h　　D. 18 h

28. 在混合气体中,当氧气浓度低于(　　)时,瓦斯就失去爆炸的可能性。

A. 18%　　B. 17%　　C. 13%　　D. 12%

29. 对触电后停止呼吸的人员,应立即采用(　　)进行抢救。

A. 人工呼吸法　　B. 清洗法　　C. 心脏按压法

30. 戴上自救器后,如果吸气时感到干燥且不舒服,(　　)。

A. 脱掉口具吸口气　　B. 摘掉鼻夹吸气　　C. 不可从事 A 项或 B 项

31. 采掘工作面风量不足时,(　　)。

A. 必须停止工作　　B. 严禁装药、爆破　　C. 严禁使用电气设备

32. 井下探放水应坚持(　　)的方针。

A. 预测预报,有疑必探,先探后掘,先治后采

B. 有水必探,先探后掘

C. 有疑必探,边探边掘

33. 煤炭自然发火的条件有 3 条,(　　)自燃。

A. 只要 3 条中的一项条件存在,煤炭即可

B. 只要 3 条中的两项条件存在,煤炭即可

C. 三项条件必须同时存在,煤炭才能

34. 瓦斯爆炸的条件有 3 条,(　　)爆炸。

A. 只要 3 条中的一项条件存在,瓦斯即可

B. 只要 3 条中的两项条件存在,瓦斯即可

C. 三项条件必须同时存在，瓦斯才能

35. 煤尘爆炸的条件有 4 条，(　　)爆炸。

A. 只要 4 条中的一项条件存在，煤尘即可

B. 只要 4 条中的两项条件存在，煤尘即可

C. 四项条件必须同时存在，煤尘才能

36. 尘肺病中的矽肺病是由于长期吸入过量(　　)造成的。

A. 煤尘　　B. 煤岩尘　　C. 岩尘

37. (　　)在井下拆开、敲打、撞击矿灯。

A. 严禁　　B. 可以　　C. 矿灯有故障时才能

38. 灭火时，灭火人员应站在(　　)。

A. 火源的上风侧　　B. 火源的下风侧　　C. 对灭火有利的位置

39. 井下临时停工的地点，(　　)停风。

A. 可暂时

B. 可根据瓦斯浓度大小确定是否

C. 不得

40. 采掘工作面进风流中，氧气浓度不得低于(　　)。

A. 18%　　B. 19%　　C. 20%

41.《煤矿安全规程》规定，正常涌水量在 1000 m^3/h 以下时，井下主要水仓的有效容量应能容纳(　　)的正常涌水量。

A. 6 h　　B. 7 h　　C. 8 h

42. 在瓦斯防治工作中，矿井必须从采掘安全生产管理上采取措施，防止(　　)。

A. 瓦斯积聚超限　　B. 瓦斯生成　　C. 瓦斯涌出

43. 停风区中瓦斯浓度或二氧化碳浓度超过(　　)时，必须制定安全排瓦斯措施，报矿技术负责人批准。

A. 1.5%　　B. 2.0%　　C. 3.0%

44. 采区回风巷和采掘工作面回风巷风流中，瓦斯浓度最大允许值为(　　)。

A. 1.0%　　B. 0.5%　　C. 1.5%　　D. 2.0%

45. 井下两机车或两列车在同一轨道的同一方向行驶时，必须保持不少于(　　)的距离。

A. 50 m　　B. 100 m　　C. 150 m　　D. 200 m

46. 在掘进工作面或其他地点发现有透水预兆时，必须(　　)。

A. 停止作业，采取措施，报告矿调度，撤离人员

B. 停止作业，迅速撤退，报告矿调度

C. 采取措施，报告矿调度

D. 停止作业，报告矿调度

47. 井下使用的橡套电缆(　　)采用阻燃电缆。

A. 必须　　B. 严禁　　C. 不准

二、多选题

1. 以下关于风速的规定哪些是正确的？(　　)

A. 回采工作面的最高风速为 6 m/s　　B. 岩巷掘进中的最高风速为 4 m/s

C. 回采工作面的最低风速为 0.25 m/s　　D. 主要进、回风巷中的最高风速为 8 m/s

2. 造成局部通风机循环风的原因可能是(　　)。

A. 风筒破损严重，漏风量过大　　B. 局部通风机安设的位置距离掘进巷道口太近

C. 矿井总风压的供风量大于局部通风机的吸风量　D. 矿井总风压的供风量小于局部通风机的吸风量

3. 井下各地点的实际需要风量，必须使该地点风流中的（　　）符合《煤矿安全规程》的有关规定。
A. 瓦斯、二氧化碳、氢气和其他有害气体浓度　　B. 风速及温度
C. 每人供风量　　D. 瓦斯抽放量

4. 矿井应当具备完整的独立通风系统。（　　）的风量必须满足安全生产要求。
A. 风门　　B. 矿井　　C. 采掘工作面　　D. 采区

5.《国务院关于预防煤矿生产安全事故的特别规定》规定：煤矿有重大安全生产隐患和行为的，应当立即停止生产，排除隐患。下列哪些属于《特别规定》所列举的15种重大安全生产隐患和行为？（　　）
A. 超能力、超强度或者超定员组织生产
B. 瓦斯超限作业
C. 煤与瓦斯突出的矿井，未依照规定实施防突出措施
D. 高瓦斯矿井未建立瓦斯抽放系统和监控系统，或者瓦斯监控系统不能正常运行
E. 其他

6. 矿井通风的基本任务是（　　）。
A. 供人员呼吸　　B. 防止煤炭自然发火
C. 冲淡和排除有毒有害气体　　D. 创造良好的气候条件
E. 提高井下的大气压力

7. 在煤矿井下，瓦斯的危害主要表现为（　　）。
A. 有毒性　　B. 窒息性　　C. 爆炸性　　D. 导致煤炭自然发火
E. 煤与瓦斯突出

8. 在煤矿井下，瓦斯容易局部积聚的地方有（　　）。
A. 掘进下山迎头　　B. 掘进上山迎头　　C. 回风大巷　　D. 工作面上隅角

9. 在煤矿井下，H_2S的危害主要表现为（　　）。
A. 有毒性　　B. 窒息性　　C. 爆炸性　　D. 导致煤炭自然发火
E. 使常用的瓦斯探头“中毒”而失效

10. 影响矿井气候条件的因素有（　　）。
A. 温度　　B. 压力　　C. 湿度　　D. 风速
E. 瓦斯浓度

11. 安全生产工作的好坏关系到（　　）和国家形象。因此，必须把安全生产提高到政治的高度来对待。
A. 职工切身利益　　B. 社会稳定　　C. 企业形象　　D. 政府形象

12. 我国煤矿多为井工开采，作业地点经常受到（　　）有毒有害气体和破碎顶板的威胁。
A. 水　　B. 火　　C. 瓦斯　　D. 矿尘
E. 光照不足

13. 井工煤矿的特点是：作业地点（　　），地下开采技术复杂，生产环节多，工作面不断移动，地质条件常有变化。
A. 空间狭窄　　B. 阴暗潮湿　　C. 高温干燥　　D. 环境条件恶劣

14. 煤层顶板冒顶事故能使采煤工作面及巷道（　　）。
A. 垮落　　B. 生产中止　　C. 压毁设备　　D. 造成人员伤亡

15. 周期来压的主要表现形式是（　　）。
A. 煤层顶板下沉速度急剧增加　　B. 煤层顶板下沉量变大
C. 支柱所受载荷普遍增加　　D. 煤壁片帮
E. 煤层顶板发生台阶下沉

16. 如一时不能恢复冒顶区的正常通风，则可以利用（　　）向被埋压或截堵的人员供给新鲜空气。
A. 压风管　　B. 巷道　　C. 水管　　D. 打钻

17. 在处理冒顶事故中，必须(　　)清理出抢救人员的通道。必要时可以向遇险人员处开掘专用小巷道。

A. 由外向里　B. 由里向外　C. 加强支护　D. 开掘通道

18. 在冒顶事故抢救处理中，必须有(　　)，加强支护，防止发生二次冒顶；并且注意检查瓦斯及其他有害气体情况。

A. 专人检查　B. 安全检查工检查　C. 监视瓦斯　D. 监视煤层顶板

E. 监视有害气体

19. 在顶板事故抢救中遇有大块岩石时，不许用爆破方法处理，如果威胁遇险人员时，则可用(　　)等工具移动石块，救出遇险人员。

A. 千斤顶　B. 锤打　C. 起石器　D. 撬棍

20. 上止血带时应注意(　　)。

A. 松紧合适，以远端不出血为止　B. 应先加垫

C. 位置适当　D. 每隔 40 min 左右，放松 2～3 min

21. 心跳呼吸停止后的症状有(　　)。

A. 瞳孔固定散大　B. 心音消失，脉搏消失

C. 脸色发绀　D. 神志丧失

22. 按包扎材料分类，包扎方法可分为(　　)。

A. 毛巾包扎法　B. 腹布包扎　C. 三角巾包扎法　D. 绷带包扎法

23. 做口对口人工呼吸前，应(　　)。

A. 将伤员放在空气流通的地方　B. 解松伤员的衣扣、裤带、裸露前胸

C. 将伤员的头侧过　D. 清除伤员呼吸道内的异物

24. 为了预防煤尘爆炸事故的发生，煤矿井下生产过程中必须采取一定的减尘、降尘措施。目前，常采用的技术措施有(　　)、通风防尘、喷雾洒水、刷洗岩帮等。

A. 煤层注水　B. 湿式打眼　C. 使用水炮泥　D. 旋风除尘

25. 拨打急救电话时，应说清(　　)。

A. 受伤的人数　B. 患者的伤情　C. 地点　D. 患者的姓名

26. 外伤急救的技术有(　　)。

A. 止血　B. 包扎　C. 固定　D. 搬运

27. 判断骨折的依据主要有(　　)。

A. 疼痛　B. 肿胀　C. 畸形　D. 功能障碍

28. 在煤矿井下判断伤员是否有呼吸的方法有(　　)。

A. 耳听　B. 眼视　C. 晃动伤员　D. 皮肤感觉

29. 在煤矿井下搬运伤员的方法有(　　)。

A. 担架搬运　B. 单人背负　C. 双人徒手搬运　D. 汽车搬运

30. 采掘工作面或其他地点遇到有突水预兆时，必须(　　)，撤出所有受水威胁地点的人员。

A. 停止作业　B. 采取措施　C. 立即报告矿调度室　D. 发出警报

31. 采掘工作面或其他地点发现有(　　)、底板鼓起或产生裂隙出现渗水、水色发浑、有臭味等突水预兆时，必须停止作业，采取措施。

A. 挂红　B. 挂汗　C. 空气变冷　D. 出现雾气

E. 水叫　F. 顶板淋水加大　G. 顶板来压

32. 煤炭自燃的条件是(　　)。

A. 具有自燃倾向性的煤炭呈破碎堆积状态

B. 有连续的通风供氧条件，维持煤炭氧化过程的发展

C. 积聚氧化生成的热量，使煤的温度升高

D. 上述 3 个条件同时具备，且大于煤的自然发火期

33. 煤尘爆炸必须同时具备的条件是（　　）。

A. 足够的氧气　　B. 煤尘本身具有爆炸性

C. 煤尘达到爆炸浓度　　D. 有足以点燃煤尘的热源

三、判断题

1. 过滤式自救器只能使用 1 次，用后就报废。（　　）
2. 佩戴自救器脱险时，在未到达安全地点前，严禁取下鼻夹和口具。（　　）
3. 隔离式自救器在使用中外壳体会发热，当感到呼吸温度高时，可取下鼻夹和口具。（　　）
4. 煤矿井下避难硐室是矿工在遇到事故无法撤退时躲避待救的设施。（　　）
5. 煤矿井下永久性避难硐室是供矿工在劳动时休息的设施。（　　）
6. 当掘进工作面出现透水预兆时，必须停止作业，报告调度室，立即发出警报并撤人。（　　）
7. 生产矿井采掘工作面的空气温度不得超过 26 ℃。（　　）
8. 如果有防水措施，可以开采煤层露头的防水煤柱。（　　）
9. 局部瓦斯积聚是指在 0.5 m^3 以上的空间中瓦斯浓度达到 1%。（　　）
10. 井下不得带电检修与移动电气设备。（　　）
11. 对一般伤员，均应先进行止血、固定、包扎等初步救护后，再进行转运。（　　）
12. 在煤矿井下发生瓦斯与煤尘爆炸事故后，避灾人员在撤离灾区时佩戴的自救器可根据需要随时取下。（　　）
13. 当煤矿井下发生大面积的垮落、冒顶事故，现场人员被堵在独头巷道或工作面时，被堵人员应赶快往外扒通出口。（　　）
14. 煤矿井下发生水灾时，被堵在巷道的人员应妥善避灾静卧，等待救援。（　　）
15. 对于呼吸、心跳骤停的病人，应立即送往医院。（　　）
16. 四肢骨折的病人，在固定时，一定要将(指)趾末端露出。（　　）
17. 怀疑有胸、腰、椎骨折的病人，搬运时，可以采用一人抬头、一人抬腿的方法。（　　）
18. 对被埋压的人员，挖出后应首先清理呼吸道。（　　）
19. 煤矿井下出现重伤事故时，在场人员应立即将伤员送出地面。（　　）
20. 隔离式自救器不受外界气体的限制，可以在含有各种有毒气体及缺氧的环境中使用。（　　）
21. 井下发生火灾时，灭火人员一般是在回风侧进行灭火。（　　）
22. 在井下可用铁丝、铜丝代替保险丝。（　　）
23. 溜煤眼可兼作风眼使用。（　　）
24. 瓦斯比空气轻，易积聚在巷道顶部。（　　）
25. 巷道贯通后，必须停止采区内的一切工作，立即调整通风系统，待风流稳定后，方可恢复工作。（　　）
26. 井下发生透水破坏了巷道中的照明和路标时，现场人员应朝着有风流通过的上山巷道方向撤退。（　　）
27. 在井下将被埋压伤员救出后，应迅速升井，不得停留检查。（　　）
28. 国家对从事煤矿井下作业的职工采取了特殊的保护措施。（　　）
29. 职业安全卫生管理体系的建立，使企业安全管理更具系统性。（　　）
30. 人的不安全行为和物的不安全状态是造成安全生产事故发生的基本因素。（　　）
31. 任何人发现井下火灾时，应视火灾性质、灾区通风和瓦斯情况，立即采取一切可能的方法直接灭火，控制火势，并迅速报告矿调度室。（　　）
32. 井下用的润滑油、棉纱、布头和纸等，用过后可任意摆放。（　　）
33. 严禁将剩油、废油泼洒在井巷或硐室内。（　　）

34. 井上下必须设置消防材料库。（　）
35. 消防材料库储存的材料、工具的品种和数量应符合有关规定并定期检查和更换。（　）
36. 消防材料库的材料、工具可在生产中使用。（　）
37. 井下主要硐室和工作场所应备有灭火器材。（　）
38. 井下工作人员必须熟悉灭火器材的使用方法和存放地点。（　）
39. 矽肺是一种进行性疾病，患病后即使调离矽尘作业环境，病情仍会继续发展。（　）
40. 煤层顶板暴露的面积越大，煤层顶板压力越小。（　）
41. 矿灯在井下作业中发生故障时，可以拆开修理。（　）
42. 矿井供电电缆可以用普通橡套电缆。（　）
43. 所有煤矿企业必须有矿山救护队为其服务。矿山救护队员是井下一线特种作业人员。（　）
44. 井下接近含水层、导水断层、溶洞和导水陷落柱时，根据生产需要可以不进行探水。（　）
45. 井下加强靠近探水地点的支护，打好坚固的立柱和拦板，以防高压水冲垮煤壁和支架。（　）
46. 探水地点不必要安设专用电话。（　）
47. 采取一定的安全措施后，可用刮板输送机运送爆破器材。（　）
48. 煤矿企业应当向从业人员如实告知作业场所和工作岗位的危险因素、防范措施以及事故应急措施。（　）
49. 在有安全措施条件下，专用排瓦斯巷内可以进行生产作业和设置电气设备。（　）
50. 煤矿企业使用的设备、器材、火工品和安全仪器，必须符合国家标准和行业标准。（　）
51. 煤层顶板暴露的时间越长，煤层顶板压力越大。（　）
52. 处理采煤工作面冒顶时，首先应采取措施恢复生产，其次是抢救遇险人员。（　）
53. 接近水淹或可能积水的井巷、老空或相邻煤矿时，必须先进行探水。（　）

单选题答案与解析

1. A	2. A	3. B	4. B	5. B	6. B	7. B	8. B
9. B	10. B	11. A	12. B	13. B	14. A	15. A	16. A
17. A	18. A	19. C	20. C	21. B	22. A	23. A	24. B
25. A	26. B	27. A	28. D	29. A	30. C	31. B	32. A
33. C	34. C	35. C	36. C	37. A	38. A	39. C	40. C
41. C	42. A	43. C	44. A	45. B	46. A	47. A	

1. 凡长度超过 6 m 而又不通风或通风不良的独头巷道，统称盲巷。盲巷内往往积存大量高浓度瓦斯和其他有毒有害气体，如果管理不善，极容易发生人员窒息或瓦斯爆炸事故。选 A。
2. 根据规定，矿井井下构筑永久密闭墙体要求是用不燃性材料构筑，其厚度不小于 0.5 m，严密不漏风；墙体周边掏槽，要见硬顶硬帮，要与煤岩接实，四周要有不小于 0.1 m 的裙边。选 A。
3. 根据《煤矿安全规程》第一百五十九条规定，生产矿井主要通风机必须装有反风设施，并能在 10 min 内改变巷道中的风流方向；当风流方向改变后，主要通风机的供给风量不应小于正常供风量的 40%。选 B。
4. 触电者的急救措施包括：① 立即切断电源，或使触电者脱离电源；② 迅速判断伤情，对心搏骤停或心音微弱者，立即心肺复苏；③ 用干净衣物包裹创面，避免有色药物涂抹，其他损伤按创伤急救做相应处理。选 B。
5. 根据《煤矿安全规程》第一百七十三条规定，采掘工作面及其他作业地点风流中、电动机或者其开关安设地点附近 20 m 以内风流中的甲烷浓度达到 1.5%时，必须停止工作，切断电源，撤出人员，进行处理。**此题易错**，选 B。
6. 仰卧压胸人工呼吸法是一种利用按压和胸廓回弹的负压通气的手法，通常其每分钟的通气次数接近正常人的呼吸次数，大约在 16～20 次，一般情况下在 18 次。选 B。

7. 直接顶是需要管理的重要部位，因为伪顶一般随采随落，基本顶较稳定，在采煤过程中直接支护和控制的是直接顶。选 B。

8. 瓦斯爆炸必须同时具备 3 个条件：一是空气中混入一定浓度的瓦斯，其浓度范围在 5%～16%；二是有爆炸瓦斯的热源，温度在 650～750 ℃以上；三是空气中有足够的氧气，氧气含量在 12%以上。选 B。

9. 井下风门每组不得少于 2 道，必须自动关闭，严禁破坏风门或同时敞开，以免造成风流短路，选 B。

10. 矿用防爆标志符号“d”为隔爆型，“e”为增安型，“ia”为本质安全型。选 B。

11. H_2S 有剧毒，低浓度时有臭鸡蛋气味，但高浓度会很快引起嗅觉疲劳而不觉其味。选 A。

12. 煤矿井下用人车运送人员时，列车行驶速度不得超过 4 m/s。因为当人车运行速度大于 4 m/s 时，制动距离就会超过 20 m。速度越快，人车掉道的可能性越大，列车运行的噪声就越大，司机就越听不到后面人车上发出的呼叫声音，导致事故扩大。选 B。

13. 安全出口是灾害来临时工作人员的逃生通道，根据《煤矿安全规程》规定，每个生产矿井必须至少有 2 个能行人的通达地面的安全出口，各个出口间的距离不得小于 30 m。选 B。

14. 人处在高温的环境下，会导致体温升高、心率加快、身体不舒服等症状，严重时可导致中暑甚至死亡。因此《煤矿安全规程》第六百五十五条规定，为了维护职工的身体健康和劳动安全，当采掘工作面空气温度超过 26 ℃、机电设备硐室超过 30 ℃时，必须缩短超温地点工作人员的工作时间，并给予高温保健待遇。选 A。

15. 事故的发生是由人的不安全行为和物的不安全状态、环境的不安全条件和安全管理的缺陷引起的，其中人的不安全行为因素占有主要地位。发生事故，往往与思想上疏忽大意有关，与不遵守规定守则有关，“人”在防治事故中始终占主导地位。选 A。

16. 遇到油料着火，不能用水来扑灭。因为油的比重比水轻，且不溶于水，反而会浮于水面之上，仍能继续燃烧，而水往别处流动，会把火势带到别的地方，继续蔓延。选 A。

17. 为避免产生火灾，造成重大人员伤亡事故，《煤矿安全规程》第二百五十三条规定，井下严禁使用灯泡取暖和使用电炉。选 A。

18. 由于瓦斯具有可燃性的特性，可作为民用燃料。B、C 两项也是瓦斯的特点，但与燃料无关，选 A。

19. 煤与瓦斯突出多数发生在构造带、煤层遭受严重破坏的地带、煤层产状发生显著变化的地带中。石门揭煤是在巷道掘进过程中，遇到煤层时，揭露煤层的过程。选 C。

20. 煤尘爆炸的三个条件是：① 煤尘本身必须具有爆炸性，而且浮游粉尘要达到一定浓度：下限为 45 g/m^3，上限为 1500～2000 g/m^3；② 要有点燃煤尘的热源；③ 空气中氧的含量大于 18%。可知氧气浓度低于 18%时，煤尘不会爆炸。**此题易错**，选 C。

21. 掘进工作面严禁空顶作业。距掘进工作面 10 m 内的架棚支护，在爆破前必须加固，原因是为了防止崩倒、崩坏支架。选 B。

22. 根据《煤矿安全规程》第一百七十六条规定，局部通风机因故停止运转，在恢复通风前，必须首先检查瓦斯，只有停风区中最高甲烷浓度不超过 1.0%和最高二氧化碳浓度不超过 1.5%，且局部通风机及其开关附近 10 m 以内风流中的甲烷浓度都不超过 0.5%时，方可人工开启局部通风机，恢复正常通风。选 A。

23. 过滤式自救器是指用于发生火灾或瓦斯爆炸时防止一氧化碳中毒的个体保护装置，已被隔离式自救器取代，选 A。

24. 根据《煤矿安全规程》第六百四十二条规定，煤矿必须对生产性粉尘进行监测，并遵守下列规定：① 总粉尘浓度，井工煤矿每月测定 2 次；露天煤矿每月测定 1 次。粉尘分散度每 6 个月测定 1 次。② 呼吸性粉尘浓度每月测定 1 次。③ 粉尘中游离 SiO_2 含量每 6 个月测定 1 次，在变更工作面时也必须测定 1 次。选 B。

25. 根据《煤矿安全规程》第一百六十四条规定，高瓦斯、突出矿井的煤巷、半煤岩巷和有瓦斯涌出的岩巷掘进工作面正常工作的局部通风机必须配备安装同等能力的备用局部通风机，并能自动切换。正常工作的局部通风机必须采用三专（专用开关、专用电缆、专用变压器）供电，专用变压器最多可向4个不同掘进工作面的局部通风机供电。选A。

26. 我国安全电压为50 V以下，因井下空气潮湿导致人体电阻下降，所以井下安全电压不超过36 V，人体触及36 V带电导体时不会有触电死亡的危险，因此《煤矿安全规程》规定，电压在36V以上和由于绝缘损坏可能带有危险电压的电气设备的金属外壳、构架，铠装电缆的钢带（钢丝）、铅皮（屏蔽护套）等必须有保护接地。选B。

27. 矿灯是从事煤矿井下工作人员随身携带的必备照明工具。考虑矿工每次井下所用总时间，《煤矿安全规程》规定发出的矿灯，最低应能连续正常使用11 h。选A。

28. 瓦斯爆炸的条件之一是空气中有足够的氧气，氧气含量在12%以上。可知当氧气浓度低于12%时，瓦斯不会发生爆炸，选D。

29. 有人触电导致呼吸停止、心脏停跳，此时在场人员应第一时间迅速做心肺复苏，恢复呼吸、心跳。题目说停止呼吸，应立即恢复呼吸，人工呼吸法能帮助窒息人员被动呼吸，选A。

30. 带上自救器后，如果吸气时感到干燥且不舒服，为自救器正常工作的状态，对人体无害，千万不可取下自救器，选C。

31. 当采掘工作面风量不足时，既不能保证作业人员正常呼吸，还不能排出和稀释各种有害气体与矿尘，这种情况下，严禁装药、爆破。选B。

32. “预测预报、有疑必探、先探后掘、先治后采”是探放水工作必须遵循的基本原则，根据这个原则，结合“防、堵、疏、排、截”的综合治理措施，可以有效防止水害的威胁。选A。

33. 煤炭自燃的条件是具有自燃倾向性的煤炭，呈一定厚度的破碎状堆积，有连续的供氧条件，3个条件同时存在，缺一不可。选C。

34. 瓦斯爆炸必须同时具备3个条件：一是空气中混入一定浓度的瓦斯，其浓度在5%～16%范围内；二是有爆炸瓦斯的热源，温度在650～750 ℃以上；三是空气中有足够的氧气，氧气含量在12%以上。可知选C。

35. 煤尘爆炸的条件是：① 煤尘本身必须具有爆炸性；② 浮游粉尘要达到一定浓度：下限为45 g/m^3，上限为1500～2000 g/m^3；③ 要有点燃煤尘的热源；④ 空气中氧的含量大于18%。4个条件必须同时存在，缺一不可。选C。

36. 煤矿尘肺因吸入矿尘成分的不同分为矽肺、煤矽肺、煤肺。煤肺指吸入煤尘为主引起的尘肺病，煤矽肺指同时吸入煤尘和岩尘引起的尘肺病，矽肺即为吸入含游离二氧化硅较高的岩尘引起的尘肺病。选C。

37. 矿灯是特殊型防爆产品，在井下拆开矿灯或敲打、撞击矿灯都能使矿灯失去防爆性，容易造成短路事故，产生电火花引起瓦斯、煤尘爆炸事故。因此严禁使用矿灯人员在井下拆开、敲打、撞击矿灯。选A。

38. 灭火时，灭火人员应站在火源的上风侧。因为站在上风侧，能更好地保护灭火人员的安全，不用担心火苗朝自己的方向扑过来。若使用干粉从灭火器，如果站在下风方向，便会喷到自己身上，不能有效灭火。选A。

39. 根据《煤矿安全规程》第一百七十五条规定，临时停工的地点，不得停风；否则必须切断电源，设置栅栏、警标，禁止人员进入，并向矿调度室报告。选C。

40. 为了保证井下人员的正常活动和生产，《煤矿安全规程》第一百三十五条规定，采掘工作面的进风流中，氧气浓度不低于20%，二氧化碳浓度不超过0.5%。选C。

41. 矿井主要水仓应当有主仓和副仓，当一个水仓清理时，另一个水仓能够正常使用。新建、改扩建矿井或者生产矿井的新水平，正常涌水量在1000 m^3/h以下时，主要水仓的有效容量应当能容纳8 h的正常涌水量。选C。

42. 煤矿在采掘活动中会不断涌出瓦斯，容易发生瓦斯积聚现象，故《煤矿安全规程》第一百七十五条规定，必须从设计和采掘生产管理上采取措施，防止瓦斯积聚；当发生瓦斯积聚时，必须及时处理。选 A。

43. 根据《煤矿安全规程》第一百七十六条规定，停风区中甲烷浓度或者二氧化碳浓度超过 3.0%时，必须制定安全排放瓦斯措施，报矿总工程师批准。**此题易错**，选 C。

44. 根据《煤矿安全规程》第一百七十二条规定，采区回风巷、采掘工作面回风巷风流中甲烷浓度超过 1.0%或者二氧化碳浓度超过 1.5%时，必须停止工作，撤出人员，采取措施，进行处理。选 A。

45. 根据《煤矿安全规程》第三百七十七条规定，采用轨道机车运输时，2 辆机车或者 2 列列车在同一轨道同一方向行驶时，必须保持不少于 100 m 的距离。否则当车辆转过弯道后立即减速或停车时，很有可能发生相撞的危险。选 B。

46. 采掘工作面或者其他地点发现有煤层变湿、挂红、挂汗、空气变冷、出现雾气、水叫、顶板来压、片帮、淋水加大、底板鼓起或者裂隙渗水、钻孔喷水、煤壁溃水、水色发浑、有臭味等透水征兆时，应当立即停止作业，撤出所有受水患威胁地点的人员，报告矿调度室，并发出警报。在原因未查清、隐患未排除之前，不得进行任何采掘活动。选 A。

47. 井下使用橡套电缆必须选用取得煤矿矿用产品安全标志的阻燃电缆，电缆应带有供保护接地用的足够截面的导体。选 A。

多选题答案与解析

1. BCD	2. BD	3. ABC	4. BCD	5. ABCD	6. ACD	7. BCE
8. BD	9. ACE	10. ACD	11. ABCD	12. ABCD	13. ABD	14. ABCD
15. ABCDE	16. AD	17. AC	18. AD	19. AD	20. ABCD	21. ABCD
22. ACD	23. ABCD	24. ABC	25. ABC	26. ABCD	27. ABCD	28. ABD
29. ABC	30. ABCD	31. ABCDEFG		32. ABCD	33. ABCD	

1. 根据《煤矿安全规程》第一百三十六条规定，主要进、回风巷中的最高风速为 8 m/s，采煤工作面、掘进中的煤巷和半煤岩巷允许的风速范围为 0.25～4.00 m/s，掘进中的岩巷允许的风速范围为 0.15～4.00 m/s。A 项应为 4.00 m/s。**此题易错**，选 BCD。

2. 循环风是指沿一定路径不断循环流动的风流，一般出现在局部通风中。A 项会造成漏风，C 项不会出现循环风。**此题易错**，选 BD。

3. 根据《煤矿安全规程》第一百三十八条规定，矿井需要的风量应当按井下同时工作的最多人数计算，每人每分钟供给风量不得少于 4 m^3；按采掘工作面、硐室及其他地点实际需要风量的总和进行计算。各地点的实际需要风量，必须使该地点的风流中的甲烷、二氧化碳和其他有害气体的浓度，风速、温度及每人供风量符合本规程的有关规定。**此题易错**，选 ABC。

4. 根据《煤矿安全规程》第一百四十二条规定，矿井必须有完整的独立通风系统。改变全矿井通风系统时，必须编制通风设计及安全措施，由企业技术负责人审批。A 项风门为调节通风设施，选 BCD。

5. 根据《国务院关于预防煤矿生产安全事故的特别规定》第八条规定，煤矿有下列重大安全生产隐患和行为的，应当立即停止生产，排除隐患：① 超能力、超强度或者超定员组织生产的；② 瓦斯超限作业的；③ 煤与瓦斯突出矿井，未依照规定实施防突出措施的；④ 高瓦斯矿井未建立瓦斯抽采系统和监控系统，或者系统不能正常运行的；⑤ 通风系统不完善、不可靠的；⑥ 有严重水患，未采取有效措施的；⑦ 超层越界开采的；⑧ 有冲击地压危险，未采取有效措施的；⑨ 自然发火严重，未采取有效措施的；⑩ 使用明令禁止使用或者淘汰的设备、工艺的；⑪ 煤矿没有双回路供电系统的；⑫ 新建煤矿边建设边生产，煤矿改扩建期间，在改扩建的区域生产，或者在其他区域的生产超出安全设计规定的范围和规模的；⑬ 煤矿实行整体承包生产经营后，未重新取得安全生产许可证，从事生产的，或者承包方再次转包的，以及煤矿将井下采掘工作面和井巷维修作业进行劳务承包的；⑭ 煤矿改制期间，未明确安全生产责任人和安全管理机构的，或者在完成改制后，未重新取得或者变更采矿许可证、安全生产许可证和营业执照的；⑮ 其他重大事故隐患的。选 ABCD。

6. 矿井通风的基本任务有三个:① 向井下各工作场所连续不断地供给适宜的新鲜空气;② 把有毒有害气体和矿尘稀释到安全浓度以下,并排出矿井之外;③ 提供适宜的气候条件,创造良好的生产环境,以保障职工的身体健康和生命安全、机械设备正常运转,提高劳动生产率。**此题易错**,选 ACD。
7. 瓦斯的危害主要有:窒息、燃烧、爆炸、突出埋人。瓦斯是无毒的气体,煤炭自然发火是内因火灾,不是瓦斯的危害,A 项瓦斯无毒,选 BCE。
8. 瓦斯比空气轻,易悬浮在空间的上部,BD 两项容易积聚瓦斯,A 项下山迎头位置低,不易造成瓦斯积聚,C 项回风大巷风速较大,一般不会积聚瓦斯。选 BD。
9. 硫化氢是一种易爆气体,有臭鸡蛋味。主要的危害表现在:① 有剧毒,对呼吸道和眼强烈的刺激性;② 易燃易爆,与空气混合物体能形成爆炸混合物,遇明火,高热就能引起燃烧爆炸;③ 瓦斯探头化合物与硫化氢反应,生成物不能与甲烷反应,造成报警器中毒。选 ACE。
10. 影响矿井气候条件的因素有:温度、湿度、风速等。这三要素是影响人体热平衡的主要因素。BE 为干扰项。**此题易错**,选 ACD。
11. 题中 ABCD 都是企业在安全生产过程中需考虑的因素。
12. 煤矿井下作业环境复杂,作业地点经常变动,生产环节、机电设备较多,作业空间有限,生产中经常受到水、火、瓦斯、煤尘、顶板等自然灾害的威胁,导致职业危害因素也较多。E 项为干扰项,选 ABCD。
13. 工煤矿开采必须从地面向地下开掘一系列井巷,其生产过程是地下作业,自然条件比较复杂,开采的主要特点是空间狭窄,环境恶劣,存在水、火、瓦斯、煤尘、顶板等灾害。C 项干燥不准确,选 ABD。
14. 冒顶事故是指矿井采掘时,巷道顶板冒落、坍塌所产生的事故,是矿井采掘工作面生产过程中经常发生的。ABCD 都是冒顶事故造成的后果。
15. 周期来压是初次来压以后,随采煤工作面不断推进,老顶周期性地发生断裂和沉降,使工作面周期性地出现来压现象。主要表现形式有:煤层顶板下沉速度急剧增加;煤层顶板下沉量变大;支柱所受载荷普遍增加;煤壁片帮;煤层顶板发生台阶下沉等。选 ABCDE。
16. 根据《煤矿安全规程》第七百一十七条规定,处理顶板事故时,应当迅速恢复冒顶区的通风。如不能恢复,应当利用压风管、水管或者打钻向被困人员供给新鲜空气、饮料和食物。选 AD。
17. 在处理冒顶事故中,为保障抢救人员的安全,应当选择由外向里加固冒顶周围的支护,消除进出口的堵塞物,尽快接近堵人部位进行抢救,必要时可以开掘通向遇险人员的专用巷道。D 为干扰项,选 AC。
18. 在冒顶事故抢救处理中,应当指定专人检查甲烷浓度、观察顶板和周围支护情况,发现异常,立即撤出人员;加强巷道支护,防止发生二次冒顶、片帮,保证退路安全畅通。CE 两项监视不准确。**此题易错**,选 AD。
19. 在抢救中遇到大块岩石,应尽量避开,不许用爆破法处理。如果威胁遇险人员,则可用千斤顶、撬棍等工具移动石块,但尽量避免破坏冒顶岩石的堆积状态,清理矸石时要小心使用工具,以免伤害遇险人员。选 AD。
20. 使用止血带的注意事项包括:缚扎部位尽量靠近伤口以减少缺血范围,选定止血带的部位后,应先在该处垫好布条,把止血带拉紧,缠肢体两周打结,松紧要适宜,以观察伤口不出血为度;上止血带要记好时间,冬天每隔半小时、夏天每隔 1 h 要放松 2～3 min,然后再绑起来;再绑时部位要上、下略加移动;对大出血病人,应在上止血带的同时,尽快送医院治疗。选 ABCD。
21. 呼吸心跳停止后可出现意识丧失、神经反射消失、双侧瞳孔散大、动脉搏动消失、脸色发绀、缺氧等表现。选 ABCD。
22. 按包扎材料分类,包扎方法可分为:毛巾包扎法、角巾包扎法 、绷带包扎法。B 项应为腹部包扎,可以使用不同的材料进行包扎。选 ACD。
23. 口对口人工呼吸法是人工呼吸法中最适宜现场复苏的方法。ABCD 皆是做人工呼吸前的准备事项,A 项是保证施救者和被救者的安全,B 项使被救者处于放松状态,C 项侧头是方便口腔的异物流出,避免堵住呼吸道,D 项开放气道。

24. ABC 属于减尘、降尘措施。D 项旋风除尘也称为离心除尘，主要用于清除工业废气中含有密度较大的非纤维性及非黏结性粉尘，一般不在煤矿井下使用。

25. 井下发生险情，拨打急救电话时，应当说清事发地点，受伤人数，患者的伤情等。选 ABC。

26. 外伤急救一般包括四大技术：① 创伤急救止血技术，包括指压止血法、加压包扎止血法、填塞止血法和止血带止血法；② 创伤急救包扎技术，包括绷带包扎法和三角巾包扎法；③ 创伤急救固定技术，包括头部固定技术、锁骨及肋骨骨折固定技术、四肢骨折固定技术、脊柱骨折固定技术和骨盆骨折固定技术；④ 创伤急救搬运技术，包括徒手搬运和器械搬运技术。选 ABCD。

27. 判断骨折的主要依据：① 疼痛和压痛：受伤处有明显的压痛点，移动时有剧痛。② 肿胀：内出血和骨折端的错位、重叠，都会使外表呈现肿胀现象。③ 畸形：在骨折时肢体发生畸形，呈现短缩、弯曲或者转向等。④ 功能障碍：原有的功能受到影响或完全丧失。选 ABCD。

28. 检查判断是否有呼吸的方法称为"一听二看三感觉"。"一听"指的是听呼吸音，让自己的耳朵凑近患者口鼻处听是否有呼吸的声音；"二看"就是在听的同时头侧向患者胸壁方向眼看是否存在胸壁和腹部起伏；"三感觉"即感觉是否有呼出气流冲击面部的感觉。这三步可以同时进行判断的。C 项切忌不可使用，选 ABD。

29. 煤矿井下搬运伤员的方法有：① 徒手搬运，包括单人搬运（扶行法、抱持法、背负法）和双人搬运（椅托式、轿杠式、拉车式、平卧托运法）；② 器械搬运法，适用于病情较重又不适于徒手搬运的病人，常用器械有帆布担架、绳网担架、简易架担等。D 项汽车搬运在煤矿井下不易实现，选 ABC。

30. 根据《煤矿安全规程》的规定，采掘工作面或其他地点发现透水预兆时，应当立即停止作业，撤出所有受水患威胁地点的人员，报告矿调度室，并发出警报。在原因未查清、隐患未排除之前，不得进行任何采掘活动。选 ABCD。

31. 采掘工作面或者其他地点发现有煤层变湿、挂红、挂汗、空气变冷、出现雾气、水叫、顶板来压、片帮、淋水加大、底板鼓起或者裂隙渗水、钻孔喷水、煤壁溃水、水色发浑、有臭味等透水征兆时，应当立即停止作业，撤出所有受水患威胁地点的人员。选 ABCDEFG。

32. 煤炭自燃的的 3 个条件是：具有自燃倾向性的煤炭，呈一定厚度的破碎状堆积和有连续的供氧条件，且热量易于积聚。3 个条件必须同时存在，且持续时间大于煤的自然发火期。选 ABCD。

33. 煤尘爆炸的条件是：① 煤尘本身必须具有爆炸性；② 浮游粉尘要达到一定浓度：下限为 45 g/m^3，上限为 1500～2000 g/m^3；③ 要有点燃煤尘的热源；④ 空气中氧的含量大于 18%。这 4 个条件必须同时存在，缺一不可。选 ABCD。

判断题答案与解析

1. √	2. √	3. ×	4. √	5. ×	6. √	7. √	8. ×
9. ×	10. √	11. √	12. ×	13. ×	14. √	15. ×	16. √
17. ×	18. √	19. ×	20. √	21. ×	22. ×	23. ×	24. √
25. √	26. √	27. ×	28. √	29. √	30. √	31. √	32. ×
33. √	34. √	35. √	36. ×	37. √	38. √	39. √	40. ×
41. ×	42. ×	43. √	44. ×	45. √	46. ×	47. ×	48. √
49. ×	50. √	51. √	52. ×	53. √			

1. √。过滤式自救器的主要部件是过滤器，过滤器内装有催化剂和干燥剂，它们可将空气中的一氧化碳转化为无毒的二氧化碳，并吸收空气中的水汽。可知过滤式自救器是一次性的，已被隔离式自救器取代。

2. √。佩戴自救器脱险时，在未到达安全地点前，取下鼻夹和口具，可能误吸入空气中的有毒有害气体，对人体造成伤害，所以严禁取下。

3. ×。隔离式自救器在使用中外壳体发热，感到呼吸温度高，是自救器正在工作，产生氧气的表现，这时绝不可以取下鼻夹和口具，以免误吸入有毒有害气体。

4. √。矿工自救中，设置避难硐室是十分必要的。由于自救器有效时间较短，当佩戴自救器后，在其有效作用时间内不能到达安全地点时，或者撤退路线无法通过时，可在避难硐室内躲避待救。

5. ×。煤矿井下永久性避难硐室是供矿工在发生灾害事故后，用于紧急避险的设施。

6. √。采掘工作面或其他地点发现透水预兆时，应当立即停止作业，撤出所有受水患威胁地点的人员，报告矿调度室，并发出警报。在原因未查清、隐患未排除之前，不得进行任何采掘活动。

7. √。采掘工作面、机电硐室的空气温度分别不得超过 26 ℃、30 ℃。这是因为井下生产条件较为恶劣、空气湿度大、劳动强度繁重，为了创造良好的作业环境和舒适的气候条件，保证工人健康，提高工作效率。

8. ×。当煤层在露头区直接被松散孔隙含水层覆盖或地面有经常性水体时，应留设防水煤柱，并严禁开采破坏防水煤柱，以保证煤层开采后顶板导水裂隙带不波及含水体，防止地表水溃入矿井。

9. ×。局部瓦斯积聚是指在 0.5 m^3 以上的空间中瓦斯浓度达到 2%。**此题易错**。

10. √。带电检修电气设备极易发生人身触电和弧光短路事故，造成人身触电伤亡和引起瓦斯煤尘爆炸事故；带电搬迁、移动电气设备、电缆和电线时，可能因电气设备绝缘破坏造成作业人员触电，也可能造成设备失爆、短路产生高温电弧引起供电中断或引爆瓦斯或煤尘。

11. √。矿工互救“三先三后”的原则是：对窒息或心跳、呼吸骤停的伤员，先复苏，后搬运；对出血的伤员，先止血，后搬运；对骨折的伤员，先固定，后搬运。

12. ×。在煤矿井下发生瓦斯煤尘爆炸事故后，矿工应戴好自救器迅速撤离灾区，到达安全地点后方可取下。

13. ×。当煤矿井下发生大面积的垮落、冒顶事故，现场人员被堵在独头巷道或工作面时，因垮落面积大，贸然操作，容易消耗体力，造成二次垮落，应利用现有条件自救，等待救援。

14. √。煤矿井下发生水灾时，若撤退路线被堵，不得贸然潜入不明水体中撤离，应选择在较高处妥善避灾静卧，等待救援。

15. ×。对于呼吸、心跳骤停的病人，时间就是生命，应当立即施行心肺复苏术，使病人尽快恢复呼吸、心跳。

16. √。对四肢骨折病人进行固定时，是需要将趾末端露出，这样便于随时观察血液循环是否通畅，以免有缺血，坏死的情况。

17. ×。怀疑有胸、腰、椎骨折的病人，应先固定再搬运，搬运时，应将伤员平放在硬板或门板担架上，绝不可一人抱头、一人抱脚的不一致搬动。

18. √。对被埋压的人员，挖出后应首先迅速清除口鼻内尘土，防止窒息，再行抢救。

19. ×。煤矿井下出现重伤事故时，在场人员应视患者的伤情，采取相对应的急救措施。对窒息或心跳、呼吸停止不久的伤员必须先复苏，对出血伤员必须先止血，对骨折的伤员必须先固定，然后搬运。

20. √。隔离式自救器是一种自生氧的往复式闭路呼吸系统的自救设备，不受外界气体成分条件的限制。可以在各种有毒气体及缺氧的环境下使用。

21. ×。井下发生火灾时，为保证人员安全，灭火人员一般是在进风侧进行灭火。若在回风侧灭火，则灭火人员位于回风流中，容易吸入有毒有害气体。

22. ×。不得用铁丝、铜丝代替保险丝。保险丝会在电流过大时发热自动熔断，切断电路，从而起到保护电路的作用。铜丝、铁丝的电阻率小、熔点高，在电流过大时不易熔断。

23. ×。溜煤眼只能作为溜煤使用而不得兼作风眼。这是因为边溜煤边通风会导致溜煤过程中产生的大量煤尘飞扬，并随风流飘散到其他作业地点，恶化生产环境甚至引发事故。

24. √。瓦斯的相对密度是 0.554，比空气轻，易积聚在巷道顶部。

25. √。巷道贯通后，由于附近区域的通风系统可能发生变化，原来的 2 个掘进工作面贯通后的风量和风流方向也会发生改变，所以必须及时调整通风系统和检查巷道中的风流及瓦斯情况。否则，可能导致贯通后的巷道内出现瓦斯积聚甚至诱发爆炸事故。因此，《规程》规定，贯通后必须停止采区内的一切工作，立即调整通风系统，风流稳定后，方可恢复工作。

26. √。如透水破坏了巷道中的照明和路标，迷失行进方向时，遇险人员应朝着有风流通过的上山巷道方向撤退，这样可以保证暂时远离水患的威胁。

27. ×。在井下将被埋压伤员救出后，应首先检查伤情，采取必要的急救措施，再迅速升井。

28. √。煤矿井下工作环境空间狭窄，阴暗潮湿，能见度低，作业时间长、劳动强度大，这种情况易使工人劳累疲乏、体能下降、反应迟钝，易产生焦躁情绪；在生产过程中，工人还要随时随地与水、火、瓦斯、顶板冒落、掉罐和跑车等多种灾害事故作斗争。因此，应对从事煤矿井下作业的职工采取特殊的保护措施。

29. √。职业安全卫生管理体系标准，是一套标准体系，这种体系能科学化、规范化地从总体上对企业的职业安全卫生进行控制的战略及方法，而且与企业的其它活动及整体的管理是相容的，使企业安全管理更具系统性。

30. √。事故的发生是由人的不安全行为和物的不安全状态、环境的不安全条件和安全管理的缺陷引起的，人的不安全行为和物的不安全状态通常是事故发生的直接原因。因此在生产过程中，为避免事故发生，首先要避免人的不安全行为和物的不安全状态。

31. √。根据《煤矿安全规程》第二百七十五条规定，任何人发现井下火灾时，应当视火灾性质、灾区通风和瓦斯情况，立即采取一切可能的方法直接灭火，控制火势，并迅速报告矿调度室。矿调度室在接到井下火灾报告后，应当立即按灾害预防和处理计划通知有关人员组织抢救灾区人员和实施灭火工作。

32. ×。根据《煤矿安全规程》第二百五十五条规定，井下使用的润滑油、棉纱、布头和纸等，必须存放在盖严的铁桶内。用过的棉纱、布头和纸，也必须放在盖严的铁桶内，并由专人定期送到地面处理，不得乱放乱扔。严禁将剩油、废油泼洒在井巷或者硐室内。

33. √。解析见 32 题。剩油、废油都是易燃品，一旦在井下烧着了，会迅速消耗掉井下的大量氧气，危及井下人员的安全。

34. √。矿井火灾可能发生在井下也可能发生在地面，可能是内因火灾也可能是外因火灾，为了能迅速提供足够的消防设备和器材，根据《煤矿安全规程》第二百五十六条规定，井上、下必须设置消防材料库。井上消防材料库应当设在井口附近，但不得设在井口房内。井下消防材料库应当设在每一个生产水平的井底车场或者主要运输大巷中，并装备消防车辆。

35. √。根据《煤矿安全规程》第二百五十六条规定，消防材料库储存的材料、工具的品种和数量应符合有关规定，并定期检查和更换。

36. ×。根据《煤矿安全规程》第二百五十六条规定，消防材料库内存储的材料、工具不得挪作他用，必须由专人管理，确保材料、工具齐全完好。

37. √。矿井火灾的发生都有个过程，发火初期的火势并不大，若采取直接灭火措施可以有效防止火势蔓延。所以，井下主要硐室和工作场所应备有灭火器材，发现着火应尽快在火灾初期扑灭。

38. √。井下工人必须熟悉灭火器材的使用方法，并熟悉本职工作区域内灭火器材的存放地点，以便发生火灾时，能快速有效的使用灭火器材，扑灭火灾。

39. √。矽肺病属于慢性进行性发展的疾病，在患者身体状况较好时，病情可以保持相对稳定，甚至多年看不到病情恶化的迹象，但病情仍会继续发展，因此不能掉以轻心。

40. ×。煤层顶板暴露的面积越大，煤层顶板压力越大，反之煤层顶板压力就小；煤层顶板悬露时间越长，煤层顶板压力越大。

41. ×。矿灯必须是防爆设计，开关灯都不会有明火外泄。若矿灯在井下作业中发生故障时擅自拆开，容易失去防爆性能，一旦产生火花有可能造成爆炸。

42. ×。矿井供电电缆必须选用取得煤矿矿用产品安全标志的阻燃电缆。

43. √。所有煤矿必须有矿山救护队为其服务。井工煤矿企业应当设立矿山救护队，不具备设立矿山救护队条件的煤矿企业，所属煤矿应当设立兼职救护队，并与就近的救护队签订救护协议；否则，不得生产。

44. ×。根据《煤矿安全规程》第三百一十七条规定，井下接近含水层、导水断层、溶洞和导水陷落柱时，应当立即停止施工，确定探水线，实施超前探放水，经确认无水害威胁后，方可施工。

45. √。探水作业不仅直接关系到探水人员的安全，而且关系到探放水周围地区甚至整个矿井的安危，所以，对钻探施工现场的安全环境、安全设施的严格要求非常重要。其中加强钻场附近的巷道支护，并在工作面打好坚固的立柱和拦板，可以防冒顶、防高压水冲垮煤壁及支架事故发生。

46. ×。在打钻地点或附近必须安设专用电话，可以在遇到水情时及时向有关领导和部门取得联系，汇报情况，以便及时采取有效措施。

47. ×。由于刮板输送机和带式输送机的运行速度快，爆炸物品容器不容易平稳牢固地固定在运输机上而颠簸摆动，甚至滚出机外，爆炸物品受到冲击、摩擦会发生爆炸。尤其在运输机搭接处和机尾与溜煤眼搭接处危险性更大。同时，由于电机车牵引网络引起的杂散电流和机电设备、动力、照明漏电造成的杂散电流，通过运输机等导电体与爆炸物品相接触，极可能发生意外爆炸事故。因此，严禁用刮板输送机、带式输送机等运输爆炸物品。

48. √。根据《安全生产法》第四十四条规定，生产经营单位应当教育和督促从业人员严格执行本单位的安全生产规章制度和安全操作规程；并向从业人员如实告知作业场所和工作岗位存在的危险因素、防范措施以及事故应急措施。

49. ×。在新的《煤矿安全规程》里，明确取消了专用排瓦斯巷的使用。

50. √。根据《煤炭法》第三十八条规定，煤矿企业使用的设备、器材、火工产品和安全仪器，必须符合国家标准或者行业标准。

51. √。煤层顶板暴露的面积越大，煤层顶板压力越大。反之煤层顶板压力就小。煤层顶板悬露时间越长，煤层顶板压力越大。

52. ×。当采掘工作面发生冒顶事故后，首先应抢救遇险人员，将人员撤离危险区域，并向调度室汇报，通知有关领导。

53. √。根据《煤矿安全规程》第三百一十七条规定，接近水淹或者可能积水的井巷、老空区或者相邻煤矿时，应当立即停止施工，确定探水线，实施超前探放水，经确认无水害威胁后，方可施工。

第三部分　安全技术理论知识子题库

一、单选题

1. 掏槽眼的深度要比其他炮眼深(　　)。

A. 100～150 mm　　B. 150～200 mm　　C. 300～400 mm

2. 光面爆破时,应尽可能减少周边眼间的起爆时差,相邻光面炮眼的起爆间隔时间不应大于(　　)。

A. 200 ms　　B. 150 ms　　C. 100 ms

3. 在实施光面爆破时,周边眼起爆间隔时间(　　),井巷壁面平整的效果就越有保证。

A. 越长　　B. 较长　　C. 越短

4. 高瓦斯矿井、低瓦斯矿井的高瓦斯区域,必须使用安全等级不低于(　　)的煤矿许用炸药。

A. 一级　　B. 二级　　C. 三级　　D. 四级

5. 炮眼深度超过 1 m 时,封泥长度不得小于(　　)。

A. 0.3 m　　B. 0.4 m　　C. 0.5 m

6. 光面爆破时,周边光爆眼应用炮泥封实,且封泥长度不得小于(　　)。

A. 0.2 m　　B. 0.25 m　　C. 0.3 m

7. 多头巷道掘进时,爆破母线应(　　),以免误接爆破母线。

A. 固定使用　　B. 一线多用　　C. 随挂随用

8. 岩石乳化炸药适用于(　　)瓦斯煤尘爆炸危险的岩石工作面和深孔爆破等。

A. 有　　B. 无　　C. 各类

9. 当溜煤眼和煤仓堵塞时,可用(　　)进行爆破处理。

A. 铵梯炸药　　B. 岩石乳化炸药　　C. 煤矿许用刚性被筒炸药

10. 铵梯炸药是以硝酸铵为氧化剂,梯恩梯为敏化剂,木粉为可燃剂和松散剂组成的爆炸性物质,其中梯恩梯为(　　)物质。

A. 有毒性　　B. 无毒性　　C. 非爆炸性

11. 炮眼深度小于(　　)时,不得装药、爆破。

A. 0.4 m　　B. 0.5 m　　C. 0.6 m　　D. 0.8 m

12. 采掘工作面有两个或两个以上自由面时,在煤层中最小抵抗线不得小于(　　)。

A. 0.2 m　　B. 0.3 m　　C. 0.4 m　　D. 0.5 m

13. 巷道掘进时,爆破母线与电缆、电线、信号线应分别挂在巷道的两侧,如果必须挂在同一侧,爆破母线必须挂在电缆的下方,并应保持(　　)以上的距离。

A. 0.2 m　　B. 0.3 m　　C. 0.4 m　　D. 0.5 m

14. 井下两巷道贯通时,在两工作面相距(　　)前,地测部门必须事先下达通知书,编制专门爆破作业说明书,并只准从一个工作面向另一个工作面贯通。

A. 10 m　　B. 15 m　　C. 20 m　　D. 30 m

15. 间距小于(　　)的平行巷道,其中一个巷道爆破时,两个工作面的人员都必须撤至安全地点。

A. 5 m　　B. 10 m　　C. 15 m　　D. 20 m

16. 爆破地点距采空区(　　)前，必须通过打探眼等有效措施，探明采空区的准确位置、范围以及赋存瓦斯、积水、发火等情况。

A. 5 m　B. 10 m　C. 15 m　D. 20 m

17. 爆破法处理卡在溜煤(矸)眼中的煤、矸时，最大装药量不得超过(　　)。

A. 150 g　B. 300 g　C. 450 g　D. 600 g

18. 石门揭煤采用远距离爆破时，必须编制包括爆破地点、避灾路线及停电、撤人和警戒范围等的专门措施，报(　　)批准。

A. 矿长　B. 主管工程师　C. 区长　D. 矿总工程师

19. 一个采煤工作面爆破作业时，严禁采用(　　)发爆器同时进行爆破。

A. 1 台　B. 2 台　C. 3 台　D. 多台

20. 当爆破网路通电以后发生拒爆时，爆破工必须先取下把手或钥匙，并将爆破母线从电源上摘下，扭结成短路，使用瞬发电雷管时，至少等(　　)，才可沿线路检查，找出拒爆的原因。

A. 5 min　B. 10 min　C. 15 min　D. 20 min

21. 处理拒爆时，要在距拒爆眼至少(　　)处另打与拒爆炮眼平行的新炮眼，重新装药起爆。

A. 0.2 m　B. 0.3 m　C. 0.4 m　D. 0.5 m

22. 装配引药时，电雷管必须由药卷的(　　)装入。

A. 顶部　B. 聚能穴一端　C. 一侧　D. 任意位置

23. 由爆炸材料库直接向工作地点用人力运送爆炸材料时，电雷管必须由爆破工亲自运送，炸药由爆破工或在爆破工监护下由熟悉(　　)有关规定的人员运送。

A. 作业规程　B. 煤矿安全规程　C. 操作规程　D. 爆破作业图表

24. 岩石水胶炸药的使用保证期为(　　)。

A. 4 个月　B. 6 个月　C. 10 个月　D. 1 年

25. 煤矿铵梯炸药对瓦斯的安全性按(　　)顺序递增。

A. 2 号炸药、3 号炸药、被筒炸药　B. 2 号炸药、被筒炸药、3 号炸药

C. 3 号炸药、被筒炸药、2 号炸药　D. 被筒炸药、3 号炸药、2 号炸药

26. 光面爆破时周边眼炮眼间距一般为炮眼直径的(　　)。

A. 3～5 倍　B. 5～10 倍　C. 10～20 倍　D. 20～30 倍

27. 在有煤尘爆炸危险的煤层中，掘进工作面爆破前后，附近(　　)的巷道内，必须洒水降尘。

A. 10 m　B. 20 m　C. 15 m　D. 30 m

28. 执行“三人连锁爆破制”时，警戒牌由(　　)携带。

A. 班组长　B. 瓦斯检查工　C. 爆破工　D. 安全检查工

29. 大断面岩巷掘进时，若采用凿岩台车和高效率凿岩机，可采用(　　)的大直径药卷进行爆破。

A. 28～35 mm　B. 38～45 mm　C. 48～55 mm

30. 岩巷炮孔装药、爆破时产生的间隙效应会(　　)爆破效果。

A. 增强　B. 降低　C. 保证良好

31. 铵梯炸药中含量最多的成分是(　　)。

A. 硝酸铵　B. 梯恩梯　C. 木粉　D. 食盐

32. 低瓦斯矿井的岩石掘进工作面必须使用安全等级不低于(　　)的煤矿许用炸药。

A. 一级　B. 二级　C. 三级　D. 四级

33. 硝铵类炸药不得与(　　)同库存放。

A. 梯恩梯　B. 导爆索　C. 雷管

34. 发爆器必须由(　　)妥善保管，上、下井随身携带，班班升井检查。

A. 班组长　B. 爆破工　C. 安全员　D. 瓦斯检查工

35.《煤矿安全规程》规定，在采掘工作面，必须使用煤矿许用毫秒延期电雷管时，最后一段的延期时间不得超过（　　）。

A. 50 ms　　B. 80 ms　　C. 130 ms　　D. 150 ms

36. 爆破工必须经过专门培训，由有（　　）以上采掘工龄的人员担任并经考试合格，持证上岗。

A. 1 年　　B. 2 年　　C. 3 年　　D. 4 年

37. 爆破工必须依照（　　）进行爆破作业。

A. 煤矿安全规程　　B. 操作规程

C. 煤矿安全规程说明　　D. 爆破作业说明书

38. 井下用机车运送爆炸材料时，列车的行驶速度不得超过（　　）。

A. 1 m/s　　B. 2 m/s　　C. 3 m/s　　D. 4 m/s

39. 井筒内罐笼运送硝铵炸药时，爆炸材料箱堆放的高度不得超过罐笼高度的（　　）。

A. 1/3　　B. 1/4　　C. 1/2　　D. 2/3

40. 在爆破地点 20 m 以内，矿车，未清除的煤、矸或其他物体堵塞巷道断面（　　）以上时，严禁装药、爆破。

A. 1/3　　B. 2/3　　C. 1/4　　D. 1/5

41.《煤矿安全规程》规定，不同厂家生产的或不同品种的电雷管（　　）掺混使用。

A. 可以　　B. 根据需要　　C. 不得

42. 煤矿井下爆破应按瓦斯危险程度选用相应安全等级的（　　）。

A. 硝铵炸药　　B. 煤矿许用炸药　　C. 乳化炸药　　D. 水胶炸药

43.（　　）的主要用途是使爆破后的巷道断面、形状和方向都符合设计要求。

A. 掏槽眼　　B. 辅助眼　　C. 崩落眼　　D. 周边眼

44. 在断面较小、岩石坚硬的小断面巷道，使用高威力炸药光面爆破时，应用（　　）小直径药卷。

A. 15～20 mm　　B. 25～30 mm　　C. 38～45 mm

45. 井巷掘进时，岩石越坚硬，需要的炮眼就（　　）。

A. 越多　　B. 越少　　C. 不确定

46. 目前常用的斜眼掏槽方式中，（　　）方式使用范围最广，并适用于各类岩石及中等以上断面。

A. 单斜掏槽　　B. 扇形掏槽　　C. 楔形掏槽

47. 在只有一个自由面的坚硬岩层或均质岩层中爆破时，最好采用（　　）。

A. 单斜掏槽　　B. 楔形掏槽　　C. 锥形掏槽

48. 垂直楔形掏槽眼角度一般为（　　）。

A. 30°～40°　　B. 50°～60°　　C. 60°～70°

49. 垂直楔形掏槽眼深度一般为巷道宽度的（　　）。

A. 1/3　　B. 1/4　　C. 1/5　　D. 1/6

50. 采用直线掏槽时，各眼距为（　　）。该方式适用于整体性好的韧性岩石和较小的巷道断面。

A. 0.1～0.2 m　　B. 0.2～0.3 m　　C. 0.3～0.4 m

51. 采用混合式掏槽时，其斜眼与工作面的夹角为（　　）。

A. 65°～75°　　B. 75°～85°　　C. 85°～90°

52. 爆破工必须作为（　　）人员固定在每个爆破作业地点，认真履行自己的职责，确保爆破工作安全顺利地进行。

A. 专职　　B. 兼职　　C. 专职或兼职

53. 煤矿井下爆破装药时，要求一个炮眼内只允许装（　　）起爆药卷。

A. 1 个　　B. 2 个　　C. 多个

54. 光面爆破的最小抵抗线，一般应（　　）光爆孔间距。

A. 大于　　B. 小于　　C. 等于　　D. 大于或等于

55. 爆破前,靠近掘进工作面(　　)长度内的支架未加强固定时,严禁装药、爆破。

A. 5 m　　B. 10 m　　C. 15 m

56. 在爆破地点附近 20 m 以内风流中瓦斯浓度达到(　　)时,严禁装药、爆破。

A. 0.5%　　B. 2%　　C. 1%　　D. 5%

57. 电雷管的电阻测量,必须采用(　　)。

A. 专用爆破电桥　　B. 万用表　　C. 惠斯登电桥　　D. 导通器

58. 测定电雷管、电爆网路电阻时,专用电表的输出电流不得大于(　　)。

A. 10 mA　　B. 30 mA　　C. 50 mA　　D. 100 mA

59. 在立井工作面布置炮眼时,如遇坚固岩石,周边眼距井壁距离不应小于(　　)。

A. 100 mm　　B. 200 mm　　C. 300 mm

60. 在立井工作面布置炮眼时,如遇中等坚固或坚固性差的岩石,周边眼距井壁距离不应小于(　　)

A. 200 mm　　B. 300 mm　　C. 400 mm

61. 根据本班生产计划、爆破作业量和消耗定额,由爆破工提出申请,填写领取爆炸材料单、爆破工作指示单,经(　　)审批签章后执行。

A. 瓦斯检查工　　B. 爆破工　　C. 班组长　　D. 矿总工程师

62. 用车辆运输雷管、硝化甘油类炸药时,装车高度必须低于车厢上缘(　　)。

A. 60 mm　　B. 80 mm　　C. 100 mm　　D. 120 mm

63.《煤矿安全规程》规定,井筒内运送爆炸材料时,吊筒升降速度不得超过(　　)。

A. 1 m/s　　B. 2 m/s　　C. 3 m/s

64.《煤矿安全规程》规定,井下人力运输爆炸材料时,(　　)必须由爆破工亲自运送。

A. 炸药　　B. 电雷管　　C. 发爆器

65.《煤矿安全规程》规定,携带爆炸材料上、下井时,在每层罐笼内搭乘的携带爆炸材料的人员不得超过(　　),其他人员不得同罐上、下。

A. 2 人　　B. 4 人　　C. 6 人　　D. 8 人

66. 炸药的(　　)是炸药爆轰对爆破对象产生的压缩、粉碎和击穿能力。

A. 猛度　　B. 爆压　　C. 做功能力

67. 炮眼深度为 0.6～1.0 m 时,封泥长度不得小于炮眼深度的(　　)。

A. 1/2　　B. 1/3　　C. 1/4

68. 炮眼深度超过 2.5 m 时,封泥长度不得小于(　　)。

A. 0.5 m　　B. 1.0 m　　C. 1.5 m

69. 自由面的数目和大小对爆破效果的好坏(　　)影响。

A. 有很大　　B. 有很小　　C. 没有

70. 当两个掘进面贯通时,只有在两个工作面及其回风流中的瓦斯浓度(　　)时,掘进工作面方可爆破。

A. 都在 0.5%以下　　B. 都在 1%以下

C. 掘进面在 1%以下、停工面在 1.5%以下　　D. 都在 1.5%以下

71. 某采煤工作面在爆破处理大块岩石时发生瞎炮,正确的处理措施是(　　)。

A. 用手将雷管拔出

B. 在岩块上放糊炮引爆

C. 在瞎炮眼 0.3 m 处平行打炮眼装药、爆破

72. 爆破前,班组长必须亲自布置专人在警戒线外担任警戒工作。警戒线处应设置(　　)或拉绳。

A. 警戒牌　　B. 栅栏　　C. 照明

73. 技术标准规定:20 发雷管串联时,康铜桥丝雷管通以(　　)的恒定直流电,应全部爆炸。

A. 1.0～1.6 A　　B. 1.6～2.0 A　　C. 1.0 A　　D. 2.0 A

74. 某巷道掘进工作面发爆器因受潮不能使用，爆破工人便撬开矿灯电瓶盖，用矿灯做电源起爆雷管，这种做法在煤矿爆破作业中(　　)使用。

A. 严禁　　B. 可以　　C. 有措施可以

75. (　　)是指炸药爆炸时引起与其不相接触的邻近炸药爆炸的现象。

A. 传爆　　B. 殉爆　　C. 拒爆

76. 2号岩石铵梯炸药的有效贮存期为(　　)。

A. 半年　　B. 1年　　C. 2年

77. 下列爆炸材料中，允许在同库中存放的是(　　)。

A. 硝铵类炸药与导爆索

B. 电雷管与导爆索

C. 导爆索与电雷管

78. 在潮湿和含水条件下，应采用具有防水性能的(　　)。

A. 乳化炸药　　B. 铵油炸药　　C. 铵梯炸药

79. 某一采煤工作面，由于基本顶冒落将采空区的瓦斯压进工作面，夜班又停产、停风，早班时瓦斯达到了爆炸浓度，在通风后未检查瓦斯浓度的情况下，爆破工采用煤块当做炮泥堵塞炮孔，爆破后引发瓦斯爆炸事故。该事故的主要原因是(　　)。

A. 未采用炮泥封孔，未检查瓦斯浓度，瓦斯超限达到爆炸范围

B. 爆破网路脚线连接不实

C. 未及时开局部通风机

80. 某掘进工作面爆破前，将爆破母线敷设在管路一侧引发了早爆事故。其事故的主要原因是(　　)。

A. 母线连接不实

B. 杂散电流通过母线输入雷管引爆

C. 网路连接方法错误

81. 某采煤工作面，因爆破崩落大块矸石影响正常生产，应当(　　)，才可防止爆破事故。

A. 在大块岩石块下放炸药将岩块崩开

B. 按《煤矿安全规程》规定打眼装药、爆破崩碎大块矸石

C. 采用糊炮将岩块崩开

82. 一般爆破工程中，常用的雷管为(　　)。

A. 3号和5号雷管　　B. 7号和10号雷管　　C. 6号和8号雷管

83. 国家标准规定，任何厂家生产的电雷管，其最小发火电流均不超过(　　)。

A. 0.05 A　　B. 0.15 A　　C. 0.45 A　　D. 0.7 A

84. 开凿或延深通达地面的井筒时，无瓦斯的井底工作面中可使用发爆器以外的其他电源起爆，但电压不得超过(　　)，并必须有电力起爆接线盒。

A. 220 V　　B. 380 V　　C. 660 V

85. 爆破工应在检查联线工作无误后，将(　　)交给班组长。

A. 发爆器　　B. 导爆索　　C. 警戒牌

86. 炮眼封泥长度不符合规定的炮眼(　　)爆破。

A. 可以　　B. 严禁　　C. 不许

87. 爆破地点附近(　　)以内风流中瓦斯浓度达到1%，严禁装药、爆破。

A. 10 m　　B. 15 m　　C. 20 m　　D. 25 m

88. 爆炸形成的冲击波可以使瓦斯空气混合物气体温度(　　)。

A. 降低　　B. 不变　　C. 升高

89. 井下工人背运爆炸材料时，一人一次最多背运量为原包装炸药(　　)。

A. 20 kg　　B. 2 箱(袋)　　C. 1 箱(袋)

90. 爆破漏斗半径与最小抵抗线相等时的爆破漏斗为(　　)。

A. 松动爆破漏斗　　B. 标准爆破漏斗　　C. 加强抛掷爆破漏斗

91. 炸药的感度是指炸药在外能的作用下发生(　　)的难易程度。

A. 燃烧　　B. 热分解　　C. 爆炸

92. 正向起爆是将装有雷管的起爆药包装入靠近(　　)处。

A. 眼底　　B. 中间　　C. 眼口　　D. 距眼口 2/3

93. 安装在进风巷道中的压入式局部通风机和启动装置,距掘进巷道回风口不得小于(　　)。

A. 5 m　　B. 10 m　　C. 15 m　　D. 20 m

94. 掘进工作面或其他地点发现有透水预兆时,必须(　　)。

A. 停止作业,采取措施,报告矿调度　　B. 停止作业,迅速撤退,报告矿调度

C. 采取措施,报告矿调度　　D. 停止作业,报告矿调度

95. 采区回风巷、采掘工作面回风巷风流中瓦斯浓度超过(　　)时,必须停止工作,撤出人员,采取措施,进行处理。

A. 2.0%　　B. 1.5%　　C. 1.0%　　D. 0.5%

96. 在有瓦斯或煤尘爆炸危险的矿井进行爆破工作的工作面,必须具有新鲜风流,(　　)要符合煤矿的特殊要求。

A. 风量　　B. 风速　　C. 风量和风速

97. 爆破作业时必须执行“一炮三检制”。其检查的内容是(　　)。

A. 爆破作业工作面支护情况

B. 爆破作业工作面瓦斯浓度情况

C. 爆破作业工作面撤人情况

98. 煤矿井下作业(　　)放明炮、糊炮。

A. 没有瓦斯时可以　　B. 不得　　C. 严禁

99. 炮采工作面爆破工作要做到“七不、二少、三高”,其中“三高”的内容是(　　)。

A. 块煤率高,采出率高,自装率高

B. 块煤率高,采出率高,爆破效率高

C. 块煤率高,爆破效率高,自装率高

100. 炮采工作面的炮眼装药量,一般(　　)的最少。

A. 顶眼　　B. 腰眼　　C. 底眼

101. 电雷管的电阻是指(　　)。

A. 桥丝电阻　　B. 脚线电阻　　C. 桥丝和脚线电阻之和

102. 炮掘工作面贯通前,必须(　　)检查停掘工作面及其回风流中的瓦斯浓度。

A. 每天　　B. 每班　　C. 每次装药前

103. 煤矿许用炸药要在满足爆破能力的前提下,在爆破时实现(　　)。

A. 负氧平衡　　B. 零氧平衡　　C. 正氧平衡

104. 软岩巷道掘进采用光面爆破时,周边眼间距应(　　)。

A. 加大　　B. 减小　　C. 不变

105. 爆破抵抗线过小会导致(　　)。

A. 爆破明火　　B. 炸药拒爆　　C. 炸药爆燃

106. 装盖药和垫药的主要危害是(　　)。

A. 浪费炸药　　B. 影响爆破效果　　C. 引起炸药爆燃

107. 使用变质炸药的主要危害是(　　)。

A. 爆破时出现爆燃　B. 拒爆　C. 影响爆破效果

108. 在有瓦斯、煤尘爆炸危险的采掘工作面，应采用(　　)爆破。

A. 毫秒　B. 秒延期　C. 半秒延期

109. 从爆破效果来看，(　　)。

A. 正向装药、爆破效果较好　B. 反向装药、爆破效果较好

C. 正向、反向装药、爆破效果相同

110. 炮采工作面煤层顶板变松软时，装药量应(　　)。

A. 加大　B. 不变　C. 减少

111. 炮掘工作面遇松软岩层时，周边眼间距应(　　)。

A. 缩小　B. 加大　C. 不变

112. 如果一个炮眼内装多包药卷，每包药卷的聚能穴都应(　　)。

A. 与雷管的聚能穴方向一致　B. 与雷管的聚能穴方向相反

C. 聚能穴与聚能穴相对

113. 掘进工作面一个炮眼内不得装两个起爆药卷的主要原因是(　　)。

A. 浪费一个雷管

B. 容易引起残爆

C. 容易引起瓦斯、煤尘爆炸

114. 向炮眼内装药时，若炮眼内的煤粉未掏干净，会导致(　　)。

A. 降低炸药的敏感度

B. 爆燃

C. 炸药受潮

115. 炮采工作面煤层变软时，炮眼与工作面煤壁之间的夹角应(　　)。

A. 变大　B. 变小　C. 不变

116. 对光面爆破的质量要求，在中硬岩中，要求眼痕率(　　)60%。

A. 应不小于　B. 应不大于　C. 等于

117. 发爆器充足电，指示灯亮后，应(　　)将旋钮扭至放电位置。

A. 等 1～2 s 再　B. 等 5～8 s 再　C. 立即

118. 电爆网络中，(　　)使用明接头。

A. 不能　B. 不得　C. 严禁

119. (　　)在井下拆开、敲打、撞击发爆器。

A. 严禁　B. 不得　C. 不能

120. 爆破母线长度必须(　　)规定的爆破安全距离。

A. 大于　B. 小于　C. 等于

121. 发现并处理残炮、瞎炮时，必须在(　　)直接领导下进行。

A. 爆破工　B. 瓦斯检查工　C. 班组长

122. 小于 0.6 m 的挖底、刷帮、挑顶等浅眼爆破时，每孔装药量不得超过(　　)。

A. 100 g　B. 120 g　C. 150 g　D. 170 g

123. (　　)是产生拒爆或瞎炮的主要原因。

A. 杂散电流　B. 炸药变质　C. 炮眼间距过大

124. 岩巷采用光面爆破的主要目的是(　　)。

A. 提高巷道掘进速度　B. 形成平整的巷道轮廓面

C. 节省炸药

125. 浅眼装药、爆破大块岩石时，最小抵抗线不得小于(　　)。

A. 0.3 m　　B. 0.5 m　　C. 0.6 m

126. 炸药爆炸是一种(　　)。

A. 物理爆炸　　B. 化学爆炸　　C. 核爆炸

127. 爆破作业说明书是(　　)的主要内容之一。

A. 作业规程　　B. 操作规程　　C. 煤矿安全规程

128. 炸药和电雷管不得在同一列车内运输。如用同一列车运输,装有炸药与装有电雷管的车辆之间,以及装有炸药或电雷管的车辆与机车之间,必须用空车分别隔开,隔开长度不得小于(　　)。

A. 8 m　　B. 5 m　　C. 3 m

129. 加工引药时,电雷管必须(　　)插入药卷内。

A. 将其一半　　B. 将其 2/3　　C. 全部

130. 在低瓦斯矿井的采掘工作面采用毫秒爆破时,采用(　　)起爆,爆破效果较好。

A. 正向　　B. 反向　　C. 正反向

131. 国家标准规定,电雷管的安全电流为(　　)。

A. 0.05 A　　B. 0.15 A　　C. 0.45 A

二、多选题

1. 处理拒爆时,必须遵守(　　)的规定。

A. 由于连线不良造成的拒爆,可重新连线起爆

B. 在距拒爆炮眼 0.3 m 以外另打同拒爆炮眼平行的新炮眼,重新装药、起爆

C. 严禁用镐刨或从炮眼中取出原放置的起爆药卷或从起爆药卷中拉出电雷管;严禁将炮眼残底(无论有无残余炸药)继续加深;严禁用打眼的方法往外掏药;严禁用压风吹这些炮眼

D. 处理拒爆的炮眼爆炸后,爆破工必须详细检查炸落的煤、矸,收集未爆的电雷管

E. 在拒爆处理完毕以前,严禁在该地点进行与处理拒爆无关的工作

2. 爆破连线的方式有(　　)。

A. 串联　　B. 并联　　C. 混联　　D. 簇联

3. 炮泥具有(　　)的作用。

A. 保证炸药充分反应　　B. 降低温度和压力

C. 阻止炽热固体颗粒飞出　　D. 延缓爆生气体与瓦斯接触

E. 防止崩人

4. 水炮泥具有(　　)的作用。

A. 消焰　　B. 降尘

C. 吸收有毒有害气体　　D. 降温

5. 老空区往往有(　　)。

A. 大量积水　　B. 有害气体　　C. 火区　　D. 残余煤柱

6. 炸药爆炸充分反应后的产物为(　　)。

A. H_2O　　B. CO_2　　C. N_2　　D. CO

7. 爆破母线与(　　)应分别挂在巷道两侧。

A. 电缆　　B. 电线　　C. 信号线　　D. 管道

8. 工作面有 2 个或 2 个以上自由面时,在煤层中最小抵抗线不得小于(　　),在岩层中最小抵抗线不得小于(　　),浅眼装药、爆破大岩块时,最小抵抗线和封泥长度都不得小于(　　)。

A. 0.3 m　　B. 0.4 m　　C. 0.5 m　　D. 0.6 m

9. 引起早爆的原因有(　　)。

A. 杂散电流　　B. 炸药变质　　C. 静电　　D. 冲击

E. 封孔质量差

10. 一般情况下，掘进工作面炮眼的装药量从大到小排列为(　　)。

A. 掏槽眼　　B. 辅助眼　　C. 周边眼　　D. 顶眼

11. 铵梯炸药按主要组成成分分为(　　)。

A. 岩石铵梯炸药　　B. 煤矿铵梯炸药　　C. 铵油炸药　　D. 乳化炸药

E. 高威力炸药

12. 采煤工作面爆破时的主要爆破参数是指(　　)。

A. 炮眼角度　　B. 炮眼深度　　C. 炮眼间距　　D. 炮眼装药量

E. 最大控顶距

13. 放空炮的原因是(　　)。

A. 封泥质量不好　　B. 装药量偏大

C. 炮眼间距过大　　D. 炮眼角度不符合要求

E. 炮眼过深

14. 影响炸药爆速的因素有(　　)。

A. 药柱直径　　B. 炸药密度　　C. 炸药种类　　D. 药柱长度

E. 药柱外壳

15. 三人连锁爆破时，班组长接到警戒牌后，一方面派人警戒，一方面要详细检查(　　)。

A. 瓦斯　　B. 顶板　　C. 支架　　D. 设备、工具

E. 阻塞物

16. 预防爆破崩倒支架采取的措施有(　　)。

A. 爆破前，检查并加固支架　　B. 掘进工作面选择合理的掏槽方式

C. 采煤工作面要留有足够的炮道　　D. 掘进工作面要有足够的掏槽深度

E. 采用耦合装药

17. 矿用炸药按使用条件分为(　　)。

A. 煤矿许用炸药　　B. 岩石炸药　　C. 露天炸药　　D. 硝铵炸药

18. 煤矿井下爆破作业，必须使用(　　)。

A. 煤矿许用炸药　　B. 矿用炸药　　C. 煤矿许用电雷管　　D. 矿用电雷管

19. 煤矿井下允许使用的含水炸药有(　　)。

A. 水胶炸药　　B. 乳化炸药　　C. 浆状炸药　　D. 铵梯炸药

20. 食盐在煤矿许用炸药中起(　　)的作用。

A. 消焰剂　　B. 灭火剂　　C. 阻化剂　　D. 助燃剂

21. 2 号岩石铵梯炸药主要由(　　)组成。

A. 硝酸铵　　B. 梯恩梯　　C. 黑索金　　D. 木粉

22. 药头式瞬发电雷管的电点火装置由(　　)组成。

A. 脚线　　B. 桥丝　　C. 发火药头　　D. 起爆药

23. 地面爆炸材料库按其服务年限可分为(　　)。

A. 临时性地面库　　B. 永久性地面库　　C. 矿区总库　　D. 临时发放点

24. 煤矿企业必须建立(　　)。

A. 爆炸材料领退制度　　B. 电雷管编号制度

C. 爆炸材料丢失处理办法　　D. 爆炸材料销毁制度

25. 井下用机车运送爆炸材料时，应遵守的安全规定有(　　)。

A. 如必须用同一列车运输炸药和电雷管，装炸药和电雷管的车辆之间必须用空车隔开

B. 除了跟车、护送、装卸人员外，严禁其他人员乘车

C. 列车只能同时运送阻燃、无爆炸性的其他物品

D. 列车的行驶速度不得超过 2 m/s

26. 以下(　　)工作只能由爆破工一人完成。

A. 爆破母线连接脚线　B. 检查爆破线路

C. 爆破脚线的连接　D. 爆破通电工作

E. 爆破前的瓦斯检测工作

27. 掘进工作面常见的装药方式有(　　)。

A. 顺序装药　B. 反序装药　C. 正向装药　D. 反向装药

28. 爆破引燃瓦斯的原因有(　　)。

A. 爆炸形成空气冲击波的作用　B. 炽热固体颗粒的作用

C. 高温爆炸气体产物的作用　D. 二次火焰的作用

29. 装药前和爆破前有(　　)情况的,严禁装药、爆破。

A. 采掘工作面的控顶距离不符合作业规程的规定,或者支架有损坏,或者伞檐超过规定

B. 爆破地点附近 20 m 以内风流中瓦斯浓度达到 1.0%

C. 在爆破地点 20 m 以内,矿车,未清除的煤、矸或其他物体堵塞巷道断面 1/3 以上

D. 炮眼内发现异状、温度骤高骤低、有显著瓦斯涌出、煤岩松散、透老空等情况

E. 采掘工作面风量不足

30. 产生拒爆的主要原因有(　　)。

A. 电路问题　B. 炸药质量问题　C. 雷管质量问题　D. 操作问题

31. 根据引起爆炸的原因和过程不同,可将爆炸分为(　　)。

A. 物理爆炸　B. 化学爆炸　C. 核爆炸　D. 聚变

E. 裂变

32. 炸药的化学变化形式有(　　)。

A. 热分解　B. 燃烧　C. 风化　D. 爆炸

E. 爆轰

33. 炸药爆炸的热力学参数有(　　)。

A. 爆热　B. 爆力　C. 爆温　D. 爆压

E. 爆容

34. 消除或降低间隙效应的方法有(　　)。

A. 采用耦合散装炸药

B. 采用硝酸铵类混合炸药

C. 在药卷之间采用隔环阻止空气冲击波的传播

D. 采用临界直径小、爆轰性能好的炸药

E. 采用低爆速炸药

35. 电雷管根据延期时间不同分为(　　)。

A. 瞬发电雷管　B. 毫秒延期电雷管　C. 秒延期电雷管　D. 半秒延期电雷管

E. 抗杂散电流雷管

36. 常用的斜眼掏槽方式有(　　)。

A. 单斜掏槽　B. 扇形掏槽　C. 锥形掏槽　D. 直眼掏槽

E. 楔形掏槽

37. 执行“三人连锁爆破制”时的“三人”是指(　　)。

A. 班组长　B. 瓦斯检查工　C. 安全检查工　D. 区队长

E. 爆破工

38. 炮采工作面爆破工作要求的“两少”是指(　　)。
A. 爆破次数少　B. 爆炸材料消耗少　C. 混矸少　D. 支护材料消耗少
E. 炮眼数量少
39. 产生拒爆的原因是(　　)。
A. 炸药变质　B. 雷管电阻丝折断　C. 连接的雷管数量超过发爆器的起爆数
D. 连线不实　E. 封泥不满
40. 可用于有瓦斯煤尘爆炸危险地点的电雷管有(　　)。
A. 瞬发电雷管　B. 秒延期电雷管
C. 毫秒延期电雷管　D. 半秒延期电雷管
E. 1/4 秒延期电雷管
41. (　　)是二级安全炸药。
A. 2 号煤矿铵梯炸药　B. 2 号抗水型煤矿铵梯炸药
C. 3 号煤矿铵梯炸药　D. 3 号抗水型煤矿铵梯炸药
42. 装配起爆药卷的正确方法是(　　)。
A. 扎眼装配　B. 启开封口装配　C. 斜插入药卷　D. 捆在药卷上
43. 下列哪些是装配起爆药卷时常见的安全隐患(　　)。
A. 装配地点不安全　B. 雷管脚线不短接
C. 一个药卷内放一个雷管　D. 雷管插入深度不够
E. 发爆器与雷管混放在一起
44. 炮眼装药前必须(　　)。
A. 清孔　B. 连接脚线　C. 验孔　D. 封孔
45. 下列哪些是装药时常见的安全隐患(　　)。
A. 一个炮眼内装多个雷管　B. 装药量过大
C. 装垫药　D. 不清孔
46. 对炮眼封孔必须使用(　　)等材料。
A. 黏土炮泥　B. 细砂子　C. 粗砂子　D. 水炮泥
E. 煤粉
47. 爆破母线必须符合的要求是(　　)。
A. 用多根导线　B. 爆破前扭成短路　C. 用轨道作回路　D. 接头扭紧并悬挂
E. 有足够的长度
48. 连线前应(　　)。
A. 使人员撤到安全地点　B. 连线人员不洗手
C. 检查连线地点安全状况　D. 检查母线是否破损
49. 下列不正确的连线操作是(　　)。
A. 脚线连接后留有须头　B. 班组长连接母线和脚线
C. 两脚线接头位置不错开　D. 连线前撤人
50. 煤矿井下爆破作业时,选择使用电雷管有明确规定。下列规定中,正确的是(　　)。
A. 在高瓦斯矿井或低瓦斯矿井的高瓦斯区域必须使用煤矿许用瞬发电雷管或煤矿许用毫秒延期电雷管
B. 使用煤矿许用毫秒延期电雷管时,最后一段的延期时间不得超过 130 ms
C. 不同厂家生产的或不同品种的电雷管不得掺混使用
D. 低瓦斯矿井允许使用普通瞬发电雷管或毫秒雷管
51. 某矿一采区,使用四芯电缆作为电源起爆,又因“抽炮”引发煤尘爆炸事故。其事故的主要原因有(　　)。

A. 在井下违规使用四芯电缆作为电源，一次连放两炮，分次爆破

B. 炮泥填塞少，引发“抽炮”

C. 职工思想教育不够

D. 巷道煤尘积层达 2 mm，又无洒水设备

52. 煤矿井下常碰到拒爆事故，以下分析拒爆的原因和预防的办法正确的是(　　)。

A. 雷管、炸药均未爆炸或雷管爆炸、炸药部分或全部拒爆

B. 由于炸药过期、受潮感度低或雷管起爆能小而拒爆

C. 预防拒爆，应对爆炸材料定期检查，选择合格产品，细心操作

D. 对火工品知识学习不够

53. 煤矿井下爆破引发瓦斯煤尘爆炸事故，给人民生命财产造成重大损失。许多典型事故的教训说明爆炸的主要原因有(　　)。

A. 通风系统不良，特别是在贯通巷道和靠近回风巷采空区，很容易发生瓦斯积聚

B. 煤矿井下煤尘飞扬，缺乏防尘措施

C. 违章糊炮或明火爆破，或因炮泥装填不够发生“抽炮”

D. 爆破未严格执行“一炮三检制”和“三人连锁爆破制”

54. 在有瓦斯的采掘工作面，允许使用的雷管是(　　)。

A. 煤矿许用瞬发电雷管

B. 最后一段延期时间不小于 130 ms 的煤矿许用毫秒延期电雷管

C. 最后一段延期时间不得超过 130 ms 的煤矿许用毫秒延期电雷管

D. 半秒普通延期雷管

55. 当炮眼封泥采用水炮泥时，水炮泥外剩余的炮眼部分应用(　　)封实。

A. 煤粉　　B. 块状材料　　C. 黏土泥

D. 不可燃而可塑性松散材料制成的炮泥

56. 煤矿企业人为因素造成爆破事故的主要原因有(　　)。

A. 爆破作业人员安全技术素质差　　B. 安全意识差

C. 违章作业　　D. 缺乏规章制度

57. 爆破前，脚线的连接工作可由(　　)进行。

A. 爆破工　　B. 班组长

C. 经过专门训练的班组长　　D. 安全检查工

58. 爆破前，应加强对机器、液压支架和电缆等的(　　)。

A. 保护　　B. 将其移出工作面

C. 保护或将其移出工作面　　D. 要害部件的重点保护

59. 浅眼装药、爆破大岩块时，应遵守(　　)规定。

A. 封泥长度不得小于 0.3 m

B. 最小抵抗线不得小于 0.3 m

C. 最小抵抗线和封泥长度都不得小于 0.3 m

D. 最小抵抗线和封泥长度至少有一项不得小于 0.3 m

60. 爆破处理卡在溜煤(矸)眼中的煤、矸时，爆破前必须检查溜煤(矸)眼内堵塞部位(　　)的瓦斯。

A. 上部空间　　B. 下部空间　　C. 上部和下部空间　　D. 溜煤口

61. 某矿采煤工作面，曾多次瓦斯超限，未引起重视，该队队长和爆破工采用发爆器检查母线是否断线时产生火花，引起瓦斯爆炸事故。其事故的主要原因是(　　)。

A. 领导忽视安全

B. 未按煤矿安全规程规定，采用小于 30 mA 的导通器和爆破电桥，违规使用发爆器检查通路

C. 瓦斯超限情况下仍强行起爆

D. 技术管理不善

62. 某矿 101 工作面，由于通风不良，违规爆破，引发瓦斯煤尘爆炸事故。其事故的直接原因是(　　)。

A. 通风不良、瓦斯积聚，没有及时检查瓦斯浓度

B. 炮泥充填长度仅 10～30 mm，易形成“抽炮”

C. 煤尘积层厚、无洒水措施，使瓦斯爆炸进一步引发瓦斯煤尘爆炸

D. 职工技术水平低

63. 某矿采煤工作面分三段分次爆破，由于炮眼封泥短，仅 30～70 mm，发生“抽炮”，第一段爆破后煤尘飞扬；第二段爆破后造成大量悬浮煤尘；第三段爆破时引发煤尘爆炸事故。下列说法正确的是(　　)。

A. 三段分次爆破引起煤尘飞扬

B. 违规封炮泥过短，仅 30～70 mm，为引爆创造了条件

C. 炸药雷管管理混乱，没有专用箱，爆破后引发炸药殉爆

D. 工人文化水平低

64. 某矿发生一起雷管炸药爆炸事故，两名工人到爆炸材料库领取炸药 63 kg、雷管 280 发，混装在麻袋和尼龙袋内背到工作地点，不顾场地有带电设备，扔到地上，一声巨响，炸药雷管爆炸，工人当场死亡。其事故的主要原因有(　　)。

A. 违反《煤矿安全规程》，未分装在专用容器中

B. 爆破器材质量不好

C. 爆破工违规超重运输

D. 扔雷管炸药袋地点有带电设备漏电触发引爆

65. 某矿采煤工作面采用“糊炮”崩大块矸石，第一次炮响未崩碎，造成煤尘飞扬；二次再爆时，引起瓦斯煤尘爆炸事故。其事故的原因有(　　)。

A. 违反《煤矿安全规程》，采用糊炮、明火处理矸石

B. 没有防尘设施，工作面干燥

C. 处理大块矸石，必须按规定打眼爆破

D. 通风不良，未及时将煤尘带走

66. 某矿一采区在运输巷道与切眼巷道贯通时，由于爆破引起局部瓦斯爆炸，又导致多点瓦斯煤尘连续爆炸事故。其事故的直接原因有(　　)。

A. 巷道贯通时，未按规定改变通风系统，形成瓦斯积聚

B. 巷道贯通时，炮眼深度、装药量和抵抗线不符合《煤矿安全规程》要求

C. 多条巷道煤尘大，无防尘措施，引发多点爆炸

D. 职工教育不够

67. 某矿采煤工作面，因爆破引起老塘瓦斯爆炸，接着又引发刮板输送机巷和两个掘进工作面连续爆炸事故。其事故的主要原因有(　　)。

A. 通风不良，形成瓦斯积聚

B. 没有按《煤矿安全规程》规定打眼装药，封泥过短，产生“抽炮”

C. 防尘管道无水，多个巷道内煤尘积层，又引起瓦斯煤尘爆炸

D. 责任心不强

68. 为防止引发瓦斯爆炸事故，炮眼深度和炮眼的封泥长度有明确规定，主要规定有(　　)。

A. 眼深为 0.6～1.0 m 时，炮泥长度不得小于眼深的 1/2

B. 眼深大于 1.0 m 时，炮泥长度不得小于 0.5 m

C. 眼深大于 2.5 m 时，炮泥长度不得小于 1.0 m，光面爆破周边眼封泥长度不得小于 0.3 m

D. 由工人自定

69. 某矿采掘工作面，因回风巷以上采空区瓦斯积聚违章爆破，造成瓦斯煤尘爆炸重大事故。其事故的主要原因有(　　)。

A. 回风巷道以上瓦斯积聚

B. 职工业务水平低

C. 炮眼封泥少，仅 100～150 mm，最小抵抗线小，爆破产生火焰引发爆炸

D. 工作面风量微小，在未检查瓦斯含量情况下引爆

70. 下列哪些情况下不准爆破(　　)。

A. 爆破地点风量不足

B. 一个采煤工作面使用 2 台发爆器同时爆破

C. 瓦斯浓度在 1%以下

D. 爆破工接到起爆命令但没有发出爆破警号

71. 通电后出现拒爆时，爆破工应(　　)。

A. 用专用欧姆表检查网路　　B. 用导通表检测网路

C. 立即进入爆破地点检查连线　　D. 立即重新起爆

72. (　　)可能造成爆破崩倒支架。

A. 支架架设质量不好　　B. 装药量过多

C. 炮眼排列方式不合理　　D. 装药量过少

73. 爆破工接到起爆命令后，必须先发出爆破警号，并再等待一定时间后方可起爆，以下符合规定等待时间的是(　　)。

A. 3 s　　B. 4 s　　C. 5 s　　D. 6 s

三、判断题

1. 电雷管的最小准爆电流，是指给电雷管通以恒定直流电，能将桥丝加热到点燃发火药的最小电流。(　　)

2. 炮泥充填不足可导致放空炮。(　　)

3. 为提高爆破效率，正向装药时可装填“盖药”。(　　)

4. 通电后爆破不响时，可先将母线取下扭结成短路，使用瞬发电雷管时，至少再等 5 min 方可进入工作面检查。(　　)

5. 爆破后，待炮烟吹散吹净，作业人员方可进入工作面作业。(　　)

6. 掘进工作面爆破时，除警戒人员外，其他人员都要在进风巷道内躲避等候。(　　)

7. 炮烟内的有毒气体主要是一氧化碳和氮的氧化物。(　　)

8. 使用单滚筒的机械采煤工作面，可以采用爆破的方法开出切口。(　　)

9. 井下巷道掘进爆破中，炮响后应立即进入工作面检测有害气体浓度。(　　)

10. 潮湿成团状的煤尘已不能参与爆炸。(　　)

11. 煤矿井下可用三轮车、自翻车运送爆炸材料。(　　)

12. 在交接班人员、上下井的时间内，可少量运送爆炸材料。(　　)

13. 制作引药时，引药的数量要多于使用地点的使用数量。(　　)

14. 制作引药时，电雷管只能由药卷的顶部装入，并且要全部插入药卷内。(　　)

15. 起爆药卷装配完成后，应清点数目，放在专用箱内锁好。(　　)

16. 炮眼深度超过 2.5 m 时，封泥长度不得小于 0.5 m。(　　)

17. 工作面有两个或两个以上自由面时，在煤层中最小抵抗线不得小于 0.5 m。(　　)

18. 爆破前，爆破母线必须扭结成短路。(　　)

19. 可用两根材质、规格不同的导线作为爆破母线。 (　　)
20. 在有瓦斯煤尘爆炸危险的地点,可采用并联的方式连线。 (　　)
21. 三人连锁爆破中,爆破牌由瓦斯检查工携带。 (　　)
22. 爆破前,靠近掘进工作面 10 m 长度内的支架必须要加固。 (　　)
23. 巷道贯通时,必须有准确的测量图,每班在图上填明进度。 (　　)
24. 爆破地点距采空区 15 m 前,必须通过打探眼等有效措施,探明采空区的准确位置、范围以及赋存瓦斯、积水和发火等情况。 (　　)
25. 处理溜煤眼堵塞时,可采用 2 号煤矿许用硝铵炸药。 (　　)
26. 小于 0.6 m 的浅眼爆破时,每孔装药量不得超过 150 g。 (　　)
27. 井巷揭穿突出煤层爆破时,必须使用安全等级不低于三级的煤矿许用含水炸药。 (　　)
28. 杂散电流是产生早爆的原因之一。 (　　)
29. 由于连线不良造成的拒爆可重新连线爆破。 (　　)
30. 处理拒爆完毕以前,可以在该地点从事打眼等作业。 (　　)
31. 爆轰是炸药化学变化的最高形式。 (　　)
32. 放出热量、生成气体产物和爆炸过程的高速度是炸药爆炸的必要条件,缺一不可。 (　　)
33. 对矿用混合炸药而言,提高炸药密度可提高炸药的爆速。 (　　)
34. 铵梯炸药中含量最高的成分是梯恩梯。 (　　)
35. 含水率超过 0.5%的铵梯炸药可用于有瓦斯煤尘爆炸危险的爆破地点。 (　　)
36. 安全被筒炸药可用于处理溜煤眼堵塞。 (　　)
37. 电雷管的最大安全电流,是指给电雷管通以恒定直流电,在一定时间(5 min)内不会引燃发火药的最大电流。 (　　)
38. 毫秒爆破具有减弱地震波的作用。 (　　)
39. 爆破工必须直接依照操作规程进行爆破作业。 (　　)
40. 所有接触爆炸材料的人员应穿棉布或抗静电衣服,严禁穿化纤衣服。 (　　)
41. 炮眼布置必须有利于爆堆集中、不崩倒永久性支架和设备。 (　　)
42. 掏槽眼深度必须比其他炮眼加深 200 mm。 (　　)
43. 掘进工作面爆破工作要求的“七不、二少、一高”中“一高”是指“炮眼利用率高”。 (　　)
44. 煤矿井下可以使用秒延期雷管。 (　　)
45. 岩石巷道掘进光面爆破时,只能采用正向装药。 (　　)
46. 岩石巷道掘进光面爆破遇软岩时,应加大周边眼间距。 (　　)
47. 不同厂家生产的但型号相同的电雷管可掺混使用。 (　　)
48. 同一厂家不同批次的电雷管可以掺混使用。 (　　)
49. 爆破后,必须立即将把手或钥匙拔出,摘掉爆破母线并扭结成短路。 (　　)
50. 在井下发爆器发生故障时,不得在井下拆开修理,更不得敲打、撞击。 (　　)
51. 不得在井下更换发爆器电池。 (　　)
52. 严禁使用将发爆器两接线柱连线打火的方法检查发爆器输出电量的大小。 (　　)
53. 间距小于 20 m 的两条平行巷道,其中一条巷道内进行爆破作业时,该巷道内的工作人员必须撤到安全地点;另一条巷道内的人员可照常工作。 (　　)
54. 可以用带式输送机运输爆炸材料。 (　　)
55. 发爆器长时间不用时,要放在干燥的地方,并取出电池。 (　　)
56. 入井人员严禁穿化纤衣服。 (　　)
57. 煤层厚度包括煤层中夹矸的厚度。 (　　)
58. 采煤工艺不包括采空区处理。 (　　)

59. 爆破工可携带矿灯进入爆炸材料库领取爆炸材料。（　）
60. 爆破工应携带爆破资格证和有班组长签章的爆破工作消耗单到爆炸材料库领取爆炸材料。（　）
61. 电雷管和炸药可同箱混装运送。（　）
62. 在采掘工作面，用工具撞击顶板若发出沉闷的咚咚声，表明顶板已离层。（　）
63. 采煤工作面顶板淋水明显加大，是冒顶的预兆之一。（　）
64. 在采掘工作面遇有较大的、一时难以挑下的危石，应暂停作业。（　）
65. 采掘工作面遇到断层、破碎带时，应采取少装药、放小炮或不爆破的方法进行处理。（　）
66. 由于连线不良造成的拒爆，可重新连线起爆。（　）
67. 通电以后装药炮眼不响时，如使用延期电雷管至少要等 5 min，方可沿线路检查，找出原因。（　）
68. 最小抵抗线小于规定值，就会威胁安全。（　）
69. 在井巷采掘工作面的爆破中，单位炸药消耗量大小取决于炸药的性能，岩石的性质，巷道断面的大小，炮孔的直径、深度等因素。在实际工作中，大多采用经验公式并参照国家定额标准确定。（　）
70. 抽出单个电雷管后，必须将其脚线末端扭结成短路。（　）
71. 炸药由爆破工或在爆破工监护下由熟悉《煤矿安全规程》有关规定的人员运送。（　）
72. 发爆器的把手、钥匙或电力起爆接线盒的钥匙，必须由爆破工随身携带，严禁转交他人，不到爆破通电时，不得将把手或钥匙插入发爆器或电力起爆接线盒内。（　）
73. 反向起爆具有比正向起爆的爆破效果好、炮眼利用率高的优点。（　）
74. 毫秒延期爆破不可用于有瓦斯或煤尘爆炸危险的工作面。（　）
75. 严禁裸露爆破，因为它是一种既不安全又不经济的爆破方法。（　）
76. 爆破工通电起爆后拒爆时，必须先取下把手或钥匙，并将母线扭结短路，等一定时间（瞬发雷管 5 min，延期雷管 15 min）后才可沿线检查。（　）
77. 在有突出危险的采煤工作面，可采用松动爆破作为防突措施。（　）
78. 有瓦斯或煤尘爆炸危险的采煤工作面，可采用分组装药，但一组装药必须一次起爆。（　）
79. 我国目前所使用的矿用炸药都属于混合炸药。（　）
80. 低瓦斯矿井煤层的采掘工作面，必须使用安全等级不低于三级的煤矿许用炸药。（　）
81. 煤矿许用型瞬发电雷管之所以有较高的安全性，主要是在副起爆药中加入了一定量的消焰剂。（　）
82. 煤矿许用毫秒电雷管可用于井下有瓦斯煤尘爆炸危险的工作面。（　）
83. 发爆器或起爆接线盒都必须采用矿用防爆型的（矿用增安型的除外）。（　）
84. 晶体管电容式发爆器能将供电时间控制在 4 ms 以内。（　）
85. 发爆器在井下发生故障后，可以自行拆开并进行修理。（　）
86. 导通表是专门用来测量电雷管、爆破母线或电爆网路是否导通的仪表。（　）
87. 钻眼爆破是井巷掘进施工中的主要工序，其他工序都要围绕它进行有序的安排。（　）
88. 电爆网路不得使用裸露导线，不得利用铁轨、钢管、钢丝做爆破线路。（　）
89. 井巷掘进中主要的爆破参数有：单位炸药消耗量、炮眼直径、炮眼深度、炮眼数目等。（　）
90. 井巷工程岩土爆破，飞石主要顺着最小抵抗线方向抛散。（　）
91. 采用毫秒爆破时，必须严格按照规程规定进行装药和检查瓦斯。（　）
92. 每次爆破作业前，爆破工必须做电爆网路全电阻检查，严禁用发爆器打火放电检测电爆网路是否导通。（　）
93. 毫秒爆破爆落的矸石块度均匀，大块率低。（　）
94. 采掘工作面，同一起爆网路，应使用同厂、同批、同型号的电雷管。（　）
95. 工作面上的炮眼布置应保证爆破后爆破块度均匀，大小符合装岩要求，大块率小。（　）
96. 煤矿所有爆破作业地点必须编制爆破作业说明书。（　）
97. 爆破工应严格执行“一炮三检制”和“三人连锁爆破制”。（　）

98. 爆破工仅携带爆破合格证就可以到爆炸材料库领取爆炸材料。（　）
99. 爆破工必须在爆炸材料库的发放硐室领取爆炸材料。（　）
100. 用车辆运输雷管时，雷管箱可以侧放或立放，但层间不许垫软垫。（　）
101. 爆破工所领取的爆炸材料，不得遗失，但可以转交下一班人员。（　）
102. 井下用机车运送爆炸材料时，炸药和电雷管不得在同一列车内运输。（　）
103. 井下用机车运送爆炸材料时，列车的行驶速度不得超过 4 m/s。（　）
104. 严禁用刮板输送机、带式输送机等运输爆炸材料。（　）
105. 装配引药是把电雷管装入药卷底部，制成起爆药卷的工作过程。（　）
106. 装配起爆药卷的数量，以当时当地需要的数量为限。（　）
107. 在装药前，应用炮棍插入炮眼内，检验炮眼的角度、深度、方向和炮眼内的情况。（　）
108. 装药时，所有炸药和电雷管的聚能穴方向可以相互错开。（　）
109. 装药注意事项中规定，严禁使用硬化到不能用手揉松的硝铵类炸药。（　）
110. 爆破工在装药前，如发现冒顶、透水、瓦斯突出预兆时，必须报告班组长，及时处理。（　）
111. 黏土炮泥形成的水幕，有降低和吸收爆破中的有毒有害气体的作用，改善了井下的劳动环境。（　）
112. 炮眼封泥应用黏土炮泥，黏土炮泥外剩余的炮眼部分，应用水炮泥封实。（　）
113. 严禁用煤粉、块状材料或其他可燃性材料做炮眼封泥。（　）
114. 炮眼深度超过 1 m 时，封泥长度不得小于 0.3 m。（　）
115. 巷道掘进时，爆破母线应随用随挂。（　）
116. 爆破前，爆破母线必须扭结成短路。（　）
117. 在采掘工作面，同一起爆网路，应使用同厂、同批，但不一定同型号的电雷管。（　）
118. 爆破前，爆破工在检查连线工作无误后，应将警戒牌交给瓦斯检查工。（　）
119. 爆破前，若网路正常，爆破工必须发出爆破警号，高喊数声“爆破了”或鸣笛数声，至少再等 5 s，方可起爆。（　）
120. 爆破后，爆破地点附近 20 m 的巷道内，必须洒水降尘。（　）
121. 在有煤尘爆炸危险的采掘工作面爆破前后，在附近 20 m 内，必须洒水降尘。（　）
122. 间距小于 20 m 的平行巷道，其中一个巷道爆破时，两个工作面的人员都必须撤到安全地点。（　）
123. 采煤工作面爆破安全要求，当采煤工作面工具未收拾好，机电设备、电缆未加保护，不准爆破。（　）
124. 如雷管脚线或爆破母线与漏电电缆相接触，就会产生早爆事故。（　）
125. 爆破后，由于某种原因造成的部分或单个雷管不起爆的现象即为拒爆。（　）
126. 煤层注水是防止煤层自然发火的重要措施。（　）
127. 井下发生火灾时，现场人员应利用现场一切可以利用的手段、器材，尽快投入，直接灭火。（　）
128. 向顶板岩层注水可以起到软化顶板岩层的作用。（　）
129. 浅眼爆破大岩块时，最小抵抗线不得小于 0.3 m。（　）
130. 采煤工作面煤壁较硬时，炮眼与煤壁之间的夹角应加大。（　）
131. 在软岩中的光面爆破，周边眼眼口应在轮廓线上。（　）
132. 光面爆破的眼痕率，硬岩不得小于 80%，中硬岩不得小于 60%。（　）
133. 无论正氧平衡炸药，还是负氧平衡炸药，其爆炸的安全性都会低于零氧平衡炸药爆炸的安全性。（　）
134. 普通型毫秒延期电雷管可用于含瓦斯、煤尘的矿井井下爆破作业。（　）
135. 煤矿许用炸药的特点是爆炸后有灼热固体产生。（　）
136. 爆炸化学反应是由压缩冲击波引起的，因此，反应速度和爆炸速度都很高。（　）
137. 一个药包(卷)爆炸后，引起与它相接触的邻近药包(卷)爆炸的现象称为殉爆。（　）
138. 有煤(岩)与瓦斯突出危险的工作面，必须使用安全等级不低于三级的煤矿许用含水炸药。（　）

单选题答案与解析

1. B	2. C	3. C	4. C	5. C	6. C	7. C	8. B
9. C	10. A	11. C	12. D	13. B	14. C	15. D	16. C
17. C	18. D	19. B	20. A	21. B	22. A	23. B	24. D
25. A	26. C	27. B	28. C	29. B	30. B	31. A	32. A
33. C	34. B	35. C	36. B	37. D	38. B	39. D	40. A
41. C	42. B	43. D	44. B	45. A	46. C	47. C	48. C
49. B	50. A	51. B	52. A	53. A	54. D	55. B	56. C
57. A	58. B	59. C	60. C	61. C	62. C	63. A	64. B
65. B	66. A	67. A	68. B	69. A	70. B	71. C	72. A
73. B	74. A	75. B	76. A	77. A	78. A	79. A	80. B
81. B	82. C	83. D	84. B	85. C	86. B	87. C	88. C
89. C	90. B	91. C	92. C	93. B	94. A	95. C	96. C
97. B	98. C	99. A	100. A	101. C	102. C	103. B	104. B
105. A	106. C	107. B	108. A	109. B	110. C	111. A	112. A
113. C	114. B	115. A	116. A	117. C	118. C	119. A	120. A
121. C	122. C	123. B	124. B	125. A	126. B	127. A	128. C
129. C	130. B	131. A					

1. 掏槽是在一个自由面上创造新的自由面，受到岩石的夹制作用比较大，炮眼利用率低，一般只能达到掏槽眼深的 80%～95%；因此，掏槽眼比其他眼深 150～200 mm。选 B。
2. 在实施光面爆破时，间隔时间愈短，壁面平整的效果愈有保证。应尽可能减小周边眼间的起爆时差。相邻光面炮眼的起爆间隔时间不应大于 100 ms。选 C。
3. 在实施光面爆破时，间隔时间愈短，壁面平整的效果愈有保证。应尽可能减小周边眼间的起爆时差。相邻光面炮眼的起爆间隔时间不应大于 100 ms。选 C。
4. 煤矿不管使用何种炸药都必须严格按照矿井瓦斯的安全等级来选用。高瓦斯矿井必须使用安全等级不低于三级的煤矿许用炸药，如果选用安全等级低的炸药，安全效果得不到保障，可能引起瓦斯、煤尘爆炸。选 C。
5. 为达到较好的爆破效果和保证爆破安全，炮眼深度还必须与封泥长度和封孔质量相适应。炮眼深度越大，装药长度也增大，则封泥长度也要相应增大，使封泥真正做到封堵密闭作用，炸药的膨胀功得到充分利用。所以，《煤矿安全规程》对不同深度的炮眼规定了相应不同的封泥长度。为提高工作效率，保障爆破安全，炮眼深度 1～2.5 m 时，封泥长度不得小于 0.5 m。选 C。
6. 由于光爆周边眼是在其他炮眼爆破后最后一次起爆，若在有瓦斯、煤尘爆炸危险的采掘工作面，爆破后的瓦斯已形成积聚，就可能引爆瓦斯。为确保爆破安全，《煤矿安全规程》规定，光面爆破时，周边光爆炮眼应当用炮泥封实，且封泥长度不得小于 0.3 m。选 C。
7. 巷道掘进时，爆破母线应当随用随挂。不得使用固定爆破母线，特殊情况下，在采取安全措施后，可不受此限。选 C。
8. 岩石乳化炸药具有爆炸性能好，爆轰感度高，抗水性能强，爆炸后生成有害气体少，制造、贮存、运输、使用安全，密度大且可通过调节密度来调节炸药的威力，原料来源丰富等优点，但需进一步提高炸药的稳定性、抗冻性、贮存期、降低成本、使品种系列化。岩石乳化炸药适用于无瓦斯煤尘爆炸危险的岩石工作面和深孔爆破，光面爆破以及有水的工作面。选 B。
9. 被筒炸药常以 2 号煤矿许用硝铵炸药为药芯，食盐为被筒，外裹以石蜡纸筒，做成被筒炸药。被筒炸药具有安全性能高、威力小的特点，常用于处理溜煤眼的堵塞。选 C。

10. 梯恩梯为白色或黄色针状结晶，无臭，有吸湿性，是一种比较安全的炸药，能耐受撞击和摩擦，但任何量突然受热都能引起爆炸。中等毒性。可经皮、呼吸道、消化道侵入。主要危害是慢性中毒。选 A。
11. 炮眼深度小于 0.6 m 的爆破属于浅眼爆破，不准装药爆破。因为炮眼深度小于 0.6 m 时，去掉所装药卷长度后，封泥长度必定不足，不能阻止高温高压的爆生气体和灼热的固体颗粒冲破抵抗线最小的自由面，极易引燃引爆瓦斯或煤尘。选 C。
12. 由于煤层的硬度普遍小于岩层，根据《煤矿安全规程》第三百五十九条的规定，工作面有 2 个及以上自由面时，在煤层中最小抵抗线不得小于 0.5 m，在岩层中最小抵抗线不得小于 0.3 m。选 D。
13. 电缆、电线、信号线都有可能漏电造成杂散电流，为防止雷管早爆，爆破母线尽可能避开其他线路。如果必须挂在同一侧，爆破母线必须挂在电缆的下方，并应保持 0.3 m 以上的距离。因为爆破母线是随用随挂的，如挂在上方，一旦不牢固就会掉在电缆上而发生危险，而挂在下方，即使不牢也只是掉在地面，不会与电缆接触，能确保漏电安全。选 B。
14. 根据《煤矿安全规程》第一百四十三条的规定，巷道贯通前应当制定贯通专项措施。综合机械化掘进巷道在相距 50 m 前、其他巷道在相距 20 m 前，必须停止一个工作面作业，做好调整通风系统的准备工作。选 C。
15. 间距小于 20 m 的平行巷道，其中一个巷道进行爆破时，可能对另外一个巷道产生影响，出现冒顶等现象，因此两个工作面的人员都必须撤至安全地点。选 D。
16. 采空区往往积存有大量的水、瓦斯和其他有毒气体，若不慎爆破掘通采空区，就可能发生突然涌水、人员中毒和瓦斯爆炸等恶性事故。因此，在接近采空区时，必须采取相应的安全措施。爆破地点距采空区 15 m 前，必须通过打探眼等有效措施，探明采空区的准确位置、范围以及赋存瓦斯、积水和发火等情况，针对查明的情况，修正或调整安全措施，否则不准装药或爆破。选 C。
17. 用爆破处理卡在溜煤(矸)眼中的煤、矸时，每次爆破最大装药量不得超过 450 g。因为装药量过大，产生的高温高压爆生气体也多，是引燃瓦斯、煤尘的根源，亦会破坏溜煤眼围岩的稳定性，造成片帮或飞石伤人事故。选 C。
18. 根据《煤矿安全规程》第二百二十二条的规定，井巷揭煤采用远距离爆破时，必须明确起爆地点、避灾路线、警戒范围，制定停电撤人等措施。选 D。
19. 如在一个采煤工作面使用 2 台发爆器同时进行爆破，易出现拒爆现象，同时会造成工作面风流中产生大量的浮游煤尘及瓦斯超限，在紧接第二次爆破时，极易引起瓦斯或煤尘爆炸，以及发生炮烟熏人事故。所以采煤工作面严禁使用 2 台发爆器同时进行爆破。选 B。
20. 爆破后出现不爆炸现象时，不要立即进入爆炸地点查找原因，也不要误认为爆破网路有问题而往返查找线路故障，因为缓爆可延缓爆炸时间长达几分钟到十几分钟。所以，通电以后如出现拒爆时，要等 5～15 min 后才可沿线检查找原因。《煤矿安全规程》规定使用瞬发电雷管时，至少等 5 min，使用延期电雷管时，至少等 15 min。选 A。
21. 根据《煤矿安全规程》第三百七十二条的规定，处理拒爆时，在距拒爆炮眼 0.3 m 以外另打与拒爆炮眼平行的新炮眼，重新装药起爆。选择 0.3 m 以外目的是防止新炮眼打偏打斜，或因钻杆打眼的强烈震动，撞击，引起原装起爆药卷中感度高的电雷管爆炸，选 B。
22. 装配起爆药卷时电雷管必须由药卷的顶部全部插入药卷内，严禁将电雷管斜插在药卷的中部或捆在药卷上。选 A。
23. 根据《煤矿安全规程》第三百四十二条的规定，由爆炸物品库直接向工作地点用人力运送爆炸物品时，电雷管必须由爆破工亲自运送，炸药由爆破工或在爆破工监护下由熟悉《规程》有关规定的人员运送的规定。选 B。
24. 岩石水胶炸药的使用保质期为 1 年。炸药的质量对煤矿安全爆破作业非常重要，如果存在质量不合格，可能出现炸药爆炸不完全的情况，这样不仅爆破效果差，而且在含瓦斯、煤尘条件下，会引起爆炸事故。选 D。

25. 我国煤矿许用炸药的安全性等级分为五级。级别越大炸药的安全性越高，即一级的炸药安全性相对最低，五级的炸药安全性相对最高。当前煤矿使用较多的是一、二、三级的煤矿许用炸药，四、五级的高安全煤矿许用炸药由于成本高，只是在一些有特殊要求的环境中使用，如处理溜煤眼堵塞等。被筒炸药属于五级，因此选 A。

26. 光面爆破时周边眼炮眼间距一般为炮眼直径的 10～20 倍。选 C。

27. 为确保爆破安全，杜绝因爆破作业而引发的煤尘爆炸事故，规定必须在爆破前对爆破点前后 20 m 的范围内进行洒水降尘，一是为了降低空气中煤尘浓度，二是增加煤尘含水量，惰化煤尘活性、提高煤尘的引爆温度。选 B。

28. “三人连锁爆破”中的三人是指爆破工、瓦检员和施工单位的当班班长。爆破工持警戒牌，瓦检员持爆破牌，当班班长持爆破命令牌。选 C。

29. 大断面岩巷掘进时，若采用凿岩台车和高效率凿岩机，可采用 38～45 mm 的大直径药卷进行爆破。选 B。

30. 但在炮眼内，如果药柱与炮眼孔壁间存在间隙，常常会发生爆轰中断或爆轰转变为燃烧的现象。这种现象称为间隙效应。它不仅降低了爆破效果，而且在瓦斯矿井中进行爆破时，若炸药发生燃烧，就有引发事故的可能。选 B。

31. 铵梯炸药的主要成分是硝酸铵、梯恩梯和木粉等，其中含量最多的是硝酸铵。选 A。

32. 根据《煤矿安全规程》第三百五十条的规定，井下爆破作业，必须使用煤矿许用炸药和煤矿许用电雷管。一次爆破必须使用同一厂家、同一品种的煤矿许用炸药和电雷管。低瓦斯矿井的岩石掘进工作面，使用安全等级不低于一级的煤矿许用炸药。选 A。

33. 各种爆炸物品的每一品种都应当专库贮存；当条件限制时，按国家有关同库贮存的规定贮存。硝铵类炸药不得与雷管同库存放。选 C。

34. 发爆器必须由爆破工妥善保管，上下井随身携带，班班升井检查。发爆器如发生故障应及时送到井上由专人修理，不得在井下自行拆开修理。发爆器钥匙由爆破工保管，不得转交他人。选 B。

35. 用煤矿许用毫秒延期电雷管时，最后一段的延期时间不得超过 130 ms，而不是 150 ms。煤矿允许使用总延期时间在 130 ms 以内的毫秒延期电雷管，是因为雷管爆炸时间很短，没等瓦斯涌出浓度达到爆炸下限浓度，或在瓦斯爆炸感应期内就已起爆完毕，这样就不会引爆瓦斯。选 C。

36. 破工作的专业性很强，井下爆破作业条件又复杂，因此必须由经过专业训练、有 2 年以上采掘工龄、掌握爆破安全技术的专职爆破工担任。为加强爆炸物品的管理，严格依照爆破作业说明书进行爆破作业，规定爆破工必须携带爆破合格证和班组长签章的爆破工作指示单到爆破物品库领取爆破物品。选 B。

37. 煤矿井下的地质条件复杂多变，各个作业点的岩石性质和构造情况不尽相同，赋存及涌出瓦斯、含水涌水情况各异，且爆破地点形成的巷道或硐室的用途或质量要求也不相同。为了提高爆破效果，减少爆破物品的消耗，避免因爆破参数和工艺选择的不当而造成安全事故，煤矿井下每一个爆破地点都应根据所在地点的围岩性质、构造情况及瓦斯涌出量等情况编制爆破作业说明书。选 D。

38. 为了防止列车运行中因速度过快导致摇摆、颠簸，使雷管因摩擦、碰撞发生爆炸，《煤矿安全规程》规定，井下用机车运送爆破物品时，列车的行驶速度不得超过 2 m/s。选 B。

39. 由于电雷管对撞击、摩擦的感度高，一不小心就可能引起爆炸，因此在井筒内运送电雷管时，罐笼内只准堆放一层爆炸物品箱，不得滑动。运送炸药时，爆炸物品箱堆放的层数未做限制，但高度不得超过罐笼高度的 2/3，如果过高，罐笼一旦颠簸、碰撞会将爆炸物品抛出，对安全不利。选 D。

40. 当爆破地点 20 m 以内，有矿车、未清除的煤矸或其他物体堵塞巷道断面 1/3 以上时，既妨碍爆破操作，又增加巷道阻力，炮烟不能很快被吹散，同时，万一工作面发生冒顶、片帮时，还影响在工作面的作业人员安全撤离。因此，必须事先清除这些杂物，否则严禁装药、爆破。选 A。

41. 由于不同厂家生产的或不同品种的电雷管，其电引火装置的材质与形式不同，其电引火特性（对电的敏感程度)亦各异,若将这样两种雷管掺混使用,则电感度高的雷管先爆炸,随即切断串联网路,使电感度低的雷管不能获得足够的电能而瞎火。因此,不同厂家生产的或不同品种的电雷管,不得掺混使用。选 C。

42. 煤矿井下爆破应按瓦斯危险程度选用相应安全等级的煤矿许用炸药。选 B。

43. 周边眼的主要用途是使爆破后的巷道断面、形状和方向都符合设计要求。掏槽眼的用途是创造自由面。选 D。

44. 在断面较小、岩石坚硬的小断面巷道,使用高威力炸药光面爆破时,应用 25～30 mm 小直径药卷。选 B。

45. 通常情况下井巷掘进时,岩石越坚硬,爆破难度越大,需要的炮眼数量就越多。选 A。

46. 按照掏槽眼的方向可分为三大类,即斜眼掏槽、直眼掏槽和混合掏槽。目前常用的斜眼掏槽方式有单斜掏槽、扇形掏槽、锥形掏槽和楔形掏槽。其中楔形掏槽使用范围比较广泛,适用于各类岩石及中等以上断面。选 C。

47. 锥形掏槽指所有掏槽眼均以相等或近似相等的角度向工作面中心轴线倾斜,眼底虽集中但相互并不贯通且爆破后掏槽呈锥形的型式。适用于只有一个自由面的坚硬岩层或均质岩层中,实行集中装药,一齐起爆。锥形掏槽因槽眼方向不易掌握,钻眼工作不方便,眼深受到限制,在目前巷道掘进中已很少使用。选 C。

48. 垂直楔形掏槽眼排距、眼数及槽眼角度根据岩石软硬决定,排距一般为 0.3～0.5 m,眼数一般为 4～6 个,角度一般为 60°～70°。选 C。

49. 垂直楔形掏槽眼深度一般为巷道宽度的 1/4。垂直楔形掏槽因受巷道宽度限制,深度较浅,如欲加深,可采用复式楔形掏槽,由内楔和外楔组成,由内向外分段起爆。选 B。

50. 采用直线掏槽时,各个炮眼相距 0.1～0.2 m,适用于整体性好的韧性岩石和较小的巷道断面。选 A。

51. 在断面较大、岩石较硬的巷道中,为了弥补直眼掏槽的不足,采用直眼与斜眼混合掏槽。斜眼作垂直楔状布置,布置在直眼外侧,斜眼与工作面的夹角为 75°～85°。选 B。

52. 爆破作业是煤矿井下的特种作业,作业过程的每一个环节都要严格按照作业规程的有关规定执行。爆破工也必须作为专职人员固定在每个爆破作业地点,认真履行自己的职责,确保爆破工作安全顺利地进行。选 A。

53. 一个炮眼内不得装两个起爆药卷的主要原因是容易引起瓦斯、煤尘爆炸。选 A。

54. 最小抵抗线是光爆炮眼中心到邻近辅助炮眼中心的距离,一般应大于或等于光爆孔间距。选 D。

55. 爆破前,靠近掘进工作面 10 m 长度内的支架未加强固定时,严禁装药、爆破。选 B。

56. 在爆破地点附近 20 m 以内风流中瓦斯浓度达到 1%时,严禁装药、爆破。选 C。

57. 由于电雷管中含有摩擦感度极高的药剂,在电雷管的电阻测量,必须采用专用爆破电桥。选 A。

58. 测定电雷管、电爆网路电阻时,防止电流过大引爆电雷管,专用电表的输出电流不得大于 30 mA。选 B。

59. 立井工作面的炮眼,包括掏槽眼、崩落眼和周边眼,均布置在以井筒中心为圆心的同心圆周上。在坚固岩石中,周边眼距井壁距离不应小于 300 mm;在中等坚固或坚固性差的岩石中,不应小于 400 mm,周边留下的岩石用风镐开挖。选 C。

60. 立井工作面的炮眼,包括掏槽眼、崩落眼和周边眼,均布置在以井筒中心为圆心的同心圆周上。在坚固岩石中,周边眼距井壁距离不应小于 300 mm;在中等坚固或坚固性差的岩石中,不应小于 400 mm,周边留下的岩石用风镐开挖。选 C。

61. 根据本班生产计划、爆破作业量和消耗定额,由爆破工提出申请,填写领取爆炸物品单、爆破工作指示单,经班组长审批签章后执行。选 C。

62. 车辆运输雷管、硝化甘油类炸药时,装车高度必须低于车厢上缘 100 mm 用车辆运输雷管时,雷管箱不得侧放或立放,层间必须垫软垫。运输硝酸接类炸药、含水炸药、导火索、导爆索时,装车高度不得超过车厢上缘。选 C。

63. 《煤矿安全规程》规定，井筒内运送爆炸物品时，吊桶升降速度，不论运送何种爆炸物品，都不得超过 1 m/s。选 A。

64. 根据《煤矿安全规程》第三百四十二条的规定，由爆炸物品库直接向工作地点用人力运送爆炸物品时，电雷管必须由爆破工亲自运送，炸药应当由爆破工或者在爆破工监护下运送。选 B。

65. 根据《煤矿安全规程》第三百四十二条的规定，由爆炸物品库直接向工作地点用人力运送爆炸物品时，携带爆炸物品上、下井时，在每层罐笼内搭乘的携带爆炸物品的人员不得超过 4 人，其他人员不得同罐上下。选 B。

66. 猛度是指炸药爆炸后对与其相接触的物体破碎的能力。炸药的猛度大小与炸药爆炸时能量是否集中释放出来有关，炸药爆炸完成的时间愈短，则能量就能集中释放，对周围的冲击力量就愈大，破碎的作用也就愈大。炸药爆炸完成的时间长短，取决于炸药的爆速。选 A。

67. 炮眼深度为 0.6～1 m 时，封泥长度不得小于炮眼深度的 1/2。选 A。

68. 炮眼深度超过 2.5 m 时，封泥长度不得小于 1 m。选 B。

69. 爆破中，自由面的数目越多，爆破效果越好。选 A。

70. 掘进的工作面每次爆破前，必须派专人和瓦斯检查工共同到停掘的工作面检查工作面及其回风流中的瓦斯浓度，瓦斯浓度超限时，必须先停止在掘工作面的工作，然后处理瓦斯，只有在 2 个工作面及其回风流中的甲烷浓度都在 1.0%以下时，掘进的工作面方可爆破。每次爆破前，2 个工作面入口必须有专人警戒。选 B。

71. 根据《煤矿安全规程》第三百七十二条的规定，处理拒爆时，在距拒爆炮眼 0.3 m 以外另打与拒爆炮眼平行的新炮眼，重新装药起爆。选择 0.3 m 以外目的是防止新炮眼打偏打斜，或因钻杆打眼的强烈震动，撞击，引起原装起爆药卷中感度高的电雷管爆炸，选 C。

72. 此题出自《煤矿安全规程》规定，爆破前，班组长必须亲自布置专人将工作面所有人员撤离警戒区域，并在警戒线和可能进入爆破地点的所有通路上布置专人担任警戒工作。警戒人员必须在安全地点警戒。警戒线处应当设置警戒牌、栏杆或者拉绳。选 A。

73. 技术标准规定：20 发雷管串联时，康铜桥丝雷管通以 1.6～2.0 A 的恒定直流电，应全部爆炸。选 B。

74. 某巷道掘进工作面发爆器因受潮不能使用，爆破工人便撬开矿灯电瓶盖，用矿灯做电源起爆雷管，这种做法很容易造成事故隐患，在煤矿爆破作业中严禁使用。选 A。

75. 殉爆指炸药爆炸时引起与其不相接触的邻近炸药爆炸的现象。主发药包爆炸时能引爆沿轴线布置的另一药包爆炸的最大距离称为殉爆距离，它表示炸药殉爆的能力，殉爆距离愈大，该炸药的爆炸冲击能愈高。在工程爆破中，殉爆距离对于确定分段装药、盲炮处理和设计合理的孔网参数等都具有指导意义。选 B。

76. 铵梯炸药硝酸铵与梯恩梯混合组成。此类炸药因为含有易于吸潮结块的硝酸铵，在密封不严的情况下不宜长期贮存。2 号岩石铵梯炸药的有效贮存期为半年。选 A。

77. 爆破器材单一品种专库存放。若受条件限制，同库存放不同品种的爆破器材则应符合下列规定：炸药类、射孔弹类和导爆索、导爆管可以同库混存；雷管类起爆器材应单独库房存放。选 A。

78. 乳化炸药具有雷管感度，而且有很好的抗水性，其爆炸性能好，机械感度低以及安全性好等优点，同时成本低于水胶炸药。在潮湿和含水条件下，应采用具有防水性能的乳化炸药。选 A。

79. 该事故的主要原因是停风导致瓦斯达到了爆炸浓度，通风后未检查瓦斯浓度，未检查瓦斯浓度，采用煤块当做炮泥堵塞炮孔，未采用炮泥封孔，瓦斯超限达到爆炸范围，爆破后引发瓦斯爆炸事故。选 A。

80. 爆破母线尽量不与压风管、洒水管等管路、轨道、钢丝绳、刮板运输机等导电体和动力、照明线路接触；管路与电线不与爆破母线同侧铺设，至少保持 0.3 m 的悬挂距离。选 B。

81. 处理大块矸石时，应按《煤矿安全规程》规定打眼装药、爆破崩碎大块矸石，不得采用放明炮、糊炮或空心炮爆破处理。选 B。

82. 工程雷管按装药量由小到大分为 1～10 号雷管，常用的工程爆破作业中为 8 号和 6 号工业雷管。选 C。

83. 最小发火电流：长时间（通常以 1 min 为准）内以恒定直流通入雷管时，能使电雷管 100%爆炸的最小电流。国家规定，任何厂家生产的电雷管最小发火电流均不得超过 700 mA。实际上，最小发火电流一定会大于最大安全电流。选 D。

84. 开凿或延深通达地面的井筒时，无瓦斯的井底工作面中可使用其他电源如照明线或动力电源爆破，但电压不得超过 380 V。因为立井开凿时一次爆破的电雷管较多，网路复杂，需要总电流较大，用发爆器时恐发爆能力不足，但用动力电源时，在地面安全地点必须设置电力起爆接线盒，用电力起爆接线盒的目的，在于避免直接用动力电源起爆，也防止非爆破工误操作提前起爆。选 B。

85. 爆破前，爆破工将“警戒牌”交给生产单位班长，由班组长派人警戒。班组长将“爆破命令牌”交给瓦斯检查员，检查瓦斯煤尘合格后，将自己携带的“爆破牌”交给爆破工，由爆破工发生爆破口哨后爆破。选 C。

86. 炮眼封泥长度不符合规定，爆破时高温火焰容易窜出，若瓦斯浓度升高，易发生事故，因此严禁爆破。选 B。

87. 根据《煤矿安全规程》第一百七十三条的规定，采掘工作面及其他作业地点风流中甲烷浓度达到 1.0%时，必须停止用电钻打眼；爆破地点附近 20 m 以内风流中甲烷浓度达到 1.0%时，严禁爆破。选 C。

88. 爆炸形成的冲击波，同时会释放出大量的热，可以使瓦斯空气混合物气体温度升高。选 C。

89. 一人一次运送的爆炸物品量不得超过：同时运搬炸药和起爆材料 10 kg；拆箱（袋）运搬炸药 20 kg；背运原包装炸药一箱 20 kg；挑运原包装炸药两箱 48 kg。选 C。

90. 标准抛掷爆破漏斗的漏斗半径 r 与最小抵抗线 W 相等。形成标准抛掷爆破漏斗的药包叫做标准抛掷爆破药包。加强抛掷爆破漏斗这种爆破漏斗的漏斗半径 r 大于最小抵抗线 W，形成加强抛掷爆破漏斗的药包叫做加强抛掷爆破药包。加强松动爆破漏斗爆破漏斗的漏斗半径 r 小于最小抵抗线 W。选 B。

91. 炸药感度，简称“感度”。指的是炸药在外界能量作用下，发生爆炸变化的难易程度，是衡量不同炸药在同一条件下的稳定性的指标。选 C。

92. 正向起爆就是雷管方向与炮孔同向，起爆药包位于药卷外端，靠近炮眼口，雷管底部朝向炮眼底的起爆方法。选 C。

93. 根据《煤矿安全规程》第一百六十四条的规定，压入式局部通风机和启动装置安装在进风巷道中，距掘进巷道回风口不得小于 10 m。局部通风机的吸风量必须小于全风压供给该处的风量，目的都是避免发生循环风。选 B。

94. 采掘工作面或其他地点发现透水预兆时，应当立即停止作业，撤出所有受水患威胁地点的人员，报告矿调度室，并发出警报。在原因未查清、隐患未排除之前，不得进行任何采掘活动。选 A。

95. 根据《煤矿安全规程》第一百七十二条的规定，矿井总回风巷或者一翼回风巷中甲烷或者二氧化碳浓度超过 0.75%时，必须立即查明原因，进行处理。采区回风巷、采掘工作面回风巷风流中甲烷浓度超过 1.0%或者二氧化碳浓度超过 1.5%时，必须停止工作，撤出人员，采取措施，进行处理。选 C。

96. 井下的巷道、采掘工作面和硐室应当保持足以稀释瓦斯到规定浓度的风量和风速，使瓦斯不能积聚。对于瓦斯涌出量大的煤层或采空区，在采用通风方法处理瓦斯不合理时，易造成瓦斯积聚，应采取瓦斯抽采措施。选 C。

97. 一炮三检指的是采掘工作面爆破作业时，装药前、爆破前、爆破后分别由瓦斯检查员检查爆破地点附近风流中的瓦斯浓度。瓦斯浓度超过 1.0%严禁爆破。选 B。

98. 糊炮指的是把爆破材料放在被爆煤岩的表面，用黄泥等物把药包盖上进行爆破的方法。明炮指的是直接把爆破材料放在被爆煤岩的表面进行爆破的方法。选 C。

99. 炮采工作面爆破工作要做到“七不、二少、三高”，其中“二少”是：减少爆破次数，增加一次爆破的炮眼个数，缩短爆破时间。材料消耗少。“三高”是块煤率高、回采率高、自装率高。选 A。

100. 周边眼(包括顶眼)的作用是控制隧道断面的成形轮廓。周边眼装药量最小，且多采用不耦合装药或间隔装药。选 A。

101. 雷管的电阻指电雷管的全电阻，它包括桥丝电阻和脚线电阻之和。选 C。

102. 炮掘工作面贯通前，掘进工作面每次装药前，班组长必须指派专人和瓦斯检查员共同到停掘工作面，检查该工作面及其回风流的瓦斯浓度，瓦斯浓度超限时，先停止掘进工作面的作业，然后处理瓦斯，只有在两个工作面及其回风流中的瓦斯浓度都在 1% 以下时，方可进行掘进工作和装药爆破。选 C。

103. 煤矿许用炸药的氧平衡必须接近于零氧平衡。正氧平衡的炸药在爆炸时，能生成氧化氮和初生态的氧，容易引燃引爆瓦斯、煤尘。而负氧平衡炸药，爆炸反应不完全，会使未完全反应的固体颗粒增多，也容易生成一氧化碳，引起二次火焰，对防止瓦斯煤尘引火是极，为不利的。选 B。

104. 软岩巷道掘进采用光面爆破时，软岩巷道稳定性差，为保证光面效果，周边眼间距应适当减小。选 B。

105. 最小抵抗线是指在工程爆破中，通常将药包中心或重心到最近自由面的最短距离。抵抗线过小时，能量不能全部转化，爆轰作用过大，会导致产生爆破明火。而且使爆堆飞散，造成飞石伤人并影响装岩效率。选 A。

106. 在现场把正向起爆药卷以外的药卷称盖药；把反向起爆药卷以里的药卷称为垫药。根据试验结果，垫药和盖药在大部分情况下不传爆。这是由于爆轰的传播是有方向性的。它总是以电雷管为起点，顺着电雷管起爆的方向，沿着药柱向前传播。在一般情况下，相反的方向，得不到足以激发炸药的能量，导致盖药、垫药的拒爆。装盖药、垫药不仅浪费炸药，影响爆破效果，更为严重的是容易产生残爆和爆燃，一旦瓦斯、煤尘达到爆炸浓度，就有可能发生爆炸，对井下安全造成很大的威胁。题目是主要危害，选 C。

107. 过期或严重变质的炸药容易变硬，爆轰性能降低，容易产生半爆、爆燃甚至拒爆，且爆炸后产生的有害气体也会增多；所以，不能使用过期或严重变质的炸药。题目是主要危害，选 B。

108. 根据《煤矿安全规程》第三百五十一条的规定，在有瓦斯或者煤尘爆炸危险的采掘工作面，应当采用毫秒爆破。因为秒(半秒)延期爆破的优点是能实现全断面一次爆破，缺点是延期时间长，不能防止瓦斯、煤尘爆炸；瞬发爆破的优点是瞬发起爆，能防止瓦斯、煤尘爆炸，缺点是不能全断面一次爆破，只能分次爆破；毫秒延期爆破，只要最后一段延期时间小于等于 130 ms，可有效防止瓦斯、煤尘爆炸，又可实现一次全断面爆破，而且毫秒延期爆破还有补充破碎作用和地震波相互干扰作用，都是前两种起爆方式不具备的。实际上煤矿许用电雷管的一段管就是瞬发电雷管。选 A。

109. 反向装药与正向装药相比，能够提高炮眼利用率，加强岩石破碎，减小大块率。反向起爆的炮眼利用率优于正向起爆，爆破效果更好。但反向爆破不仅需要较长的脚线而且不够安全，反向起爆时，容易引爆瓦斯，所以高瓦斯矿不允许反向起爆。选 B。

110. 煤层顶板越松软、破碎，煤层顶板压力就越大，容易出现顶板破碎，离层现象，爆破时为更好地控制顶板，减少矸石量，装药量应适当减少。选 C。

111. 炮掘工作面遇松软岩层时，巷道稳定性差，为保证爆破效果，减少超挖量，周边眼间距应适当缩小。选 A。

112. 在炸药和雷管的一端，都有一个窝心，称之为炸药和雷管的聚能穴。它的作用是把爆轰波沿轴线方向集中起来，形成聚能流，大大增强聚能穴端的局部破坏作用和传播能力，这种作用叫做聚能效应。一个炮眼内装多包药卷，每包药卷的聚能穴与雷管的聚能穴方向一致。选 A。

113. 如果一个炮眼装入两个起爆药卷，当靠近眼底的药卷先爆时，会将眼口的起爆药卷抛到自由面外爆炸，易引起瓦斯煤尘爆炸事故；因此一个炮眼只准装一个起爆药卷。选 C。

114. 炮眼内有煤岩粉，使装入炮眼内的药卷不能紧贴在一起，或者药卷装不到底。在药卷之间、药卷和眼底之间，存有一段煤岩粉，影响炸药能量的传递，以致产生残爆、拒爆、爆燃或留下残眼，影响爆破效果。选 B。

115. 炮眼与煤壁的水平夹角一般为50°～80°，软煤取大值，硬煤取小值。顶眼在垂直面上向顶板方向仰起5°～10°。底眼在垂直面上向底版方向保持10°～20°的俯角。选A。

116. 光面爆破的眼痕率，硬岩不得小于80%，中硬岩不得小于60%。选A。

117. 使用发爆器爆破时，将开关钥匙插入毫秒开关内，按逆时针方向转至充电位置，待氖气灯亮后，立即按顺时针方向转至放电位置起爆。起爆后，开关仍在停在"放电"位置上，拔出钥匙由自己保管好，并解下母线，扭成短路挂好。每次爆破后，应及时将防尘小盖盖好，防止煤尘或潮气侵入。选C。

118. 电气设备与电缆有裸露的导体或明火操作者均为明接头。明接头非常危险，三相芯线互相搭接后，连绝缘胶布都不包，极易造成相间短路或人触电伤亡。一旦拉断，其电弧火花极易引起瓦斯、煤尘燃烧爆炸，所以井下供电电网中，应坚决消灭"鸡爪子"、"羊尾巴"和明接头。选C。

119. 发爆器是指的爆破工程中通过输出大电流或火花等，引发相连雷管桥丝烧熔引发和启动爆炸的电气装置。发现有破损或发爆能力不足时，应立即更换，严禁在井下拆开、敲打、撞击发爆器。选A。

120. 爆破工必须在安全地点进行起爆，所以爆破母线长度必须大于规定的安全避炮距离。选A。

121. 爆破后，爆破工、班组长和瓦斯检查工必须巡视爆破地点，检查通风、瓦斯、煤尘、顶板、支架、瞎炮、残爆等情况。如有危险情况必须在班组长直接领导下立即进行处理。选C。

122. 炮眼深度小于0.6 m时，不得装药、爆破；在特殊条件下，如挖底、刷帮、挑顶确需浅眼爆破时，必须制定安全措施，炮眼深度可以小于0.6 m，但必须封满炮泥。小于0.6 m的卧底、刷帮、挑顶浅眼爆破所制定的安全措施必须符合下列要求：每孔装药量不得超过150 g；炮眼必须封满填实炮泥；爆破前必须在爆破地点附近洒水降尘并检查瓦斯，瓦斯浓度超过1%不准爆破；检查并加固爆破地点附近的支架；爆破时，必须设好警戒，班长在现场指挥。选C。

123. 产生拒爆或瞎炮的原因有：炸药变质。雷管电阻丝折断；雷管变质或雷管制造质量差。装药、装炮泥未按规定进行操作，雷管脚线折断或绝缘不良，造成不通电或电流短路。联接的雷管数超过发爆器的起爆数。发爆的电流小或有故障，不能引发电雷管。混用了不同规格、不同厂家、不同材质的雷管。其中炸药变质是主要原因。选B。

124. 光面爆破是指通过正确选择爆破参数和合理的施工方法，分区分段微差爆破，达到爆破后轮廓线符合设计要求，临空面平整规则的一种控制爆破技术。选B。

125. 工作面有2个及以上自由面时，在煤层中最小抵抗线不得小于0.5 m，在岩层中最小抵抗线不得小于0.3 m。浅孔装药爆破大块岩石时，最小抵抗线和封泥长度都不得小于0.3 m。选A。

126. 国标规定，电雷管的安全电流为50 mA，即50 mA的恒定直流电通入电雷管持续5 min，不允许发生爆炸，称此电流为最大安全电流。选B。

127. 爆破作业说明书是采掘工作面作业规程的主要内容之一，是为实现采掘工作面预期循环进度(尺)而编制的，是爆破作业贯彻《规程》的具体措施，是爆破工进行爆破作业的依据。选A。

128. 为了避免雷管爆炸时引起炸药爆炸，炸药和雷管不得在同一列车内运输。同一列车运输时，装炸药车与装雷管车之间，以及装炸药车或装雷管车与机车之间，必须用空车隔开，隔开长度不得小于3 m。装有爆炸物品的列车不得同时运送其他物品和工具，以免在装卸和运送过程中，因被其他物品和工具碰撞、摩擦，发生爆炸事故。选C。

129. 装配起爆药卷时电雷管必须由药卷的顶部全部插入药卷内，严禁将电雷管斜插在药卷的中部或捆在药卷上。选C。

130. 反向装药与正向装药相比，能够提高炮眼利用率，加强岩石破碎，减小大块率。反向起爆的炮眼利用率优于正向起爆，爆破效果更好。但反向爆破不仅需要较长的脚线而且不够安全，反向起爆时，容易引爆瓦斯，所以高瓦斯矿不允许反向起爆。选B。

131. 国标规定，电雷管的安全电流为50 mA，即50 mA的恒定直流电通入电雷管持续5 min，不允许发生爆炸，称此电流为最大安全电流。选A。

多选题答案与解析

1. ABCDE	2. ABC	3. ABCD	4. ABCD	5. ABCD	6. ABC	7. ABC
8. CAA	9. ACD	10. ABC	11. AB	12. ABCD	13. AC	14. ABCE
15. BCDE	16. ABCD	17. ABC	18. AC	19. AB	20. AC	21. ABD
22. ABCD	23. AB	24. ABCD	25. ABD	26. ABD	27. CD	28. ABCD
29. ABCDE	30. ABCD	31. ABC	32. ABDE	33. ACDE	34. ABCD	35. ABC
36. ABCE	37. ABE	38. AB	39. ABCD	40. AC	41. CD	42. AB
43. ABDE	44. AC	45. ABCD	46. AD	47. BDE	48. ACD	49. ABC
50. ABC	51. ABCD	52. BC	53. ABCD	54. AC	55. CD	56. ABC
57. AC	58. ABC	59. ABC	60. ABC	61. ABC	62. ABC	63. ABC
64. ACD	65. ABD	66. ABC	67. ABC	68. ABC	69. ACD	70. ABD
71. AB	72. ABC	73. CD				

1. 根据《煤矿安全规程》第三百七十二条的规定，处理拒爆、残爆时，应当在班组长指导下进行，并在当班处理完毕。如果当班未能完成处理工作，当班爆破工必须在现场向下一班爆破工交接清楚。处理拒爆时，必须遵守下列规定：① 由于连线不良造成的拒爆，可重新连线起爆。② 在距拒爆炮眼 0.3 m 以外另打与拒爆炮眼平行的新炮眼，重新装药起爆。③ 严禁用镐刨或者从炮眼中取出原放置的起爆药卷，或者从起爆药卷中拉出电雷管。不论有无残余炸药，严禁将炮眼残底继续加深；严禁使用打孔的方法往外掏药；严禁使用压风吹拒爆、残爆炮眼。④ 处理拒爆的炮眼爆炸后，爆破工必须详细检查炸落的煤、矸，收集未爆的电雷管。⑤ 在拒爆处理完毕以前，严禁在该地点进行与处理拒爆无关的工作。选 ABCDE。
2. 爆破联线方法有三种：串联、并联、混合联。选 ABC。
3. 炮泥具有以下作用：① 由于炮泥能阻止爆生气体自炮眼逸出，使其在装药原有体积内积聚压缩能，增加爆炸冲击波的冲击力；同时也有利于炸药在爆炸反应中充分氧化，在极短时间内，使之生成更多的爆生气体，从而提高炸药的爆破效果。② 有利于爆破安全，由于炮泥的堵塞作用，炸药在爆炸中充分氧化，从而减少了有毒气体的生成量，降低爆生气体逸出工作面的温度和压力；同时还由于炮泥能阻止爆炸火焰和灼热固体颗粒从炮眼内喷出，故不易引起瓦斯或煤尘的爆炸。③ 有消烟和除尘作用。炮泥封塞炮眼后，一般消烟和除尘率达 50%～60%。④ 能减少噪音危害。E 防止崩人不属于炮泥的作用，选 ABCD。
4. 炸药爆炸后，水炮泥的水由于爆炸气体的冲击作用形成一层水幕，起到了降低温度、缩短爆炸火焰延续时间的作用，从而减小了引爆瓦斯、煤尘的可能性，有利于安全生产。水炮泥爆裂后形成的水幕，有灭尘和吸收炮烟中有毒气体的作用，有利于改善工人劳动条件。选 ABCD。
5. 老空区是井下采空区和报废巷道的总称。老空区往往有大量积水，也叫老空水，易积存有毒有害气体，遗留残余煤柱，还有自然发火的危险。选 ABCD。
6. ABC 是炸药爆炸充分反应后的产物，D 项一氧化碳是爆炸不充分时的产物。
7. 电缆、电线、信号线都有可能漏电造成杂散电流，为防止雷管早爆，爆破母线尽可能避开其他线路。如果必须挂在同一侧，爆破母线必须挂在电缆的下方，并应保持 0.3 m 以上的距离。因为爆破母线是随用随挂的，如挂在上方，一旦不牢固就会掉在电缆上而发生危险，而挂在下方，即使不牢也只是掉在地面，不会与电缆接触，能确保漏电安全。选 ABC。
8. 根据《煤矿安全规程》第三百五十九条的规定，工作面有 2 个及以上自由面时，在煤层中最小抵抗线不得小于 0.5 m，在岩层中最小抵抗线不得小于 0.3 m。浅孔装药爆破大块岩石时，最小抵抗线和封泥长度都不得小于 0.3 m。选 CAA。
9. 早爆是指雷管或者炸药在在预定的起爆前发生的意外爆炸的现象。撞击、摩擦、挤压等机械能、热能、杂散电流、静电、爆破器具保管不当等均能意外引起早爆。早爆可对现场施工人员造成严重伤害。在现场爆破施工中，必须按安全操作规程进行操作，采取有效措施，避免早爆事故发生。B项易造成拒爆，选 ACD。

10. 掏槽眼最先起爆，起到增加自由面的作业，装药量最多，周边眼是控制超挖欠挖，装药量最少，辅助眼位于两者之间，选 ABC。
11. 常用的矿用炸药有三种，一是岩石铵梯炸药，二是煤矿铵梯炸药，三是乳化炸药。其中前两者是按照主要组成成分分类的，选 AB。
12. 采煤工作面爆破参数有很多，主要爆破参数是指炮眼角度、炮眼深度、炮眼间距、炮眼装药量。选 ABCD。
13. 当炮眼中炸药爆炸后，爆轰冲击波与气体静压不能克服岩石抵抗作用，而沿炮孔喷出，只在眼壁与眼口处稍有破坏，称作放空炮。放空炮的原因有：① 炮眼深度过大而岩石夹制力过大；或深度过小，封泥过少，炮眼间距过大，岩体夹制力大；炮眼与工作面夹角过大，夹制力大、装药量不足，相对地变成夹制力大等；② 雷管、炸药质量差，爆炸威力小；③ 炮眼封泥长度短，炮泥质量差、充填不密实等。选 AC。
14. 炸药爆炸传播速度是衡量炸药性能的重要指标之一。在理想的情况下，一种炸药的爆速应当是一个常量，但实际情况则不然，炸药的爆速总是低于理想的爆速。其主要原因是受到炸药本身的质量、炮孔直径、炮孔成形质量、装药直径、装药条件、炸药的含水量等因素的影响。炸药本身的质量包括药柱直径、炸药密度、炸药种类 、药柱外壳等，选 ABCE。
15. 班组长接到“警戒牌”后，认真检查顶板、支护、风量、工具设备、洒水等爆破准备工作，经检查处理，确认爆破准备工作无误，达到爆破条件时，组织人员撤离到规定的安全地点待避，派专人在可能进入爆破地点及附近的所有通路上，按作业规程规定设置警戒。A项瓦斯检查是瓦斯检查工的工作。选 BCDE。
16. 爆破崩倒支架的原因有：① 支架架设不符合要求，爆破前未经检查或检查后未认真加固；② 爆破参数选择不当，炮眼布置不合理，爆破后有大块煤块、岩石抛掷方向偏离巷道中心线。预防措施有：① 加强支架架设质量管理，爆破前须对不合格的支架进行加固。②采煤工作面支护、液压支架、单体支柱要达到初撑力，留有足够的空间。③ 炮眼间距、角度、眼数、装药量要符合爆破图表的要求。不合格的炮眼必须重打，否则不能装药。选 ABCD。
17. 矿用炸药按主要组成成分分为：硝酸铵类炸药，含水炸药，硝化甘油类炸药。按使用范围分为：煤矿许用炸药、岩石炸药、露天爆破工程中使用的炸药。选 ABC。
18. 井下爆破作业，必须使用煤矿许用炸药和煤矿许用电雷管，并按矿井瓦斯等级选用对应安全等级的煤矿许用炸药。不得在瓦斯矿井中使用非煤矿许用炸药和非煤矿许用电雷管，也不得将用于瓦斯矿井的炸药用于高瓦斯矿井中，否则就可能发生瓦斯、煤尘爆炸事故。选 AC。
19. 含水炸药包括浆状炸药、水胶炸药和乳化炸药。煤矿井下允许使用的含水炸药有水胶炸药和乳化炸药。选 AB。
20. 食盐是一种惰性物质，不参加炸药的爆炸反应。当炸药爆炸时，食盐被溶化，能吸收爆热、降低爆温，起到抑制爆炸的消焰剂和阻化剂的作用。选 AC。
21. 铵梯炸药的主要成分是硝酸铵、梯恩梯和木粉。量最多的成分是硝酸铵。选 ABD。
22. 药头式瞬发电雷管的电点火装置由脚线、桥丝、发火药头、起爆药组成。选 ABCD。
23. 地面爆炸物品库按其服务年限可分为临时性地面库、永久性地面库。选 AB。
24. 根据《煤矿安全规程》第三百三十七条的规定，煤矿企业必须建立爆炸物品领退制度和爆炸物品丢失处理办法。电雷管（包括清退入库的电雷管）在发给爆破工前，必须用电雷管检测仪逐个测试电阻值，并将脚线扭结成短路。发放的爆炸物品必须是有效期内的合格产品，并且雷管应当严格按同一厂家和同一品种进行发放。爆炸物品的销毁，必须遵守《民用爆炸物品安全管理条例》。选 ABCD。
25. 根据《煤矿安全规程》第三百四十条的规定，井下用机车运送爆炸物品时，应当遵守下列规定：

① 炸药和电雷管在同一列车内运输时，装有炸药与装有电雷管的车辆之间，以及装有炸药或者电雷管

的车辆与机车之间，必须用空车分别隔开，隔开长度不得小于 3 m。

② 电雷管必须装在专用的、带盖的、有木质隔板的车厢内，车厢内部应当铺有胶皮或者麻袋等软质垫层，并只准放置 1 层爆炸物品箱。炸药箱可以装在矿车内，但堆放高度不得超过矿车上缘。运输炸药、电雷管的矿车或者车厢必须有专门的警示标识。

③ 爆炸物品必须由井下爆炸物品库负责人或者经过专门培训的人员专人护送。跟车工、护送人员和装卸人员应当坐在尾车内，严禁其他人员乘车。

④ 列车的行驶速度不得超过 2 m/s。

⑤ 装有爆炸物品的列车不得同时运送其他物品。

井下采用无轨胶轮车运送爆炸物品时，应当按照民用爆炸物品运输管理有关规定执行。C 项错误，不得同时运送其他物品，选 ABD。

26. 根据《煤矿安全规程》第三百六十九条的规定，爆破前，脚线的连接工作可由经过专门训练的班组长协助爆破工进行。爆破母线连接脚线、检查线路和通电工作，只准爆破工一人操作。选 ABD。

27. 掘进工作面常见的装药方式有正向装药和反向装药。选 CD。

28. 爆破引燃瓦斯的原因有：① 炸药爆炸时形成的空气冲击波的绝热压缩；② 炸药爆炸时生成炽热的或燃着的固体颗粒的点火作用；③ 炸药爆炸时生成的高温气态爆炸产物及二次火焰的作用。选 ABCD。

29. 药前和爆破前在下列条件下，严禁装药、爆破：① 采掘工作面的控顶距离不符合作业规程的规定，或者支架有损坏，或者伞檐超过规定。② 爆破地点附近 20 m 以内风流中瓦斯浓度达到 1%。③ 在爆破地点 20 m 以内，矿车，未清除的煤、矸或其他物体堵塞巷道断面 1/3 以上。④ 炮眼内发现异状、温度骤高骤低、有显著瓦斯涌出、煤岩松散、透老空等情况。⑤ 采掘工作面风量不足。选 ABCDE。

30. 产生拒爆的原因有：① 炸药变质。② 雷管电阻丝折断；雷管变质或雷管制造质量差。③ 装药、装炮泥未按规定进行操作，雷管脚线折断或绝缘不良，造成不通电或电流短路。④ 联接的雷管数超过发爆器的起爆数。⑤ 发爆的电流小或有故障，不能引发电雷管。⑥ 混用了不同规格、不同厂家、不同材质的雷管。选 ABCD。

31. 按照物质产生爆炸的原因和性质的不同，爆炸可分为物理爆炸、化学爆炸、核爆炸。选 ABC。

32. 按照传播性质和速度的不同，将炸药的化学变化形式分为四种：热分解、燃烧、爆炸、爆轰。选 ABDE。

33. 炸药爆炸的热力学参数包括：爆热 、爆温 、爆压、爆容。选 ACDE。

34. 间隙效应指混台炸药细长连续药柱通常在空气中都能正常传爆，但在炮眼内，如果药柱与炮眼孔壁间存有间隙，常常会发生爆轰的中断或爆轰转变的燃烧现象。在爆破工程中，间隙效应不仅影响爆破效果，而且影响安全，特别是在有瓦斯煤尘爆炸危险的矿井中危害更大。消除间隙效应的措施有：① 采用耦合散装炸药消除径向间隙，可以从根本上克服间隙效应；② 采用硝酸铵类混合炸药，产生间隙效应的可能性较小；③ 在连续药柱上，隔一定距离（或在相临药卷连接端处）套上硬纸板或其他材料做成的隔环，其外径稍小于炮眼直径，将间隙隔断，以阻止间隙内空气冲击波的传播或削弱其强度；④ 采用临界直径小，爆轰性能好，对间隙效应抵抗力大的炸药。选 ABCD。

35. 采掘工作面的起爆方式按延期时间不同，有秒（半秒）延期爆破、瞬发爆破和毫秒爆破 3 种。选 ABC。

36. 常用的斜眼掏槽方式有单斜掏槽 、扇形掏槽 、锥形掏槽 、楔形掏槽。其中楔形掏槽应用比较广泛。D 项直眼掏槽和斜眼掏槽是并列关系，选 ABCE。

37. “三人连锁爆破”中的三人是指爆破工、瓦检员和施工单位的当班班长。爆破工持警戒牌，瓦检员持爆破牌，当班班长持爆破命令牌。选 ABE。

38. 炮采工作面爆破工作要做到“七不、二少、三高”，其中“二少”是：减少爆破次数，增加一次爆破的炮眼个数，缩短爆破时间。材料消耗少。“三高”是块煤率高、回采率高、自装率高。选 AB。

39. 产生拒爆的原因有：① 炸药变质。② 雷管电阻丝折断；雷管变质或雷管制造质量差。③ 装药、装炮泥未按规定进行操作，雷管脚线折断或绝缘不良，造成不通电或电流短路。④ 联接的雷管数超过发爆器的起爆数。⑤ 发爆的电流小或有故障，不能引发电雷管。⑥ 混用了不同规格、不同厂家、不同材质的雷管。E 项封泥不满易造成爆燃，选 ABCD。

40. 秒（半秒）、1/4 秒延期电雷管，由于各段雷管延期时间过长，容易引起瓦斯、煤尘爆炸；所以，不能使用。瞬发爆破的优点是瞬发起爆，能防止瓦斯、煤尘爆炸，缺点是不能全断面一次爆破，只能分次爆破；毫秒延期爆破，只要最后一段延期时间小于或等于 130 ms，可有效防止瓦斯、煤尘爆炸，又可实现一次全断面爆破，而且毫秒延期爆破还有补充破碎作用和地震波相互干扰作用，都是前两种起爆方式不具备的。实际上煤矿许用电雷管的一段管就是瞬发电雷管。选 AC。

41. 低瓦斯矿井的煤层采掘工作面、半煤岩掘进工作面，使用安全等级不低于二级的煤矿许用炸药。二级的煤矿许用炸药包括 3 号煤矿铵梯炸药、3 号抗水煤矿铵梯炸药、二级煤矿许用乳化炸药。AB 属于一级煤矿许用炸药，可知选 CD。

42. 装配起爆药卷的方法有两种，分别是药卷扎眼装配、启开药卷封口装配。电雷管必须由药卷的顶部装入，严禁用电雷管代替竹棍、木棍扎眼。电雷管必须全部插入药卷内。严禁将电雷管斜插在药卷的中部或者捆在药卷上。选 AB。

43. 装配起爆药卷时必须遵守以下规定：① 必须在顶板完好、支护完整、避开导电体和电器设备的地点进行。严禁坐在爆破材料箱上装配起爆药卷。装配起爆药卷数量，必须按现场实际炮眼数量确定。② 装配起爆药卷必须防止电雷管受震动、冲击，避免折断脚线和损坏脚线绝缘层。装配时应将脚线扭结处与雷管同时握在手中，不得让脚线随意甩动。③ 将成束的电雷管脚线顺好，拉住电雷管前端脚线将电雷管抽出。抽出单个电雷管后，必须将其脚线扭结成短路。从成束的电雷管中抽取单个电雷管时，不得手拉脚线，硬拽管体，也不得手拉管体，硬拽脚线。④ 电雷管必须由药卷的顶部装人，用木或竹制的炮针在药卷顶端中心扎略大于雷管直径的孔眼，将电雷管全部插人药卷内，并将脚线在药卷上套一个扣。剩余脚线应全部缠绕在药卷上，同时将脚线末端扭结成短路。严禁用电雷管代替竹棍、木棍扎眼。严禁将电雷管斜插在药卷的中部或捆绑在药卷上。⑤ 每个药卷内只允许插放一个电雷管。⑥ 装配好的起爆药卷要整齐摆放在爆破材料箱内或其附近符合规定要求的安全地点，要点清数量，不得丢失，不准随地乱放。⑦ 过剩的起爆药卷要将雷管拆除，炸药、雷管分别存放，严禁将起爆药卷与其他炸药或雷管混放。C 项正确，选 ABDE。

44. 安全装药的程序应按照验孔、清孔、装药、封孔、电雷管脚线末端扭结的顺序流程来操作。验孔是在装药前，用炮棍插入炮眼里，检验炮眼的角度、深度、方向和炮眼内的情况。清孔是清孔前必须先用掏勺或压缩空气清除炮眼里的岩粉或煤粉。不然会使装入炮眼内的药卷不能密接或装不到眼底，影响炸药传爆，可能产生半爆、拒爆或爆燃，留下残眼；同时炮眼内的煤粉容易被爆炸火焰引燃，喷出孔外后有点燃瓦斯、煤尘的危险。BD 项在装药之后，选 AC。

45. 题中 ABCD 都是装药时常见的安全隐患，易发生安全事故，不允许采用。

46. 炮眼封孔必须使用黏土炮泥、水炮泥封孔。水炮泥爆裂后形成的水幕，有灭尘和吸收炮烟中有毒气体的作用，有利于改善工人劳动条件。但是不允许只装水炮泥而不装黏土炮泥，因为水炮泥的直径小于炮眼直径，它不能完全起到黏土炮泥的作用，剩余的炮眼部分应用黏土炮泥封满、封实。严禁用煤粉、块状材料或其他可燃性材料作炮眼封泥。不使用炮泥、水炮泥，封泥不足或不实的炮眼严禁爆破。选 AD。

47. 根据《煤矿安全规程》第三百六十四条的规定，爆破母线和连接线必须符合下列要求：

① 爆破母线符合标准。

② 爆破母线和连接线、电雷管脚线和连接线、脚线和脚线之间的接头相互扭紧并悬空，不得与轨道、金属管、金属网、钢丝绳、刮板输送机等导电体相接触。

③ 巷道掘进时，爆破母线应当随用随挂。不得使用固定爆破母线，特殊情况下，在采取安全措施后，可不受此限。

④ 爆破母线与电缆应当分别挂在巷道的两侧。如果必须挂在同一侧，爆破母线必须挂在电缆的下方，并保持 0.3 m 以上的距离。

⑤ 只准采用绝缘母线单回路爆破，严禁用轨道、金属管、金属网、水或者大地等当作回路。

⑥ 爆破前，爆破母线必须扭结成短路。可知 AC 项错误，选 BDE。

48. 连线前应使人员撤到安全地点，连线人员应洗手，检查连线地点安全状况，检查母线是否破损。选 ACD。

49. A 项脚线连接后不留有须头，B 项母线和脚线只能爆破工进行连接，C 项两脚线接头位置应错开，D 项连线前撤人正确，选 ABC。

50. 根据《煤矿安全规程》第三百五十条的规定，井下爆破作业，必须使用煤矿许用炸药和煤矿许用电雷管。一次爆破必须使用同一厂家、同一品种的煤矿许用炸药和电雷管。

在采掘工作面，必须使用煤矿许用瞬发电雷管、煤矿许用毫秒延期电雷管或者煤矿许用数码电雷管。使用煤矿许用毫秒延期电雷管时，最后一段的延期时间不得超过 130 ms。使用煤矿许用数码电雷管时，一次起爆总时间差不得超过 130 ms，并应当与专用起爆器配套使用。D 项错误，必须使用煤矿许用电雷管，选 ABC。

51. 选项 ABCD 都是引起这次煤尘事故的主要原因。严禁用四芯、多芯或多根导线作爆破母线。爆破时只需用二根导线作爆破母线，若用四芯、多芯或多根导线作爆破母线，则多余的导线就可能是接触漏电或杂散电流而发生意外爆炸事故的途径。

52. BC 项是分析原因和预防的正确方法。AD 项为干扰项。

53. 爆破方面的事故突出表现在三个方面：① 由于封泥不合格、抵抗线小或裸露爆破，“一炮三检”制度不落实或执行不严，出现明火引起瓦斯、煤尘爆炸或火灾事故；② 爆破警戒设置不符合要求，爆破安全距离小、不按规定处理拒爆、延爆造成爆破伤人；③ 爆破药量不合理，爆破段长不符合要求，造成冒顶事故。选 ABCD。所以加强爆破技术管理，是减少事故发生，搞好安全生产的重要措施之一。

54. 井下爆破作业，必须使用煤矿许用炸药和煤矿许用电雷管。煤矿允许使用总延期时间在 130 ms 以内的毫秒延期电雷管，是因为雷管爆炸时间很短，没等瓦斯涌出浓度达到爆炸下限浓度，或在瓦斯爆炸感应期内就已起爆完毕，这样就不会引爆瓦斯。选 AC。

55. 根据《煤矿安全规程》第三百五十八条的规定，炮眼封泥必须使用水炮泥，水炮泥外剩余的炮眼部分应当用黏土炮泥或者用不燃性、可塑性松散材料制成的炮泥封实。严禁用煤粉、块状材料或者其他可燃性材料作炮眼封泥。选 CD。

56. 通过对爆破事故的统计分析发现，绝大多数事故属于人为因素造成的，包括安全意识差、技术素质不高、施工管理水平不高、作业人员违章、审批程序纰漏等原因。选 ABC。

57. 根据《煤矿安全规程》第三百六十九条的规定，爆破前，脚线的连接工作可由经过专门训练的班组长协助爆破工进行。爆破母线连接脚线、检查线路和通电工作，只准爆破工一人操作。选 AC。

58. 爆破前，必须加强对机器、液压支架和电缆等的保护或将其移出工作面。爆破前，班组长必须亲自布置专人在警戒线和可能进入爆破地点的所有通路上担任警戒工作。选 ABC。

59. 根据《煤矿安全规程》第三百五十九条的规定，工作面有 2 个及以上自由面时，在煤层中最小抵抗线不得小于 0.5 m，在岩层中最小抵抗线不得小于 0.3 m。浅孔装药爆破大块岩石时，最小抵抗线和封泥长度都不得小于 0.3 m。选 ABC。

60. 根据《煤矿安全规程》第三百六十条的规定，处理卡在溜煤(矸)眼中的煤、矸时，如果确无爆破以外的其他方法，可爆破处理，但必须遵守下列规定：

① 爆破前检查溜煤(矸)眼内堵塞部位的上部和下部空间的瓦斯浓度。

② 爆破前必须洒水。

③ 使用用于溜煤(矸)眼的煤矿许用刚性被筒炸药，或者不低于该安全等级的煤矿许用炸药。

④ 每次爆破只准使用 1 个煤矿许用电雷管，最大装药量不得超过 450 g。选 ABC。

61. 该起事故中，工作面多次瓦斯超限，未引起重视，说明领导不重视；在瓦斯超限情况下，采用发爆器检查母线是否断线时产生火花，未按规定检查通路。选 ABC。

62. 根据题中事故描述，发生瓦斯煤尘爆炸，选项中 ABC 是事故发生的直接原因，D 项属于间接原因。
63. 根据题中事故描述，发生瓦斯煤尘爆炸，选项中 ABC 的说法正确，D 项未有体现。
64. 根据题中事故描述，选项中 ACD 是事故发生的主要原因，B 项爆破器材质量不好未体现。
65. 根据题中事故描述，发生瓦斯煤尘爆炸，选项中 ABD 是事故发生的主要原因，C 项描述正确，但不是描述此次事故的原因。
66. 根据题中描述，发生瓦斯煤尘爆炸，AC 两项说明了瓦斯和煤尘的浓度达到爆炸界限，B 项解释了爆炸火源，ABC 是事故的直接原因，D 项职工教育不够未体现。
67. 根据题中描述，发生瓦斯煤尘爆炸，AC 两项说明瓦斯和煤尘的浓度达到爆炸界限，B 项说明了爆炸火源，ABC 是事故的直接原因，D 项责任心不强未体现。
68. 根据《煤矿安全规程》第三百五十九条的规定，炮眼深度和炮眼的封泥长度应当符合下列要求：

① 炮眼深度小于 0.6 m 时，不得装药、爆破；在特殊条件下，如挖底、刷帮、挑顶确需进行炮眼深度小于 0.6 m 的浅孔爆破时，必须制定安全措施并封满炮泥。

② 炮眼深度为 0.6～1 m 时，封泥长度不得小于炮眼深度的 1/2。

③ 炮眼深度超过 1 m 时，封泥长度不得小于 0.5 m。

④ 炮眼深度超过 2.5 m 时，封泥长度不得小于 1 m。

⑤ 深孔爆破时，封泥长度不得小于孔深的 1/3。

⑥ 光面爆破时，周边光爆炮眼应当用炮泥封实，且封泥长度不得小于 0.3 m。

⑦ 工作面有 2 个及以上自由面时，在煤层中最小抵抗线不得小于 0.5 m，在岩层中最小抵抗线不得小于 0.3 m。浅孔装药爆破大块岩石时，最小抵抗线和封泥长度都不得小于 0.3 m。ABC 正确，D 项不可由工人自行决定。

69. 根据题中事故描述，发生瓦斯煤尘爆炸，AD 两项说明瓦斯浓度达到爆炸界限，C 项说明了爆炸火源，ACD 是事故的主要原因，B 项职工业务水平低未体现。
70. 出现 ABD 中的情况时，严禁爆破，C 项瓦斯浓度符合爆破要求。
71. 当发现拒爆或残爆时，爆破工可用欧姆表或导通表检查电爆网路。C 项错误，应该等一段时间再进入检查；D 错误，要先检查网路，找出拒爆的原因。选 AB。
72. 爆破崩倒支架的原因有：① 支架架设不符合要求，爆破前未经检查或检查后未认真加固；② 爆破参数选择不当，炮眼布置不合理，爆破后有大块煤块、岩石抛掷方向偏离巷道中心线。预防措施有：① 加强支架架设质量管理，爆破前须对不合格的支架进行加固。② 采煤工作面支护、液压支架、单体支柱要达到初撑力，留有足够的空间。③ 炮眼间距、角度、眼数、装药量要符合爆破图表的要求。不合格的炮眼必须重打，否则不能装药。选 ABC。
73. 爆破工接到班组长下达的起爆命令后，必须发出爆破警号，至少再等 5 s，方可起爆。目的是使在爆破地点附近、需要避炮还未及时撤离到安全距离的人员，听到警号后尽快撤离。CD 符合时间要求。

判断题答案与解析

1. √	2. √	3. ×	4. √	5. √	6. √	7. √	8. √
9. ×	10. ×	11. ×	12. ×	13. ×	14. √	15. √	16. ×
17. √	18. √	19. ×	20. ×	21. ×	22. √	23. √	24. √
25. ×	26. √	27. √	28. √	29. √	30. ×	31. √	32. √
33. ×	34. ×	35. ×	36. √	37. √	38. √	39. ×	40. √
41. √	42. √	43. √	44. ×	45. ×	46. ×	47. ×	48. ×
49. √	50. √	51. √	52. √	53. ×	54. ×	55. √	56. √
57. √	58. ×	59. ×	60. √	61. ×	62. √	63. √	64. ×
65. √	66. √	67. ×	68. √	69. √	70. ×	71. √	72. √

73. √	74. ×	75. √	76. √	77. √	78. √	79. √	80. ×
81. √	82. √	83. √	84. ×	85. ×	86. √	87. √	88. √
89. √	90. √	91. √	92. √	93. √	94. √	95. √	96. √
97. √	98. ×	99. √	100. ×	101. ×	102. √	103. ×	104. √
105. ×	106. √	107. √	108. ×	109. √	110. √	111. ×	112. ×
113. √	114. ×	115. √	116. √	117. ×	118. ×	119. √	120. √
121. ×	122. √	123. √	124. √	125. √	126. ×	127. √	128. √
129. √	130. ×	131. ×	132. √	133. √	134. ×	135. ×	136. √
137. ×	138. √						

1. √。最小准爆电流是指电雷管在规定的通电时间内达到规定的发火概率所需施加的最小电流。
2. √。放空炮的原因有：①充填炮眼的炮泥质量不好。②炮眼间距过大，炮眼方向与最小抵抗方向重合。
3. ×。在现场把正向起爆药卷以外的药卷称盖药。根据试验结果，盖药在大部分情况下不传爆。装盖药不仅浪费炸药，影响爆破效果，更为严重的是容易产生残爆和爆燃，一旦瓦斯、煤尘达到爆炸浓度，就有可能发生爆炸，对井下安全造成很大的威胁。
4. √。根据《煤矿安全规程》三百七十一条的规定，通电以后拒爆时，爆破工必须先取下把手或者钥匙，并将爆破母线从电源上摘下，扭结成短路；再等待一定时间（使用瞬发电雷管，至少等待 5 min；使用延期电雷管，至少等待 15 min），才可沿线路检查，找出拒爆的原因。
5. √。根据《煤矿安全规程》第三百七十条的规定，爆破后，待工作面的炮烟被吹散，爆破工、瓦斯检查工和班组长必须首先巡视爆破地点，检查通风、瓦斯、煤尘、顶板、支架、拒爆、残爆等情况。发现危险情况，必须立即处理。
6. √。爆破工是实施起爆工作的责任人。爆破工在完成装药、连线工作之后，确认爆破地点无其他人员在场时，最后撤离爆破地点，并撤离到安全地点进行起爆，防止发生爆破崩人事故。安全地点应是作业规程规定的避炮安全距离之外、顶板支架完好、有拐弯或掩护的地点。
7. √。炮烟中的氧气减少，并含有大量的有毒气体，如氧化碳、氧化氮及矿尘等。人体吸入含有一氧化碳的炮烟后，一氧化碳会与血色素很快地结合，从而大大降低了血色素的吸氧能力，造成缺氧现象。一般煤气中毒就是一氧化碳中毒，严重者会死亡。
8. √。普采工作面上、下区段平巷断面不大，刮板输送机的机头、机尾通常都设在工作面内，故工作面上、下两端需要用人工打眼爆破开切口。
9. ×。井下采掘工作面爆破作业，爆破后不等炮烟吹散，就急于进入工作面，容易造成炮烟熏人，使人慢性中毒。
10. ×。潮湿成团状的煤尘正常不会发生煤尘爆炸，但若是有高温冲击波，使潮湿成团的煤尘扬起，还是会有爆炸危险性的。
11. ×。爆炸物品的感度较高，发生挤压或碰撞，接触杂散电流等都有可能造成爆炸事故，因此井下运送爆炸物品有相应严格的规定，三轮车、自翻车不具备安全运送的基本条件。
12. ×。为了避免拥挤和碰撞，在运送爆炸物品的罐笼或吊桶内，只能有爆破工和护送人员，不得有其他人员，严禁在交接班、人员上下井的时间内运送爆炸物品。
13. ×。制作引药时，应根据当时当地需要的数量为限，严禁多制作起爆药卷。
14. √。电雷管必须按药卷中心轴线方向全部插入药卷内，不准管露半截，严禁斜插在药卷的中部或捆在药卷上。这些不正确的装配方法不仅不利于正常地引爆药卷，还会使炸药的爆速和传爆能力降低，甚至产生爆燃和拒爆。
15. √。起爆药卷装配完成后，应清点数目，放在专用箱内锁好，不得乱放，以防丢失。
16. ×。炮眼深度超过 2.5 m 时，封泥长度不得小于 1 m。
17. √。工作面有 2 个及以上自由面时，在煤层中最小抵抗线不得小于 0.5 m，在岩层中最小抵抗线不得小于 0.3 m。浅孔装药爆破大块岩石时，最小抵抗线和封泥长度都不得小于 0.3 m。

18. √。爆破母线必须扭结成短路。以防止与上述导电体接触，因杂散电流或漏电造成意外爆炸事故。

19. ×。不得用两根材质、规格不同的导线作爆破母线。两种材质如一是铜的，另一是铝的，则铜的电阻小，铝的电阻大；两种规格，则规格大的电阻小，规格小的电阻大。用两种材质、规格不同的导线作爆破母线，就改变了原设计网路的全电阻和起爆能力，当网路发生拒爆时，爆破工不容易找出拒爆的原因而采取有效解决办法。

20. ×。在有瓦斯煤尘爆炸危险的矿井，只准采用串联。只有在大断面掘进和立井井筒，一次引爆电雷管较多，并允许使用动力或照明电源的地方，才用并联法或混联法。

21. ×。"三人连锁爆破"制度是爆破工、班组长、瓦检工三人必须同时自始至终参加爆破工作过程，并执行换牌制。入井前：爆破工持警戒牌，班组长持爆破命令牌，瓦检工持爆破牌。

22. √。为了防止崩倒、崩坏支架，在钻爆方面从炮眼角度、装药量、爆破顺序上采取措施外，靠近掘进工作面 10 m 内的支护，在爆破前必须加固。

23. √。爆破巷道贯通时爆破必须遵守下列规定：① 必须有准确的测量图，每班在图上填明进度。② 当贯通的两工作面相距 20 m（冲击地压煤层掘进工作面相距 30 m）前，地测部门必须事先下达通知书，并且只准从一个工作面向前接通。

24. √。爆破地点距采空区 15 m 前，为保证安全施工，必须通过打探眼等有效措施，探明采空区的准确位置、范围以及赋存瓦斯、积水和发火等情况。

25. ×。处理溜煤眼堵塞时，必须使用用于溜煤（矸）眼的煤矿许用刚性被筒炸药，或者不低于该安全等级的煤矿许用炸药，每次爆破只准使用 1 个煤矿许用电雷管，最大装药量不得超过 450 g。

26. √。在特殊条件下，如卧底、刷帮、挑顶确需浅眼爆破时，必须制定安全措施，炮眼深度可以小于 0.6 m，但炮泥必须装满，每孔装药量不得超过 150 g。

27. √。井巷揭穿突出煤层爆破时，突出煤层危险系数更高，按规定必须使用安全等级不低于三级的煤矿许用含水炸药。

28. √。早爆原因有：① 爆破器材不合格；② 炸药燃烧导致的自爆；③ 由机械作用引起硬度高的炸药或起爆器材的早爆；④ 外来电流，如雷电、静电、杂散电流、射频电流和感应电引起的早爆；⑤ 人为破坏或误操作引起的早爆。

29. √。处理拒爆（包括残爆）时，由于连接不良造成的拒爆，可重新连线起爆。但确认不是连线引起时，要先将拒爆炮眼眼口的炮泥掏出约 100 mm 长，插上炮棍，展示拒爆炮眼方向，再在距拒爆炮眼 0.3 m 以外另打与拒爆眼平行的新炮眼，重新装药爆破。其目的是为了防止新炮眼打偏打斜，或因钻纤打眼的强烈震动、撞击，引起拒爆炮眼药卷内摩擦感度高的电雷管、炸药爆炸。

30. ×。在处理拒爆完毕以前，严禁在该地点进行与处理拒爆无关的工作。这一规定是为了防止干扰，防止发生意外爆炸事故时，造成更大的伤亡。

31. √。爆轰是炸药化学变化的最高形式，这时炸药能量释放得最充分、最集中。

32. √。炸药爆炸的三要素：① 化学反应过程大量放热。放热是化学爆炸反应得以自动高速进行的首要条件，也是炸药爆炸对外做功的动力。② 反应过程极快。这是区别于一般化学反应的显著特点，爆炸可在瞬间完成。③ 生成大量气体。炸药爆炸瞬间产生大量高温气体产物，在膨胀过程中将能量迅速转变为机械功，使周围介质受到破坏。

33. ×。对于矿用混合炸药而言，爆速随装药密度的增大而增加，但在密度增大到某一定值时，爆速达到它的最大值，这一密度被称为最佳密度。此后，密度进一步增大，爆速反而下降，而且当密度大到超过某一极限值时，就会发生所谓"压死"现象，即不能发生稳定爆轰。

34. ×。铵梯炸药是以硝酸铵为氧化剂，梯恩梯为敏化剂，木粉为可燃剂和松散剂组成的爆炸性物质。

35. ×。含水率超过 0.5% 的铵梯炸药不可用于有瓦斯煤尘爆炸危险的爆破地点。

36. √。被筒炸药爆炸时，被筒内的食盐形成一层雾状帷幕，将爆炸点笼罩起来，使之与瓦斯、煤尘隔离，因此具有较高的安全性和可靠性。

37. √。电雷管的最大安全电流是指在无限长时间内，以恒定直流通入雷管时，不使任何一发雷管爆炸的最大电流。国家标准规定，50 mA 恒定直流电通入雷管，持续 5 min，不允许发生爆炸，称此电流为安全电流。

38. √。毫秒爆破是成群装药以若干毫秒为间隔先后分组引爆的方法。减弱地震作用：前后装药爆炸产生的地震波相互干扰，使地震作用减弱。

39. ×。爆破作业说明书是采掘工作面作业规程的主要内容之一，是为实现采掘工作面顶期循环进度而编制的，是爆破作业贯彻《规程》的具体措施，是爆破工进行爆破作业的依据。

40. √。由于穿化纤衣服进行操作，化纤衣服经摩擦很容易产生超过 10～30 kV 的静电电能，会引起雷管爆炸，或引发爆炸物品意外爆炸。同时化纤衣服容易着火，着火后收缩很快黏着皮肤还脱不下来，很容易烧伤身体。因此，井上、下接触爆炸物品的人员严禁穿化纤衣服，必须穿棉布或抗静电衣服。

41. √。合理的炮眼布置应能满足以下要求：① 有较高的炮眼利用率。② 炮眼的布置必须有利于爆堆集中，飞石距离小。不损坏支架和其他设备。③ 掏槽眼应比其他炮眼加深 200 mm，保证掏槽的效果。④ 炮眼布置应能保证爆破后断面和轮廓尺寸符合设计要求，不发生超挖或欠挖；壁面平整并能保持巷道本身的强度和稳定性。⑤ 先爆炸的炮眼不会影响后爆炸炮眼的起爆，不会发生后起爆的炸药被钝化的情况。⑥ 爆破块度均匀，大小符合装岩要求，大块率小。

42. √。掏槽是在一个自由面上创造新的自由面，受到岩石的夹制作用比较大，炮眼利用率低，一般只能达到掏槽眼深的 80%～95%；因此，掏槽眼比其他眼深 150～200 mm。

43. √。掘进工作面爆破工作要求的“七不、二少、一高”中“二少”是指：① 减少爆破时间。做到全断面一次起爆。② 材料消耗少，合理布置炮眼，装药量适中，减少震动。“一高”是：炮眼利用率高，达到 90%以上，达到循环进度。

44. ×。根据《煤矿安全规程》第三百五十条的规定，井下爆破作业，必须使用煤矿许用炸药和煤矿许用电雷管。一次爆破必须使用同一厂家、同一品种的煤矿许用炸药和电雷管。

45. ×。反向装药要比正向装药爆破效果好。但是《煤矿安全规程 》规定：在高瓦斯矿井采掘工作面采用毫秒爆破时，若采用反向起爆，必须制定安全技术措施。现在一般要求正向装药。题目中只能使用正向爆破太绝对化。

46. ×。软岩巷道掘进采用光面爆破时，软岩巷道稳定性差，为保证光面效果，周边眼间距应适当减小。

47. ×。由于不同厂家生产的或不同品种的电雷管，其电引火装置的材质与形式不同，其电引火特性(对电的敏感程度)亦各异，若将这样两种雷管掺混使用，则电感度高的雷管先爆炸，随即切断串联网路，使电感度低的雷管不能获得足够的电能而瞎火。因此，不同厂家生产的或不同品种的电雷管，不得掺混使用。

48. ×。同一厂家生产的，但是不同批次的电雷管，引火特性也会有差异，不能掺混使用。

49. √。发爆器的把手、钥匙或电力起爆接线盒的钥匙，必须由爆破工随身携带，严禁转交别人。不到爆破通电时，不得将把手或钥匙插入发爆器或电力起爆接线盒内。爆破后，必须立即将把手或钥匙拔出，摘掉母线并扭结成短路。

50. √。发爆器必须由爆破工妥善保管，上下井随身携带，班班升井检查。发爆器如发生故障应及时送到井上由专人修理，不得在井下自行拆开修理，更不能敲打或撞击。

51. √。电池短路电流不低于 2.5 A/只，否则应更换电池，严禁在井下打开外壳更换电池。

52. √。严禁将两个接线柱联线短路打火检查有无残余电荷，因为它不仅容易击穿电容及其他元件，更重要的是发生火花容易引爆瓦斯煤尘。

53. ×。间距小于 20 m 的平行巷道，其中一个巷道进行爆破时，两个工作面的人员都必须撤至安全地点。

54. ×。根据《煤矿安全规程》第三百四十一条的规定，严禁用刮板输送机、带式输送机等运输爆炸物品。由于刮板输送机和带式输送机的运行速度快，而爆炸物品容器不容易平稳牢固地固定在运输机上而颠簸摆动，甚至滚出机外，爆炸物品受到冲击、摩擦就会发生爆炸。尤其在运输机搭接处和机尾与溜煤眼搭接处危险性更大。

55. √。发爆器长时间不用时最好把电池取出来，放在干燥的地方，以免受潮，并且把电池电用完，这样放着比较好，可延长电池寿命，也不会起什么化学反应。

56. √。穿着化纤衣服进行操作，化纤衣服经摩擦很容易产生超过 10～30 kV 的静电电能，会引起雷管爆炸，或引发爆炸物品意外爆炸。同时化纤衣服容易着火，着火后收缩很快黏着皮肤还脱不下来，很容易烧伤身体。因此，井上下接触爆炸物品的人员严禁穿化纤衣服，必须穿棉布或抗静电衣服。

57. √。煤层厚度，是指煤层顶板与煤层底板之间的垂直距离。如果煤层间含有矸石层，包括夹矸的厚度。

58. ×。在采煤工作面内按照一定顺序完成各项工序的方法及其配合，称为采煤工艺。工序包括破煤、装煤、运输、支护和采空区处理。

59. ×。由于携带漏电的矿灯进入井下爆炸物品库内，极容易引起雷管、炸药爆炸。因此规定，任何人员不得携带矿灯进入爆炸物品库内。只有在库内照明设备或线路发生故障时，在库房管理人员的监护下，检修人员可使用带绝缘套的矿灯进入库内工作。

60. √。生产班组根据本班爆破工作量和消耗定额提出爆炸物品的品种、规格和数量，填写三联单，经班(组)长审批后签字确认。根据当班报批的爆炸物品数量，由爆破工携带三联单，到爆炸物品库领取爆炸物品。

61. ×。电雷管在冲撞作用和静电及杂散电流的干扰下，极易发生意外爆炸；而炸药发生爆炸的可能性相对较小。为了运输的安全，规定爆炸物品必须装在耐压和抗撞、防震、防静电的非金属容器中，且电雷管与炸药应分开装在不同容器中。

62. √。敲帮问顶法。这是最常用的方法，其中又分锤击判声法和震动探测法两种。锤击判声法是用铺或铁棍敲击顶板，若发出“当当”的清脆声，则表明围岩完好；若发出“咚咚”的沉闷声，则表明顶板已发生离层或断裂，是冒顶或掉石的征兆。

63. √。局部冒顶的预兆有发出响声、顶板掉渣、煤壁片帮、顶板裂缝、顶板离层、漏顶、瓦斯涌出量突然增大、顶板淋水增大等。

64. ×。在采掘工作面遇有较大的、一时难以挑下的危石，应及时进行处理。

65. √。断层及破碎带打眼爆破时只能采用密打眼(眼距为 600～700 mm)，少装药(每个炮眼装 1～2 个药卷)，放小炮(一次最多起爆顶、底各四个装药眼)的方式进行，或者用十字镐硬挖，严禁大面积爆破。

66. √。处理拒爆、残爆时，由于连接不良造成的拒爆，可重新连线起爆。但确认不是连线引起时，要先将拒爆炮眼眼口的炮泥掏出约 100 mm 长，插上炮棍，展示拒爆炮眼方向，再在距拒爆炮眼 0.3 m 以外另打与拒爆炮眼平行的新炮眼，重新装药爆破。

67. ×。爆破后出现不爆炸现象时，不要立即进入爆炸地点查找原因，也不要误认为爆破网路有问题而往返查找线路故障，因为缓爆可延缓爆炸时间长达几分钟到十几分钟。所以，通电以后如出现拒爆时，要等 5～15 min 后才可沿线检查找原因。《煤矿安全规程》规定使用瞬发电雷管时至少等 5 min，使用延期电雷管时至少等 15 min。

68. √。炮眼内的药卷爆炸时，炸药的爆炸能量是从有最小抵抗线的自由面释放的。由于炮眼深度越小，药卷对自由面的抵抗线也越小。当炮眼深度小于 0.6 m 时，扣除所装药卷长度后，炮泥长度肯定不足，就不能阻止高温高压的爆生气体和灼热的固体颗粒冲破抵抗线最小的自由面，极容易引燃、引爆瓦斯或煤尘。

69. √。单位炸药消耗量是指爆破 1.0 m^3 实体岩石所需要的炸药量。单位炸药消耗量大小取决于炸药的性能，岩石的性质，巷道断面的大小，炮孔的直径、深度等因素。在实际工作中，大多采用经验公式并参照国家定额标准确定。

70. √。从成束的电雷管中抽取单个电雷管时，不得手拉脚线硬拽管体，也不得手拉管体硬拽脚线，应将成束的电雷管顺好，拉住前端脚线将电雷管抽出。抽出单个雷管后，必须将其脚线扭结成短路，防止脚线接触导电体而引爆。

71. √。由爆炸物品库直接向工作地点用人力运送爆炸物品时，电雷管必须由爆破工亲自运送，炸药应当由爆破工或者在爆破工监护下运送。

72. √。根据《煤矿安全规程》第三百六十八条的规定，发爆器的把手、钥匙或者电力起爆接线盒的钥匙，必须由爆破工随身携带，严禁转交他人。只有在爆破通电时，方可将把手或者钥匙插入发爆器或者电力起爆接线盒内。爆破后，必须立即将把手或者钥匙拔出，摘掉母线并扭结成短路。

73. √。反向装药与正向装药相比，能够提高炮眼利用率，加强岩石破碎，减小大块率。反向起爆的炮眼利用率优于正向起爆，爆破效果更好。但反向爆破需要较长的脚线而且不够安全。

74. ×。煤矿许用毫秒延期爆破可用于有瓦斯或煤尘爆炸危险的工作面，秒(半秒)延期爆破不可用于有瓦斯或煤尘爆炸危险的工作面。

75. √。裸露爆破就是把炸药放在被爆破的煤、岩块的表面上，用黄泥等把炸药盖上进行爆破，又叫放糊炮。由于放糊炮是在煤和岩石表面上爆炸，爆炸火焰直接与井下空气相接触，最容易引起瓦斯、煤尘燃烧或爆炸；同时由于放糊炮的爆破方向和爆破能量难以控制，往往带来其他不安全因素。

76. √。根据《煤矿安全规程》第三百七十一条的规定，通电以后拒爆时，爆破工必须先取下把手或者钥匙，并将爆破母线从电源上摘下，扭结成短路；再等待一定时间(使用瞬发电雷管，至少等待 5 min；使用延期电雷管，至少等待 15 min)，才可沿线路检查，找出拒爆的原因。

77. √。乳化炸药具有雷管感度，而且有很好的抗水性，其爆炸性能好，机械感度低以及安全性好等优点，同时成本低于水胶炸药。在潮湿和含水条件下，应采用具有防水性能的乳化炸药。

78. √。采煤工作面防突措施有很多，松动爆破是其中一种，采用松动爆破适用条件：适用于煤质较硬、围岩稳定性较好的煤层。松动爆破孔间距根据实际情况确定，一般 2～3 m，孔深不小于 5 m，炮泥封孔长度不得小于 1 m。应当适当控制装药量，以免孔口煤壁垮塌。松动爆破时，应当按远距离爆破的要求执行。

79. √。矿用炸药按成分构成可分为单体炸药和混合炸药两种。我国目前所使用的矿用炸药都属于混合炸药。

80. ×。低瓦斯矿井的煤层采掘工作面、半煤岩掘进工作面，使用安全等级不低于二级的煤矿许用炸药。二级的煤矿许用炸药包括 3 号煤矿铵梯炸药、3 号抗水煤矿铵梯炸药、二级煤矿许用乳化炸药。

81. √。煤矿许用瞬发电雷管在副起爆药(猛炸药)中加入了 1%～6% 的氯化钾作为消焰剂，在发生爆炸时，可以起到降低爆炸温度、消除或减弱爆炸火焰和使瓦斯和爆炸火焰隔离的作用，作用有效地预防瓦斯爆炸。

82. √。根据《煤矿安全规程》第三百五十一条的规定，在有瓦斯或者煤尘爆炸危险的采掘工作面，应当采用毫秒爆破。因为秒(半秒)延期爆破的优点是能实现全断面一次爆破，缺点是延期时间长，不能防止瓦斯、煤尘爆炸；瞬发爆破的优点是瞬发起爆，能防止瓦斯、煤尘爆炸，缺点是不能全断面一次爆破，只能分次爆破；毫秒延期爆破，只要最后一段延期时间小于或等于 130 ms，可有效防止瓦斯、煤尘爆炸，又可实现一次全断面爆破，而且毫秒延期爆破还有补充破碎作用和地震波相互干扰作用，都是前两种起爆方式不具备的。实际上煤矿许用电雷管的一段管就是瞬发电雷管。

83. √。根据《煤矿安全规程》第三百六十五条的规定，井下爆破必须使用发爆器。开凿或者延深通达地面的井筒时，无瓦斯的井底工作面中可使用其他电源起爆，但电压不得超过 380 V，并必须有电力起爆接线盒。发爆器或者电力起爆接线盒必须采用矿用防爆型(矿用增安型除外)。

84. ×。晶体管电容式发爆器具有体积小，重量轻，外壳防爆，供电时间能控制在 6 ms 以内。6 ms 后即使网路炸断，裸露线路相碰，也不会产生火花，因受发爆器能力限制，多用于串联网路。

85. ×。发爆器必须由爆破工妥善保管，上下井随身携带，班班升井检查。发爆器如发生故障应及时送到井上由专人修理，不得在井下自行拆开修理。发爆器钥匙由爆破工保管，不得转交他人。

86. √。导通表又名测炮器，是专门用来测量电雷管、爆破母线或电爆网路是否导通的仪表。

87. √。井巷掘进施工的工序包括凿岩、爆破、装岩、支护等，其中凿岩爆破是主要工序，其他工序都要围绕它进行有序的安排。

88. √。电爆网路不应使用裸露导线，不得用铁轨、钢管、铁丝做爆破线路，爆破网路应与大地绝缘。

89. √。井巷掘进中主要的爆破参数有：炮眼角度、炮眼间距、单位炸药消耗量、炮眼直径、炮眼深度、炮眼数目等。

90. √。炮眼内的药卷爆炸时，炸药的爆炸能量是从有最小抵抗线的自由面释放的。由于炮眼深度越小，药卷至自由面的抵抗线也越小。

91. √。不论采用何种爆破，都应当按照规程规定进行装药和检查瓦斯。

92. √。严禁将两个接线柱联线短路打火检查有无残余电荷，因为它不仅容易击穿电容及其他元件，更重要的是发生火花容易引爆瓦斯煤尘。

93. √。这是毫秒延期爆破的优点，因为先爆破的炮眼可以提供自由面，保障后续的炮眼爆破效果，使得矸石块度均匀。

94. √。由于不同厂家生产的或不同品种的电雷管，其电引火装置的材质与形式不同，其电引火特性(对电的敏感程度)亦各异，若将这样两种雷管掺混使用，则电感度高的雷管先爆炸，随即切断串联网路，使电感度低的雷管不能获得足够的电能而瞎火。所以，不同厂家生产的或不同品种的电雷管，不得掺混使用。

95. √。正确布置炮眼是取得良好爆破效果的前提，工作面上的炮眼布置，应保证爆破后爆破块度均匀，大小符合装岩要求，大块率小。

96. √。根据《煤矿安全规程》第三百四十八条规定，爆破作业必须编制爆破作业说明书。

97. √。根据《煤矿安全规程》第三百四十七条的规定，井下爆破工作必须由专职爆破工担任。突出煤层采掘工作面爆破工作必须由固定的专职爆破工担任。爆破作业必须执行“一炮三检”和“三人连锁爆破”制度，并在起爆前检查起爆地点的甲烷浓度。

98. ×。根据生产计划，爆破工作量和消耗定额，确定当班领用爆破材料的品种，规格和数量计划，填写爆破工作指示单，经班组长审批后签章。破工携带“爆破资格证”和班组长签章的爆破工指示单到爆破物品库领取爆破物品。

99. √。为保证安全，爆破工必须在爆炸物品库的发放硐室领取爆炸物品，不得携带矿灯进入库内，以防止矿灯引爆材料。

100. ×。根据《煤矿安全规程》的规定，井下用机车运送爆炸物品时，电雷管必须装在专用的、带盖的、有木质隔板的车厢内，车厢内部应当铺有胶皮或者麻袋等软质垫层，并只准放置1层爆炸物品箱。运输炸药、电雷管的矿车或者车厢必须有专门的警示标识。

101. ×。爆破工领取的爆炸物品，不得遗失，不得乱扔乱放；不得转交他人，不得私自销毁、扔弃和挪作他用。

102. √。为了避免雷管爆炸时引起炸药爆炸，炸药和雷管不得在同一列车内运输。同一列车运输时，装炸药车与装雷管车之间，以及装炸药车或装雷管车与机车之间，必须用空车隔开，隔开长度不得小于3 m。

103. ×。列车运行中速度过高会出现摇摆、颠簸，易造成雷管因摩擦、碰撞而引爆，井下用机车运送爆炸物品时，列车的行驶速度不得超过2 m/s。

104. √。根据《煤矿安全规程》第三百四十一条的规定，严禁用刮板输送机、带式输送机等运输爆炸物品。是由于刮板输送机和带式输送机的运行速度快，而爆炸物品容器不容易平稳牢固地固定在运输机上而颠簸摆动，甚至滚出机外，爆炸物品受到冲击、摩擦就会发生爆炸。尤其在运输机搭接处和机尾与溜煤眼搭接处危险性更大。

105. ×。电雷管必须由药卷的顶部装入，用木制或竹制的炮针在药卷顶端中心扎略大于雷管直径的孔眼，将电雷管全部插人药卷内，并将脚线在药卷上套一个扣。剩余脚线应全部缠绕在药卷上，同时将脚线末端扭结成短路。严禁用电雷管代替竹棍、木棍扎眼。严禁将电雷管斜插在药卷的中部或捆绑在药卷上。

106. √。根据《煤矿安全规程》第三百五十六条的规定，装配起爆药卷时，必须在顶板完好、支护完整，避开电气设备和导电体的爆破工作地点附近进行。严禁坐在爆炸物品箱上装配起爆药卷。装配起爆药卷数量，以当时爆破作业需要的数量为限。

107. √。装药前，炮眼内的煤粉或岩粉必须清除掉，炮眼内存有煤岩粉，容易发生拒爆、爆燃等事故，导致瓦斯、煤尘爆炸事故。

108. ×。装药时，为增强炸药和电雷管传爆能力，确保传爆稳定，提高爆破效果，聚能穴方向要一致，并指向传爆方向。否则会使爆速和传爆能力降低，有可能产生爆燃和拒爆 。

109. √。硬化的硝铵类炸药在装药前必须用手揉松，使其不成块状，但不得将药包纸损坏，严禁使用硬化到不能用手揉松的硝铵类炸药，也不能使用破乳或不能用手揉松的乳化炸药。

110. √。装药前，当炮眼内发现异状，如炮眼内有水流出、煤壁发潮、挂水珠、工作面发冷等，可能是透水的征兆；炮眼内温度忽高忽低或向外冒热气、流热水等，前方可能是火区；响煤泡、地压突然增大、炮眼内瓦斯忽大忽小等，则是煤与瓦斯突出的预兆。当遇到上述情况以及透老空区时，都严禁装药、爆破，必须报告班组长，及时处理。

111. ×。水炮泥形成的水幕，有降低和吸收爆破中的有毒有害气体的作用，改善了井下的劳动环境。黏土炮泥的作用，是将炸药爆炸产物在短时间内密闭和阻挡在炮眼内，使爆生气体足以完成爆炸破碎、抛掷岩石(煤)的功能。

112. ×。根据《煤矿安全规程》第三百五十八条的规定，炮眼封泥必须使用水炮泥，水炮泥外剩余的炮眼部分应当用黏土炮泥或者用不燃性、可塑性松散材料制成的炮泥封实。

113. √。严禁用煤粉、块状材料或其他可燃性材料作炮眼封泥。这是因为：这些材料不是可塑性材料，起不到炮泥堵塞炮眼的作用，容易造成“放空炮”。这些材料具有可燃性，参与炸药爆炸反应时，变成负氧平衡，使炸药反应因缺氧而导致爆生气体中增加了有害气体一氧化碳的含量和生成二次火焰，易引燃瓦斯和煤尘。炸药爆炸时，将使燃烧的煤粉、颗粒等可燃材料抛出，易引起瓦斯煤尘爆炸。

114. ×。炮眼深度超过 1 m 时，封泥长度不得小于 0.5 m。

115. √。巷道掘进时，爆破母线随用随挂。挂母线的过程也是检查母线的过程，能及时发现问题，如发现被埋、接头不好、外皮破损、接触导电体及岩壁等问题时，可随时妥善处理。若使用固定母线，可能产生习惯性侥幸心理，不认真去检查，从而发生意外爆炸事故。

116. √。爆破前，爆破母线必须扭结成短路。以防止与上述导电体接触，因杂散电流或漏电造成意外爆炸事故。

117. ×。由于不同厂家生产的或不同品种的电雷管，其电引火装置的材质与形式不同，其电引火特性(对电的敏感程度)亦各异，若将这样两种雷管掺混使用，则电感度高的雷管先爆炸，随即切断串联网路，使电感度低的雷管不能获得足够的电能而瞎火。因此，不同厂家生产的或不同品种的电雷管，不得掺混使用。

118. ×。爆破前，爆破工在检查连线工作无误后，应将警戒牌交给班组长，由班组长派人设警戒，下达爆破命令，并检查顶板与支护情况，班组长将自己携带的瓦斯检查牌交给瓦斯检查员，瓦斯检查员经检查瓦斯符合规定后将自己携带的爆破牌交给爆破工，爆破工发出爆破口哨进行爆破。

119. √。爆破前，若网路正常，爆破工接到班组长下达的起爆命令后，必须发出爆破警号(喊话或吹哨)，至少再等 5 s，方可起爆，使在爆破地点附近、避炮安全距离以内的人员，听到警号后能尽快脱离。

120. √。爆破后扒装前，必须对距工作面 20 m 范围内的巷道周边和煤(岩)堆洒水，装岩过程中边装边洒。以起到防尘的作用，保证从业人员不受粉尘危害。

121. ×。根据《煤矿安全规程》第三百六十二条的规定，在有煤尘爆炸危险的煤层中，掘进工作面爆破前后，附近 20 m 的巷道内必须洒水降尘。题中说的是采掘工作面，错误。

122. √。间距小于 20 m 的平行巷道，其中一个巷道进行爆破时，因间距较小，为安全起见，两个工作面的人员都必须撤至安全地点。

123. √。① 工作面工具未收拾好，机电设备和电缆未加以保护时，不准爆破。②工作面未检查瓦斯浓度或 20 m 范围内瓦斯浓度达到 1%时，不准爆破。③ 在有瓦斯煤尘爆炸危险的煤层工作面 20 m 范围内未清扫煤尘或洒水除尘时，不准爆破。④ 工作面风量不足时，不准爆破。⑤ 工作面安全出口不安全、不畅通，工作面顶板支架不完整、煤壁片帮、有伞檐等不安全隐患时，不准爆破。⑥ 爆破母线长度不够或未吊挂好时，不准爆破。

124. √。早爆是指雷管或者炸药在在预定的起爆前发生的意外爆炸的现象。如雷管脚线或爆破母线与漏电电缆相接触，电流引爆雷管，就会产生早爆。早爆可对现场施工人员造成严重伤害。在现场爆破施工中，必须按安全操作规程进行操作，采取有效措施，避免早爆事故发生。

125. √。拒爆是指起爆后炸药没有爆炸的现象。它的发生可能是由于起爆材料或炸药质量不好，或电起爆网路联线故障等原因造成。处理拒爆是项危险性较高的作业，需要采取专门的安全措施。

126. ×。煤层注水后煤体的导热系数和热容量增大，使煤体的温度不易升高，如果顶板为泥质岩石，则此法效果更佳，注水（或洒水）后，冒落的矸石湿润，膨胀成再生顶板，覆盖浮煤，减少漏风，从而抑制了采空区的浮煤氧化。

127. √。任何人发现井下火灾时，应根据火灾性质、灾区通风和瓦斯情况，立即采取一切可能的方法直接灭火，控制火势，并迅速报告矿调度室。在现场的区、队、班组长应依照矿井灾害预防和处理计划的规定，将所有可能受火灾威胁地区的人员撤离危险区域，并组织人员利用现场的一切工具和器材进行灭火。

128. √。顶板注水的目的在于通过压力水的作用，增加岩层结构的松散性和裂隙的发育程度，隙低岩层岩石强度，从而提高顶板的可冒落性。压力水对顶板岩层的作用主要表现在增加和扩展裂隙，破坏岩体的整体结构及其强度。

129. √。工作面有 2 个及以上自由面时，在煤层中最小抵抗线不得小于 0.5 m，在岩层中最小抵抗线不得小于 0.3 m。浅孔装药爆破大块岩石时，最小抵抗线和封泥长度都不得小于 0.3 m。

130. ×。炮眼与煤壁的水平夹角一般为 50°～80°，软煤取大值，硬煤取小值。硬岩爆破难度大，夹角取小值，目的是能够达到更好的爆破效果，

131. ×。在硬岩中，周边眼口应在轮廓线上，眼底不宜超过轮廓线 100 mm；在软岩中，眼口应在轮廓线内 100 mm 处，眼底应正好落在轮廓线上。

132. √。眼痕率指光面爆破后，可见眼痕的炮眼个数与不包括底板的周边眼总数之比。光面爆破的眼痕率，硬岩不得小于 80%，中硬岩不得小于 60%。

133. √。煤矿许用炸药的氧平衡必须接近于零氧平衡。正氧平衡的炸药在爆炸时，能生成氧化氮和初生态的氧，容易引燃引爆瓦斯、煤尘。而负氧平衡炸药，爆炸反应不完全，会使未完全反应的固体颗粒增多，容易生成一氧化碳，引起二次火焰，对防止瓦斯煤尘引火是极为不利的。

134. ×。根据《煤矿安全规程》第三百五十条的规定，井下爆破作业，必须使用煤矿许用炸药和煤矿许用电雷管。一次爆破必须使用同一厂家、同一品种的煤矿许用炸药和电雷管。普通型毫秒延期电雷管不可在煤矿井下使用。

135. ×。煤矿许用炸药有如下特点：根据炸药的安全等级限制炸药的爆热、燃温、爆压；炸药配比应接近于零氧平衡；爆炸后无灼热固体产物；爆炸反应要完全；炸药或爆炸产物中不能含有促进瓦斯连锁反应的成分。要加入消焰剂，从根本上抑制火焰产生；排放的有毒气体量要符合国家标准；有较好的起爆感度和传爆能力，保证稳定爆轰。题中爆炸后有灼热固体产物，错误。

136. √。化学爆炸是由化学变化造成的。爆炸传播速度（简称爆速）一般在 2000～9000 m/s 之间。由于反应速度极快，瞬间释放出的能量来不及散失而高度集中，所以有极大的破坏作用。

137. ×。殉爆是指当炸药（主发药包）发生爆炸时，由于爆轰波的作用引起相隔一定距离的另一炸药（被发

药包)爆炸的现象。换言之,即装药的爆炸能引起与其相距一定距离的被惰性介质隔离的装药的爆炸,这一现象叫做殉爆。殉爆的难易程度取决于炸药的冲击波感度。题目是相接触的,错误。

138. √。煤矿许用炸药的选用:高瓦斯矿井,使用安全等级不低于三级的煤矿许用炸药。突出矿井,使用安全等级不低于三级的煤矿许用含水炸药。

参考文献

[1] 周连春,王滨.煤矿井下爆破作业安全培训考核教材[M].徐州:中国矿业大学出版社,2015.

[2] 李恭俭,安博智.爆破工[M].北京:煤炭工业出版社,2005.

[3] 胡湘宏.巷道施工技术[M].北京:煤炭工业出版社,2005.

[4] 陶冠米.巷道掘进[M].北京:煤炭工业出版社,2005.

[5] 彭志源.最新矿山从业人员技能培训与安全操作资格考核标准实用手册[M].北京:民族出版社,2003.

[6] 张宏升.工程爆破技术[M].北京:煤炭工业出版社,2006.

[7] 武汉厚博安全技术研究院.爆破安全法规及标准选编[M].北京:中国标准出版社,2006.

[8] 张振普,党国正,易善刚.煤矿井下爆破工[M].徐州:中国矿业大学出版社,2007.

[9] 张振普,易善刚.煤矿井下爆破工[M].徐州:中国矿业大学出版社,2011.

[10] 易善刚.煤矿井下爆破作业现场操作实训教材[M].北京:团结出版社,2013.

[11] 纪晓峰,谢耀社.《煤矿重大事故隐患判定标准》应用指南[M].北京:地质出版社,2021.

[12] 本书编写组.《煤矿安全规程》实施指南[M].北京:应急管理出版社,2022.

[13] 中华人民共和国应急管理部,国家矿山安全监察局.煤矿安全规程[M].北京:应急管理出版社,2022.

[14] 张晓军,穆三奴,宋明明.煤矿岗位作业流程标准化建设指南[M].北京:应急管理出版社,2022.

[15] 本书编写组.《煤矿安全生产标准化管理体系基本要求及评分方法(试行)》达标指南[M].北京:应急管理出版社,2020.

[16] 国家安全生产应急救援指挥中心.矿山事故应急救援典型案例及处置要点[M].北京:应急管理出版社,2018.

[17] 杜计平,孟宪锐.采矿学[M].徐州:中国矿业大学出版社,2014.

[18] 张国枢.通风安全学[M].徐州:中国矿业大学出版社,2021.

[19] 杜运夯,孙小林,陈小国.《煤矿防治水细则》专家解读[M].徐州:中国矿业大学出版社,2018.

[20] 国家煤矿安全监察局.防治煤与瓦斯突出细则[M].北京:煤炭工业出版社,2019.

[21] 国家矿山安全监察局.煤矿防灭火细则[M].北京:应急管理出版社,2021.

[22] 国家煤矿安全监察局.防治煤矿冲击地压细则[M].北京:煤炭工业出版社,2018.